新型建筑材料教程

严捍东　主　编

钱晓倩　副主编

中国建材工业出版社

图书在版编目(CIP)数据

新型建筑材料教程/严捍东主编．—北京：中国建材
工业出版社，2005.1（2024.1重印）
  ISBN 978-7-80159-654-3

  Ⅰ. 新…　Ⅱ. 严…　Ⅲ. 建筑材料-教材
Ⅳ. TU5

中国版本图书馆 CIP 数据核字(2004)第 127631 号

内 容 简 介

　　本书涵盖了近几年国内外重点发展的新型房建材料和建筑装饰材料的相关基础知识、原材料和生产工艺概况、技术性能和选用原则、最新技术标准和环保标准要求等内容。本书力图能够将各类新型建筑材料成熟的较新研究成果介绍给大家，并揭示其发展方向。本书有课件，请登陆本社网站。

　　本书可作为高校土木工程专业开设的《新型建筑材料》、《建筑装饰材料》选修课的教材，也可作为"建筑学""建筑环境艺术设计"、"城市规划"等专业开设的《装饰材料》选修或必修课的教材。本书也可供土木工程设计、施工、科研等相关人员学习参考。

新型建筑材料教程

严捍东　主　编

钱晓倩　副主编

出版发行：**中国建材工业出版社**

地　　址：北京市海淀区三里河路 11 号
邮　　编：100831
经　　销：全国各地新华书店
印　　刷：北京雁林吉兆印刷有限公司
开　　本：787mm×1092mm　1/16
印　　张：23.5
字　　数：455 千字
版　　次：2005 年 1 月第 1 版
印　　次：2024 年 1 月第 17 次
定　　价：**56.00 元**

本社网址：**www. jccbs. com**，微信公众号：**zgjcgycbs**

请选用正版图书，采购、销售盗版图书属违法行为

前　　言

　　新型建筑材料是在传统建筑材料基础上,随着科学技术的进步而产生的新一代建筑材料。当前,新型建筑材料在土木工程中的推广应用方兴未艾,具备一定新型建筑材料知识是对土木工程、建筑学专业学生知识结构的基本要求。目前,高校土木工程、建筑学专业所开设的专业基础课《土木工程材料》、《建筑材料》教学大纲,要求学生重点掌握各类传统建筑材料的技术性质及其选用原则,教材内容虽涉及部分新型建筑材料知识点,但受学时限制,课堂上难以向学生系统讲授国内外不断涌现的品种繁多、性能优异的新型建筑材料的性能特点及其选用原则,造成学生掌握的建筑材料知识严重落后于工程应用实际,不能适应社会对毕业大学生知识结构的要求。为弥补这一缺憾,国内众多高校均采用开设《建筑装饰材料》或《新型建筑材料》选修课的办法来解决。

　　本书的特点:

　　1.教材内容全面,涵盖近几年国内外重点发展的新型房建材料和建筑装饰材料。可以满足高校"土木工程专业"、"建筑学专业"、"建筑环境艺术设计专业"开设《新型建筑材料》、《装饰材料》等选修课或必修课的要求。

　　2.教材内容重点突出,主要介绍各类新型建筑材料的性能特点和使用时应关注的主要技术指标,适当介绍可能影响产品性能的原材料、生产工艺、施工方法、检测方法等相关知识,使土木工程专业和建筑环境艺术设计专业的学生在系统了解新型建筑材料知识的基础上,能够重点掌握和了解主要新型建筑材料的性能及使用特点。

　　3.教材内容反映了主要新型建筑材料国内外较新的研究成果和今后发展方向。当前,新型房建材料和建筑装饰材料是建筑材料学科中研究最活跃、发展最快的领域,本教材力图能够将各类新型建筑材料成熟的较新研究的成果介绍给大家,并努力揭示其发展方向。

　　4.采用最新的国家标准、规范。对于目前国内尚没有国家标准、规范的产品,尽可能采用地方或企业标准。如:GB/T 18736—2002《高强高性能混凝土用矿物外加剂》、GB/T 9966.2—2001《天然饰面石材试验方法第2部分:干燥、水饱和弯曲强度试验方法》、GB 6566—2001《建筑材料放射性核素限量》、浙江省工程建设标准《混凝土矿物外加剂应用技术规程》(DB/T 1013—2004)、JG/T 26—

2002《外墙无机建筑涂料技术指标要求》等。

5. 生态环保意识强。本教材力图使学生强化一个观念，即建筑材料与人居环境的质量，与土木建筑活动和社会可持续发展密切相关。开发并使用性能优良、节省能耗、绿色环保的新型建筑材料，是人类合理地解决生存与发展矛盾，实现"与自然协调，与环境共生"的一个重要方面。

6. 内容编排符合学生的认知规律，言简意赅，说理清晰、透彻，辅以大量的示意图或实物照片，以加深学生对实物的理解，弥补学生对新型建筑材料感性认识的不足。

本书由华侨大学严捍东主编，浙江大学钱晓倩为副主编。参加编写的有华侨大学严捍东(第1章、第7章、第8章、第11章、第12章、第13章)，浙江大学钱晓倩(第2章)，华侨大学曾家民(第5章、第9章、第10章、第14章)，浙江大学詹树林(第3章)，浙江大学孟涛(第4章、第6章)。严捍东对全书进行了统稿。

编写《新型建筑材料教程》一书对编者来说是初次尝试，由于时间仓促，水平有限，不妥与疏漏之处在所难免，谨请使用该教材的师生将书中存在的问题及时反映给我们，使该书不断完善。

本书获华侨大学教材建设基金资助，谨致谢忱！

编　者

2006 年 7 月修订

目　　录

第1章　绪　论 ……………………………………………………… 1

1.1　新型建筑材料定义 …………………………………………… 2

1.2　新型建筑材料分类 …………………………………………… 3

1.3　新型建筑材料的特点 ………………………………………… 4

1.4　发展新型建筑材料的必要性 ………………………………… 5

1.5　国内外新型建筑材料发展状况与比较 ……………………… 6

1.6　新型建筑材料教学要求和目的 ……………………………… 9

第2章　混凝土矿物外加剂 ……………………………………… 11

2.1　粉煤灰 ………………………………………………………… 13

2.2　粒化高炉矿渣粉 ……………………………………………… 23

2.3　硅灰 …………………………………………………………… 32

2.4　沸石粉 ………………………………………………………… 34

2.5　偏高岭土 ……………………………………………………… 39

2.6　复合矿物外加剂 ……………………………………………… 45

2.7　其他品种矿物外加剂 ………………………………………… 48

第3章　混凝土化学外加剂 ……………………………………… 50

3.1　外加剂的作用与分类 ………………………………………… 50

3.2　减水剂 ………………………………………………………… 52

3.3　引气剂 ………………………………………………………… 60

3.4　早强剂与速凝剂 ……………………………………………… 64

3.5　缓凝剂 ………………………………………………………… 71

3.6　减缩剂 ………………………………………………………… 78

3.7　其他外加剂 …………………………………………………… 82

第4章　新型水泥基复合材料 ·········· 89

　4.1　纤维改性水泥基复合材料 ·········· 90

　4.2　活性粉末水泥基材料 ·········· 98

　4.3　地聚合物水泥基材料 ·········· 105

　4.4　环境友好水泥基复合材料 ·········· 112

第5章　新型墙体材料 ·········· 116

　5.1　砖 ·········· 117

　5.2　砌　块 ·········· 125

　5.3　轻质墙板 ·········· 139

第6章　新型防水和密封材料 ·········· 154

　6.1　高聚物改性沥青防水卷材 ·········· 154

　6.2　合成高分子防水卷材 ·········· 157

　6.3　防水涂料 ·········· 161

　6.4　其他防水材料 ·········· 164

　6.5　防水工程材料的设计与选材 ·········· 172

第7章　新型建筑塑料 ·········· 176

　7.1　工程塑料制品 ·········· 177

　7.2　装饰塑料制品 ·········· 206

　7.3　建筑塑料制品有害物质限量 ·········· 220

第8章　新型建筑涂料 ·········· 222

　8.1　涂料的基础知识 ·········· 223

　8.2　涂料的种类、特点和技术要求 ·········· 231

　8.3　涂料的主要技术指标及其物理意义 ·········· 243

　8.4　建筑内墙涂料与环保、安全卫生、健康有关的技术指标 ·········· 248

　8.5　建筑涂料发展方向 ·········· 249

　8.6　建筑腻子 ·········· 250

第9章　新型建筑装饰陶瓷 ·········· 254

　9.1　陶瓷基础知识简介 ·········· 255

9.2　陶瓷釉面砖 ……………………………………………… 258

9.3　墙地砖 …………………………………………………… 260

9.4　琉璃制品 ………………………………………………… 264

9.5　卫生陶瓷 ………………………………………………… 264

第 10 章　新型建筑玻璃 ………………………………………… 267

10.1　玻璃的基本知识 ………………………………………… 267

10.2　热功能玻璃 ……………………………………………… 270

10.3　安全玻璃 ………………………………………………… 278

10.4　其他玻璃装饰材料 ……………………………………… 286

第 11 章　新型金属装饰材料 …………………………………… 289

11.1　铝和铝合金 ……………………………………………… 290

11.2　常用铝合金装饰制品 …………………………………… 297

11.3　建筑装饰用钢材 ………………………………………… 307

11.4　铜及铜合金装饰材料 …………………………………… 311

第 12 章　新型装饰砂浆和装饰混凝土 ………………………… 314

12.1　装饰砂浆和混凝土用水泥简介 ………………………… 314

12.2　装饰砂浆 ………………………………………………… 317

12.3　装饰混凝土 ……………………………………………… 326

第 13 章　新型建筑装饰木材 …………………………………… 332

13.1　木材的装饰特性和装饰效果 …………………………… 333

13.2　建筑装饰用木地板 ……………………………………… 333

13.3　建筑装饰用墙材木材 …………………………………… 338

13.4　人造装饰木材有害物质释放限量 ……………………… 339

第 14 章　建筑装饰石材 ………………………………………… 341

14.1　岩石的组成、分类和技术性 …………………………… 341

14.2　常用天然装饰石材 ……………………………………… 349

14.3　人造石材 ………………………………………………… 360

参考文献 …………………………………………………………… 364

第1章

绪　　论

　　人类的日常生活、工作、出行、娱乐以及各项社会活动都离不开建筑物或结构物。这些建筑物或结构物，与国民经济建设、工农业生产、国防及人们的日常生活息息相关，统称为社会基础设施。用于建造这些基础设施的所有材料称为建筑材料。建筑材料的性能和质量决定了施工水平、结构形式和建筑物的性能。随着科学技术的进步，我国建筑水平提高很快，建筑造型、结构、功能、装饰装修水平都明显改观，对建筑材料的要求越来越高，仅靠过去的传统材料已不能满足现代建筑的要求，发展多功能和高效的新型建筑材料及制品才能适应社会进步的要求。

　　在人类掌握了相当高水平科学技术的现代社会，人类的生产活动和营造自身生存环境的土木建筑活动已经显示出对自然环境的巨大支配力。大量建造的社会基础设施对人类生存环境发挥着巨大的积极作用，同时，也已经带来了不容忽视的消极作用，即大量地消耗地球的资源和能源，在相当程度上污染了自然环境和破坏了生态平衡。特别是传统建材工业的发展是以资源、能源的大量消耗和环境的严重破坏为代价的。因此，建筑材料与人居环境的质量，与土木建筑活动和社会的可持续发展密切相关。开发并使用性能优良、节省能耗的新型建筑材料，是人类合理地解决生存与发展、实现"与自然协调，与环境共生"的一个重要方面。

　　我国党和政府一直大力提倡发展新型建筑材料。中共十四届五中全会《关于制定国民经济和社会发展"九五"计划和 2010 年远景目标的建议》中指出：要"大力开发新型建材及制品"。2000 年 10 月 11 日国家经贸委、国家计委发布的《关于发展新型建材的若干意见》指出："发展新型建材，大力开发和推广应用新技术、新品种，带动行业整体素质的提高，是从根本上调整建材行业结构、推动产业升级，改善和提高人民居住条件和生活质量，实施可持续发展战略，促进建材和建筑业现代化的重要措施。"

1.1　新型建筑材料定义

新型建筑材料是在传统建筑材料基础上产生的新一代建筑材料。传统建筑材料主要包括烧土制品(砖、瓦、玻璃类)、砂石、灰(石灰、石膏、菱苦土、水泥)、混凝土、钢材、木材和沥青七大类。新型建筑材料主要包括新型建筑结构材料、新型墙体材料、保温隔热材料、防水密封材料和装饰装修材料。

"新型建筑材料"的英文为 New Building Materials，在国外是一个泛指的名词，意思是新的建筑材料。这个名词出现于我国改革开放之初，在我国属于一个专业名词，界定"新型建筑材料"所包含的内容是一个比较复杂的问题。有专家经多方讨论拟定为：除传统的砖、瓦、灰、砂、石外，其品种和功能处于增加、更新、完善状态的建筑材料。这就是说把"新型"的概念规范为既不是传统材料，也不是在花色品种和性能方面大致已经处于很少变化的材料。有关新型建筑材料的其他解释也列出供读者参考。

新型建筑材料实际上就是新品种的房建材料，既包括新出现的原料和制品，也包括原有材料的新制品。

新型建筑材料一般指在建筑工程实践中已有成功应用并且代表建筑材料发展方向的建筑材料。

新型建筑材料是指最近发展或正在发展中的有特殊功能和效用的一类建筑材料，它具有传统建筑材料从来没有或无法比拟的功能，具有比已使用的传统建筑材料更优异的性能。

凡具有轻质高强和多功能的建筑材料，均属新型建筑材料。即使是传统建筑材料，为满足某种建筑功能需要而再复合或组合所制成的材料，也属新型建筑材料。

2001 年上海推出了新型建材认定的基本条件和认定的品种目录。新型建材认定的基本条件包括：非黏土作原料的产品；产品的能耗指标和性能达到目前国内同类产品的领先水平；产品的生产和施工达到我国及上海市的环保要求；利用工业废弃物、城市废弃物比率达到目前上海同类产品领先水平，产品质量达到国家、行业或地方有关标准;产品已有国家、行业或上海地方标准的,产品内控质量标准达到国内领先水平,生产规模在国内同行业中较大的;产品未有国家、行业或上海地方标准的,其产品企业标准应达到国际同类产品的先进水平,使用寿命长于国内先进水平。新型建材认定品种目录包括:墙体材料,管道工程材料,建筑涂料,建筑门窗,防水材料,道路工程材料,桥隧和混凝土基础及结构工程材料,综合利用建筑材料和其他节能节水材料。

1.2 新型建筑材料分类

新型建材品种繁多,形成一套具有共识的分类原则对新型建材的发展非常必要,这不仅仅是编制规范、计划所必需,对统一市场语言、规范产品命名、方便使用、防止误导误用也很重要。由盂新型建筑材料本身是一直处于不断更新发展状态的材料,因此,它的分类和命名还较混乱。

(1)按用途分类

中国新型建材(集团)公司和中国建材工业技术经济研究会新型建材专业委员会编著的《新型建筑材料实用手册》(第二版)是采用"用途分类"的原则,把建材分为十六类:墙体材料,屋面和楼板构件,混凝土外加剂,建筑防水材料,建筑密封材料,绝热、吸声材料,墙面装饰材料,顶棚装饰材料,地面装饰材料,卫生洁具,门窗、玻璃及配件,给排水管道、工业管道及其配件,胶结剂,灯饰和灯具,其他。

(2)按建筑各部位使用建筑材料的状况来分类

即除水泥、玻璃、钢材、木材这基本建设的四大主要原材料及传统的砖瓦灰砂石外,在 12 个建筑部位上所需要的品种花色日新月异的建筑材料,不论其原料属于哪个工业部门,其制品均可列为"新型建筑材料"。分为:外墙材料:包括承重或非承重的单一外墙材料和复合外墙材料。屋面材料:包括坡屋面材料和平屋面材料。保温隔热材料:包括无机类保温材料、有机类保温材料和无机有机复合类材料。防水密封材料:包括改性沥青防水卷材、高分子防水卷材、防水涂料、建筑密封材料和防水止漏材料。外门窗:包括分户门、阳台门、外窗、坡屋面窗等。外墙装饰材料:包括外墙涂料、装饰面材(如石材、陶瓷、玻璃、塑料、金属等装饰面材)。内墙隔断与壁柜:如分户隔墙、固定隔断与壁柜等。内门:包括卧室门、居室门、储藏室门、厨卫房门等。室内装饰材料:包括内墙涂料、壁纸、壁布、地面装饰材料、吊顶装饰材料、装饰线材等。卫生设备:如卫生洁具、卫生间附件、水暖五金配件等。门锁及其他建筑五金。其他:如管道、室外铺地材料等。

(3)按原材料来源分类

《新型建材跨世纪发展与应用》一书中则将新型建筑材料按原材料来源分为

四类:以基本建设的主要材料水泥、玻璃、钢材、木材为原料的新产品,如各种新型水泥制品、新型玻璃制品等。以传统的砖瓦灰砂石为原料推出的新品种,如各种加气混凝土制品、各种砌块等,这些新的产品也是新型建筑材料。以无机非金属新材料为原料生产的各种制品,如各种玻璃钢制品、玻璃纤维制品等。采用各种新的原材料制作的各种建筑制品,如铝合金门窗、各种化学建材产品、各种保温隔声材料制品、各种防水材料制品等均属新型建筑材料。

1.3　新型建筑材料的特点

新型建材及制品工业是建立在技术进步、保护环境和资源综合利用基础上的新兴产业。新型建材产品在生产过程中,能源和物质的投入、废物和污染物的排放与传统建筑材料相比都应该减少到最低程度,制造过程中副产物能重新利用,产品不污染环境,并可回收利用。可以说新型建筑材料是可持续发展的建筑材料产业,其发展对节约能源、保护耕地、减轻环境污染和缓解交通运输压力应具有十分积极的作用。

随着我国墙体材料革新和建筑节能力度的逐步加大,建筑保温、防水、装饰装修标准的提高及居住条件的改善,对新型建材的需求不仅仅是数量的增加,更重要的是质量的提高,即产品质量与档次的提高及产品的更新换代。随着人们生活水平和文化素质的提高,自我保护意识的增强,人们对材料功能的要求日益提高,要求材料不但要有良好的使用功能,还要求材料无毒、对人体健康无害、对环境不会产生不良影响,即新型建筑材料应是所谓的"生态建材"或"绿色建材"。

因此,新型建筑材料的特点可以归纳为:技术含量高,功能多样化;生产与使用节能、节地,综合利用废弃资源,有利于生态环境保护;适应先进施工技术,改善建筑功能,降低成本,具有巨大市场潜力和良好发展前景。

从新型建筑材料的特点可以看出,发展新型建材应遵循的原则:以市场为导向,以提高经济效益为中心,以满足建筑业的发展需求为重点,努力将新型建材培育成建材行业新的经济增长点。坚持节能、节土、节水,充分利用各种废弃物,保护生态环境,贯彻可持续发展战略。依靠科技进步和技术创新,努力发展科技含量高、附加值高的新产品,推进企业技术装备水平的提高和产品结构的升级,实现良性滚动发展。坚持因地制宜的方针,引导和支持各地发展适合当地资源条件、建筑体系和建筑功能要求的新型建材,做到生产和推广应用一体化。注重开发系列化、功能多样化的产品,提高新型建材整体配套水平。鼓励利用荒山、荒坡黏土资源,江河清淤、疏浚的淤泥生产黏土质墙体材料。

1.4　发展新型建筑材料的必要性

(1)节约耕地,有利于农业的发展

实心黏土砖是我国沿用了 2000 多年的传统建筑材料,所用原料主要是黏土,近十几年来,大量城乡房屋的建设,使实心黏土砖产量在高速增长,已从 1978 年的 1100 亿块增加到 1997 年的 5492 亿块。每年烧砖耗土约近 20 亿 t,其中毁田取土 12 万亩。砖瓦企业(11 万个)占地 500 万亩。

新型墙体材料除个别外将基本不用或较少用黏土作原料。利用新型墙体材料逐步代替实心黏土砖,最终完全取代黏土类墙体材料,以保护耕地和农业的持续发展。

(2)节约能源,促进国民经济的发展

建材工业是仅次于电力、冶金行业的耗能大户,占全国能耗的 9%、全国工业能耗的 13%,万元产值能耗近 5t 标煤。仅实心黏土砖的生产能耗就达 7000万 t 标煤/a,如果再加上建筑采暖、降温能耗约 1.2 亿 t 标煤/a,二者合计,约占国内年能源消耗总量的 15% 以上。现阶段大量采用的钢、铝门窗,其单位生产能耗比塑钢门窗高 4 倍和 8 倍;给排水用的钢管和铸铁管其生产能耗分别比塑料管高 1 倍和 2 倍,输水能耗要高 1 倍以上。

新型建筑材料能节约建材生产能耗和房屋建筑使用能耗。据概算,到 2000年时,若能实现 40% 的新型墙体材料代替实心黏土砖,可节约生产能耗 900 万 t标煤/a;采用新型节能墙体材料与门窗来降低建筑使用能耗,可节约 6700 万 t 标煤/a,二项共可节约 7600 万 t 标煤/a。大力发展新型节能建筑材料,对节能降耗有着极为重要的作用。

(3)降低建材运输量,减轻运输的压力

建筑材料运输在货物总量和货物周转量中占有较大的比重。从建筑施工的角度来看,以黏土砖为墙体的房屋建筑运输重量大,目前,每平方米房屋建筑面积的重量,运输重量约为 1200～1300kg,其中黏土砖约占 2/3,即为 800kg 左右,而新型建筑材料建造的房屋其重量可减轻 50% 以上。按城乡年竣工 15 亿 m^2 房屋建筑计算,可节约运输量 10 亿 t 以上。这大大减轻了运输的压力。

(4)综合利用工业废渣,有利环境保护

国内工业废渣的堆存量在逐年增多,堆存废渣的占地面积也相应扩大,其中还占用了大量农田。工业废渣的处理好坏,对工农业的发展有着直接影响。发展新型建筑材料可以“吃”掉许多工业废渣,如粉煤灰、煤矸石、尾矿、炉渣、磷石膏、脱硫石膏都可作为新型墙体材料和保温材料的原料,生产加气混凝土制品、建筑砌块、石膏制品、矿棉制品和各种非黏土砖等。与此同时,还能节约耕地和减少生产能耗。据计算,生产相当于 1000 亿块实心黏土砖的新型墙体材料,可消纳工业废渣 7000 万 t,节约耕地 3 万亩,节约生产能耗 300 万 t 标煤,同时还能减少废渣的堆存占地,减少治理废渣的费用。综合利用工业废渣发展新型建筑材料可以变废为宝,有利于环境保护。

(5)促进建筑技术进步,推动建筑业现代化

在今后的房屋建造任务中,一些大跨度建筑、高层建筑、超高层建筑以及现代化高级公共建筑的比重将有所增大。在数量最大的住宅建筑中,对保温、隔热、隔声、防水、防火等建筑功能质量将有更高的要求。

建筑现代化和房屋建筑现代化有赖于建筑技术的进步,而建筑技术的进步与建筑材料有着密切关系,如房屋结构、建筑功能、施工工艺的进步很大程度上取决于建筑材料。因此积极发展具有较好性能的结构、墙体材料,保温隔热材料,防水密封材料和装饰、装修材料等,是促进建筑技术进步的重要条件之一。因而,大力发展各种新型建筑材料,有利于促进建筑技术的进步,推动建筑业现代化。

(6)改善工作、学习、生活环境,适应人们生活水平的不断提高

随着城乡人们生活水平的提高,相应地开始追求优美、舒适的工作、学习、生活环境。城镇住宅建筑在继续扩大人均居住面积的同时,对逐步提高房屋标准也提出了要求。主要是改善房屋的使用功能和装饰、装修质量以及增加有关设施;城市居民迁入新居前,自己花钱装修住宅已很普遍。而这些都要有相应的各种新型建筑材料予以满足。

1.5　国内外新型建筑材料发展状况与比较

我国新型建材工业是伴随着改革开放的不断深入而发展起来的,从 1979 年到 1998 年是我国新型建材发展的重要历史时期。经过 20 年的发展,我国新型建材工业基本完成了从无到有、从小到大的发展过程,在全国范围内形成了一个新兴的行业,成为建材工业中重要产品门类和新的经济增长点。

(1)新型墙体材料

新型墙体材料经过自主开发和引进国外生产技术和设备,开始走上多品种发展的道路,已初步形成传统黏土砖比重不断下降、砌块与板材迅速增长的墙体材料产品结构新格局。新型墙体材料在墙体材料总量中的比例由 1987 年的 4.58% 上升到 1997 年的 25.2%。目前,砖依然是墙体材料的主导产品,且实心黏土砖、黏土空心砖产量仍很大,掺废渣的黏土砖、非黏土砖所占比例偏低。砌块在"八五"期间以年均 20% 的速度增长,轻质板材从 20 世纪 70 年代后期开始

获得了较快的发展,尤其纸面石膏板发展较快,具有高强、质轻、节能、防火、隔音、耐久等功能的复合轻质板也得到了发展。但代表墙体材料现代化水平的各种轻板、复合板所占比例还不到整个墙体材料总量的1%,与工业发达国家相比,相对落后40~50年。国内新型墙体材料的产品质量从总体上讲还不能完全适应建筑业发展的需要,与工业发达国家相比有较大差距。墙体材料与建筑物相关的主要问题,如抗震、抗裂、保温隔热墙体构造,节点部位处理等方面研究尚不够深入,对生产、设计、施工缺乏理论指导,在一定程度上阻碍了新型墙体材料的推广应用。由于利废政策法规贯彻执行力度不力,可操作性不强,企业经济效益不好、积极性不高。

在工业发达国家,上世纪50年代已完成了从实心黏土砖向各种轻质、高效能、多功能的墙体材料的转变,形成了以新型墙体材料为主,常规墙体材料为辅的产品结构,实心黏土砖在发达国家所占墙体材料的比重一般不超过5%。美国和日本建筑砌块已成为墙体材料的主要产品,分别占墙体材料总量比例的34%和33%。欧洲国家中,混凝土砌块的用量占墙体材料的比例约在10%~30%之间。美国是纸面石膏板最大的生产国,目前的年产量已超过20亿平方米。日本自20世纪60年代以后形成大规模生产,目前的年产量为6亿平方米。国外的灰砂砖目前朝着空心化和大型化方向发展,德国是灰砂砖应用比较好和使用量较大的国家,年产量55亿块左右,灰砂砖占砌筑墙体材料总量的比例仅次于黏土砖(41%),达32%。加气混凝土的性能进一步向轻质、高强、多功能方向发展。在原料方面,加大了对粉煤灰、炉渣、工业废石膏、废石英砂和高效发泡剂的利用。国外轻板的生产从原料处理、生产过程到成品包装基本或全部实现了机械化、自动化生产和计算机控制,并向规模大型化发展,因此,其成本低、劳动生产率高,如纸面石膏板生产线规模已发展到5000万 m^2/a,甚至8000万 m^2/a,线速度高达120m/min,国内研制的2000万 m^2/a 石膏板生产线,线速度仅为43m/min左右。国内GRC平板生产线,年产量一般为20万 m^2/a,最高的也仅50万 m^2/a。而德国的 Well-crete 法与 Topcrete 法制 GRC 板生产线的年产量则可达300~350万 m^2/a,相当于国产线的6~17倍。

(2)保温隔热材料

1980年以前,国内保温隔热材料的发展十分缓慢,进入20世纪80年代以后,才获得了较快的发展和比较广泛的应用,已发展成为品种比较齐全、初具规模的保温材料和技术体系。全国从事保温隔热材料的企业事业单位约1500家,年总产量约80万 t,其中矿岩棉约20万 t,玻璃棉约4t,泡沫塑料约5万 t,膨胀珍珠岩约600万 m^3(约合45万 t),其他材料6万 t。

在西欧、北欧、美国、日本,新建住宅一定要符合建筑保温的要求,旧楼房在翻修过程中,屋顶、外墙、门窗要增加保温的功能。因此,西方发达国家保温材料的生产和应用量非常大,目前美国保温材料总产量已达 500 ~ 600 万 t,前苏联总产量已超过 300 万 t。国外保温隔热材料以矿(岩)棉、玻璃棉产品及泡沫塑料为主,美国、日本等国家矿棉、玻璃棉用量约占保温材料总产量的 80%,而我国保温材料目前仍以膨胀珍珠岩为主,矿(岩)棉、玻璃棉产量比例很低。

我国保温材料工业的生产工艺整体水平和管理水平需进一步提高,产品质量不够稳定,保温材料在建筑中的应用技术研究与开发多年来进展缓慢,严重地影响了保温材料工业的健康发展,在国外保温隔热材料的最大用户是建筑业,约占产量的 80%,而在我国建筑业市场尚未完全打开,其应用仅占产量的 10%。

(3)新型防水、密封材料

我国建筑防水、密封材料在 20 世纪 50、60 年代基本上是纸胎油毡一统天下的局面。经 20 多年的努力,获得了较大发展,到目前为止已基本上发展成为门类较为齐全、产品规格档次多样、工艺装备开发已初具规模的防水材料工业体系。目前拥有包括沥青油毡(含改性沥青油毡)、合成高分子防水卷材、建筑防水涂料、密封材料、堵漏和刚性防水材料等五大类产品,建筑密封材料从品种上说已比较齐全。1997 年新型建筑防水材料产量约为 7670 万 m^2,市场占有率约为 19.17%,1998 年约为 27%。

工业发达国家在防水材料中,已大量使用聚酯胎油毡、玻璃纤维胎油毡,西欧的纸胎油毡 1994 年仅占 13%,2000 年下降到 10%,英国甚至已从国家标准中取消了纸胎油毡,并已发展成为改性沥青油毡和高分子防水卷材为主导产品的产品结构。意大利改性沥青油毡和高分子防水卷材的市场占有率已为 97%,法国为 93% ~ 95%,英国为 80% ~ 85%,德国为 86% ~ 91%,美国为 88% ~ 95%。

(4)建筑装饰装修材料

我国建筑装饰装修材料的发展,虽然起步较晚,但起点较高,20 世纪 80 年代以来,国内自行研制开发了大量的新型建筑装饰装修材料,同时从国外引进了 2000 多项建筑装饰装修材料生产技术和装备,从而使国内建筑装饰装修材料的发展水平向国际先进水平靠近了一大步。建筑装饰装修材料花色品种已达 4000 多种,1996 年主要产品产量为:壁纸、墙布 2.1 亿 m^2,塑料地板 3600 万 m^2,建筑涂料 65 万 t,塑料管道 9 万 t,塑料门窗近 1000 万 m^2,化纤地毯 450 万 m^2。目前三星级的宾馆装饰装修基本做到自己生产,四至五星级宾馆的装饰装修有 30% ~ 40%可以做到自给。与国外相比,我国生产企业规模偏小,产品质量不稳定,款色旧,档次低,配套性差,市场竞争能力弱;科研开发力量不足,产品更新换代能力弱,不能适应市场需求;产品结构不合理,中、低档产品比例大,高档材料比重低,不能满足高档建筑装饰装修的需求。

　　国外主要发展建筑涂料、壁纸壁布、塑料管道、塑料门窗等。近年来,无机高分子涂料受到各国重视,日本将其列为低公害产品加以发展,欧美国家也大力推广。新型高档涂料不断出现,如氟树脂涂料、自干型氟树脂涂料等。国外还相继出现了防水涂料、防潮涂料、杀虫涂料、高亮度光涂料、防海水侵蚀等功能性涂料。壁纸壁布发展方向主要是增加花色品种和改善性能,抗污染性、颜色的稳定性、可剥离性、抗霉菌性等越来越受到重视。塑料管道在建筑中的应用日益广泛,已成为塑料在建筑中应用量最大的产品。20 世纪 80 年代以后,发达国家加强了塑料管品种的研究开发,并注重改善管材的性能,开发出了双壁波纹管、异型塑料管、高抗冲击管及塑料与金属的复合管,提高了产品的刚性、耐压性和耐温性,提高了塑料管的市场竞争力。今后国外塑料管的开发重点将放在提高生产效率、降低成本和拓展应用领域等方面。塑料门窗具有保温节能、外形美观、尺寸稳定、密封性好等许多优点,在许多国家都得到大力的推广应用。德国是最早采用塑料门窗的国家,塑料门窗的应用比例也最高,目前已经超过木门窗的用量,占全部门窗市场的 50% 以上,奥地利、英国、法国、加拿大、韩国的市场比例在 30% 以上。各国的应用比例今后还会继续增加。美国的塑料门窗起步晚于西欧各国,但目前的发展速度很快,年均增长量在 10% 以上。今后国外的塑料门窗将进一步朝着绝缘性、多种颜色、视觉的触觉性良好的方向发展。

1.6　新型建筑材料教学要求和目的

　　本课程是土木工程专业和建筑学专业的一门选修课。其任务是使学生扩大关于新型建筑材料和新型装修材料方面的知识,通过对新型建材的生产工艺、性能特点,选择使用及施工要点等内容的讲授,培养学生在今后的工作实践中能合理选用各种新型建材的能力。

　　从社会大角度来说,新型建材产品的社会价值只有在建筑上得到应用之后,才能最终体现出来,所以建筑业是建材工业的主要服务对象。因此,需要建材建工相互配合,共同联手才能促进新型建材健康向前发展。如节能建筑要通过新型墙体屋面材料、节能门窗、优质保温隔热材料等采用和配套的设计与施工才能加以实现。

　　又如国内屋面防水工程渗漏原因调查结果是:材料产品质量约占 25% ~ 30%,设计和施工质量约占 50% ~ 60%,管理不当占 10% 左右。由此表明:光有好的防水材料是不够的,还必须有好的设计、施工和管理相配合。也就是说,新型建筑材料只有和建筑设计、建筑施工以及物业管理联手,紧密配合,切实解决产品品种问题、质量问题、配套问题、施工中的各种技术问题以及物业管理中的有关问题,一种新产品、新技术才能得到顺利的发展,才能在建筑工程中逐渐推广开来。

在建筑工程中最大限度地采用各种新型建筑材料是建材、建工部门的共同愿望。新型建筑材料20多年来的发展历程中,建材、建工部门紧密配合,携手并进,有力地促进了我国新型建筑材料的迅速发展。新世纪里建材、建工部门在原有基础上更要相互做好配合工作,为促进我国新型建筑材料更好、更快地发展做出更大贡献。

第2章
混凝土矿物外加剂

　　混凝土矿物外加剂(即掺和料)是指以氧化硅、氧化铝和其他有效矿物为主要成分,在混凝土中可以代替部分水泥、改善混凝土综合性能,且掺量一般不小于5%的具有火山灰活性或潜在水硬性的粉体材料。常用品种有粉煤灰、磨细水淬矿渣微粉(简称矿粉)、硅灰、磨细沸石粉、偏高岭土、硅藻土、烧页岩、沸腾炉渣等矿物材料。随着混凝土技术的进步,矿物外加剂的内容也在不断拓展,如磨细石灰石粉、磨细石英砂粉、硅灰石粉等非活性矿物外加剂在混凝土制品行业也得到广泛应用。特别是近年来研制和应用的复合矿物外加剂,可以说是混凝土技术进步的一个标志。生产和应用实践证明,采用两种或两种以上矿物原料复合,并掺入各种改性剂,可以达到优势互补,比单一品种更有利于改善混凝土综合性能。

　　混凝土矿物外加剂的应用,正如水泥生产中应用混合材料一样,在早期可以说主要是为了节约水泥。因此,在名称上有"掺和料"、"掺合料"、"细掺料"等。随着研究和应用的不断深入,人们发现混凝土矿物外加剂不仅能节约水泥,更重要的是能改善混凝土的综合性能,从现代混凝土技术的发展来说,已成为不可缺少的重要组分。因此在国外有将粉煤灰等矿物外加剂称为"第四组成材料",即砂、石、水泥、矿物外加剂四种固体材料。在我国也早在20世纪90年代初提出了"第六组分"的概念,即砂、石、水泥、水、化学外加剂和矿物外加剂。1990年由美国正式提出的"高性能混凝土(HPC)"是一种新型高技术混凝土,其基材中掺有活性掺合料(早期主要以硅灰为主),以降低水泥用量,通过掺加高效减水剂,使得拌合用水量和水胶比降低,从而得到高耐久的混凝土。这极大地满足了节约水泥,提高混凝土性能的目的,因此 HPC 立即受到世界混凝土科学和工程界的极大兴趣,被誉为"21 世纪混凝土"。随着高强高性能混凝土的推广应用,明确提出了"矿物外加剂(Mineral admixtures)"的概念,在 2002 年发布实施的《高强高性能混凝土用矿物外加剂》(GB/T 18736—2002)中正式启用了这一名称。对高强高性能混凝土来说,化学外加剂和矿物外加剂起着同等重要的作用。

矿物外加剂在混凝土中的主要功能有:

(1)改善混凝土的和易性

大部分矿物外加剂具有比水泥更细的颗粒,能填充水泥颗粒间的孔隙,比表面积大,吸附能力强,因而能有效改善混凝土的粘聚性和保水性。其中矿粉、沸石粉、磨细石灰石粉和石英砂粉在掺量适当时,还能提高混凝土的流动性。粉煤灰中由于含有部分玻璃微珠,细度和掺量适当时也能提高混凝土的流动性。

部分矿物外加剂能有效降低混凝土的粘性和内聚力,从而改善混凝土的可泵性、振捣密实性及抹平性能。

(2)降低混凝土水化温升

粉煤灰、沸石粉和非超细磨的矿粉等能降低混凝土的水化温升,推迟温峰出现时间。对大体积混凝土的温度裂缝控制十分有利。

(3)提高早期强度或增进后期强度

部分矿物外加剂,如硅灰和偏高岭土等能有效提高混凝土早期强度。经超细磨的微矿粉也能提高混凝土的早期强度。而粉煤灰、沸石粉等则早期强度可能略有下降,而后期强度增进速度快。

(4)改善内部结构,提高抗腐蚀能力

由于矿物外加剂的细骨料填充效应和后期水化作用,一方面能改善混凝土的孔结构,使孔结构细化,均匀性增加、密实度提高,从而提高抗腐蚀能力。另一方面,由于矿物外加剂改变了水泥的部分水化产物和结构,如氢氧化钙晶体量减少,而水化硅酸钙等凝胶体增加,从而提高混凝土的抗腐蚀能力。再者,偏高岭土、硅灰、沸石粉等对钾、钠和氯离子具有极强的吸附能力,从而有效抑制混凝土的碱-骨料反应和提高对钢筋的保护作用。

(5)提高混凝土的抗裂性能

有大量试验研究表明,粉煤灰、矿粉和沸石粉减小混凝土的早期收缩,提高抗裂性能。偏高岭土使混凝土的冲击韧性得以改善。

(6)提高混凝土的耐久性

矿物外加剂提高混凝土的抗腐蚀性和抗裂性是提高混凝土耐久性的表现之一。另一方面,细粉料还能提高混凝土的抗渗性能、抗冻性能。

当然,由于矿物外加剂降低了混凝土的碱性,在一定程度上会降低混凝土的抗碳化性能,以及对钢筋的保护作用。但这一点可以通过提高混凝土密实性和细化孔结构等得以补偿。

2.1　粉煤灰

粉煤灰(fly – ash)是指煤粉炉燃烧煤粉时,从烟道气体中收集到的细颗粒粉末。依燃煤品种的不同,粉煤灰分为褐煤灰、烟煤灰及无烟煤灰。通常将燃烧褐煤或次烟煤所收集到的粉煤灰定义为高钙粉煤灰(C 级灰,CaO 含量高于 10%),高钙粉煤灰呈黄色至浅黄色,除具有火山灰活性外,同时还具有某些胶凝性或潜在水硬性;燃烧烟煤和无烟煤所得的粉煤灰因氧化钙含量较低,被称为低钙粉煤灰(F 级灰),低钙粉煤灰色灰或暗灰,仅具有火山灰活性,我国的粉煤灰多数属于此种,应用技术也最成熟。此外,应注意的是我国电厂在燃煤过程中通常会采用添加石灰石粉以达到脱硫的目的,这部分粉煤灰的 CaO 含量也较高,但不应认为是高钙粉煤灰,一般定义为“增钙粉煤灰”或“改性粉煤灰”。磨细粉煤灰(pul-verized fly – ash)是指干燥的粉煤灰经粉磨加工达到规定细度的粉末。粉磨时可添加适量的助磨剂。

粉煤灰是一种火山灰质材料。一种材料单独调水后本身并不硬化,但与石灰或与水泥水化生成的 $Ca(OH)_2$ 作用生成水化硅酸钙和水化铝酸钙,这种性能称为火山灰活性。

一、粉煤灰的技术性能和作用机理

粉煤灰中含有大量直径以 μm 计的实心或中空玻璃微珠,以及少量的莫来石、石英等结晶物质。原状粉煤灰的细度与电厂所用煤粉细度及收尘装置有关。含碳量则与锅炉性质及燃烧技术有关。原状粉煤灰的颗粒级配与活性均不尽理想,只有少量电除尘收集的或经过分级风选的 I 级粉煤灰性能优异。对于颗粒较粗的粉煤灰,通常采用粉磨技术,以进一步提高粉煤灰的细度,提高强度活性,并改善颗粒级配,降低需水量比。

粉煤灰的主要化学成分为 SiO_2、Al_2O_3、Fe_2O_3、CaO 等,约占粉煤灰总量的85%左右,共同构成 CaO—Al_2O_3—SiO_2 矿物体系,一般呈球状铝硅玻璃珠状,粒径为:$1 \sim 50\mu m$,比表面积可达 $300 \sim 600m^2/kg$(水泥的比表面积 $300 \sim 350m^2/kg$),具有较大的吸附作用,能与水泥熟料矿物共同反应,形成水硬性化合物,通常作为活性细掺料掺入混凝土中形成粉煤灰混凝土,是一种有效的再生资源。

粉煤灰作为矿物外加剂的应用研究,可追溯到 20 世纪 30 年代,美国学者

R.K.Davis 等进行了粉煤灰在混凝土中应用的研究。1948 年~1953 年美国垦务局在建造蒙大拿州的俄马坝工程时,大量应用了芝加哥的粉煤灰取得了预期的改善性能和节约水泥的优良效果。此后,许多国家在大坝工程中广泛应用粉煤灰。

我国从 1958 年上海的地下工程中采用粉煤灰混凝土,1959 年三门峡水利枢纽工程中大量利用粉煤灰以来,为了推动和促进粉煤灰的利用,国家和地方制订了一系列鼓励粉煤灰资源综合利用的政策,并在粉煤灰应用技术方面进行各种性能的实验研究,取得了一定的成果。粉煤灰能赋予混凝土新的技术性能,按材料学的观点,宏观性能取决于微观结构,而粉煤灰混凝土的微观结构主要取决于粉煤灰效应。

粉煤灰作为混凝土的矿物外加剂,在水泥基混凝土中的主要作用机理有:

1. 火山灰活性效应

由于粉煤灰具有无定型玻璃体形态的活性 SiO_2、Al_2O_3,且比表面积大,这些成分能与水泥水化过程中析出的氢氧化钙缓慢进行"二次反应",在表面生成具有胶凝性能的水化铝酸钙、水化硅酸钙等凝胶物质,填充在骨料之间形成紧密的混凝土结构。同时氢氧化钙的消耗使水泥石的碱度降低,在此环境中更有利于水化铝硅酸盐的形成。从而使后期强度增长较快,甚至超过同级别的混凝土强度值。

2. 微骨料效应

混凝土在微观结构上是非匀质体,理论上,粗骨料的空隙由细骨料填充,细骨料的空隙由水泥浆填充,水泥颗粒的空隙则由水和水泥水化产物及毛细孔填充。由于满足混凝土施工和易性的需要,实际用水量比水泥水化理论需水量多得多,再加上水泥在若干年之内不可能完全水化,因此,凝胶孔和毛细孔是大量的,孔隙率占凝胶体的 25%~30%,而粉煤灰,特别是经粉磨的超细灰,具有极小的粒径,在水泥水化过程中,均匀分散于孔隙和凝胶体中,起到填充毛细管及孔隙裂缝之中,改善了孔结构,提高了水泥石的密实度。另一方面,未参与水化的颗粒分散于凝胶体中起到骨料的骨架作用,进一步优化了凝胶结构,改善了与粗细骨料之间的粘结性能和混凝土的微观结构,从而改善混凝土的宏观综合性能。

3. 形态效应

由于粉煤灰含大量的球状玻璃微珠,填充在水泥颗粒之间起到一定的润滑作用,因此,优质粉煤灰的需水量比小于 100%,即达到同样流动性时可以降低用水量。另一个重要的原因是,在混凝土流动性相同时,掺粉煤灰的混凝土比不掺的内摩擦阻力减小,更容易泵送施工和振捣密实。特别是在掺减水剂或泵送剂的混凝土中,这一特性更加显著。当粉煤灰超量取代水泥,并用超量部分粉煤灰取代等体积的砂,混凝土的和易性得到进一步改善。

二、粉煤灰的质量指标

根据国家标准《用于水泥和混凝土中的粉煤灰》(GB 1596—91),粉煤灰的主要质量指标有细度、烧失量(含碳量)、需水量比、三氧化硫含量,根据质量指标分为三个等级,见表2.1。标准中同时规定了各项技术指标的检验方法。

表 2.1　粉煤灰质量指标

粉煤灰等级	细度(45μm)方孔筛筛余(%)	烧失量(%)	需水量比(%)	SO₃含量(%)
Ⅰ级	≤12	≤5	≤95	≤3
Ⅱ级	≤20	≤8	≤105	≤3
Ⅲ级	≤45	≤15	≤115	≤3

注:1. Ⅲ级粉煤灰主要用于素混凝土,一般不宜用于钢筋混凝土,当用于钢筋混凝土时,必须经过试验验证。

　　2. 高钙粉煤灰的游离氧化钙含量不得大于 2.5%,且体积安定性检验必须合格。

细度以 $0.045\mu m$ 方孔筛的筛余量表示,也可用比表面积表示。粉煤灰细度越大,小于 $45\mu m$ 的颗粒越多,减水效应提高,填充效应和活性效应也提高。烧失量是指粉煤灰中未燃尽碳粒所占的比例,粉煤灰中碳含量大,主要降低粉煤灰的减水效应和活性效应,需水量比是指达到相同胶砂流动度时,受检胶砂的需水量与基准胶砂需水量的比(参见 GB/T18736—2002《高强高性能混凝土用矿物外加剂》的规定),需水量比小,表明粉煤灰的减水效应高,有利于提高新拌混凝土和砂浆的和易性。火山灰活性指数是指在相同流动度时,相应龄期受检胶砂与基准胶砂抗压强度的比,火山灰活性指数越高,表明粉煤灰的火山灰活性效应越强。

与之配套的国家标准是《粉煤灰混凝土应用技术规范》(GBJ 146—90)。由于普通混凝土中掺入粉煤灰后,虽然可以改善混凝土的和易性、提高抗侵蚀性、提高密实度、改善抗渗性等,但由于粉煤灰的水化消耗了 $Ca(OH)_2$,降低了混凝土的碱度,因而影响了混凝土的抗碳化性能,减弱了混凝土对钢筋锈蚀的保护作用。为了保证混凝土结构的耐久性,GBJ 146—90 中规定了粉煤灰的最大限量,见表2.2。

表 2.2　粉煤灰取代水泥的最大限量(GBJ 146—90)

混凝土种类	粉煤灰取代水泥的最大限量(%)			
	硅酸盐水泥	普通水泥	矿渣水泥	火山灰水泥
预应力钢筋混凝土	25	15	10	—
钢筋混凝土,高强度混凝土,高抗冻融性混凝土,蒸养混凝土	30	25	20	15
中、低强度混凝土,泵送混凝土,大体积混凝土,水下混凝土,地下混凝土,压浆混凝土	50	40	30	20
碾压混凝土	65	55	45	35

值得探讨的是对普通混凝土适用的粉煤灰质量标准和应用技术规定,对目前普遍采用外加剂的预拌混凝土,特别是针对大量应用的高强高性能混凝土,是否仍然适用?虽然粉煤灰的细度、需水量比和烧失量在一定程度上反映了粉煤灰的活性,但毕竟是间接指标。为此国家标准《高强高性能混凝土用矿物外加剂》(GB/T 18736—2002)中及时提出了磨细粉煤灰的质量指标要求,见表2.3。该标准实际上将 GB 1596—91 中的筛余量调整为比表面积,这样更能直接反映粉煤灰的性能。另一方面,增加了活性指数,粉煤灰的重要应用指标得以直接反映。

表 2.3 《高强高性能混凝土用矿物外加剂》中的粉煤灰质量指标

指标	化学性能				物理性能			活性指数	
	MgO(%) ≤	SO_3(%) ≤	烧失量 (%)≤	氯离子 (%)≤	比表面积 (m^2/kg)≥	含水率 (%)≤	需水量比 (%)≤	7d(%) ≥	28d(%) ≥
Ⅰ级	1	3	5	0.02	600	1.0	95	80	90
Ⅱ级	1	3	8	0.02	400	1.0	105	75	85

澳大利亚对用于水泥的粉煤灰也根据质量指标分为三级。

细灰:75%通过 $45\mu m$ 筛,烧失量小于 4%;

中灰:60%通过 $45\mu m$ 筛,烧失量小于 6%;

粗灰:40%通过 $45\mu m$ 筛,烧失量小于 12%。

从中可看出,细灰和中灰对应我国的Ⅰ级、Ⅱ级粉煤灰,其对细度的要求较低,而对烧失量的要求较高。

美国则根据 CaO 含量将粉煤灰分为低钙灰(F)和高钙灰(C)两类:

低粉煤灰:无烟煤或烟煤的粉煤灰,$SiO_2 + Al_2O_3 + Fe_2O_3$ 含量大于 70%。

高粉煤灰:褐煤或亚烟煤的粉煤灰,$SiO_2 + Al_2O_3 + Fe_2O_3$ 含量大于 50%。

三、粉煤灰对混凝土性能的影响

1. 对新拌混凝土性能的影响

粉煤灰对混凝土和易性的影响是多重性的,单从流动性指标来看,品质优良的Ⅰ级粉煤灰,可以提高混凝土的流动性,但Ⅲ级粉煤灰则使混凝土流动性下降,见图2.1。这一规律对不掺外加剂的混凝土和掺化学外加剂的混凝土是相似的。

粉煤灰的形态效应和微骨料效应直接影响混凝土的流动性,即玻璃微珠的含量、细度是影响流动性的内因,这一点与锅炉形式、收尘方式等相关。另一方面,粉煤灰中的含碳量(即烧失量)对流动性也有直接影响。特别是当掺化学外加剂时,由于碳粒对外加剂的吸附作用较强,导致外加剂的作用效果下降,混凝土流动性会受到严重影响。

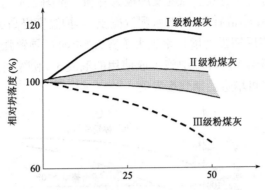

图 2.1　粉煤灰取代量对混凝土坍落度的影响(%)

不同等级粉煤灰对混凝土的扩展度和坍落度桶流出时间的影响,与对坍落度的影响规律基本相似。但在外加剂作用下的流动性则反映出较大差异。若用维勃稠度表示,几乎所有的Ⅱ级粉煤灰在掺量 30% 以内时,均使流动性提高。Ⅲ级粉煤灰只有当掺量大于 15% 时,才使流动性下降。另有大量试验研究和实践证明,当混凝土坍落度相同时,掺粉煤灰混凝土在振捣棒或平板振动器作用下更容易振捣密实,特别是对低流动性混凝土,这一特性更加突出。

从粉煤灰混凝土流变学特性可知,由于玻璃微珠的形态效应和细粉料的微骨料效应,粉煤灰的掺入使新拌混凝土的内摩擦角和粘滞系数减小,从而其运动阻力减小,因而混凝土的可泵性大大改善。上海东方明珠电视塔和金贸大厦泵送混凝土施工时均掺入了大量粉煤灰,其中主要目的之一就是为了改善混凝土的可泵性。

原状灰有可能增大混凝土的泌水性,而磨细粉煤灰通常能减小混凝土的泌水性。掺入粉煤灰后,混凝土的凝结时间通常延长,且随掺入量增加而增加。

2. 对混凝土强度的影响

粉煤灰对混凝土强度的影响,根据粉煤灰品质不同,其影响规律略有不同。对优质的Ⅰ级粉煤灰来说,在掺入量小于 10% 时,不仅强度提高,而且早期强度也不下降。但当掺量超过一定值后,混凝土早期强度略有下降,但后期强度仍可高于不掺粉煤灰的基准混凝土,见图 2.2。但这一规律还受到水灰比和养护温度的影响。当水灰比较小时,低掺量粉煤灰对强度影响较显著,对高掺量粉煤灰影响率下降。而水灰比较大时,情况恰好相反。

养护温度对掺粉煤灰混凝土强度发展规律的影响应引起重视。温度较低时,粉煤灰严重影响混凝土强度的发展,不仅影响早期强度,后期强度也下降。而当养护温度提高时,特别是对大体积混凝土,水化温升使混凝土内部温度达

60℃以上,对掺粉煤灰混凝土强度发展极为有利。见图 2.3。这是因为湿热养护对粉煤灰活性激发非常有利,而对水泥混凝土,养护温度提高虽然也有利于早期强度的发展,但使后期强度增长率大大下降,严重时可导致强度倒缩。因此,对大体积混凝土、高温高湿环境中施工或使用的混凝土,粉煤灰的掺入,不仅可保证早期强度,而且可增进后期强度发展。

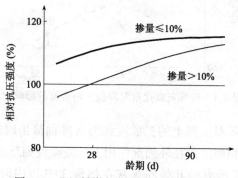

图 2.2　Ⅰ级粉煤灰对混凝土强度的影响

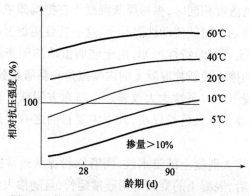

图 2.3　养护温度对粉煤灰混凝土强度的影响

　　Ⅱ级粉煤灰是目前工程上用量最大的粉煤灰品种,对混凝土强度的影响规律基本与Ⅰ级灰相似。只是早期强度比Ⅰ级灰更低,即使掺量较小时,早期强度通常也低于基准混凝土。另一方面,由于Ⅱ级粉煤灰相对强度活性较小,对混凝土强度的贡献率低于Ⅰ级粉煤灰,因此,在配合比设计时通常采用超量取代法(详见 GBJ 146—90),以保证混凝土的后期强度。而Ⅰ级灰一般不需要超量取代。

　　Ⅲ级灰也可以在混凝土工程中使用,但一般只用于低强度等级的混凝土结构,很少用于高强度等级的混凝土结构,特别是预应力混凝土结构。但当粉煤灰仅仅是因为细度超标,而烧失量和需水量比较小时,对混凝土性能的改善作用还是较大的,尤其是采用掺外加剂的泵送混凝土,对改善可泵性、降低水化热和增进后期强度还是有利的。

3. 对混凝土耐久性的影响

粉煤灰对混凝土耐久性的影响主要反映在抗冻性、抗渗性、抗硫酸盐腐蚀性、抗碳化和对钢筋的保护作用等方面。

(1)对抗冻性的影响

粉煤灰对混凝土抗冻性的影响,在认识上有两个阶段。在普通混凝土中掺入原状粉煤灰(通常为Ⅱ级粉煤灰),由于混凝土强度低、水灰比大、不掺减水剂或引气剂,又是在 20℃这样一个对粉煤灰混凝土来说养护温度相对偏低的"标准条件"下养护,因而得出的结论是随着粉煤灰掺量增加,混凝土的抗冻性下降。

但随着现代混凝土技术的进步,特别是减水剂或引气型减水剂的普遍应用,水灰比不断下降,混凝土强度等级提高,此时,掺粉煤灰的混凝土与普通混凝土具有完全相同的抗冻性。有研究表明,当配合比设计合理、养护条件适当并采用优质粉煤灰,混凝土的抗冻性随着粉煤灰掺量的增加而提高。

从粉煤灰对抗冻性影响的内部机理来看,可以理解为活性效应减少了氢氧化钙,使之不至于因浸析而扩大冰冻劣化所产生的孔隙;形态效应使混凝土用水量减少,有利于减少孔隙和毛细孔;而填充效应可减少泌水量,使孔隙细化,有助于使引气剂产生的微细气孔分布均匀,从而改善混凝土的抗冻性能。

因此,只要粉煤灰质量合适、配合比设计合理、养护得当,特别是采用引气型减水剂,降低水灰比,粉煤灰对混凝土的抗冻性无不利影响,甚而可以通过减少体积变形、减少裂缝及粉煤灰的三大效应,使抗冻性得以改善。

(2)对抗渗性的影响

粉煤灰对混凝土抗渗性影响的认识过程与抗冻性相似。高水灰比、低强度混凝土中掺粉煤灰使抗渗性下降。而在低水灰比、高强度混凝土中,特别是掺减水剂或引气剂时,粉煤灰能提高混凝土的抗渗性。

优质粉煤灰的微骨料效应能够改善混凝土界面结构,使渗透通道比基准混凝土的更加弯曲;火山灰反应生成的水化硅酸钙(C—S—H 凝胶)能进一步填塞水泥石中的毛细孔隙,堵塞渗水通道,增强混凝土的密实性,增大了渗透阻力;同时其孔径分布与基准混凝土相比,大孔数量减少,其渗透系数也减小。有研究表明,高掺量粉煤灰混凝土的渗透系数可降低至 $1.6 \times 10^{-14} \sim 5.7 \times 10^{-13} \, \text{m/s}$。随着混凝土龄期增长,粉煤灰的火山灰活性进一步发挥,粉煤灰混凝土的抗渗性能提高更大。

(3)对抗硫酸盐腐蚀的影响

在混凝土中掺入粉煤灰,能减少水泥用量,即减少了由水泥带入的 C_3A 含量,同时减少了水泥水化生成的 $Ca(OH)_2$ 量,从而减少了与侵蚀溶液中侵蚀介质反应的 $Ca(OH)_2$ 量。另一方面,粉煤灰的火山灰反应生成的水化硅酸钙填塞了水泥石中的毛细孔隙,增强了混凝土的密实度,也降低了硫酸盐侵蚀介质的侵入与腐蚀速度。使得形成具有膨胀破坏作用的钙矾石反应也相应减少。经过机械活化处理的磨细灰,由于颗粒分布和颗粒度的优化,火山灰活性的提高,其提高抗蚀性能的作用更佳,尤其是长龄期混凝土的耐硫酸盐和海水侵蚀性能进一步提高。美国的科学研究和工程实践表明,抗压强度或其他情况相同时,粉煤灰含量越高,其抗硫酸盐的能力越强。英国建筑科学研究院也建议用粉煤灰提高混凝土的抗硫酸盐腐蚀能力。

(4)抗碳化和对钢筋的保护作用

粉煤灰对混凝土碳化作用有两方面的影响。一是粉煤灰取代部分水泥,使得混凝土中水泥熟料含量降低,析出的氢氧化钙数量必然减少,同时粉煤灰二次水化反应进一步降低 $Ca(OH)_2$ 的含量,使混凝土的抗碳化性能下降,这是不利的一面。二是粉煤灰的微骨料填充效应能使混凝土孔隙细化,结构致密化,渗透速度下降,能在一定程度上减缓碳化速度。但两者相比,粉煤灰的掺入对抗碳化是不利的。因此,需要有其他改进措施。有研究表明,当粉煤灰掺量不大于 40% 时,与矿渣粉复合使用,可以改善抗碳化性能。另一个重要措施是降低水胶比,提高混凝土的密实度。

研究表明,粉煤灰掺量分别为 0%、30%、40%、50%、60% 和 70% 的混凝土 pH值分别为 12.56、12.50、12.46、12.34、12.15 和 12.06,仍高于钢筋混凝土允许的最小pH 值 11.50,足以形成致密的钢筋钝化膜。但钢筋的锈蚀除了混凝土中性化是原因之一外,还与 Cl^- 渗透性、杂散离子的作用等有关,且与微裂缝生成与否关系密切。同济大学的贺鸿珠、陈志源等在青岛小麦岛试验区海水浸泡混凝土构件长达11 年的暴露实验中发现,掺粉煤灰后混凝土的抗钢筋锈蚀能力明显提高。这与先前普遍认为在混凝土中掺加粉煤灰会降低对钢筋的保护作用刚好相反。

通常认为,在水化早期,粉煤灰的火山灰反应程度低,粉煤灰-水泥体系孔结构较疏松,CO_2、O_2、水分等入侵阻力小,因此碳化速度快、相对碳化深度与钢筋锈蚀量也较大。水化后期,"粉煤灰效应"使混凝土的密实度提高,降低了混凝土的孔隙率,改善了孔结构,大大阻碍 CO_2、O_2、水分、Cl^- 向混凝土的扩散,使之不易到达钢筋表面,能提高混凝土护筋性。有研究结果表明,粉煤灰掺量为 10% 时护筋性提高 0.5 倍;掺量为 20% 时护筋性可提高 1.25 倍;掺量为 30% 时,可提高到 1.5 倍以上。且水胶比越小,护筋性越强。此外,掺加粉煤灰还能抑制杂散电流对钢筋的锈蚀作用。

4. 对水化热的影响

粉煤灰能降低水化热和混凝土水化温升,并极大地推迟温峰出现时间。粉煤灰减少了混凝土中的水化热源,$1m^3$ 混凝土中每 100 kg 纯硅酸盐水泥可使混凝土内部温度升高(8~12)℃。而粉煤灰反应的发热量只有纯硅酸盐水泥的17%,使顶峰温度显著降低,并使达到顶峰温度的时间向后推迟,且随粉煤灰掺量的增加降温效果提高。另一方面,按水泥水化理论,水化温度的降低使水泥水化反应的速度减慢,进一步减慢水化放热速率和推迟放热峰值出现。图2.4是不同粉煤灰掺量的胶砂水化温升曲线。图2.5是不同粉煤灰掺量的胶砂水化放热曲线。

　　因此,大体积混凝土中掺入大量粉煤灰是降低水化热最有效的措施。国内外在水库大坝、堤坝、桥墩和基础大体积混凝土中均大量使用粉煤灰。特别是水库大坝中粉煤灰的使用量有时超过水泥用量。

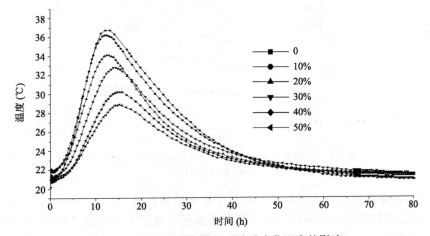

图2.4　不同粉煤灰掺量对胶砂水化温度的影响

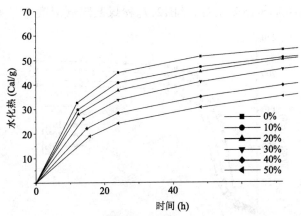

图2.5　不同粉煤灰掺量的水化热—时间曲线

5. 对收缩和抗裂性的影响

(1)粉煤灰对混凝土自收缩的影响

吴学礼等所做的研究结果表明,粉煤灰混凝土的自收缩值与时间的关系,大致呈对数函数曲线(图2.6)关系,与不掺粉煤灰的混凝土相似。随水胶比降低,亦即强度提高,混凝土自收缩值增大。在水胶比为0.32~0.40区间内呈线性关系。同水胶比条件下,掺加粉煤灰能有效降低混凝土的自收缩,掺量越高,降幅越大;早期降幅高于后期。但在同强度条件下,掺量为20%的粉煤灰混凝土自收缩值仍然明显低于基准混凝土。掺量为35%时,早期(3d)自收缩值与后者基本持平,后期(90d)自收缩值比后者高约20%。总的来说,粉煤灰能抑制混凝土的自收缩。

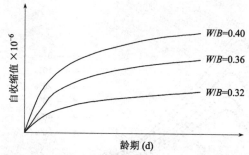

图2.6　粉煤灰掺量为20%~35%时的混凝土自收缩值
(注:W/B为水胶比)

(2)粉煤灰对混凝土早期收缩和总干燥收缩的影响

掺粉煤灰混凝土的早期收缩规律与不掺粉煤灰的基准混凝土相同。在掺减水剂的情况下,大量的收缩主要产生于初凝至24h之间。24h后,收缩速率明显减缓。粉煤灰取代率为10%、30%和50%时,混凝土的早期收缩分别比基准混凝土下降5%、10%和15%左右,见图2.7。粉煤灰降低混凝土早期收缩的主要

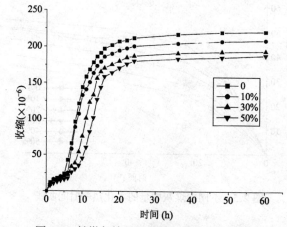

图2.7　粉煤灰掺量对混凝土早期收缩的影响

作用机理可以解释为：粉煤灰的掺入改变了水化过程，使得水化产物和孔结构发生变化，从而改变了凝胶孔水、吸附水、层间水量比例，并最终影响早期收缩。另一方面，由于粉煤灰的等量取代以及二次水化，混凝土内部可溶离子量及可溶离子浓度降低，从而早期收缩减小。另一方面，粉煤灰的掺入延缓了水化进程，也有利于降低早期收缩。

粉煤灰对混凝土总干燥收缩的影响规律与早期收缩相似。若按照我国《混凝土耐久性和长期力学性能试验方法》(GBJ 82—85)规定的标准测试，粉煤灰掺量为 10% ~ 50% 时，28d 和长期干缩率比基准混凝土减小 5% ~ 15%。

(3)粉煤灰对混凝土抗裂性的影响

粉煤灰对混凝土抗裂性的影响主要反映在收缩和温度两个方面。掺粉煤灰混凝土的自收缩、早期收缩和总干燥收缩的减小，对提高混凝土抗裂性是十分有利的。特别是早期收缩的降低，对提高抗裂性更加有利。但粉煤灰，特别是质量较差的Ⅲ级灰和部分Ⅱ级灰会增大混凝土的泌水，且早期强度低，对抗裂性是不利的。当采用优质粉煤灰，且配合比设计合理，养护得当，粉煤灰对混凝土的抗裂性是有改善作用的。

由于粉煤灰能极大地降低混凝土的水化温升并推迟温峰出现时间，因此可以有效抑制温度裂缝的产生。在大体积混凝土施工过程中常掺入粉煤灰，以在水泥水化初期大幅度降低混凝土的最大温升，减小混凝土内外或不同浇筑层的温差，从而减少早期热裂缝的出现几率。特别是在相同施工条件、内外温差、配筋率的条件下，掺入粉煤灰后混凝土具有较小的弹性模量，使得最终由温度引起的约束应力变小，这对限制混凝土的温度裂缝出现是有利的。除此之外，粉煤灰活性效应产生的反应势能，微骨料效应产生的致密势能，形态效应产生的减水势能等，提高了混凝土的极限拉伸值。绝对温升的降低，还有利于减少延时温降引起的温度应力。

2.2　粒化高炉矿渣粉

粒化高炉矿渣粉(blast furnace slag powder)也称为磨细矿渣 (pulverized slag)，简称矿粉。是指粒化高炉矿渣经干燥、粉磨(可以添加少量石膏或助磨剂一起粉磨)达到规定细度并符合规定活性指数的粉体材料。

矿粉是一种具有潜在水硬性的材料。一种材料单独调水本身就能硬化，且能与石灰或与水泥水化生成的 $Ca(OH)_2$ 作用生成水化硅酸钙和水化铝酸钙，这种性能称为潜在水硬性。

一、矿粉的技术性能和质量指标

矿粉的主要化学成分为 SiO_2、Al_2O_3、CaO、MgO 等,其中 SiO_2、Al_2O_3 和 CaO 约占矿粉总量的 90% 左右,除大量玻璃体个,矿渣中还含有钙镁铝黄长石和很少量的硅酸一钙和硅酸二钙等结晶体,因此,矿粉具有微弱的自身水硬性。粒径大于 $45\mu m$ 的矿粉很难参与水化反应,因此,要求用于高强高性能混凝土的矿粉比表面积大于 $400m^2/kg$,以充分发挥其活性,并减少泌水性。日本在 1988 年就开始用超细磨矿粉配制高强混凝土,矿粉比表面积达 $600m^2/kg \sim 1000m^2/kg$,掺量为 30% ~ 50%。

我国在 20 世纪 80 年代以前,矿渣主要用于水泥生产,但由于矿渣的易磨性较差,当与水泥熟料一起粉磨时,矿渣往往较粗,比表面积只能达到 $250m^2/kg$,很难发挥其活性。若要将矿渣磨细到 $45\mu m$ 以下,水泥熟料就会超细磨,使水泥快凝,收缩增大,综合性能下降。因此,进入 20 世纪 80 年代以后,开始研究将矿渣单独粉磨,并应用于混凝土。但由于没有相应的国家或行业标准,推广应用一直较缓慢。

矿粉的质量指标除了与细度紧密相关外,主要取决于各氧化物之间的比例关系。通常用矿渣中碱性氧化物与酸性氧化物的比值 M,将矿渣分为碱性矿渣 ($M > 1$)、中性矿渣($M = 1$)和酸性矿渣($M < 1$)。M 的计算式如下:

$$M = \frac{Cao + MgO + Al_2O_3}{SiO_2}$$

碱性矿渣的胶凝性优于酸性矿渣,因此,M 值越大,反映矿渣的活性越好。

根据我国 GB 203—94,矿渣质量的评价用质量系数表示,其实质也是碱性氧化物与酸性氧化物之比。矿渣的质量系数按下式计算:

$$K = \frac{CaO + MgO + Al_2O_3}{SiO_2 + MnO}$$

根据 2000 年发布实施的国家标准《用于水泥和混凝土中的粒化高炉矿渣粉》(GB/T 18046—2000),矿粉的质量主要按比表面积、活性指数和流动度比分为 S105、S95、S75 三个等级。具体质量指标见表 2.4。

表 2.4 粒化高炉矿渣粉质量指标

项　　目		级　　别		
		S105	S95	S75
密度(g/cm³)	≥		2.8	
比表面积(m²/kg)	≥	450	400	350

续表

项　　目		级　　别		
		S105	S95	S75
活性指数(%)	7d　≥	95	75	55[1]
	28d　≥	105	95	75
流动度比(%)	≥	85	90	95
含水量(%)	≤	1.0		
三氧化硫(%)	≤	4.0		
氧化镁(%)	≤	13.0		
氯离子[2](%)	≤	0.02		
烧失量[2](%)	≤	3.0		

注:(1)可根据用户要求协商提高;
　　(2)选择性指标,当用户有要求时,供货方应提供相关技术数据

随着矿粉生产技术的进步,特别是应用技术的发展,矿粉已成为高强高性能混凝土的重要组分。因此,2002 年,发布实施了《高强高性能混凝土用矿物外加剂》(GB/T 18736—2002),对矿粉的质量指标作了适当完善,见表 2.5。其中最重要的指标是比表面积作了较大的提高。比表面积的测试方法也有所不同,GB/T 18046 采用勃氏比表面积测定仪,这一方法对比表面积值小于 $350m^2/kg$ 的比较合适。GB/T 18736 则建议采用激光粒度分布仪检测,精度和稳定性均相对较勃氏法高。

表 2.5　高强高性能混凝土用矿物外加剂——矿粉质量指标

试　验　项　目			磨　细　矿　渣		
			Ⅰ级	Ⅱ级	Ⅲ级
化学性能	MgO(%)	≤	14		
	SO₃(%)	≤	4		
	烧失量(%)	≤	3		
	氯离子(%)	≤	0.02		
	SiO₂(%)	≥	—		
	吸铵值(mmol/100g)		—		
物理性能	比表面积(m²/kg)	≥	750	550	350
	含水率(%)	≤	1.0		
胶砂性能	需水量比(%)	≤	100		
	活性指数	3d(%)　≥	85	70	55
		7d(%)　≥	100	85	75
		28d(%)　≥	115	105	100

二、矿粉的作用机理

1. 胶凝效应

矿粉中玻璃体形态的活性 SiO_2、Al_2O_3，经过机械粉磨激活，能与水泥水化过程中析出的氢氧化钙进行"二次反应"，在表面生成具有胶凝性的水化铝酸钙、水化硅酸钙等凝胶物质。当掺入适量石膏时，还能进一步生成水化硫铝酸钙，促进强度形成和发展。胶凝效应的产生过程包括诱导激活、表面微晶化和界面耦合。

诱导激活是介稳态复合相在水化过程中相互诱导对方能态，越过反应势垒，使介稳体系活化。其中 Ca^{2+} 和 SO_4^{2-} 是主要的离子。

表面微晶化效应是指凝胶体系中的水化产物，若无外部动力，则只能通过热力学作用在某局部区域形成，即新相只能通过成核才能形成，当有另一复合相存在时，其微晶核作用降低了成核势垒，产生的非均匀成核使水化产物在另一复合相表面沉淀析出，加速了矿粉的水化进程。

界面耦合效应是指矿粉复合体系通过诱导激活、水化硬化形成稳定的凝聚体系，其显微界面的粘结强度与其宏观物理力学性能密切相关。

普通混凝土的浆体与骨料的界面是力学性能的薄弱环节，界面区显微结构研究表明，矿粉的掺入，可改善水泥浆 – 骨料界面区 $Ca(OH)_2$ 的取向度，$Ca(OH)_2$ 的晶体尺寸减小，总含量下降，所有这些均能有效改善界面粘结强度，从而使混凝土的抗折强度提高。

2. 微骨料效应

与粉煤灰的微骨料效应相似。矿粉的最可几粒径在 $10\mu m$ 左右，在水泥水化过程中，均匀分散于孔隙和凝胶体中，起到填充毛细管及孔隙裂缝之中，改善了孔结构，提高了水泥石的密实度。另一方面，未参与水化的颗粒分散于凝胶体中起到骨料的骨架作用，进一步优化了凝胶结构，改善与粗细骨料之间的粘结性能和混凝土的微观结构，从而改善混凝土的宏观综合性能。

经单独粉磨的矿粉，表面粗糙度小于水泥颗粒，因此也具有一定的形态效应，起到减水作用，使混凝土的流动性提高。

三、矿粉对混凝土性能的影响

1. 矿粉对混凝土和易性的影响

一般情况下，矿粉本身并不具有减水作用。但由于矿粉能减小新拌混凝土的屈服应力，因此，在一定程度上可以改善混凝土的和易性。当采用联合粉磨工艺时,特别是经过超细粉磨,矿粉颗粒的棱角大都磨圆,颗粒形态近似于卵石,圆度在 0.2～0.7 之间,而且,颗粒直径越小,越接近于球体,从而增大混凝土的流动性。但是,由于矿粉比表面积大,使需水量增大。

当使用减水剂时,掺矿粉混凝土的流动性明显优于不掺矿粉混凝土。这可能与矿粉的表面特性、吸附性能与水泥不同所致。

矿粉能减小混凝土的坍落度损失,特别是在掺减水剂条件下,其作用效果尤佳。一方面,矿粉可显著降低混凝土的屈服应力,使得初始屈服应力相对较小。大掺量矿粉使水化进程大大推后,减少了水分的消耗。另一方面,矿粉的比表面积大,对水的吸附能力强,改善了混凝土的粘聚性,且泌水量小,水分蒸发速率下降,因此减缓了混凝土的坍落度损失。这一作用效应,随矿粉掺量增加而增强,如图 2.8 所示。

矿粉对混凝土可泵性的影响主要反映在粘聚性较好,因此,在保证混凝土不分层离析的前提下,允许掺矿粉的混凝土具有更大的坍落度值,从而间接改善了混凝土的可泵性,这对高层建筑施工或远距离泵送施工极为重要。

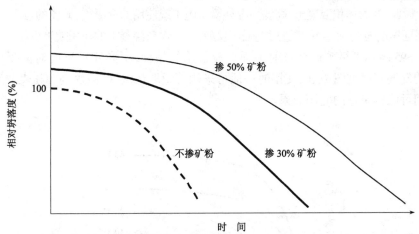

图 2.8　掺减水剂条件下,矿粉对混凝土坍落度及经时损失的影响

2. 矿粉对混凝土强度的影响

矿粉对混凝土强度的影响,根据矿粉等级不同,其影响规律略有不同。对优质的 S105 级和 I 级矿粉来说,在掺入量小于 10%～20% 时,不仅后期强度提高,而且早期强度也不下降。当掺量超过一定值后,混凝土早期强度略有下降,但后期强度高于不掺矿粉的基准混凝土。对 III 级和 S95、S75 级矿粉,早期强度略有下降,如图 2.9 所示。当养护温度提高时,由于矿粉的反应动力学条件增强,加速了矿粉的早期水化进程,对强度发展极为有利。

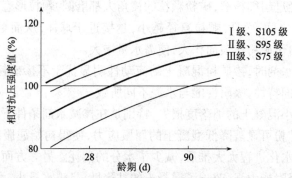

图 2.9　不同矿粉等级对混凝土强度的影响(掺量 30%)

养护温度对掺矿粉混凝土强度发展规律的影响与粉煤灰十分相似。温度较低时,矿粉严重影响混凝土强度发展,不仅影响早期强度,低级别矿粉的后期强度也下降。而当养护温度提高时,特别是对大体积混凝土,水化温升使混凝土内部温度达 60℃以上时,对掺矿粉混凝土强度发展极为有利,即使低级别的矿粉,后期强度也能超过不掺矿粉的混凝土。这是因为湿热养护对矿粉活性激发非常有利。因此,对大体积混凝土、高温高湿环境中施工或使用的混凝土,矿粉的掺入,不仅可保证早期强度,而且可增进后期强度发展,比粉煤灰混凝土的作用效果更佳。

S95 级和Ⅲ级矿粉是目前工程上最常用的品种,不同养护温度对混凝土强度的发展规律见图 2.10,使用时一般可采用等量取代法,与减水剂和粉煤灰复合使用可取得更好的应用效果。

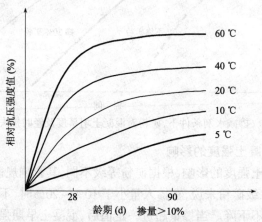

图 2.10　养护温度对矿粉混凝土强度的影响

3. 对耐久性的影响

矿粉对混凝土耐久性的影响主要反映在抗冻性、抗渗性、抗硫酸盐腐蚀性、抗碳化和对钢筋的保护作用等方面。从物理角度出发,掺矿粉的混凝土可形成比较致密的结构,而且通过降低泌水改善了混凝土的孔结构和界面结构,连通毛细孔减少,孔隙率下降,孔半径减小,界面结构显著改善,所有这些均有利于提高混凝土的抗渗性能,从而提高混凝土的抗碳化、抗冻和抗腐蚀性能。

从化学角度来看,混凝土中掺入大量矿粉,减少了水泥用量,降低了 C_3A 含量。二次水化作用,进一步减少了 $Ca(OH)_2$ 的量,抗硫酸盐和海水腐蚀能力大大提高。尤其是长龄期混凝土的耐硫酸盐和海水侵蚀性能进一步提高。国内外研究和工程实践表明,矿粉含量越高,其抗硫酸盐的能力越强,可广泛应用于有防腐和抗硫酸盐侵蚀要求的海洋工程和地下工程。

矿粉对混凝土碳化作用的影响与粉煤灰相似,虽然也受到碱度下降的影响,但由于化学活性比粉煤灰高、混凝土致密性也较高,因此总的抗碳化能力比等掺量的粉煤灰混凝土高,护筋性能也优于粉煤灰。

矿粉能有效抑制混凝土碱-骨料反应。一方面是基于矿粉对碱离子(K^-、Na^-)的物理吸附作用较强,更为重要的是碱度降低、二次水化反应对碱离子的络合作用等等。

4. 对水化热的影响

矿粉能在一定程度上降低水化热和混凝土水化温升,并推迟温峰出现时间,但与粉煤灰相比,降低作用较小。矿粉越细,作用效果越差。超细磨矿粉,当比表面积大于 $800m^2/kg$ 时,矿粉的掺入有可能加速水化反应,增大水化发热量。图 2.11 是比表面积 $500m^2/kg$,不同矿粉掺量时的胶砂水化温度曲线。水化温峰出现时间推迟,且随着掺量增加,水化温峰下降。从水化热试验结果看,如图 2.12 所示,当矿粉较细时,对早期的降低效果随矿粉掺量增大而增加,但对后期(3d 以后)水化热来说,掺矿粉的作用效果并不显著,甚至有超过不掺矿粉混凝土的趋势。这并不影响矿粉在大体积混凝土中的应用。因为根据大量的工程实践,大体积混凝土的最高温峰一般出现在 48h ~ 72h 之间,因此,矿粉对降低混凝土的最大温峰还是有实质性作用的。国内外在水库大坝、堤坝、桥墩和基础大体积混凝土中均大量使用矿粉,以降低混凝土的最大水化温升。

5. 对收缩和抗裂性的影响

(1)矿粉对混凝土自收缩的影响

矿粉对混凝土自收缩的影响与细度密切相关,大量的研究结果表明,当比表面积小于 $400m^2/kg$ 时,矿粉能减小混凝土的自收缩。而当矿粉的比表面积大于 $500m^2/kg$ 时,自收缩值有增大趋势,如图 2.13 所示,虽然这一规律在一定程度受到掺量、水灰比、水泥品种、减水剂掺量和品种及使用环境的影响,试验结果也不完全一致,但这是一个值得进一步研究的内容。

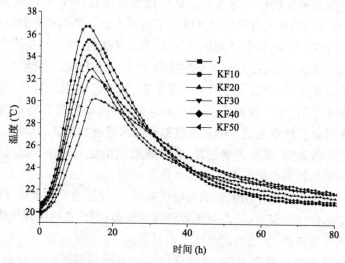

图 2.11　矿粉掺量对胶砂水化温度的影响

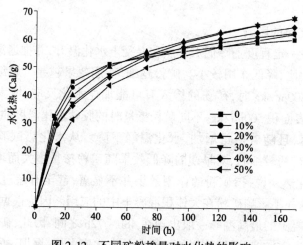

图 2.12　不同矿粉掺量对水化热的影响

(2)矿粉对混凝土早期收缩和总干燥收缩的影响

掺矿粉混凝土的早期收缩规律与掺粉煤灰混凝土基本相同。在掺减水剂的情况下,大量的收缩主要产生于初凝至 24h 之间。24h 后,收缩速率明显减缓。矿粉取代率为 10%、30% 和 50% 时,混凝土的早期收缩分别比基准混凝土下降 8%、15% 和 25% 左右。与掺粉煤灰混凝土相比,在相同取代率时,矿粉降低混凝土早期收缩的作用效果略优,见图 2.14。矿粉降低混凝土早期收缩的主要作用机理与粉煤灰混凝土相似,可以解释为:矿粉的掺入改变了水化过程,使得水化产物和孔结构发生变化,从而改变了凝胶孔水、吸附水、层间水量比例,并最终影

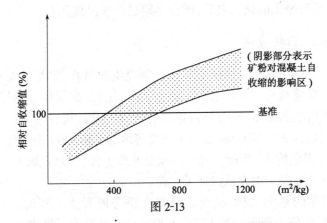

图 2-13

响早期收缩。另一方面,由于矿粉的等量取代以及二次水化,混凝土内部可溶离子量及可溶离子浓度降低,从而早期收缩减小。另一方面,矿粉的掺入延缓了水化进程,也有利于降低早期收缩。

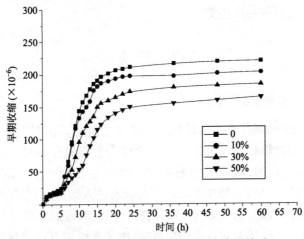

图 2.14　矿粉掺量与混凝土早期收缩的关系

矿粉对混凝土总干燥收缩的影响规律与早期收缩相似。按照我国《混凝土耐久性和长期力学性能试验方法》(GBJ 82—85)规定的标准测试,矿粉掺量为10%～50%时,28d 和长期干缩率比基准混凝土减小 10%～20%。

(3)矿粉对混凝土抗裂性的影响

矿粉混凝土的自收缩、早期收缩和总干燥收缩的减小,对提高混凝土抗裂性是十分有利的。特别是早期收缩的降低,对提高抗裂性更加重要。但 S75 级矿粉会增大混凝土的泌水,且早期强度低,对抗裂性是不利。

由于矿粉能推迟温峰出现时间,在大体积混凝土施工过程中一般均掺入矿粉,这可以降低混凝土的最大温升,减少早期热裂缝出现几率。

四、矿粉的工程应用

矿粉不仅是配制高强高性能混凝土的重要组成材料,也是重点基础设施建设不可缺少的重要材料。机场、码头、路桥、水利工程、高层建筑等等,应用十分广泛。如首都机场航站楼、楼前路桥系统、停车楼的梁、板、柱、墙主体结构混凝土的矿粉掺入量为 20% ~ 40%,混凝土强度等级为 C50、C60,坍落度为 180mm ~ 200mm,混凝土用量约 10 万 m³。北京地铁复八线工程、广州地铁工程、上海金贸大厦基础工程的混凝土中大量掺加了矿粉。

正在建设中的东海大桥、杭州湾跨海大桥等混凝土工程的矿粉掺量均在 30% ~ 50% 之间,作为提高混凝土抗海水腐蚀的主要技术措施之一。

此外,冶金工程中主要作为提高耐热性被用于混凝土中;大型水池、污水处理厂则主要利用矿粉的抗裂性能。

随着对矿粉性能和应用技术研究的不断深入,矿粉的性能将得到进一步改善,其应用领域也会进一步拓宽。

2.3　硅灰

一、硅灰的主要质量指标

硅灰(silica fume)是指在冶炼硅铁合金或工业硅时,通过烟道排出的硅蒸气氧化后,经收尘器收集到的以无定型二氧化硅为主要成分的粉末状产品。在冶炼硅铁合金或工业硅时,高纯度的石英在 2000℃左右的高温下,石英被还原成硅,生产过程中约有 10% ~ 15% 的硅以蒸气状态进入烟道,与空气中的氧重新结合成二氧化硅,绝大部分为无定型二氧化硅,含量达 90% 左右。其他为少量的氧化铁、氧化钙。一般呈青灰色或银白色,在电子显微镜下可以观察到硅灰为非结晶态的球形颗粒,表面光滑。硅灰的相对密度约为 $2.1 \sim 2.3 \text{g/cm}^3$,堆积密度约为 $200 \sim 300 \text{kg/m}^3$。用勃氏法测得的比表面积为 $3400 \sim 4700 \text{m}^2/\text{kg}$,用氮吸附法测得的比表面积为 $18000 \sim 22000 \text{m}^2/\text{kg}$。

硅粉的火山灰活性数可以高达 110%,这与其化学成分有关。硅粉的 SiO_2 含量很高,在 90% 以上,这种 SiO_2 是非晶态、无定型的,易溶于碱溶液中,在早期即可与 CH 反应,可以提高混凝土的早期强度。生成的水化硅酸钙凝胶钙硅比小,组织结构致密。由于硅粉具有独特的细度,小的球状硅粉可填充于水泥颗粒之间,使胶凝材料具有更好的级配,低掺量下,还能降低水泥的标准稠度用水量。但因其比表面积很大,其吸附水分的能力很强,掺量提高时,将增加混凝土的用水量,需水量比约为 134%,通常掺加高效减水剂来补偿需水量的增加,一般硅粉对水泥的取代率,综合考虑混凝土的性能和生产成本,一般情况下是水泥重量的 5%～15% 左右。超过 20% 水泥浆将变得非常粘稠。硅粉的密度虽为 2.2g/cm³,单松堆密度却只有 0.18～0.23g/cm³,其空隙率高达 90% 以上,如不经过处理,将很难包装和运输。

我国《高强高性能混凝土用矿物外加剂》(GB 18736—2000)标准中对硅灰的质量指标作了详细规定,见表 2.6。

表 2.6 硅灰质量指标

比表面积 (m²/kg) ≥	二氧化硅 (%) ≥	需水量比 (%) ≤	含水率 (%) ≤	28d 活性指数 (%) ≥	烧失量 (%) ≤	Cl (%) ≤
15000	85	125	3.0	85	6	0.02

二、硅灰对混凝土性能的影响

1. 硅灰对混凝土和易性的影响

由于硅灰的比表面积大,因而使混凝土的流动性显著下降、粘聚性和保水性提高。虽然球状体具有形态效应,但与比表面增大相比,吸附水量的增加作用超过了形态效应。随着硅灰掺量的增加,达到同样流动性所需用水量直线增加(见图 2.15),与此同时,混凝土的粘性也随之增大,对施工,特别是给泵送施工带来不便。因此硅灰的掺量不宜大于 15%,适宜掺量为水泥用量的 5%～10%。

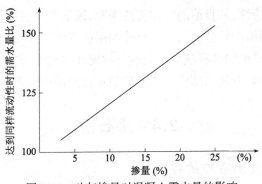

图 2.15 硅灰掺量对混凝土需水量的影响

2. 硅灰对混凝土强度的影响

硅灰对提高混凝土早期强度与后期强度均十分显著,是配制高强混凝土的重要组成材料。我国于 20 世纪 80 年代中期开始硅灰在混凝土中的应用技术研究,当时主要是与高效减水剂复合,旨在提高混凝土强度,取得了良好的效果。掺入 5%～20% 的硅灰,可使混凝土强度提高 20%～80%,甚至更高。在当时的技术条件下,只注重提高混凝土强度,对其他性能的影响考虑较少,因此,研究初期的硅灰掺量均较高。随着研究的深入,发现高掺量硅灰严重影响混凝土的施工性、坍落度损失增大,特别是使混凝土收缩大大增加,脆性增加,抗裂性下降。通过大量的试验研究和应用实践,发现硅灰的掺量不宜超过15%,否则会带来严重的负面影响。进一步的研究表明,硅灰的合理掺量为6%~8%。混凝土强度可提高20%以上,此时对其他性能影响相对较小。

3. 硅灰对混凝土耐久性的影响

大量的研究成果表明,硅灰能有效提高混凝土的抗渗、抗冻、耐磨、耐碱-骨料反应和抗腐蚀性能。其作用原理类似于矿粉,这里不再赘述。需要说明的一点是硅灰对抑制碱-骨料反应的性能优于矿粉,抵抗硫酸盐腐蚀的能力也较强。

掺硅灰混凝土的另一特性是抗氯离子渗透性能显著改善,大量的试验研究表明,混凝土中掺入8%~12%的硅灰,抵抗氯离子的渗透能力可提高50%左右。因此,在近海工程、桥梁工程、港工混凝土结构中普遍使用掺硅灰的混凝土。

4. 硅灰对混凝土收缩和抗裂性的影响

硅灰有严重增大混凝土自收缩、早期收缩和总收缩的趋势,特别是当掺量超过10%以上,硅灰掺量增加。收缩增大的同时,混凝土抗裂性能也快速下降,这是非常值得重视的问题。

三、硅灰在混凝土工程中的应用

基于硅灰的特性,从目前的应用实践来看,通常是与粉煤灰或矿粉等矿物外加剂复合使用,而很少单独使用。以充分利用硅灰的增强特性和高抗腐蚀性能,同时利用粉煤灰或矿粉弥补硅灰对混凝土收缩和抗裂性带来的不利影响。研究和应用成果均表明,硅灰与这些矿物外加剂复合使用可以产生优势互补的作用。

2.4　沸石粉

一、沸石岩及沸石粉的特性

沸石粉(zeolite powder or pulverized nature zeolite)是指以一定品位纯度的天然沸石岩为原料,经粉磨至规定细度的粉末。粉磨时可添加适量的助磨剂。沸石粉属火山灰质硅铝酸盐矿物外加剂,在我国的蕴藏量很大,分布面广,开采加工简便,目前应用较普遍。

沸石粉的主要化学成分为 SiO_2 和 Al_2O_3,分别为65%~70%和10%~15%左右。其中可溶性硅及铝的含量分别不低于10%和8%。沸石粉的密度为

$2.2 \sim 2.4 \mathrm{g/cm^3}$，堆积密度 $700 \sim 800 \mathrm{kg/m^3}$。

沸石虽是晶态物质，但与 $Ca(OH)_2$ 的反应速度很快，在水化初期就能与 $Ca(OH)_2$ 反应，这是由于沸石中含可溶性的 SiO_2 与 Al_2O_3。沸石粉取代水泥 10%，对提高混凝土强度效果最好。因此，沸石是一种具有火山灰性的材料。

目前，天然沸石矿有 40 种之多，用于配制混凝土的主要是斜发沸石和丝光沸石。沸石是一种硅氧四面体 $[SiO_4]$ 组成的结晶矿物，硅氧四面体可由铝氧四面体 $[AlO_4]$ 所置换。Al 置换 Si 后，四面体有一个 O 离子得不到中和而呈电负性，但 Si/Al 比不固定，一般在 3 至 5 之间。沸石矿物形成多孔格架状构造，晶格内部有大量彼此连通的空腔与管道，而具有巨大的内表面积。沸石粉的这种独特的内部结构极易被结晶水填充，而这种水被称为"沸石水"。在一定温度下，加热脱水后沸石结构并不破坏，而成为海绵或泡沫状的多孔性结构，具有吸附性和离子交换特性。此外，沸石还具有良好的热稳定性、耐酸性、导电性、化学反应的催化裂化性、耐辐射性和低堆密度等性能特点。

《高强高性能混凝土用矿物外加剂》(GB 18736)的质量指标要求见表 2.7。

表 2.7 沸石粉的质量指标 (GB 18736—2002)

试 验 项 目			磨细天然沸石	
			I	II
化学性能	Cl(%)	≤	0.02	0.02
	吸铵值(mmol/100g)	≥	130	100
物理性能	比表面积(m²/kg)	≥	700	500
胶砂性能	需水量比(%)	≤	110	115
	活性指数 28d(%)	≥	90	85

与其他矿物外加剂不同的是，沸石粉的吸铵值是评价综合性能的一项重要技术指标。该值反映沸石的总交换容量，而沸石岩中的沸石含量等于铵离子交换容量与理论交换容量之比。吸铵值越大，表示沸石岩的强度活性越高，对钾钠离子和氯离子的吸附能力越强。铵离子交换容量的测定方法如下：

准确称取通过 200 目的烘干试样 100g，放入 150mL 的烧杯中，加入 100mL 浓度为 1mol/L 的 NH_4Cl 溶液，微沸 2h（期间不断搅拌），将处理过的样品用布氏漏斗抽滤，再用浓度为 0.05mol/L 的 NH_4NO_3 溶液淋洗至无氯离子反应为止。弃去滤液，将样品移至普通漏斗中，用煮沸的浓度为 1mol/L 的 KCl 溶液淋洗，以三角烧瓶接 100mL ~ 120mL 溶液。在滤液中加入 10mL 中性甲醛溶液，再加两滴酚酞试剂，放置片刻后，用标准 NaOH 溶液滴定至微红，且 30 秒之内不褪色，此时，沸石总交换量按下式计算：

$$沸石总交换量 = n \cdot V(\text{mmol}/100\text{g})$$

式中　　n——标准 NaOH 溶液的摩尔浓度，mol/L；

　　　　V——消耗的标准 NaOH 溶液体积，mL。

二、沸石粉的火山灰活性反应

水泥水化产物中的氢氧化钙(CH)晶体在高碱性的孔溶液中沉淀下来,当沸石粉在高碱性的溶液中受到 OH^- 的侵蚀,其格架状构造开始分解:

$$Si^{3+} \text{—} O \text{—} Si^{3+} + 6OH^- \longrightarrow 2[SiO(OH)_3]^-$$

$$Si^{3+} \text{—} O \text{—} Al^{3+} + 7OH^- \longrightarrow [SiO(OH)_3]^- + [Al(OH)_4]^-$$

解聚后的 $[SiO(OH)_3]^-$ 和 $[Al(OH)_4]^-$ 进入溶液并与 Ca^{2+} 结合形成水化硅酸钙(CSH)和水化铝酸钙(CAH)。沸石粉的活性正是因活性成分 SiO_2 和 Al_2O_3 与水泥水化过程中释放的 CH 发生反应,使其转化为 CSH 凝胶和铝酸盐。因此,硬化后混凝土的微观结构得以改善,并且提高了混凝土的抗渗透性。

通常认为,以无定形和玻璃态为主的物质比晶态的物质活性高。与一般火山灰质材料不同,天然沸石粉是一种微细结晶矿物,其活性却很高。而将沸石粉经 500～600℃温度焙烧变成玻璃态的沸石之后,其增强效果比原状沸石粉要差,这说明沸石矿物结构改变后强度活性下降。沸石的粉磨细度对活性的影响也较大,磨细后沸石的表面能及表面活性很大,且经机械粉磨破碎,粉体表面反应活化点增多,火山灰活性得到进一步提高。

三、沸石粉对混凝土性能的改性作用

1. 沸石粉对混凝土和易性的影响

高性能混凝土应具有良好的工作性,即拌和物的流动性和粘聚性好,不离析,泌水率较小。裹浆量是衡量粘聚性的一个重要指标,研究表明,在水胶比相同的条件下,沸石粉混凝土的裹浆量比基准混凝土提高约 30%。由于沸石粉吸附拌和水,混凝土拌和物的坍落度比基准混凝土有所降低,坍落度的经时损失也较大。也有文献指出,若以沸石粉等量取代 5%～15%的水泥,混凝土拌和物的粘聚性稍有增加,而对工作性则没有影响。但更多的试验表明,混凝土的坍落度随沸石粉掺量增加而减小。

若要保持较好的和易性,采用沸石粉与高效减水剂双掺的方法可以对坍落度进行调整。由于高效减水剂的解絮作用,在水胶比较低的情况下,坍落度损失得到有效控制,仍可配制出高强高性能混凝土。磨细沸石粉和粉煤灰复合双掺也是改善混凝土和易性,提高混凝土强度的有效措施。粉煤灰的玻璃微珠可起到润滑作用而增大混凝土的流动性,有利于发挥矿物外加剂的复合化超叠加效应,使得两者的作用相互补充,可以配制出高流动性、高强度以及较好经济性的高性能混凝土。

2. 沸石粉对混凝土强度的影响

高性能混凝土应具有高的强度,以满足高层和大跨结构对材料的要求。混凝土的强度由浆体、骨料和浆体界面区的强度所决定,而浆体、骨料界面区的结合强度往往成为混凝土强度的控制因素。利用矿物外加剂的密实填充效应和火山灰效应,使胶凝材料体系均匀密实,浆体的孔隙率降低,界面区的结晶相含量减少,从而可以提高混凝土的后期强度。虽然也有研究表明内掺 10% ~ 20% 的沸石粉,早期强度下降,且沸石粉取代水泥率越大,强度降低的幅度也越大。而到 28d 龄期时,混凝土强度都比基准混凝土高,且沸石粉掺量 10% 时,沸石粉的强度效应发挥得最好。但更多的研究结果表明,掺沸石粉混凝土的强度至少要到 60d 以后才有可能赶上基准混凝土,见图 2.16。

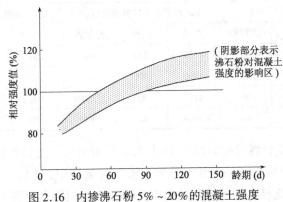

图 2.16　内掺沸石粉 5% ~ 20% 的混凝土强度

沸石粉混凝土的早期强度较低,原因是沸石粉取代水泥后,胶凝材料体系中活性较高的熟料矿物 C_3S 和 C_3A 含量相对降低,故早期强度略低。而在水泥水化后期,沸石粉中活性的 SiO_2 和 Al_2O_3 在高碱性水泥胶凝体系中被激发,与水泥的水化产物 CH 发生火山灰反应,提高了水泥的水化程度,降低了液相中的 CH 浓度,生成对强度贡献较大的 CSH 和 CAH 凝胶,减少了混凝土的孔隙率。而且,由于沸石粉内在的格架状结构,内部孔隙具有巨大的内表面能,沸石粉的亲水性较强,在浆体中起到蓄水作用。沸石粉内部的孔吸收拌和水,克服了混凝土经时泌水性,而使混凝土粘性增加,沸石粉吸水后体系膨胀,骨料裹浆量提高,改善了骨料、浆体的界面。在水泥持续水化过程中需要用水,这时被沸石粉吸附的水又能逐渐释放出来,对水泥的水化起到自养护作用。另一方面,浆体内部产生自真空作用使浆体和骨料产生紧密的包裹,最终凝结成一个致密的整体,从而使混凝土的后期抗压强度和抗拉强度有较大增长,耐久性得到很大改善。

3. 沸石粉抑制碱-骨料反应的性质

在混凝土中掺入天然沸石粉是抑制碱-骨料反应的有效措施之一。研究证明,用天然沸石粉等量取代30%的水泥,即使掺活性骨料配制混凝土,也不会发生碱-骨料反应。

从理论上分析,混凝土的碱-骨料反应,如碱硅反应是在混凝土液相中的碱离子与活性骨料之间进行的,这种反应在颗粒表面产生,引起局部能量集中,膨胀力过大引起局部混凝土破坏和开裂。而沸石粉中的活性 SiO_2 微粒均匀分散在混凝土的各个部位,将局部反应分解成无限多的活性中心,每个中心都参与反应而消耗了混凝土液相中的碱,化解了能量的积聚,有效抑制了碱-骨料反应。

表2.8是一组试验结果。结果表明,外掺沸石粉后,试件长度变化减小。

表2.8　外掺沸石粉对混凝土试件长度变化的影响

编号	$1m^3$ 混凝土原材料用量(kg)							长度变化（％）
	水泥	沸石粉	石子	山砂	机制砂	水	减水剂	
1	500	0	1220	300	300	180	5	0.45
2	500	20	1200	300	300	180	5	0.22
3	500	40	1180	300	300	180	5	0.16
4	500	60	1160	300	300	180	5	0.14

沸石粉对碱-骨料反应的抑制作用,与沸石粉的离子交换性密切相关。溶液中的强碱性离子如 K^+、Na^+ 很容易进入沸石粉架构中,与 Ca^{2+} 进行离子交换。因此,天然沸石能够有效降低混凝土中碱溶液的 pH 值,且随着沸石细度的增加和混凝土龄期延长,pH 值有下降的趋势。同时,K^+、Na^+ 等离子参与二次水化反应,生成溶解度相对很低的物相——碱性 RCSH 凝胶。

4. 沸石粉高性能混凝土抗碳化和钢筋锈蚀的性能

掺沸石粉的高性能混凝土拌和物的粘聚性好,无离析和泌水现象。因此,硬化水泥浆的孔隙率低,结构均匀密实,大大降低了 CO_2 在混凝土中的扩散系数,这对降低混凝土的碳化速度是有利的。同时,由于沸石的火山灰反应会降低孔溶液中的碱储备量,可能诱发钢筋的锈蚀,配制高性能混凝土时以沸石粉取代水泥的量一般不超过15%。沸石粉对混凝土孔结构和孔分布的改善是主要方面,只要不具备钢筋发生电化学锈蚀必需的 H_2O 和 O_2 的条件,掺沸石粉对混凝土的抗钢筋锈蚀性能并无不利影响,这已被有关的沸石粉混凝土钢筋锈蚀试验所验证。

2.5　偏高岭土

偏高岭土(Metakaolin)是指由高岭土($Al_2O_3 \cdot 2SiO_2 \cdot 2H_2O$)在 700 ~ 800℃条件下轻烧脱水,再经粉磨制得的白色粉末,平均粒径 1 ~ 2μm ,SiO_2 和 Al_2O_3 含量 90% 以上,特别是 Al_2O_3 含量较高,达 30% ~ 45%。在混凝土中的作用机理与硅灰、矿粉和粉煤灰等其他火山灰相似。除了填充效应和对水泥的加速水化作用外,主要是活性 SiO_2 和 Al_2O_3 与 $Ca(OH)_2$ 作用生成 CSH 凝胶和水化铝酸钙、水化硫铝酸钙。由于其极高的火山灰活性,故有超级火山灰(Super-Pozzolan)之称。自 20 世纪 80 年代末以来,国外对偏高岭土作为高强高性能混凝土的矿物外加剂的研究和应用已较普遍,我国则起步于 20 世纪 90 年代中后期。典型偏高岭土的化学组成见表 2.9。

表 2.9　偏高岭土的化学组成　　　　　　　　　　　%

SiO_2	Al_2O_3	CaO	MgO	Fe_2O_3	$K_2O + Na_2O$	烧失量
48.45	44.17	0.10	0.13	0.64	0.05	0.90

研究结果表明,掺入偏高岭土能显著提高混凝土的早期强度和长期抗压强度、抗弯强度及劈裂抗拉强度。由于高活性偏高岭土对钾、钠和氯离子的强吸附作用和对水化产物的改善作用,故能抑制混凝土的碱-骨料反应和提高抗硫酸盐腐蚀能力,这一点与沸石粉和矿粉的作用机理非常相似。J. Bai 和 Caldarone M.A 的研究结果表明,掺入偏高岭土对混凝土的坍落度影响小于硅灰,只需适当增加高效减水剂的用量即可。A. Dubey 的研究结果还表明,混凝土中掺入高活性偏高岭土能有效改善混凝土的冲击韧性和耐久性。

偏高岭土在我国生产和应用量尚不大,因此,到目前为止还未建立相关的产品或应用技术标准。

一、偏高岭土对混凝土和易性的影响

偏高岭土对混凝土流动性略有影响,随掺量增加,流动性下降,但下降幅度远小于同掺量的硅灰,与沸石粉接近。见图 2.17。

偏高岭土能显著改善混凝土的泌水性。参照 ASTM C940—89 标准进行的试验结果表明,基准混凝土的泌水量为 13.2g,而掺 10% 和 15% 偏高岭土混凝土的泌水量分别为 5.4g 和 3.8g。Marita L. Allan 等也得出了同样的试验结论。其主要作用机理为较大的比表面积及与内聚力的增加密切相关。

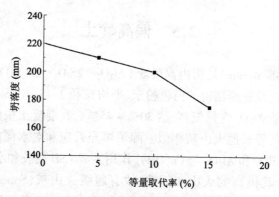

图 2.17　偏高岭土掺量与混凝土坍落度的关系

二、偏高岭土对混凝土强度的影响

偏高岭土对强度作用效果与硅灰相似,随掺量提高混凝土早期强度和后期强度均相应提高。掺 5%、10% 和 15% 偏高岭土的抗压强度分别比基准混凝土提高 21%、69% 和 84%。典型配合比的抗压强度随龄期发展的研究结果见图 2.18(等量取代水泥,坍落度不同)。

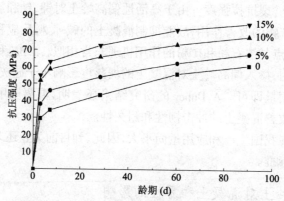

图 2.18　不同偏高岭土掺量对混凝土强度的影响

掺偏高岭土混凝土的轴压应力-应变关系和弹性模量见图 2.19、表 2.10。从曲线形态看,3d 和 7d 龄期时与基准混凝土基本相似。到 28d 龄期以后,偏高岭土掺量为 10% 和 15% 的下降段变陡,说明随着强度提高,混凝土的脆性增加。偏高岭土混凝土的峰值应变均在 $(2500 \sim 3200) \times 10^{-6}$ 之间。

混凝土的弹性模量随着偏高岭土掺量的提高和龄期的增长略有增加,但与轴压强度相比,增长幅度不大,均小于 15%。见表 2.10。

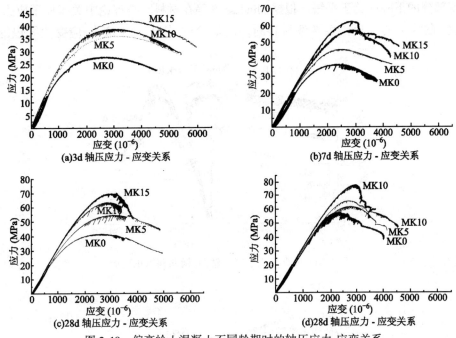

图 2.19 偏高岭土混凝土不同龄期时的轴压应力-应变关系

表 2.10 混凝土的弹性模量(GPa)

龄　期	3d	7d	28d	60d	90d
MK0	24.1	27.7	30.0	30.4	31.3
MK5	25.6	29.9	31.5	33.1	34.7
MK10	26.0	30.0	33.2	34.4	35.6
MK15	26.2	31.4	33.4	34.7	35.7

　　掺偏高岭土混凝土的纵向、横向和体积应变规律与普通混凝土十分相似,见图 2.20。通常普通混凝土的泊松比随着强度的提高而下降,但掺偏高岭土混凝土随着掺量提高,强度显著提高,泊松比相应地略有增加,见图 2.21。以 40% 极限应力时的泊松比为例,分别为 0.11、0.12 和 0.13。这说明在弹性极限内,偏高岭土的掺入使得混凝土的变形性能有所改善,这一点与 Dubey. A 的试验结果及轴拉试验结果一致,表明掺偏高岭土能改善混凝土的韧性。

　　掺偏高岭土混凝土的轴拉强度增加,但增幅小于抗压强度。轴拉应力 - 应变关系见图 2.22。掺量为 10% 和 15% 时,轴拉强度分别比基准混凝土提高 16% 和 28%,峰值应变分别增加 19% 和 27%。

　　从轴拉应力-应变曲线的形态看,当偏高岭土掺量为 5% 和 10% 时,超过峰值部分的下降段趋于平缓。根据 Mindess.S 等在材料断裂理论中关于原子应力-应变曲线下的面积代表导致材料断裂能的论述,图2.22中应力-应变曲线包围

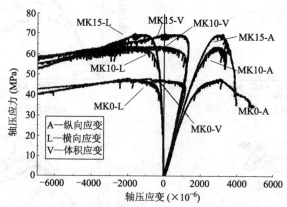

图 2.20　偏高岭土混凝土轴向、横向和体积变形

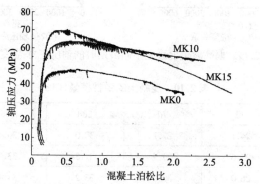

图 2.21　偏高岭土混凝土泊松比与应力的关系

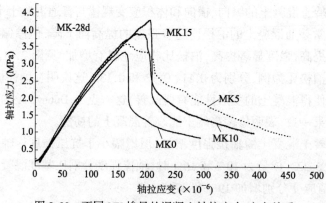

图 2.22　不同 MK 掺量的混凝土轴拉应力-应变关系

的面积大小可以间接表征混凝土的抗断裂能力。通过简单的积分计算可知,掺5%和10%偏高岭土的混凝土,其面积增长率比基准混凝土相应的轴拉强度增长率要大得多,说明掺入适量的偏高岭土能提高混凝土的抗断裂能力。当偏高岭土掺量为15%时,其面积增长率与轴拉强度增长率基本相同。这一试验结果与 Dubey.A 等的研究成果基本一致。

三、偏高岭土对混凝土导电量和氯离子渗透系数的影响

在不同的水灰比下,掺偏高岭土超细粉混凝土的导电量和氯离子渗透系数明显低于基准混凝土的导电量。水灰比一定时,混凝土的导电量随着偏高岭土掺量的增加而减小,见图 2.23。且随着龄期增长,导电量和扩散系数均下降,56d 龄期约为 90d 龄期的 80% 左右。当混凝土中偏高岭土的掺量为 20% 时,试样的导电量为基准混凝土导电量的 25% 左右。偏高岭土掺量大于 10% 时,对混凝土导电量的影响相当于混凝土中掺加 5% ~ 10% 硅灰的效果。

氯离子扩散系数可用下式计算:

$$Y = 2.57765 + 0.00492X$$

式中　Y——Cl^- 扩散系数, $\times 10^{-9} cm^2/s$;

　　　X——6h 总导电量,kL。

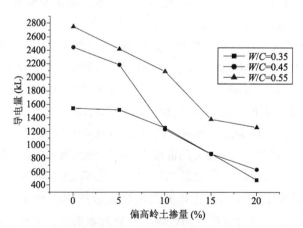

图 2.23　偏高岭土掺量对不同水灰比混凝土的导电量的影响

偏高岭土降低混凝土导电量及氯离子渗透系数的作用机理,除了孔结构细化、密实度提高等效应外,另一个很重要的原因是活性 Al_2O_3 含量高,能生成结晶度较低的水化铝酸盐与 Cl^- 反应,生成单氯铝酸钙 $3CaO \cdot Al_2O_3 \cdot CaCl_2 \cdot 10H_2O$。

但是水泥中水化铝酸钙与阴离子的作用顺序为 SO_4^{2-}、CO_3^{2-} 和 Cl^-。混凝土周围环境中这三种离子同时存在时,首先形成 $3CaO \cdot Al_2O_3 \cdot CaSO_4 \cdot 12H_2O$(最为稳定),其次是 $3CaO \cdot Al_2O_3 \cdot CaCO_3 \cdot 10H_2O$,最后是 $3CaO \cdot Al_2O_3 \cdot CaCl_2 \cdot 10H_2O$。因此,当偏高岭土取代混凝土中的部分水泥后,偏高岭土中的 Al_2O_3 与 $Ca(OH)_2$ 作用,生成大量的水化铝酸钙,保证了单氯铝酸钙的生成和稳定,起到了固氯的作用,从而降低导电量和氯离子扩散系数。

四、偏高岭土对混凝土收缩的影响

掺偏高岭土对水泥浆体和混凝土收缩的影响是众多研究者所关心的问题。Wild 等研究了含 5%～25% 偏高岭土水泥浆体的化学收缩和自收缩,发现在 1～45d 龄期内,掺入偏高岭土使水泥浆体的自收缩和化学收缩均增加,前者在掺量为 10% 时达到最大,后者在 15% 时最大,随后随掺量增加,两者均降低。高掺量偏高岭土使水泥浆体自收缩和化学收缩降低归因于水化产物中 C_2ASH_8 的增加和 C_4AH_{13} 的减少。

Ding 等研究了用 5%～15% 偏高岭土取代水泥制备的混凝土的自由收缩和限制收缩。取代量为 5%、10%、15% 时,28d 自由收缩较基准混凝土分别降低 15%、25% 和 40%。在受限情况下,随着取代量增加,混凝土稳定裂纹宽度减小,但开始出现裂纹的时间提前。

Brooks 等测定了用 0%～15% 偏高岭土取代水泥制备的混凝土 200 d 龄期的总收缩和自收缩值,发现随着偏高岭土取代量的增加,混凝土的总收缩降低;对于自收缩,偏高岭土取代较少(5%)时使得混凝土早期(从初凝开始测定)和后期(24h 以后测定)自收缩均增大,特别是后期自收缩增加幅度较大;但随着取代量的增加,早期和后期自收缩又逐渐减小,其中取代量为 10% 和 15% 的混凝土的早期自收缩值低于基准混凝土,而后期自收缩值仍高于基准混凝土。实验结果还表明,掺偏高岭土,特别是在掺量较高时,混凝土的总徐变、基本徐变和干燥徐变均显著降低。如取代量为 15% 的混凝土 200 d 总比徐变(含干燥比徐变)和基本比徐变(不含干燥比徐变)分别较基准混凝土降低 63% 和 69%。徐变的降低主要归因于偏高岭土的填充效应和火山灰反应形成的产物导致水泥石结构致密、强度提高、水泥浆体与骨料界面改善。有研究表明掺偏高岭土混凝土的收缩比同掺量硅灰混凝土小 30%～50%。当与矿粉或粉煤灰复合使用时,收缩值更小。

图 2.24 是等量取代水泥 8% 时的收缩试验结果。表明偏高岭土的收缩值小于等掺量的硅灰混凝土。

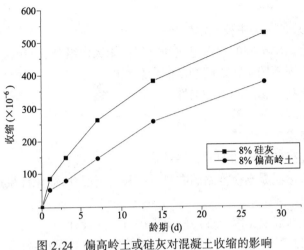

图 2.24 偏高岭土或硅灰对混凝土收缩的影响

五、偏高岭土对混凝土耐蚀性的影响

偏高岭土在高性能混凝土中的另一个重要作用是其可以显著提高混凝土的耐蚀性。Khatib 等研究了偏高岭土对不同 C_3A 含量水泥砂浆抗 Na_2SO_4 溶液侵蚀性的影响。在 5% Na_2SO_4 溶液中浸泡至 520d 的结果表明,在试验的取代量范围内(最高取代量为 25%),偏高岭土可以显著提高水泥砂浆的耐蚀性,砂浆试件的膨胀率减小,强度提高;耐蚀性随取代量的增大而提高,取代量为 20% 和 25% 时砂浆试件至 520d 的膨胀率接近零,即不产生硫酸盐侵蚀破坏。试验结果还表明,当取代量低于 10% 时,Na_2SO_4 溶液中养护砂浆试件强度均较水中养护试件有不同程度降低,而当取代量高于 15% 时,Na_2SO_4 溶液中养护砂浆试件强度反而高于水中养护试件。Khatib 等认为抗硫酸盐侵蚀能力的提高可主要归因于孔的细化和 $Ca(OH)_2$ 含量的降低。前者阻止硫酸盐渗入,后者降低钙矾石和石膏的形成。

2.6 复合矿物外加剂

复合矿物外加剂(Composite mineral admixture)指采用两种或两种以上的矿物原料,单独粉磨至规定的细度后再按一定的比例复合,或者两种及两种以上的矿物原料按一定的比例混合粉磨达到规定细度并符合规定活性指数的粉体材料。虽然粉煤灰、矿粉、硅灰、沸石粉和偏高岭土等矿物外加剂单独作用时,也能有效改善混凝土的性能,但每一种矿物外加剂除了各自的优点外,均有不足之处。如粉煤灰和沸石粉的早期强度较低、硅灰增大收缩等。因此,采用两种或两种以上矿物外加剂复合,达到优势互补,可以进一步提高综合性能,成为目前的研究重点和发展方向。

复合矿物外加剂的主要技术优势：

(1)可以根据单矿物的化学组成和物理性能优化组合。

(2)可以实现不同矿物之间细度的合理级配。

(3)可以提高矿物之间的均匀性。

(4)可以实现性能互补。

(5)可以稳定产品质量。

(6)可以提高矿物外加剂的总掺量。

(7)可以简化混凝土搅拌站的贮料设备和防止混仓,简化计量过程并提高计量精度。

(8)可以根据混凝土综合性能的要求进行组成设计。

实际上,在混凝土生产过程中,矿粉与粉煤灰经常共同使用。但在混凝土预拌工厂的复合使用并不等同于复合矿物外加剂,这种简单的复合不能实现细度、化学组成及比例上的优化。在研究领域,对于粉煤灰-矿粉、粉煤灰-硅灰、矿粉-硅灰、矿粉-沸石粉、矿粉-偏高岭土、粉煤灰-偏高岭土以及粉煤灰-矿粉-硅灰等复合效应的研究,已有大量的文献报道,并从混凝土的和易性、强度、耐久性、抗腐蚀性等各个方面阐述了复合使用的优异特性。但作为复合产品的形式生产和应用并不多。

到目前为止,我国尚未建立复合矿物外加剂的相关标准。浙江省工程建设标准《混凝土矿物外加剂应用技术规程》(DB/T 1013—2004)中规定了复合矿物外加剂的质量指标和检验方法,见表2.11。

表 2.11　复合矿物外加剂质量指标

项　　　　目		级　　　别		
		F105	F95	F75
比表面积(m²/kg)	≥	450	400	350
细度(0.045mm方孔筛筛余)(%)	≤	10		
活性指数(%) 7d	≥	90	70	50
活性指数(%) 28d	≥	105	95	75
流动度比(%)	≥	85	90	95
含水量(%)	≤	1.0		
三氧化硫(%)	≤	4.0		
烧失量(%)	≤	5.0		
总碱量[1](%)	≤	0.6		
氯离子[1](%)	≤	0.02		

(1)选择性指标,当用户有要求时,供货方应提供相关技术数据

注:当高钙粉煤灰掺入比例大于50%时,应对体积安定性进行试验。

不同矿物外加剂单体之间的复合可以获得不同的性能,特别是比例不同、细度不同对性能影响很大。这里仅介绍几种常用品种之间的复合效应。

一、粉煤灰-矿粉复合

粉煤灰-矿粉复合是目前混凝土工程中应用最多的,但主要是在混凝土搅拌站将两种材料分别加入搅拌机进行简单的混合,无论是性能匹配、比例匹配和均匀性均不可能做到优化。但还是实现了部分性能互补。如在矿粉混凝土中掺入适量粉煤灰,以提高混凝土的流动性,特别是改善混凝土的可泵性。在粉煤灰混凝土中掺适量矿粉以提高混凝土的早期强度等等。

若将粉煤灰和矿渣在生产矿物外加剂的过程中,根据单一矿物的化学组成、烧失量、需水量比等性能,采用合理的粉磨工艺,如将矿渣先粗磨再与粉煤灰混磨等,使各种矿物之间形成合理的细度级配,再加上均匀的混合效果,比单独粉磨再在混凝土搅拌站复掺具有更好的应用效果。例如,混凝土掺入矿渣和粉煤灰为 1:1 复合混磨产品(比表面积分别为 430m²/kg)30%,与在搅拌时掺入比表面积分别为 425m²/kg、450m²/kg 的粉煤灰、矿粉各 15% 相比,混凝土坍落度从160mm 增大到 180mm,扩展度从 475mm 增大到 510mm。3d 强度下降 3%~5%,但 7d 和 28d 强度分别提高 8% 和 12%。

二、粉煤灰-硅灰、矿粉-硅灰、粉煤灰-矿粉-硅灰复合

硅灰虽然能有效提高混凝土强度,但使混凝土粘性提高、可泵性下降,特别是收缩增大。因此,在实际工程中硅灰很少单独使用,一般均与粉煤灰、矿粉复合使用,以充分利用硅灰的增强作用,同时通过粉煤灰和矿粉改善和易性(见图2.25)、减少收缩(图2.26)和提高抗裂性。但到目前为止,国内尚无复合产品生产和应用。

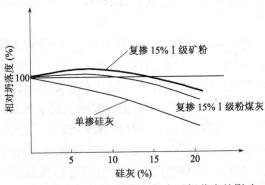

图 2.25　硅灰-矿粉-粉煤灰复合对坍落度的影响

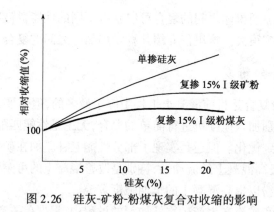

图 2.26　硅灰-矿粉-粉煤灰复合对收缩的影响

三、粉煤灰-偏高岭土、矿粉-偏高岭土复合

掺入偏高岭土使混凝土坍落度略有下降,且粘性大。因此,通过复合掺入一定比例的粉煤灰或矿粉,可使坍落度基本保持不变,同时还可降低混凝土的内聚力,改善泵送性能。

从对强度的影响来看,有研究表明,无论是粉煤灰-偏高岭土复合,还是矿粉-偏高岭土复合,均比单掺有更好的增强作用。

2.7　其他品种矿物外加剂

一、补偿收缩用复合矿物外加剂

补偿收缩用复合矿物外加剂(Composite mineral admixture for compensate shrinkage)是指采用两种或两种以上的矿物原料,单独粉磨至规定的细度后再按一定的比例与其他添加剂复合。或者两种及两种以上的矿物原料与其他添加剂按一定的比例混合后粉磨达到规定细度,同时具有补偿收缩功能,并符合规定活性指数的粉体材料。

补偿收缩用复合矿物外加剂是一种新型材料,目前尚无统一的国家或行业标准,浙江省目前已有相应产品通过省级鉴定,也已有成功的应用实例和一定的工程经验,对于控制和减少混凝土收缩裂缝具有重要作用。这一产品在某种意义上说具有膨胀剂的功能,即补偿收缩,但在性能上优于膨胀剂。一是与多种矿物外加剂组分进行了有机复合,使之同时具有复合矿物外加剂的功能;二是膨胀组分与矿物外加剂组分的合理匹配,解决了与矿物外加剂之间的相容性问题;三是提高了膨胀组分在混凝土中的分散均匀性;四是膨胀组分与矿物外加剂组分之间的合理细度级配,使膨胀过程与强度发展和收缩发展过程相协调,从而提高了有效补偿收缩效果;五是不仅仅以膨胀率作为控制指标,更重要的是以混凝土收缩率作为控制指标,这一双控指标有利于与其他减缩型化学外加剂与矿物外加剂的优化组合。

作为应用技术,补偿收缩用复合矿物外加剂质量指标中的混凝土限制膨胀率是关键指标。当用于 ±0.000 以下及潮湿环境中时,又有良好的约束条件,水中 14d 限制膨胀率和空气中 28d 收缩率两项指标均必须符合表 2.12 的要求。当用于 ±0.000 以上时,则只要 14d 水中养护并空气中 28d 的收缩率小于 0.020%,则水中 14d 的膨胀率要求可放宽到不小于 0.010%。

表 2.12　补偿收缩用复合矿物外加剂质量指标

项　　　目			指标值
化学成分	氧化镁(%)	≤	7.0
	含水率(%)	≤	1.0
	总碱量(1)(%)	≤	0.75
	氯离子(1)(%)	≤	0.05
物理力学性能	流动度比(%)	≥	95
	细度	比表面积(m²/kg) ≥	350
		0.045mm 筛余(%) ≤	10
	凝结时间	初凝(min) ≥	45
		终凝(h) ≤	10
	混凝土限制膨胀率(%)	水中 14d ≥	0.015
		水中 14d,空气中 28d ≥	−0.020
	活性指数(%)	7d ≥	70
		28d ≥	95
(1)选择性指标,当用户有要求时,供货方应提供相关技术数据			

注:细度用比表面积或 0.045mm 方孔筛筛余表示,仲裁检验用比表面积

二、磨细石灰石粉

磨细石灰石粉的主要原材料是以碳酸钙为主要成分的天然石灰岩,经磨细到比表面积大于 300m²/kg 以上制备而成。按传统的观点,石灰石粉是一种惰性粉末,一般不参与水化,只通过补充细粉料,以改善水泥浆体的结构,减少泌水和离析。但有国内外学者研究表明,经磨细的石灰石粉能与水泥中的铝酸盐反应生成水化碳铝硅酸钙,并可加速硅酸三钙的水化,从而提高混凝土的早期强度与后期强度。

石灰石粉能有效减少混凝土的坍落度损失。当胶凝材料用量较少时,或粉煤灰资源缺乏时,可用石灰石粉替代粉煤灰解决可泵性问题及大体积混凝土的水化热问题。石灰石粉对混凝土的凝结时间几乎没有影响,但会降低混凝土的含气量,并减少泌水,因而可以提高混凝土的抗渗性能。

第3章
混凝土化学外加剂

化学外加剂是指能有效改善混凝土某项或多项性能的一类材料,其掺量一般只占水泥量的 5% 以下,却能显著改善混凝土的和易性、强度、耐久性或调节凝结时间及节约水泥。外加剂的应用促进了混凝土技术的飞速进步,技术经济效益十分显著,使得高强高性能混凝土的生产和应用成为现实,并解决了许多工程技术难题。如混凝土远距离运输和高耸建筑物的泵送问题,紧急抢修工程的早强速凝问题,大体积混凝土工程的水化热问题,纵长结构的收缩补偿问题,地下建筑物的防渗漏问题等等。目前,化学外加剂已成为除水泥、水、砂子、石子以外的第五组成材料,应用越来越广泛。

3.1 外加剂的作用与分类

一、按主要功能分类

1. 改善混凝土流变性能的外加剂。
主要有减水剂、引气剂、泵送剂等。
2. 调节混凝土凝结时间、硬化性能的外加剂。
主要有缓凝剂、速凝剂、早强剂等。
3. 调节混凝土含气量的外加剂。
主要有引气剂、加气剂、泡沫剂、消泡剂等。

4. 改善混凝土耐久性的外加剂。

主要有引气剂、防水剂、阻锈剂等。

5. 提供混凝土特殊性能的外加剂。

主要有防冻剂、膨胀剂、着色剂、引气剂和泵送剂等。

二、按化学成分分类

1. 无机物外加剂。

包括各种无机盐类、一些金属单质和少量氢氧化物等。如早强剂中的氯化钙和硫酸钠;加气剂中的铝粉;防水剂中的氢氧化铝等。

2. 有机物外加剂。

这类外加剂占混凝土外加剂的绝大部分。种类极多,其中大部分属于表面活性剂的范畴,有阴离子型、阳离子型、非离子型表面活性剂等。如减水剂中的木质素磺酸盐、萘磺酸盐甲醛缩合物等。有一些有机外加剂本身并不具有表面活性作用,但却可作为优质外加剂使用。

3. 复合外加剂。

适当的无机物与有机物复合制成的外加剂,往往具有多种功能或使某项性能得到显著改善,这是"协同效应"在外加剂技术中的体现,是外加剂的发展方向之一。

三、外加剂的作用

1. 改善新拌混凝土、砂浆、水泥浆的性能

(1)在和易性不变条件下减少用水量,或用水量不变条件下大幅度提高和易性;

(2)提高拌和物的粘聚性和保水能力;

(3)减小拌和物坍落度的经时损失;

(4)延长或缩短拌和物的凝结时间;

(5)提高拌和物的可泵性,减少泵送阻力;

(6)提高拌和物的含气量;

(7)降低拌和物液相冰点,使水泥在负温下水化。

2. 改善硬化混凝土的性能

(1)改变混凝土的强度增长规律;

(2)在水泥用量不变条件下提高混凝土强度,或在混凝土强度不变条件下节约水泥;

(3)降低水泥水化释热速率,延缓温峰出现时间;

(4)提高混凝土密实度,提高耐久性;

(5)增加混凝土含气量,提高耐久性;

(6)减小混凝土的收缩或产生微量膨胀;

(7)使混凝土在负温下硬化并在规定时间内达到抗冻临界强度;

(8)阻止混凝土中钢筋(或预埋件)的锈蚀。

3.2 减水剂

在保持新拌混凝土和易性相同的情况下,能显著降低用水量的外加剂叫混凝土减水剂,又称为分散剂或塑化剂,它是最常用的一种混凝土外加剂。按照我国混凝土外加剂标准(GB 8076—1997)规定,将减水率等于或大于 5% 的减水剂称之为普通减水剂或塑化剂;减水率等于或大于 10% 的减水剂则称之为高效减水剂或超塑化剂(也称流化剂)。根据减水剂对混凝土凝结时间及强度增长的影响以及是否具有引气功能,又将减水剂分为缓凝减水剂、早强减水剂和引气减水剂。

目前使用的减水剂,按化学成分分类主要有木质素磺酸盐及其衍生物、高级多元醇及多元醇复合体、羟基羧酸及其盐、萘磺酸盐甲醛缩合物、三聚氰胺甲醛缩合物、聚氧乙烯醇及其衍生物、多环芳烃磺酸盐甲醛缩合物、氨基磺酸盐甲醛缩合物、聚羧酸盐及其共聚物等等。随着混凝土科学技术的发展,特别是为了适应大流动性混凝土的需要,还在不断开发各种聚合物电解质用作高效减水剂。

一、减水剂的主要功能

1. 配合比不变时显著提高流动性。

2. 流动性和水泥用量不变时,减少用水量,降低水灰比,提高强度。

3. 保持流动性和强度不变时,节约水泥用量,降低成本。

4. 配置高强高性能混凝土。

二、减水剂的作用机理

水泥的比表面积一般为 $300 \sim 350 m^2/kg$,90% 以上的水泥颗粒粒径在 $7 \sim 80 \mu m$ 范围内,属于微细粒粉体颗粒范畴。对于水泥 – 水体系,水泥颗粒及水泥水化颗粒表面为极性表面,具有较强的亲水性。微细的水泥颗粒具有较大的固-液界面能(比表面能),为了降低固-液界面总能量,微细的水泥颗粒具有自发凝聚成絮团趋势,以降低体系界面能,使体系在热力学上保持稳定性。同时,在水泥水化初期,C_3A 颗粒表面荷正电,而 C_3S 和 C_2S 颗粒表面荷负电,正负电荷的静

电引力作用也促使水泥颗粒凝聚形成
絮凝结构(如图 3.1 所示)。由于水泥
颗粒的絮凝结构会使 10% ~ 30% 的自
由水包裹其中,从而严重降低了混凝
土拌和物的流动性。

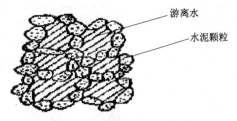

游离水

水泥颗粒

图 3.1　水泥颗粒的絮凝结构

　　减水剂掺入新拌混凝土中,能够
破坏水泥颗粒的絮凝结构,起到分散
水泥颗粒及水泥水化颗粒的作用,从而释放絮凝结构中的自由水,增大混凝土拌
和物的流动性。显然,减水剂的种类不同,其对水泥颗粒的分散作用机理也不尽
相同,但是,概括起来,减水剂的分散减水机理基本上包括以下三个方面:

1. 降低水泥颗粒固-液界面能——润湿作用

　　减水剂通常为表面活性剂(异极性分子),性能优良的减水剂在水泥 – 水界
面上具有很强的吸附能力。减水剂吸附在水泥颗粒表面能够降低水泥颗粒固-
液界面能,降低水泥-水分散体系总能量。从而提高分散体系的热力学稳定性,
这样有利于水泥颗粒的润湿分散。因此,不但减水剂的极性基种类、数量影响其
减水作用效果,而且减水剂的非极性基的结构特征,碳氢链长度也显著影响减
水剂的性能。

2. 分散作用

　　(1)静电斥力作用

　　新拌混凝土中掺入减水剂后,减水剂分子定向吸附在水泥颗粒表面,部分极
性基团指向液相(见图 3.2)。由于亲水极性基团的电离作用,使得水泥颗粒表
面带上电性相同的电荷,并且电荷量随减水剂浓度增大而增大直至饱和,从而使
水泥颗粒之间产生静电斥力,使水泥颗粒絮凝结构解体,颗粒相互分散,释放出
包裹于絮团中的自由水,从而有效地增大拌和物的流动性。带磺酸根($—SO_3^-$)
的离子型聚合物电解质减水剂,静电斥力作用较强;带羧酸根离子($—COO—$)的
聚合物电解质减水剂,静电斥力作用次之;带羟基($—OH$)和醚基($—O—$)的非离
子型表面活性减水剂,静电斥力作用最小。以静电斥力作用为主的减水剂(如萘
磺酸盐甲醛缩合物、三聚氰胺磺酸盐甲醛缩合物等)对水泥颗粒的分散减水机理
如图 3.2 所示。

　　(2)空间位阻斥力作用

　　聚合物减水剂吸附在水泥颗粒表面,则在水泥颗粒表面形成一层有一定厚
度的聚合物分子吸附层。当水泥颗粒相互靠近,吸附层开始重叠,即在颗粒之间
产生斥力作用,重叠越多,斥力越大。这种由于聚合物吸附层靠近重叠而产生的
阻止水泥颗粒接近的机械分离作用力,称之为空间位阻斥力。一般认为所有的

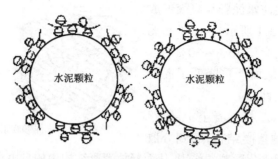

图3.2　减水剂静电斥力分散机理示意图

离子聚合物都会引起静电斥力和空间位阻斥力两种作用力,它们的大小取决于溶液中离子的浓度以及聚合物的分子结构和摩尔质量。线型离子聚合物减水剂(如萘磺酸盐甲醛缩合物、三聚氰胺磺酸盐甲醛缩合物)吸附在水泥颗粒表面,能显著降低水泥颗粒的ζ负电位(绝对值增大),因而其以静电斥力为主分散水泥颗粒,其空间位阻斥力较小。具有支链结构的共聚物高效减水剂(如交叉链聚丙烯酸、羧基丙烯酸与丙烯酸酯共聚物、含接枝聚环氧乙烷的聚丙烯酸共聚物等等)吸附在水泥颗粒表面,虽然其使水泥颗粒的ζ负电位降低较小,因而静电斥力较小,但是由于其主链与水泥颗粒表面相连,枝链则延伸进入液相形成较厚的聚合物分子吸附层,从而具有较大的空间位阻斥力作用,所以,在掺量较小的情况下便对水泥颗粒具有显著的分散作用。以空间位阻斥力作用为主的典型接枝梳状共聚物对水泥颗粒的分散减水机理如图3.3所示。

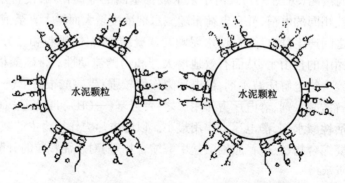

图3.3　减水剂空间位阻斥力分散机理示意图

3. 润滑作用

(1)水化膜润滑作用

减水剂大分子含有大量极性基团,如木质素磺酸盐含有磺酸基(—SO_3^-)、羟基(—OH)和醚基(—O—);萘磺酸盐甲醛缩合物和三聚氰胺磺酸盐甲醛缩合物含有磺酸基;氨基磺酸盐甲醛缩合物含有磺酸基、胺基($—NH_2$)和羟基(—OH);聚羧酸盐减水剂含有羧基($—COO^-$)和醚基等。这些极性基团具有较强的亲水作用,特别是羟基、羧基和醚基等均可与水形成氢键,故其亲水性更强。因此,减水剂分子吸附在水泥颗粒表面后,由于极性基的亲水作用,可使水泥颗粒表面形成一层具有一定机械强度的溶剂化水膜。水化膜的形成可破坏水泥颗粒的絮凝结构,释放包裹于其中的拌和水,使水泥颗粒充分分散,并提高水泥颗粒表面的润湿性,同时对水泥颗粒及骨料颗粒的相对运动起到润滑作用,所以在宏观上表现为新拌混凝土流动性增大。

(2)引气隔离"滚珠"润滑作用

木质素磺酸盐、腐植酸盐、聚羧酸盐系及氨基磺酸盐系等减水剂,由于能降低液-气界面张力,故具有一定的引气作用。这些减水剂掺入混凝土拌和物中,不但能吸附在固-液界面上,而且能吸附在液-气界面上,使混凝土拌和物中易形成许多微小气泡。减水剂分子定向排列在气泡的液-气界面上,使气泡表面形成一层水化膜,同时带上与水泥颗粒相同的电荷。气泡与气泡之间,气泡与水泥颗粒之间均产生静电斥力,对水泥颗粒产生隔离作用,从而阻止水泥颗粒凝聚。而且气泡的滚珠和浮托作用,也有助于新拌混凝土中水泥颗粒、骨料颗粒之间的相对滑动。因此,减水剂所具有的引气隔离"滚珠"作用可以改善混凝土拌和物的和易性。

三、减水剂的技术性质

按照 GB 8076—1997(《混凝土外加剂》)国家标准的规定,各类减水剂在生产厂推荐用量下,掺外加剂混凝土的各项技术性能指标应符合表 3.1 的规定。

表 3.1　掺外加剂混凝土性能指标

试验项目		外加剂品种										
		普通减水剂		高效减水剂		早强减水剂		缓凝高效减水剂		缓凝减水剂		引气减水剂	
		一等品	合格品	一等品	合格品	一等品	合格品	一等品	合格品	一等品	合格品	一等品	合格品
减水率(%),不小于		8	5	12	10	8	5	12	10	8	5	10	10
泌水率比(%),不小于		95	100	90	95	95	100	100		100		70	80
含气量(%)		≤3.0	≤4.0	≤3.1	≤4.0	≤3.0	≤4.0	<4.5		<5.5		>3.0	
凝结时间之差(min)	初凝	−90～+120		−90～+120		−90～+90		>+90		>+90		−90～+120	
	终凝							—		—			

续表

试验项目		外加剂品种											
		普通减水剂		高效减水剂		早强减水剂		缓凝高效减水剂		缓凝减水剂		引气减水剂	
		一等品	合格品	一等品	合格品	一等品	合格品	一等品	合格品	一等品	合格品	一等品	合格品
抗压强度比(%)不小于	1d	—	—	140	130	140	130	—		—		—	
	3d	115	110	130	120	130	120	125	120	100		115	110
	7d	115	110	125	115	115	110	125	115	110		110	
	28d	115	105	120	110	105	100	120	110	110	105	100	
收缩率比(%)不大于	28d	135		135		135		135		135		135	
相对耐久性指标(%)200次,不小于		—		—		—		—		—		80	60
对钢筋锈蚀作用		应说明对钢筋有无锈蚀危害											

注:除含气量外,表中所列数据为掺加外加剂混凝土与基准混凝土的比值。

1. 凝结时间指标,"－"号表示提前,"＋"表示延缓。
2. 相对耐久性指标一栏中,"200次≥80和60"表示将28d龄期的掺加外加剂混凝土试件冻融循环200次后,动弹性模量保留值≥80%或≥60%。

四、常用减水剂

1. 木质素系减水剂

木质素系减水剂主要有木质素磺酸钙(简称木钙,代号 MG)、木质素磺酸钠(木钠)和木质素磺酸镁(木镁)三大类。工程上最常使用的为木钙。MG 是由亚硫酸盐法生产纸浆的木质磺酸盐废液,经中和发酵、脱糖、浓缩、喷雾干燥而制成的棕色粉末。

MG 属缓凝引气型减水剂,掺量宜控制在 0.2% ~ 0.3% 之间,超掺有可能导致混凝土数天或数十天不凝结,并影响强度和施工进度,严重时导致工程质量事故。

MG 的减水率约为 10%,保持流动性不变,可提高混凝土强度 8% ~ 10%;若不减水则可增大混凝土坍落度约 80 ~ 100mm;若保持和易性与强度不变时,可节约水泥 5% ~ 10%。

MG 主要适用于夏季混凝土施工、滑模施工、大体积混凝土和泵送混凝土施工,也可用于一般混凝土工程。

MG 不宜用于蒸气养护混凝土制品和工程。

2. 糖蜜类减水剂

糖蜜类减水剂是以制糖业的糖渣和废蜜为原料,经石灰中和处理而成的棕色粉末或液体。国产品种主要有 3FG、TG、ST 等。

糖蜜减水剂与 MG 减水剂性能基本相同,但缓凝作用比 MG 强,故通常作为缓凝剂使用。适宜掺量 0.2%～0.3%,减水率 10% 左右。主要用于大体积混凝土、大坝混凝土和有缓凝要求的混凝工程。

3. 萘磺酸盐系减水剂

萘磺酸盐系减水剂简称萘系减水剂,它是以工业萘或从煤焦油中分馏出含萘的同系物为原料,经磺化、缩合、中和等一系列复杂的工艺而制成的棕褐色粉末或液体。其主要成分为 β-萘磺酸盐甲醛缩合物。品种很多,如 FDN、NNO、NF、MF、UNF、XP、SN-Ⅱ、建 1、NHJ 等等。

萘系减水剂多数为非引气型高效减水剂,适宜掺量为 0.5%～1.2%,减水率可达 15%～30%,相应地可提高混凝土 28d 强度 10% 以上,或节约水泥10%～20%。

萘系减水剂对钢筋无锈蚀作用,具有早强功能。但混凝土的坍落度损失较大,故实际应用的萘系减水剂,极大多数为复合型的,通常与缓凝剂或引气剂复合。

萘系减水剂主要适用于配制高强、早强、流态和蒸养混凝土制品和工程,也可用于一般工程。

4. 树脂系减水剂

树脂系减水剂为磺化三聚氰胺甲醛树脂,通常称为蜜胺树脂系减水剂。主要以三聚氰胺、甲醛和亚硫酸钠为原料,经羟甲基化、磺化、缩合等工艺生产而成的无色液体。最常用的有 SM 树脂减水剂。

SM 为非引气型早强高效减水剂,性能优于萘系减水剂,但目前价格较高,适宜掺量 0.5%～2.0%,减水率可达 20% 以上,混凝土 1d 强度提高一倍以上,7d强度可达基准 28d 强度,长期强度也能提高,且可显著提高混凝土的抗渗、抗冻性和弹性模量。

掺 SM 减水剂的混凝土粘性较大,可泵性较差,且坍落度经时损失也较大。目前主要用于配制高强混凝土、早强混凝土、流态混凝土、蒸气养护混凝土和铝酸盐水泥耐火混凝土等。

5. 氨基磺酸盐系减水剂

氨基磺酸盐系减水剂为氨基磺酸盐甲醛缩合物,一般由带氨基、羟基、羧基、磺酸(盐)等活性基团的单体,通过滴加甲醛,在水溶液中温热或加热缩合而成。该类减水剂以芳香族氨基磺酸盐甲醛缩合物为主。

氨基磺酸盐系减水剂,有固体重量百分含量为 25%～55% 的液状产品以及浅黄色粉末状的粉剂产品。该类减水剂的主要特点之一是 Cl^- 离子含量低(约为 0.01%~0.1%），以及 Na_2SO_4 含量低（约为 0.9%~4.2%）。

氨基磺酸盐系高效减水剂的掺量低于萘系及三聚氰胺系高效减水剂。按有效成分计算，氨基磺酸盐系减水剂掺量一般为水泥质量的 0.2%~1.0%。最佳掺量为 0.5%~0.75%，在此掺量下，对流动性混凝土的减水率为 28%~32%；对塑性混凝土的减水率为 17%~23%。该类减水剂在水泥颗粒表面呈环状、引线状和齿轮状吸附，能显著降低水泥颗粒表面的 ζ 负电位，因此其分散减水作用机理仍以静电斥力为主，并具有较强的空间位阻斥力作用。同时，由于减水剂具有强亲水性羟基（—OH），能使水泥颗粒表面形成较厚的水化膜，故具有较强的水化膜润滑减水作用。

氨基磺酸盐系减水剂无引气作用，由于分子结构中具有羟基（—OH），故具有轻微的缓凝作用。该类减水剂减水率高，与萘系及三聚氰胺系高效减水剂一样，具有显著的早强和增强作用，掺该类减水剂的混凝土，其早期强度比掺萘系及三聚氰胺系的混凝土早期强度增长更快。

氨基磺酸盐系减水剂对混凝土性能的影响，许多地方与萘系及三聚氰胺系高效减水剂相似，具有萘系及三聚氰胺系高效减水剂的优点。但是，由于其分散减水作用机理，与萘系及三聚氰胺系减水剂相比，具有更强的空间位阻斥力作用及水化膜润滑作用，所以，氨基磺酸盐系减水剂对水泥颗粒的分散效果更强，对水泥的适应性明显提高，不但减水率高，而且保塑性好。掺该类减水剂的混凝土，在初始流动性相同的条件下，混凝土坍落度经时损失明显低于掺萘系及三聚氰胺系减水剂的混凝土，但是，与其他高效减水剂相比，氨基磺酸盐高效减水剂对掺量较为敏感，低掺效果不理想，过掺则容易导致混凝土泌水。

6. 脂肪族羟基磺酸盐减水剂

脂肪族减水剂是以羰基化合物为主体，并通过磺化打开羰基，引入亲水性磺酸基团，然后，在碱性条件下与甲醛缩合形成一定分子量大小的脂肪族高分子链，使该分子形成具有表面活性分子特征的高分子减水剂。

该类减水剂主要原料为丙酮、亚硫酸钠或焦亚硫酸钠，它们之间按一定的摩尔比混合，在碱性条件下进行磺化、缩合反应而成。

该类减水剂的减水分散作用力以静电斥力作用为主，掺量通常为水泥用量的 0.5%~1.0%，减水率可达 15%~20%，属早强型非引气高效减水剂，有一定的坍落度损失，尤其适用于混凝土管桩的生产。

7. 聚羧酸系高效减水剂

改性木质素磺酸盐系、萘系、三聚氰胺系及氨基磺酸盐系等高效减水剂的主导极性官能团均为磺酸基（或磺酸盐基）。除改性木质素磺酸盐系外，其他三种高效减水剂均由含磺酸基（或其他极性基）的活性单体，通过加入甲醛进行缩合反应而生成的缩合物电解质。而聚羧酸系减水剂则是由不同的不饱和单体,在一定条件的水相体系中,通过引发剂(如过硫酸盐)的作用,接枝共聚而成的高分子共聚物,它是一种新型的高性能减水剂。无论组成如何,聚羧酸系减水剂分子大多呈梳形结构。特点是主链上带有多个活性基团,并且极性较强;侧链上也带有亲水性活性基团,并且数量多;疏水基的分子链较短、数量少。

聚羧酸系减水剂吸附在水泥颗粒表面,使水泥颗粒表面的ζ负电位降低幅度远小于萘系、三聚氰胺系及氨基磺酸盐系等高效减水剂,因此,吸附有该类减水剂的水泥颗粒之间的静电斥力作用相对较小。但是,聚羧酸系减水剂在较低掺量的情况下,对水泥颗粒具有强烈的分散作用,减水效果明显。这是因为该类减水剂呈梳状吸附在水泥颗粒表面,侧链伸入液相,从而使水泥颗粒之间具有显著的空间位阻斥力作用;同时,侧链上带有许多亲水性活性基团(如—OH,—O—,—COO⁻等),它们使水泥颗粒与水的亲和力增大,水泥颗粒表面溶剂化作用增强,水化膜增厚。因此,该类减水剂具有较强的水化膜润滑减水作用。由于聚羧酸系减水剂分子中含有大量羟基(—OH)、醚基(—O—)及羧基(—COO⁻),这些极性基具有较强的液-气界面活性,因而该类减水剂还具有一定的引气隔离"滚珠"减水效应。

综上所述,聚羧酸系高效减水剂的分散减水作用机理以空间位阻斥力作用为主,其次是水化膜润滑作用和静电斥力作用,同时还具有一定的引气隔离"滚珠"效应和降低固–液界面能效应。

聚羧酸系高效减水剂液状产品的固体含量一般为18%~25%。与其他高效减水剂相比,由于它的分散减水作用机理独具特点,所以其掺量低、减水率高。按有效成分计算,该类减水剂掺量一般为0.05%~0.3%之间。掺量为0.1%~0.2%的该类减水剂的减水率高于掺量为0.5%~0.7%的萘系高效减水剂的减水率。聚羧酸系减水剂的减水率对掺量的特性曲线更趋线性化,其减水率一般为25%~35%,最高可达40%。聚羧酸系减水剂具有一定的引气性和轻微的缓凝性。

聚羧酸系高效减水剂,与其他高效减水剂相比,除了掺量小,对水泥颗粒的分散作用强,减水率高等优点外,该类减水剂最大的一个优点是保塑性强,能有效地控制混凝土拌和物的坍落度经时损失,而对混凝土硬化时间影响不大。聚羧酸系减水剂对混凝土具有良好的增强作用,能够有效地提高混凝土的抗渗性、抗冻性与耐久性。

8. 复合减水剂

单一减水剂往往很难满足不同工程性质和不同施工条件的要求,因此,减水剂研究和生产中往往复合各种其他外加剂,组成早强减水剂、缓凝减水剂、引气减水剂、缓凝引气减水剂等等。随着工程建设和混凝土技术进步的需要,各种新型多功能复合减水剂正在不断研制生产中,如 2～3h 内无坍落度损失的保塑高效减水剂等,这一类外加剂主要有:聚羧酸盐与改性木质素的复合物、带磺酸端基的聚羧酸多元聚合物、芳香族氨基磺酸系高分子化合物、改性羟基衍生物与烷基芳香磺酸盐的复合物、萘磺酸甲醛缩合物与木钙等的复合物、三聚氰胺甲醛缩合物与木钙等的复合物、脂肪族系高分子聚合物与糖钙等的复合物等等。

其他减水剂新品种还有以甲基萘为原料的聚次甲基甲基萘磺酸钠减水剂;以古马隆为原料的氧茚树脂磺酸钠减水剂;丙烯酸酯或醋酸乙烯的接枝共聚物系高效减水剂;聚羧酸醚系与交联聚合物的复合物系高效减水剂;顺丁烯二酸衍生共聚物系高效减水剂;聚羧酸系高分子聚合物系减水剂等。

3.3 引气剂

在混凝土搅拌过程中能引入大量均匀分布、稳定而封闭的微小气泡,起到改善混凝土和易性,提高混凝土抗冻性和耐久性的外加剂,叫做混凝土引气剂。引气剂的掺量通常为水泥质量的 0.002%～0.01%,掺入后可使混凝土拌和物中引气量达到 3%～5%。引入的大量微小气泡对水泥颗粒及骨料颗粒具有浮托、隔离及"滚珠"作用,因而引气剂具有一定的减水作用。一般地,引气剂的减水率为6%～9%,而当减水率达到 10% 以上时,则称之为引气减水剂。

引气剂和引气减水剂正沿着复合型高效引气剂及高性能引气减水剂方向发展。同时,引气剂及引气减水剂作为一种有效组分,还广泛应用于配制泵送剂、防冻剂等多功能复合外加剂。

一、引气剂的种类

引气剂是表面活性物质,但是只有少量表面活性物质可作为混凝土引气剂使用。按引气剂水溶液的电离性质,可将其分为四类,即:阴离子表面活性剂、阳离子表面活性剂、非离子表面活性剂和两性表面活性剂。按化学成分分类,则引气剂主要有以下几种类型:

1. 松香类引气剂

松香的化学成分复杂,其中含有树脂酸类、脂肪酸类及中性物质如烃类、醇类、醛类及氧化物等。松香类引气剂包括松香热聚物、松香酸钠及松香皂(盐)等。

将松香与石炭酸(苯酚)、硫酸按一定比例投入反应釜,在一定温度和合适条件下反应。该反应过程相当复杂,经过缩合、聚合反应,变成一种分子比较大的物质,再用过量氢氧化钠处理,即成为钠盐松香热聚物。

松香酸钠是由松香加入煮沸的氢氧化钠溶液中经搅拌溶解,然后再在膏状松香酸钠中加入水,即可配成松香酸钠溶液引气剂。该种引气剂有一定减水作用,能改善混凝土拌和物工作性,但加入后混凝土的强度有所降低,尤以早期强度为甚。

松香皂是由松香、无水碳酸钠(Na_2CO_3)和水三种物质,按一定比例熬制而成。使用时稀释成5%浓度的溶液。掺量为水泥质量的0.02%左右为宜。

2. 合成阴离子表面活性剂类引气剂

合成阴离子表面活性剂类引气剂主要有烷基磺酸钠、烷基芳基磺酸钠和烷基硫酸钠(又称为烷基硫酸酯盐)等。

十二烷基苯磺酸钠较易合成,工业上可制成高纯度的产品,它易溶于水并极易起泡,产生的泡沫多。但若溶液的粘度较低时,则泡沫较易破灭消失。

烷基硫酸钠又称为烷基硫酸酯钠,分子结构式为 R—O—SO$_3$Na,式中 R—为$C_{12} \sim C_{14}$的烷基。经常使用的是十二烷基硫酸钠,其为白色或淡黄色固体,溶于水而成半透明溶液,对碱、弱酸和硬水都很稳定,具有发泡、分散等功能,由十二醇与硫酸或氯磺酸作用后再经氢氧化钠中和而制得。

3. 木质素磺酸盐类引气剂

木质素磺酸盐是造纸工业的副产品,它在混凝土中引入空气泡的性能较差,是一种较差的引气剂,但它具有减水和缓凝作用,是一种引气缓凝减水剂,广泛作为普通减水剂和缓凝剂使用。

4. 石油磺酸盐类引气剂

该类引气剂是精炼石油的副产品。为了产生轻油,将石油用硫酸处理,生产轻油后留下的残渣中含有水溶性磺酸,再用氢氧化钠中和,即得石油磺酸钠;如用三乙醇胺中和,就得到了另一种类型的产品,即磺化的碳氢化合物有机盐。

5. 蛋白质盐类引气剂

蛋白质盐类是动物和皮革加工工业的副产品,它是由羧酸和氨基酸复杂混合物的盐所组成,这种引气剂使用的数量相当少。

6. 脂肪酸和树脂酸及其盐类引气剂

该类引气剂可由不同原材料生产。动物脂肪水解皂化可制得脂肪酸盐引气剂,其钙盐不溶于水,能在混凝土中引入少量空气,在与水泥拌和后其液相立即被钙离子饱和;植物油经皂化后也可用作混凝土引气剂;碱法造纸的另一种工业副产品——妥尔油(Tall Oil)也是一种混凝土引气剂,它是通过静置松木碱性造纸废液而得。造纸废液经静置后分层,下层黑液主要含木质素,而上层浮物即为妥尔油,主要有效成分为脂肪酸钠皂和松脂酸钠皂。

7. 合成非离子型表面活性引气剂

该类混凝土引气剂主要是聚乙二醇型非离子表面活性剂,它是由含活泼氢原子的憎水原料同环氧乙烷进行加成反应而制得。

8. 三萜皂甙引气剂

该类引气剂是从我国南方植物果实中提取出来的纯天然非离子表面活性剂。由糖体、配基、有机酸组成,分子式 $C_{57}H_{90}O_{26}$,相对分子量 1203,熔点 224℃,pH 值 6.2,旋光度 2L/D27.5(0.88%乙醇溶液),表面张力 32.86dyn/m。具有苦辛辣味,纯品为白色微细柱状晶体,吸湿性强。三萜皂甙拥有亲水和亲油基团,具有良好的乳化、分散、湿润、发泡、稳泡作用,于 1987 年首先被应用于混凝土之中作引气剂,具有降低溶液的表面张力,产生封闭、独立的气泡,发泡倍数高,气泡数量多,气泡间距小,稳泡时间长,能明显改善塑性混凝土的工作性能和提高硬化混凝土的耐久性能的特点,是一种天然的、在混凝土工程中极有应用前景的新型、优质的引气剂。三萜皂甙引气剂建议掺量为水泥质量的 0.004% ~ 0.08%,能引入混凝土中的气泡约 10 亿个,孔径范围为 0.02 ~ 0.2mm,为不连续的封闭球形,分布均匀,稳定性好。当含气量≥5%时,气泡间距系数 $L < 100\mu m$,当含气量为 6%时,气泡间距系数 L 约为 $80\mu m$。

二、引气剂的作用机理

引气剂的作用主要有两个方面,一是使引入的空气易于形成微小气泡;二是保持微小气泡稳定,并均匀分布在混凝土中,防止气泡兼并增大、上浮破灭。

引气剂的界面活性作用基本上与减水剂的界面活性作用相同,区别在于减水剂的界面活性作用主要发生在液-固界面,而引气剂的界面活性作用主要发生在液-气界面。

所谓气泡,就是液体薄膜包围着的气体。若某种液体易于成膜,且膜不易破裂,则此种液体在搅拌时就会产生许多泡沫。引气剂是表面活性物质,其由非极性基(碳氢链)和极性基(如磺酸基—SO_3H、羧酸基—COOH、醇基—OH、醚基—O—等)构成。非极性基亲气而疏水,极性基亲水而疏气。因此,引气剂分子溶于水中后,对于液-气体系,其非极性基伸入气相,而极性基留于水中,从而吸附在气泡的液-气界面上形成定向排布。

在混凝土搅拌过程中,空气引入并被剪切碎散成微小气泡,溶于液相中的引气剂分子在此过程中定向吸附排布在气泡表面。正是由于引气剂分子在气泡表面的这种定向吸附与排布作用,才使得吸附了引气剂的微小气泡难于兼并增大,从而能够稳定地均匀分布在混凝土中。

三、引气剂对混凝土耐久性的影响

1. 混凝土含气量

掺引气剂混凝土的性能主要与含气量有关,而影响混凝土含气量的因素很多。当引气剂掺量相同,其他条件不变时,用火山灰硅酸盐水泥、矿渣硅酸盐水泥拌制的混凝土,其含气量都比用普通硅酸盐水泥时的含气量小,要获得相同的含气量,其引气剂掺量要比用普通硅酸盐水泥时增加 1/3。与低碱水泥相比,高碱水泥掺量可较低。水泥用量增加,含气量将减少。水泥用量每立方米增加 50kg 含气量减少 0.5% ~ 1.5%。

粉煤灰中含碳量对混凝土含气量有显著影响,因碳有吸附性,含碳量越多则引气剂掺量应越多。石子粒径的大小导致水泥砂浆含量的变化,石子粒径愈大,混凝土所含水泥砂浆愈少,含气量也就愈小。含气量还随砂率的减少而降低。

搅拌方式对引气剂混凝土的含气量有影响,机械搅拌比手工搅拌有力,含气量就高。含气量随搅拌时间延长而增加,但超过某一时间,由于气泡形成与消失相平衡,含气量不再增加。

混凝土含气量还随振捣时间的延长而降低,尤其高频插入式振捣棒振捣对混凝土含气量的损失影响更大。

由于引气剂导致混凝土含气量提高,混凝土有效受力面积减小,故混凝土强度将下降,一般每增加 1% 含气量,抗压强度下降 5% 左右,抗折强度下降 2% ~ 3%。故引气剂的掺量必须通过含气量试验严格加以控制,普通混凝土中含气量的限值可按表 3.2 控制:

表 3.2　混凝土含气量限值

粗骨料最大粒径(mm)	10	15	20	25	40
含气量(%)≤	7.0	6.0	5.5	5.0	4.5

2. 混凝土的耐久性

(1)混凝土的抗渗性

由于引气剂和引气减水剂具有一定的减水作用,所以混凝土用水量减少,拌和物的离析和泌水性降低,这样使混凝土中连通的大毛细孔,即水分迁移的主要通道减少,因而混凝土的抗渗性有所提高。同时,引气剂引入大量封闭的微小气泡,占据了混凝土中的自由空间,破坏了毛细管的连续性,这也使混凝土的抗渗性得到了改善。尤其是引气减水剂还使水泥颗粒分散均匀,因而改善了混凝土的匀质性,提高了混凝土的密实性,这样也显著地提高了混凝土的抗渗性。

(2)混凝土的抗化学腐蚀性及抗碳化性

引气剂或引气减水剂提高了混凝土的抗渗性,从而降低了气体和液体的侵入作用,因此,与抗渗性有关的混凝土抗化学腐蚀性(如抗硫酸盐侵蚀性)和抗碳化性均有所改善。由于引气混凝土中大量气孔为膨胀反应物提供了容纳空间,因而在一定程度上可缓解膨胀应力,所以引气剂或引气减水剂可提高混凝土抗碱-骨料反应能力。

(3)混凝土的抗冻性

掺有引气剂的混凝土,大大延长了其在受冻融循环反应作用条件下的使用寿命,这种抗冻性的改善不是百分之几十,而是几倍,甚至十几倍提高。

混凝土受到冻融循环作用时,由于混凝土气孔中非结晶水浸入后被冻结,产生9%的体积膨胀,因而产生膨胀压力。同时水结成冰产生的体积膨胀还会使未结冰的自由水产生迁移,当迁移受到约束时就会产生渗透压力。在膨胀压力和渗透压力作用下,混凝土薄弱部位会产生裂缝。如此反复循环,裂缝发展最终造成混凝土破坏。当混凝土中掺入引气剂或引气减水剂后,引入大量均匀分布的微小气泡,由于气泡的可压缩性,因而可缓解结冰产生的膨胀压力。同时,气泡还可容纳自由水的迁入,因而可大大缓解渗透压力。因此,引气剂或引气减水剂可显著地提高混凝土的抗冻性。

引气混凝土抗冻性与耐久性的改善程度与引气剂的种类、混凝土的含气量以及气泡分布特征有很大关系。要使混凝土的抗冻性能良好,气泡间距 L 最好控制在 $200\mu m$ 以下。掺引气减水剂比单掺引气剂对混凝土的抗冻性增长更为有利。当含气量在 3%~6% 的范围内时,混凝土的耐久性随含气量的增加而大幅度提高,但超过 6% 以后,随着含气量继续增加,耐久性反降低。

3.4 早强剂与速凝剂

水泥和水一经拌和,水化产物就开始形成,混凝土拌和物便逐渐失去流动性,最终凝结硬化,内部结构随龄期的增长越来越致密,混凝土的强度也就不断提高。混凝土的凝结时间是混凝土工程施工中需要控制的重要参数,它与混凝土的运输、浇注、振动等工艺密切相关。而混凝土的早期强度也与混凝土脱模时间(或滑模速度)、养护等工艺有关。不同的工程对混凝土的凝结时间有不同的要求,土建工程中往往都希望能尽早脱模,以便进行下一道工序;大体积混凝土要求减缓水泥水化速度,以便降低水化热,推迟达到水化放热温峰的时间;喷射混凝土则要求混凝土拌和物能迅速凝结硬化。此外,施工的气候条件不同,对混凝土的凝结时间和早期强度的要求也不同。例如在北方,冬季施工时为避免混凝土遭到冰冻破坏,就要求混凝土能尽早达到临界强度;在南方炎热地区,夏季施工时又希望延长凝结时间,以便有充足的时间运输、浇注、振捣成型。为了满足这些要求,就需要对混凝土凝结时间加以调控。

能对水泥、混凝土的凝结速度加以调节的外加剂称为"调凝剂",其中包括速凝剂、早强剂、缓凝剂等。

速凝剂是能使混凝土迅速凝结硬化的外加剂,它能使砂浆或混凝土在几分钟内就凝结硬化,早期强度明显提高,但是通常后期强度均有所降低。速凝剂广泛应用于喷射混凝土、灌浆止水混凝土及抢修补强混凝土工程中,在矿山井巷、隧道涵洞、地下硐室等工程中用量很大。

早强剂能提高混凝土或砂浆的早期强度,一般对混凝土的凝结时间无明显影响,但掺量过大及个别品种也会影响混凝土的凝结时间,起到促凝作用。另外,掺早强剂往往会使混凝土后期强度有所降低。

混凝土的凝结硬化加快与早期强度的提高密切相关,但两者的变化并不完全一致,有时凝结速度快的,但早期强度并不一定高。

一、早强剂

1. 早强剂的分类

早强剂按照其化学成分,可分为无机系、有机系和复合系三大类。最初是单独使用无机早强剂,后来为无机与有机复合使用,现在已发展为早强剂与减水剂复合使用,这样既保证了混凝土减水、增强、密实的作用,又充分发挥了早强剂的优势。

(1)无机系早强剂:属于这一类的主要是一些无机盐类,可分为氯化物系、硫酸盐系、碳酸盐系、亚硝酸盐系、铬酸盐系等。无机早强剂是目前用量最大的早强剂原料,常用品种主要是氯盐中的氯化钙和硫酸盐中硫酸钠及硫代硫酸钠等。

(2)有机系早强剂:如三乙醇胺、三异丙醇胺、甲酸钙等。以三乙醇胺应用较多。

(3)复合早强剂:复合早强剂是早强剂的发展方向之一,如将三乙醇胺与氯化钙、亚硝酸钠、石膏等组分按一定比例混合,可以取得比单一组分更好的早强效果和一定的后期增强作用。

不同品种早强剂在不同种类混凝土中的适宜掺量如表3.3所示。

表 3.3　混凝土早强剂的掺量

混凝土种类		早强剂品种	适宜掺量(水泥质量%)
预应力混凝土		硫酸钠	1.0(潮湿环境为 0.45)
		三乙醇胺	0.05
钢筋混凝土	干燥环境	氯离子(Cl⁻)	0.6
		硫酸钠	2.0
		硫酸钠与缓凝减水剂复合使用	3.0
		三乙醇胺	0.05
	潮湿环境	硫酸钠	1.5
		三乙醇胺	0.05
有饰面要求的混凝土		硫酸钠	1.0
无筋混凝土		氯离子(Cl⁻)	1.8

注:在预应力混凝土中,由其他材料带入的氯离子总量不应大于水泥质量的 0.06%;在潮湿环境下的钢筋混凝土中氯离子总量不应大于水泥质量的 0.15%。

2. 常用早强剂及其作用

(1)氯化物类早强剂

①氯化钙($CaCl_2$):具有加剧水泥早期水化、降低水的冰点、低温早强和提高早期抗冻能力的作用。$CaCl_2$ 的促凝早强作用首先应归因于它能与水泥中铝酸三钙(C_3A)反应,在水泥颗粒表面生成不溶性复盐水化氯铝酸钙,氯化钙还可以与水泥水化产物中的氢氧化钙反应,生成不溶性的氧氯化钙。

由于含有大量化学结合水的水化产物增多,固相比例增大,有助于水泥浆体结构的形成而表现出较高的早期强度。同时由于上述反应的进行,消耗了 $Ca(OH)_2$,使水泥水化液相中的 pH 值减小,使水泥组分溶解速率加快,从而促使 C_3S 水化加速。C_3S 与 $CaCl_2$ 虽不产生新的水化产物,但 $CaCl_2$ 吸附在 C_3S 水化物表面,促使水化物的晶体减小,这对早期强度提高有利。

$CaCl_2$ 不仅能影响水泥熟料中的硅酸盐相和铝、铁酸盐相的水化而起促凝早强作用,同时它还能促进火山灰反应,因此 $CaCl_2$ 对掺有矿渣和火山灰质混合材料的水泥以及粉煤灰混凝土都起促凝早强作用。

当氯化钙的掺量低于 1% 时,对水泥的凝结时间无明显的影响;当掺量大于 1% 时,产生促凝作用。掺 2% 氯化钙的硅酸盐水泥的初凝时间约提前 0.5～1h,终凝时间提前 0.5～2h。对需要控制凝结时间的工程,应注意氯化钙的掺量。

掺 $CaCl_2$ 能显著提高混凝土 1～7d 的抗压强度,3d 强度的提高幅度可达 30%～100%。温度越低,提高幅度越大。掺 $CaCl_2$ 早强剂的混凝土水化热在 24h 内增加约 30%,但总水化热与基准混凝土几乎相同。氯化钙常用于冬季施工的混凝土工程中,它既可以提高早期强度,又可使水化热提前释放,从而避免混凝土早期遭受冻害。

掺 $CaCl_2$ 混凝土的泌水性减小，抗渗性有所提高，但其收缩值有所增大，特别是早期收缩值。掺 $CaCl_2$ 的混凝土抗硫酸盐侵蚀性及抗冻性有所降低，碱-骨料反应也有加剧的趋势。虽然 $CaCl_2$ 是早强效果很好的早强剂，但它会加剧钢筋锈蚀。为确保结构的耐久性，钢筋混凝土中不宜使用 $CaCl_2$ 早强剂，如要使用，应与阻锈剂（如 $NaNO_2$）同时使用。但对无筋素混凝土，$CaCl_2$ 不失为一种最好的早强剂。

②氯化钠（NaCl）：具有与氯化钙相似的早强作用。它具有使水泥早期水化加剧、低温早强、降低水的冰点、提高早期抗冻能力等作用，而且价格便宜、原料来源广泛。在掺量相同时，氯化钠降低冰点的作用优于氯化钙，几乎是所有降低冰点材料中效果最好的一种，但一般不用 NaCl 作为混凝土的早强剂，因为随着混凝土湿度的增加，它会大大降低混凝土的后期强度，并加剧钢筋的锈蚀。在钢筋混凝土中使用 NaCl 时，必须按规定复合阻锈剂。氯化钠多用于防冻剂中的防冻组分，它与三乙醇胺复合使用效果较好，一般掺量不大于水泥质量的 1%。

(2)硫酸盐类早强剂

该类早强剂有硫酸钠（Na_2SO_4，又称元明粉）、硫酸钾（K_2SO_4）、硫酸钙（$CaSO_4 \cdot 2H_2O$，即石膏）、硫代硫酸钠（$Na_2S_2O_3$）、硫酸铝［$Al_2(SO_4)_3$］、硫酸铁［$Fe_2(SO_4)_3$］、硫酸锌（$ZnSO_4$）、硫酸铝钾［$Al \cdot K(SO_4)_2 \cdot 2H_2O$，又称明矾］等。最常用的是硫酸钠、硫酸钙（石膏）和明矾。

①硫酸钠：结晶硫酸钠（$Na_2SO_4 \cdot 10H_2O$）工业品亦称芒硝，干燥环境下易失水风化，失水后为无水硫酸钠（Na_2SO_4），工业品称元明粉，其早强效果以 $Na_2SO_4 \cdot 10H_2O$ 为最佳。硫酸钠可以单独作为早强剂使用，也可用作其他外加剂（如防冻剂、早强减水剂等）的组分。在使用时要注意带 10 个结晶水的硫酸钠中有效 Na_2SO_4 含量占 44.1%，水占 55.9%，掺量以无水硫酸钠为准。

一般认为硫酸钠的早强作用是由于硫酸钠加入水泥中，可与 $Ca(OH)_2$ 反应生成分散度极高的 $CaSO_4 \cdot 2H_2O$。

$$Na_2SO_4 + Ca(OH)_2 + 2H_2O \Longrightarrow CaSO_4 \cdot 2H_2O + 2NaOH$$

所生成的硫酸钙比生产水泥时加入的石膏的比表面积大得多，所以可以和水泥中的铝酸钙迅速反应生成钙矾石，体积膨胀，使水泥石致密，从而提高了早期强度。另一方面由于 $Ca(OH)_2$ 被消耗，又加速了 C_3S、C_2S 的水化反应，也有助于混凝土早期强度的提高。但 28d 的强度往往与不掺硫酸钠者持平甚至稍有下降。

硫酸钠的掺量一般为水泥质量的 0.5% ~ 2%，提高混凝土早期强度 50% ~ 100%。硫酸钠早强剂在水化反应中，由于生成了 NaOH，而使碱度有所提高，这对掺有火山灰、矿渣等掺和料的混凝土早强作用更为明显。

②硫酸钙：又称石膏，在水泥生产中作为调凝剂与熟料一起粉磨，一般掺量为水泥质量的 3% 左右。混凝土中再掺入硫酸钙则有早强作用。在和硫酸钠相同掺量时，硫酸钙早强效果比硫酸钠差。由于硫酸钙与水泥中的铝酸三钙反应，迅速形成大量的硫铝酸钙，很快结晶并形成晶核，促进了水泥其他成分的结晶、生长，因而使混凝土的早期强度提高。硫酸钙在混凝土中的最佳掺量随水泥中含碱量和 C_3A 含量而变化，掺量不可过大，否则会降低后期强度，甚至发生膨胀裂缝。在最佳掺量时可获得最高的早强和最小的干缩。

(3)硝酸盐及亚硝酸盐类早强剂：硝酸钠、亚硝酸钠、硝酸钙、亚硝酸钙都具有早强作用，尤其是在低温、负温时作为混凝土的早强剂以及防冻剂的早强组分使用。

亚硝酸钠和硝酸钠对水泥的水化有促进作用，而且可以改善混凝土的孔结构，使混凝土的结构更加密实。亚硝酸钠又是很好的阻锈剂，故它尤其适用作钢筋混凝土中的早强剂。

亚硝酸钙和硝酸钙往往组合使用，它们能促进低温、负温下的水泥水化反应，能加速混凝土硬化，并提高混凝土的密实性、抗渗性和耐久性。

硝酸铁亦可以用作早强剂，它与水泥水化生成的 $Ca(OH)_2$ 反应生成氢氧化铁和硝酸钙，既有早强作用，又利用氢氧化铁胶体来封闭毛细孔达到防渗的效果。

(4)有机类早强剂：有机早强剂有三乙醇胺、三异丙醇胺、甲醇、乙醇、乙酸钠、甲酸钙、草酸锂及尿素等，最常用的是三乙醇胺。

三乙醇胺为无色或淡黄色透明油状液体，能溶解于水，呈碱性。作为早强剂，它具有掺量少、副作用小、低温早强作用明显，而且有一定的后期增强作用的特点，在与无机早强剂复合作用时效果更好。三乙醇胺作为早强剂时，掺量为 0.02% ~ 0.05%，掺量大于 0.1% 则有促凝作用。

其他如二乙醇胺、三异丙醇胺亦有类似的作用。所以在使用中，往往选择价格较便宜的三乙醇胺残渣，它实际上是三乙醇胺、三异丙醇胺、二乙醇胺等的混合物，由于超叠加效应，其效果有时优于纯三乙醇胺。

(5)复合早强剂：各种外加剂都有其优点和局限性。例如氯化物有腐蚀钢筋的缺点，但有早强效果好、降低冰点等显著优点，如果与阻锈剂复合使用则能发挥它的优点，克服它的缺点；有些无机化合物有使混凝土后期强度降低的缺点，而一些有机外加剂，虽能提高后期强度但单掺早强作用不大，如果将两者合理组合，则不但显著提高早期强度，而且后期强度也得到提高，并且能大大减少无机化合物的掺入量,这有利于减少无机化合物对水泥石的不良影响。因此使用复合早强剂不但可显著提高混凝土早强效果,而且可大大拓展早强剂的应用范围。

复合早强剂可以是无机材料与无机材料的复合,也可以是有机材料与无机材料的复合或有机材料与有机材料的复合。复合早强剂往往比单组分早强剂具有更优良的早强效果,掺量也可以比单组分早强剂低。众多复合型早强剂中以三乙醇胺与无机盐组合的复合早强剂效果最好,应用面最广。工程中常用复合早强剂的配方如表 3.4 所示。

表 3.4　常用复合早强剂的配方

复合早强剂组分	掺量(%)
三乙醇胺 + 氯化钠	$(0.03 \sim 0.05) + 0.5$
三乙醇胺 + 氯化钠 + 亚硝酸钠	$0.05 + (0.3 \sim 0.5) + (1 \sim 2)$
硫酸钠 + 亚硝酸钠 + 氯化钠 + 氯化钙	$(1 \sim 1.5) + (1 \sim 3) + (0.3 \sim 0.5) + (0.3 \sim 0.5)$
硫酸钠 + 氯化钠	$(0.5 \sim 1.5) + (0.3 \sim 0.5)$
硫酸钠 + 亚硝酸钠	$(0.5 \sim 1.5) + 1$
硫酸钠 + 三乙醇胺	$(0.5 \sim 1.5) + 0.05$
硫酸钠 + 二水石膏 + 三乙醇胺	$(1 \sim 1.5) + 2 + 0.05$
亚硝酸钠 + 二水石膏 + 三乙醇胺	$1 + 2 + 0.05$

二、速凝剂

速凝剂的作用是使混凝土喷射到工作面上后很快能凝结。其基本特点是:①使混凝土喷出后 3 ~ 5min 内初凝,10min 之内终凝;②使混凝土有较高的早期强度,后期强度降低不大(小于 30%);③使混凝土具有一定的粘度,以防回弹量过高;④使混凝土保持较小的水灰比,以防收缩过大,并提高抗渗性能;⑤对钢筋无锈蚀作用。

1. 速凝剂的种类

速凝剂的品种很多,但按其主要成分分类,大致可以分成以下几类:

(1)铝氧熟料加碳酸盐类:

其主要速凝成分为铝氧熟料、碳酸钠以及生石灰。

这种速凝剂含碱量较高,混凝土的后期强度降低较大,但加入无水石膏后可以在一定程度上降低碱度并提高后期强度。

(2)硫铝酸盐类:

它是以铝矾土、芒硝($Na_2SO_4 \cdot 10H_2O$)经煅烧成为硫铝酸盐熟料后,再与一定比例的生石灰、氧化锌共同研磨而成。产品的主要成分为：偏铝酸钠、硫酸铝、氧化钙和氧化锌。

这种产品含碱量低且由于加入了氧化锌而提高了混凝土的后期强度，但却延缓了早期强度的发展。

(3)水玻璃类：

以水玻璃为主要成分，将其调整到波美度约为 30，并加入适量重铬酸钾以降低粘度，加入适量亚硝酸钠以降低冰点，加入适量三乙醇胺以提高早强作用。

这种速凝剂凝结、硬化很快，早期强度高，抗渗性好，而且可在低温下施工。缺点是收缩较大。这类产品用量低于前两类，因其抗渗性能好常用于止水堵漏。

(4)其他类型：

由于以上速凝剂含碱量均较高，目前广泛研究开发低碱速凝剂。如主要成分为可溶性树脂的聚丙烯酸、聚甲基丙烯酸、羟基胺等制成的速凝剂。这些速凝剂凝结快、强度高，但价格高，因此应用较少。目前国内正在研制的有机无机复合型低碱液体型速凝剂已经展现了很好的前景。

2. 常用速凝剂及其作用

由于速凝剂是由复合材料制成，同时又与水泥的水化反应交织在一起，其作用机理较为复杂。

(1)铝氧熟料加碳酸盐型速凝剂

作用机理如下：

$$Na_2CO_3 + CaSO_4 =\!=\!= CaCO_3 \downarrow + Na_2SO_4$$

$$NaAlO_2 + 2H_2O =\!=\!= Al(OH)_3 + 2NaOH$$

$$2NaAlO_2 + 3Ca(OH)_2 + 3CaSO_4 + 30H_2O =\!=\!= 3CaO \cdot Al_2O_3 \cdot 3CaSO_4 \cdot 32H_2O + 2NaOH$$

碳酸钠与水泥浆中石膏反应，生成不溶的 $CaCO_3$ 沉淀，从而破坏了石膏的缓凝作用。铝氧熟料($NaAlO_2$)在有 $Ca(OH)_2$ 存在的条件下与石膏反应生成水化硫铝酸钙和氢氧化钠，由于石膏消耗而使水泥中的 C_3A 成分迅速溶解进入水化反应，C_3A 的水化又迅速生成钙矾石而加速了凝结硬化。另一方面大量生成 $NaOH$、$Al(OH)_3$、Na_2SO_4，这些都具有促凝、早强作用。速凝剂中的铝氧熟料及石灰，在水化初期就产生强烈的放热反应，使整个水化体系温度大幅度升高，促进了水化反应的进程和强度的发展。此外在水化初期生成高硫型水化硫铝酸钙(钙矾石)，又使液相中 $Ca(OH)_2$ 浓度下降，从而促进了 C_3S 的水解，迅速生成了水化产物——水化硅酸钙凝胶。迅速生成的水化产物交织搭接在一起形成网络结构的晶体，即混凝土开始凝结。

(2)硫铝酸盐型速凝剂

作用机理如下：

$$Al_2(SO_4)_3 + 3CaO + 5H_2O \Longrightarrow 3(CaSO_4 \cdot 2H_2O) + 2Al(OH)_3$$

$$2NaAlO_2 + 3CaO + 7H_2O \Longrightarrow 3CaO \cdot Al_2O_3 \cdot 6H_2O + 2NaOH$$

$$3CaO \cdot Al_2O_3 \cdot 6H_2O + 3(CaSO_4 \cdot 2H_2O) + 20H_2O \Longrightarrow 3CaO \cdot Al_2O_3 \cdot 3CaSO_4 \cdot 32H_2O$$

$Al_2(SO_4)_3$ 和石膏的迅速溶解使水化初期溶液中硫酸根离子浓度骤增，它与溶液中的 Al_2O_3，$Ca(OH)_2$ 发生反应，迅速生成微细针柱状钙矾石和中间产物次生石膏，这些新晶体的增长、发展在水泥颗粒之间交叉生成网络状结构而呈现速凝。这种速凝剂主要是早期形成钙矾石而促进凝结，但掺此类速凝剂会使水泥浆体过早地形成结晶网络结构，在一定程度上会阻碍水泥颗粒的进一步水化。另外，钙矾石向单硫型水化硫铝酸钙转化会使水泥石内部孔隙增加，这些都使水泥石的后期强度的增长受到影响。

(3)水玻璃型速凝剂作用机理

水泥中的 C_3S、C_2S 等矿物在水化过程中生成 $Ca(OH)_2$，而水玻璃溶液能与 $Ca(OH)_2$ 发生强烈反应，生成硅酸钙和二氧化硅胶体。其反应如下：

$$Na_2O \cdot nSiO_2 + Ca(OH)_2 \Longrightarrow (n-1)SiO_2 + CaSiO_3 + 2NaOH$$

反应中生成大量 $NaOH$，将进一步促进水泥熟料矿物水化，从而使水泥迅速凝结硬化。

3.5 缓凝剂

缓凝剂是一种能延迟水泥水化反应，从而延长混凝土的凝结时间，使新拌混凝土较长时间保持塑性，方便浇注，提高施工效率，同时对混凝土后期各项性能不会造成不良影响的外加剂。按性能可分为两种：仅起延缓混凝土凝结时间作用的缓凝剂，兼具缓凝和减水作用的缓凝减水剂。

缓凝剂和缓凝减水剂正随着复杂条件下的混凝土施工技术的发展而不断拓展其应用领域。在夏季高温环境下浇注或运输预拌混凝土时，采取缓凝剂与高效减水剂复合使用的方法可以延缓混凝土的凝结时间，减少坍落度损失，避免混凝土泵送困难，提高工效，同时延长混凝土保持塑性的时间，有利于混凝土振捣密实，避免蜂窝、麻面等质量缺陷。在大体积混凝土施工时，尤其是重力坝、拱坝等重要水工结构施工中掺用缓凝剂可延缓水泥水化放热，延迟温峰出现并降低混凝土绝对温升，避免因水化放热导致过大温度应力而使混凝土产生裂缝，危及结构安全。除了在大跨、超高层结构等预应力混凝土构件中使用之外,还在填石灌浆施工法或管道施工的水下混凝土、滑模施工的混凝土以及离心工艺生产混凝土排污管等混凝土制品中得到广泛的应用。

近年来,又出现了超缓凝剂,可以使普通混凝土缓凝 24h,甚至更长时间,但对混凝土后期各项性能无不良影响。超缓凝剂的开发与应用,为混凝土的多样化施工提供了新的技术手段,并促进了新工艺的出现。特别是对于超长、超高泵程混凝土施工,避免了泵送效率的降低,减少了中间设置的"接力泵",使摩天大楼的混凝土施工更为容易。在持续高温(最高气温 40℃以上)条件下施工高性能混凝土,使用超缓凝剂可以避免混凝土过快凝结、二次抹面困难、混凝土表面干缩裂缝等现象的出现,更为重要的是使高水泥用量造成的高温升、高温差、高温度应力得以减小,从而有利于控制大体积混凝土出现温度应力缝。另外,超缓凝剂还为解决混凝土接槎冷缝以及高抗渗性、高气密性和防辐射混凝土施工困难等问题提供了一条新的途径。

一、缓凝剂的种类

缓凝剂主要功能在于延缓水泥凝结硬化速度,使混凝土拌和物在较长时间内保持塑性。缓凝剂种类较多,按其化学成分可分为无机缓凝剂和有机缓凝剂两大类;按其缓凝时间可分为普通缓凝剂和超缓凝剂两大类。

无机缓凝剂包括:磷酸盐、锌盐、硫酸铁、硫酸铜、硼酸盐、氟硅酸盐等。

有机缓凝剂包括:羟基羧酸及其盐,多元醇及其衍生物,糖类及碳水化合物等。

缓凝减水剂是兼具缓凝和减水功能的外加剂。主要品种有木质素磺酸盐类、糖蜜类及各种复合型缓凝减水剂等。

1. 无机缓凝剂

(1)磷酸盐、偏磷酸盐类缓凝剂:

磷酸盐、偏磷酸盐类缓凝剂是近年来研究较多的无机缓凝剂。正磷酸(H_3PO_4)的缓凝作用并不大,但各种磷酸盐的缓凝作用却较强。在相同掺量情况下,磷酸盐类缓凝剂中缓凝作用最强的是焦磷酸钠($Na_4P_2O_7$)。缓凝作用由强至弱按以下排序:

焦磷酸钠($Na_4P_2O_7$)>三聚磷酸钠($Na_5P_3O_{10}$)>多聚磷酸钠($Na_6P_4O_{13}$)>磷酸钠($Na_3PO_4 \cdot 10H_2O$)>磷酸氢二钠($Na_2HPO_4 \cdot 2H_2O$)>磷酸二氢钠($NaH_2PO_4 \cdot 2H_2O$)>正磷酸(H_3PO_4)。

需要特别注意的是对于铝酸盐含量较高的水泥,掺加磷酸二氢钠或磷酸钠作为缓凝剂时,可能会出现瞬凝现象。

①三聚磷酸钠:三聚磷酸钠为白色粒状粉末,属缩聚磷酸盐类。无毒、不燃、

易溶于水。具有较强的络合碱金属和重金属的能力。一般掺量为水泥用量的 0.1%~0.3%。

②磷酸钠：磷酸钠为无色透明或白色结晶体，水溶液呈碱性。一般掺量为水泥用量的 0.1%~1.0%。

(2)硼砂($Na_2B_4O_7 \cdot 10H_2O$)：

为白色粉末状结晶物质。吸湿性强，易溶于水和甘油，其水溶液呈弱碱性。在干燥的空气中易缓慢风化。常用掺量为水泥用量的 0.1%~0.2%。

(3)氟硅酸钠(Na_2SiF_6)：

为白色结晶物质，密度 2.68g/cm^3，微溶于水，不溶于乙醇，有腐蚀性，一般掺量为水泥用量的 0.1%~0.2%。

(4)其他无机缓凝剂：

氯化锌、碳酸锌以及锌、铁、铜、镉的硫酸盐也具有一定的缓凝作用，但是，由于缓凝作用不稳定，因此不常使用。

2. 有机缓凝剂

有机缓凝剂是较为广泛使用的一大类缓凝剂，按其官能团的不同可分为木质素磺酸盐、羟基羧酸及其盐、多元醇及其衍生物、糖类及碳水化合物等。

(1)羟基羧酸、氨基羧酸及其盐：

这一类缓凝剂的分子结构中含有羟基(—OH)、羧基(—COOH)或氨基(—NH_2)，常见的此类缓凝剂有柠檬酸、酒石酸、葡萄糖酸、水杨酸等及其盐。此类缓凝剂的缓凝效果较强，掺量一般在 0.05%~0.2%之间。

①柠檬酸($C_6H_8O_7 \cdot H_2O$)：柠檬酸又名枸橼酸，白色粉末或半透明结晶物质。天然产物存在于植物果实中，可溶于水，水溶液呈弱碱性，对混凝土有明显的缓凝作用，掺量一般为水泥质量的 0.03%~0.1%。

②酒石酸[$(CH)_2(OH)_2(COOH)_2$]、酒石酸钾钠($KNaC_4H_4O_6 \cdot 4H_2O$)：酒石酸的天然产物来自浆果果汁，酒石酸钾钠又名罗歇尔盐，两者均为透明结晶或白色粉末，溶于水和乙醇，对混凝土具有较强的缓凝作用，掺量一般不超过水泥用量的 0.01%~0.1%，在此掺量范围内可能会抑制混凝土 7d 强度的增长，但不影响后期强度。

(2)多元醇及其衍生物：

多元醇及其衍生物的缓凝作用较稳定，特别是在使用温度变化时仍有较好的稳定性。其中一元醇缓凝作用较小，但随烷基的增加，表面活性增强；二元醇中的乙二醇基本没有缓凝作用，丙二醇以后的二元醇类缓凝作用逐渐增强；丙三醇缓凝作用很强，甚至可以使水泥水化完全停止。聚乙烯醇、山梨醇等也具有一定的缓凝作用。此类缓凝剂掺量一般为水泥用量的 0.05%~0.2%之间。

(3)糖类：

葡萄糖、蔗糖及其衍生物和糖蜜及其改性物，由于原料广泛、价格低廉，同时具有一定的缓凝功能，因此使用也较为广泛。其掺量一般为胶凝材料用量的0.1%~0.3%。

(4)纤维素类碳水化合物：

以甲基纤维素、羧甲基纤维素钠盐为代表的纤维素类碳水化合物也具有一定的缓凝作用，但它们主要用于改善混凝土的增粘保塑功能，一般掺量为0.1%以下。特点是在浓度较低的情况下使水的粘度大大增加。

①甲基纤维素：甲基纤维素(MC)为白色至灰白色无臭无味粉末，是一种非离子型纤维素醚聚合物，能以任何比例溶于水中，其最高浓度取决于粘度。根据取代基团的取代程度以及改性程度的不同，它们具有不同的溶解性能、表面活性、热凝胶化作用和与其他物质的相容性。掺入水泥中可提高水泥砂浆、灰浆等的保水性能，并提高其和易性。

②羧甲基纤维素钠：羧甲基纤维素钠(CMC—Na)是一种阴离子型线性高分子物质，纯品为白色或乳白色，无毒无味，易溶于冷热水中成为透明黏稠性溶液，常用作缓凝剂、保水剂、增稠剂和粘结剂。

3. 超缓凝剂

超缓凝剂是一种能够在长时间内任意调节混凝土凝结时间，但不影响混凝土后期强度的外加剂。这种外加剂主要用于在长时间干燥、高温环境下施工的混凝土工程，以及其他要求混凝土具有长时间塑性的工程。

普通混凝土缓凝剂或缓凝减水剂，由于引气和缓凝的缘故，掺量过多会引起混凝土长时间不凝以及强度降低，且缓凝时间较短(最多为几小时)，一般不能用于需长时间保持混凝土塑性的现场。但超缓凝剂却不然，它基本不引入空气，可按掺量多少，在24h甚至72h内控制混凝土的凝结时间。尽管凝结时间推迟，但一旦开始凝结，后期强度却发展很快，一般28d的强度还会略高于基准混凝土。目前世界上研究和使用此种缓凝剂较多的是美国、日本、南非等国家和地区。常见的超缓凝剂主要分为两类：一类是非引气性具有减水效果的，以羟基羧酸盐为主要成分的超缓凝剂；另一类是只具有缓凝性的，以氟硅酸盐为主要成分的不具有减水性能的超缓凝剂。掺量根据所需缓凝时间的不同从水泥用量的0.1%到1.0%不等。

二、缓凝减水剂

1. 单组分系缓凝减水剂

(1)木质素磺酸盐缓凝减水剂：最常用的是木质素磺酸钙，掺量一般为

0.2% ~ 0.3%,减水率为 10% 左右。木钠减水率高于木钙,工程用量逐年增加,主要用于复合型减水剂。

(2)糖蜜类缓凝减水剂:掺量一般为 0.1% ~ 0.3%,减水率一般为 6% ~ 10%。

2. 复合系缓凝减水剂

大量试验资料及工程实践表明,将两种或两种以上的外加剂复合,配制成具有多功能或单一功能更优、稳定性更高的复合型外加剂是外加剂应用技术发展的趋势。外加剂的复合有两种方式,一种是外加剂生产厂在生产过程中的复合,另一种是外加剂使用方在现场进行配制。

常见的复合缓凝减水剂一般是用高效减水剂 + 缓凝剂复合、普通减水剂 + 缓凝剂复合或高效减水剂 + 缓凝减水剂复合。同时尽量选择无机类外加剂与有机类外加剂复合以扩大使用范围,满足不同的使用环境,使复合后的缓凝减水剂性能更加稳定。另外,配制复合缓凝减水剂时,应注意掺加方法。复合液体缓凝减水剂以不絮凝、不离析、不沉淀为前提条件。表 3.5 是几种缓凝剂与高效减水剂复合后对水泥净浆的缓凝效果。

表 3.5　缓凝剂与高效减水剂复合后对水泥净浆凝结时间的影响

类　型	缓凝剂名称	掺量(%)	$W/C = 0.245$,掺 UNF: 1%		
			初凝(min)	终凝(min)	初、终凝间隔(min)
基准	—	0	160	210	50
糖	蔗糖	0.05	357	395	38
羟基	柠檬酸	0.05	240	397	157
羧酸	柠檬酸	0.10	415	590	175
多元醇衍生物	聚乙烯醇	0.10	240	475	235
	甲基纤维素	0.05	200	355	155
	羧甲基纤维素钠	0.05	188	345	157
	羧甲基纤维素钠	0.10	282	405	123
无机类	磷酸	0.85	340	410	70
	磷酸	0.1	410	470	60

三、缓凝剂作用机理

一般来讲,多数有机缓凝剂有表面活性,它们在固 – 液界面上产生吸附,改变固体粒子表面性质,或是通过其分子中亲水基团吸附大量水分子形成较厚的水膜层,使晶体间的相互接触受到屏蔽,改变了结构形成过程;或是通过其分子中的某些官能团与游离的 Ca^{2+} 生成难溶性的 Ca 盐吸附于矿物颗粒表面,从而抑制水泥的水化进程,起到缓凝效果。大多数无机缓凝剂能与水泥水化产物生成复盐(如钙矾石),沉淀于水泥矿物颗粒表面,抑制水泥水化。缓凝剂的机理较为复杂,通常是以上述多种缓凝机理综合作用的结果。

1. 无机缓凝剂的作用机理

水泥凝胶体凝聚过程的发展取决于水泥矿物的组成和胶体粒子间的相互作用,同时也取决于水泥浆体中电解质的存在状态。如果胶体粒子之间存在相当强的斥力,水泥凝胶体系将是稳定的,否则将产生凝聚。电解质能在水泥矿物颗粒表面构成双电层,并阻止粒子的相互结合。当电解质过量时,双电层被压缩,粒子间的引力大于斥力时,水泥凝胶体开始凝聚。

此外,高价离子能通过离子交换和吸附作用来影响双电层结构。胶体粒子外界的高价离子可以进入胶体粒子的扩散层中,甚至紧密层中,置换出低价离子,导致双电层中反号离子数量减少,扩散层减薄,动电电位的绝对值也随之降低,水泥浆体的凝聚作用加强,产生凝聚现象;同样道理,若胶体粒子外界低价离子浓度较高时,可以将扩散层中的高价离子置换出来,从而使动电电位绝对值增大,水泥颗粒间斥力增大,水泥浆体的流动能力提高。

绝大多数无机缓凝剂都是电解质盐类,可以在水溶液中电离出带电离子。阳离子的置换能力随其电负性的大小、离子半径以及离子浓度不同而变化。而同价数的离子的凝聚作用取决于它的离子半径和水化程度。一般来讲,原子序数越大,凝聚作用越强。

难溶电解质的溶度积也会对水泥浆体系的稳定状态产生影响。水泥的水化过程本质上就是一种低溶解度的固体与水生成更低溶解度的固体产物的反应过程。也就是说,这是一个随水泥浆体系中液相量的不断消耗,而与之相接触的固相量不断增加的过程。因此,无机电解质的加入(尤其在水泥水化初期)会影响 $Ca(OH)_2$,C—S—H 的析出成核及 C—A—S—H 的形成过程,进而对水泥的凝结硬化产生重要的作用。例如,铁、铜、锌的硫酸盐,由于溶度积较小,易于在水泥矿物粒子表面形成难溶性的膜层,阻止水泥的水化,产生缓凝效果。

在无机缓凝剂中,磷酸盐类具有较强的缓凝作用,其中缓凝作用最强的是焦磷酸钠。研究表明,掺入磷酸盐会使水泥水化的诱导期延长,并使 C_3S 的水化速度减缓,主要原因在于磷酸盐电离出的磷酸根离子与水泥水化产物发生反应,在水泥颗粒表面生成致密难溶的磷酸盐薄层,抑制了水分子的渗入,阻碍了水泥正常水化作用的进行,从而使 C_3A 的水化和钙矾石的形成过程都被延缓而起到了缓凝作用。

2. 有机缓凝剂作用机理

(1)羟基羧酸、氨基羧酸及其盐

羟基羧酸、氨基羧酸及其盐对硅酸盐水泥的缓凝作用主要在于它们的分子结构中含有络合物形成基(—OH,—COOH,—NH$_2$)。Ca^{2+}为二价正离子,配位数为4,是弱的结合体,能在碱性环境中形成不稳定的络合物。羧基在水泥水化产物的碱性介质中与游离的Ca^{2+}生成不稳定的络合物,在水化初期控制了液相中的Ca^{2+}离子的浓度,产生缓凝作用。随着水化过程的进行,这种不稳定的络合物将自行分解,水化将继续正常进行,并不影响水泥后期水化。其次,羟基、氨基、羧基均易与水分子通过氢键缔合,再加上水分子之间的氢键缔合,使水泥颗粒表面形成了一层稳定的溶剂化水膜,阻止了水泥颗粒间的直接接触,阻碍水化的进行。而含羧基或羧酸盐基的化合物也易与游离的Ca^{2+}生成不溶性的Ca盐,沉淀在水泥颗粒表面,从而延缓水泥水化速度。

(2)糖类、多元醇类及其衍生物

醇类化合物对硅酸盐水泥的水化反应具有程度不同的缓凝作用,其缓凝作用在于羟基吸附在水泥颗粒表面与水化产物表面上的O^{2-}形成氢键,同时,其他羟基又与水分子通过氢键缔合,同样使水泥颗粒表面形成了一层稳定的溶剂化水膜,从而抑制水泥的水化进程。在醇类的同系物中,随其羟基数目的增加,缓凝作用逐渐增强。

单糖、低聚糖,如葡萄糖、蔗糖等,均具有较强的缓凝作用,它们的缓凝机理同醇类。

(3)木质素磺酸盐缓凝减水剂

木质素磺酸盐类表面活性剂是典型的阴离子表面活性剂,平均分子量在20000左右,属于高分子表面活性剂。木质素磺酸盐中还含有相当数量的糖。由于糖类是多羟基碳水化合物,亲水性强,吸附在矿物颗粒表面可以增厚溶剂化水膜层,起到缓凝的作用。

另外,木质素磺酸盐可以降低水的表面张力,具有一定的引气性(引气量2%~3%),而且掺量增加后,引气和缓凝作用更强,所以应避免超掺量使用,否则会由于引气过多和过于缓凝,使混凝土强度降低甚至长期不凝结硬化,造成工程事故。

(4)糖蜜类减水剂

糖蜜中的主要成分是己糖二酸钙,具有较强的固-液表面活性,因此能吸附在水泥矿物颗粒表面形成溶剂化吸附层,阻碍颗粒的接触和凝聚,从而破坏了水泥的絮凝结构,使水泥粒子分散,游离水增多,起到减水的作用。另外,糖钙含有多个羟基,对水泥的初期水化有较强的抑制作用,可以使游离水增多,提高了水泥浆的流动性。

3.6 减缩剂

结构混凝土的裂缝问题是一个长期困扰工程界的技术难题。随着裂缝的产生,一方面结构整体性及强度将受到影响,另一方面裂缝为有害介质的进入提供了通道,从而导致结构耐久性的降低,缩短建筑物寿命。

导致混凝土开裂的内在本质是非荷载因素的干燥收缩、自收缩、化学收缩、温度收缩和碳化收缩。干燥收缩主要来自混凝土干燥过程中的水分蒸发,一般高达 $500 \sim 600 \mu m/m$,是混凝土裂缝产生的主要原因;混凝土的自收缩问题虽然早在 20 世纪 40 年代就由 Davis 提出,由于自收缩在普通混凝土中占总收缩的比例较小,在过去的 60 多年中几乎被忽略不计。但当混凝土的水胶比低于 0.3 时,有试验结果表明,自收缩率高达 $(200 \sim 400) \times 10^{-6}$;胶凝材料的细度与用量增加和硅灰、磨细矿粉的使用都将增加混凝土的自收缩值。

各类减水剂的广泛使用也将增大混凝土的收缩,以至于国家规范《混凝土外加剂》(GB 8076—2000)中规定,允许掺加外加剂后混凝土的收缩率比达 135%,最新的研究结果更证实,掺外加剂将使混凝土的早期收缩(指初凝至 3d 龄期)增加数倍。这是现代混凝土技术带来的新问题。因此,如何降低混凝土的干燥收缩与自收缩,成为目前工程界的研究热点。减缩剂是在此基础上新近研制开发的用于减少混凝土干燥收缩和自收缩的产品,最早由日本日产水泥公司和 Sanyo 化学工业公司于 1982 年研制出来,近十余年来得到了较大的发展,在混凝土中掺量一般不大于水泥质量的 5%。

一、混凝土干燥收缩及自收缩产生的机理

混凝土干缩的机理比较复杂。一般认为,混凝土的干缩主要由水泥石的收缩引起。已有收缩理论比较公认的是毛细管张力学说,另外还有表面吸附学说、拆开应力学说。

毛细管张力学说认为,在环境湿度小于 100% 时,毛细管内部的水面下降形成弯液面,在水的表面张力作用下,便会在毛细管中产生附加压力:

$$\Delta p = \frac{2\sigma\cos\theta}{\gamma}$$

式中　Δp——弯曲液体表面下的附加压力;

σ——毛细孔水表面张力;

θ——水与毛细孔壁的接触角;

γ——毛细孔半径。

伴随着水泥石中相对湿度的进一步降低,半径更小的毛细孔中的水开始蒸发,如图 3.4 所示。可见水泥石处于不断增强的压缩状态中,导致了水泥石的收缩。

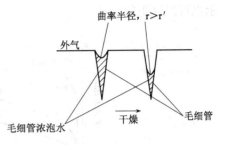

图 3.4　毛细孔失水示意图

表面吸附学说认为,在固体表面上吸附气体或蒸气将减小固体表面张力。所以吸附水一旦从水泥凝胶中脱离,表面张力就马上增加,胶粒被压缩。

拆开压力学说认为,在任何相对湿度下,水吸附在 C—S—H 凝胶的表面产生一个拆开压力,其值随湿度增加而增加,在较低的相对湿度下。当拆开压力小于范德华力时,微粒就会聚集引起体积收缩。综上所述,可以认为混凝土的干燥是多种因素造成的。

一般认为,存在于胶体和晶体表面的自由水,当空气相对湿度低于 98% 时,即可蒸发。而存在于毛细孔中的毛细孔水,当相对湿度低于 98% 时也可开始蒸发;存在于胶体中的胶孔水及存在于凝胶之间的层间水,当空气相对湿度低于 40% 时,便开始蒸发。

早在 20 世纪 50 年前,Davis 就发现了自收缩现象。但是当时的混凝土水灰比大,且没有掺活性矿物作为掺和料。所以测定值只有 $(50\sim100)\times10^{-6}$。这与干燥收缩值相比小得多,一直没有得到重视,但是随着混凝土技术的发展,现在的高性能混凝土由于其水胶比低,所用水泥标号高,用量大,而且掺加细磨掺和料,因而在水泥初凝后的硬化过程中,在没有外界水供应或即使有外界水供应,但其通过毛细孔渗透到体系内部的速度小于由于补偿硬化收缩而形成内部空隙的速度时,毛细孔即从饱和状态趋向于不饱和状态而产生自干燥。这种因水泥石内部自干燥而引起的毛细孔水的不饱和也会产生负压,原理同前,负压 ΔP 作用到毛细孔的周围时便产生了自收缩,自收缩率可高达 $(200\sim400)\times10^{-6}$。例如,Paillere 等人通过实验发现:掺高效减水剂与硅灰的低水胶比混凝土,在约束作用下密封放置时,会产生贯通裂缝而发生破坏,如图 3.5 所示。

对于常规的混凝土应用环境其相对湿度一般为 100%~35%,因此其干燥收缩主要是毛细管中的水蒸发所产生的附加压力造成的。

在水泥石中,毛细管孔径大于 500Å 时,由水的表面张力而引起的附加压力很小,以至于不会产生值得注意的附加压力,而毛细管孔径小于 25Å 时在其中弯液面不能形成,且在大气环境中半径为 10Å 以下的所谓凝胶孔孔隙中的水并不逸散,收缩主要是 10～100Å 范围内的毛细管孔隙中的水引起的,由下图 3.6 所示也可以说明这一点。

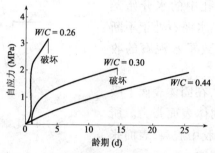

图 3.5　无配筋混凝土的自收缩应力(完全约束)

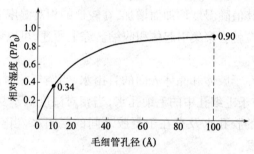

图 3.6　水泥石中的水蒸发时其
毛细管孔径与相对湿度的关系

二、减缩剂的减缩机理

由上述可知,无论是混凝土的自收缩,还是常规条件下相对湿度 = 100%～35% 混凝土的干燥收缩都是由于毛细孔中水形成的弯液面而产生的附加压力 ΔP 造成的,而与 ΔP 所对应的是 σ 和 γ 两个变量,而 γ 是由混凝土组成材料的成分及配合比决定的,所以减缩剂的作用机理就是降低水泥石毛细管中水的表面张力。

因减缩剂在混凝土中特有的使用环境,一般要求所选用的作为减缩剂的表面活性剂具有下列特征:

(1)在强碱性的环境中能大幅度降低水的表面张力。一般应能从 $70\mathrm{mn \cdot m^{-1}}$ 左右降至 $35\mathrm{mn \cdot m^{-1}}$ 左右;

(2)对水泥颗粒不能有强烈的吸附;

(3)挥发性要低;

(4)不会对水泥的水化凝结造成异常的影响;

(5)没有异常的引气性。

由于非离子表面活性剂在水溶液中不是以离子状态存在,故其稳定性高,不易受强电解质存在的影响;也不易受酸碱的影响,与其他表面活性剂相容性好,在固体表面上不发生强烈吸附,所以现在用作减缩剂的产品通常是非离子表面活性剂。若不管减缩剂的种类,将所测的水的表面张力与硬化收缩作图,如图 3.7 所示。

可见硬化收缩随水表面张力的降低呈直线下降。同时也说明用毛细管张力学说来解释收缩机理是合理的。

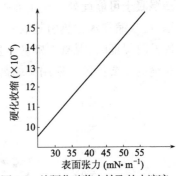

图 3.7　从硬化砂浆中抽取的水溶液的表面张力与砂浆硬化收缩的关系

三、减缩剂的种类

减缩剂的主要组成通常是聚醚或聚醇及其它们的衍生物。一些减缩剂的化学组成见表 3.6。

表 3.6　减缩剂的化学组成

名　称	化学组成
聚丙撑二醇	$HO(C_3H_6O)_4H$
环氧乙烷甲醇附加物	$CH_3O(C_2H_4O)_3H$
环氧乙烷环氧丙烷嵌段聚合物	$C_2H_5O(C_2H_4O)_4(C_3H_6O)_4H$
环氧乙烷环氧丙烷随机聚合物	$H(C_2H_4O)_{15}(C_3H_6O)5H$
环氧乙烷环烷基附加物	$H\!-\!O\!-\!(C_2H_4O)_4H$
环氧乙烷甲基复合物	$CH_3O(C_2H_4O)_4CH_3$
环氧乙烷苯基附加物	$O(C_2H_4O)_2H$
两端附加环氧的工业甲醇	$[CH_3O(C_2H_4O)_2]_2CH_2$
环氧乙烷二甲胺基附加物	$(CH_3)_2\!-\!N\!-\!(C_2H_4O)_3H$

四、减缩剂对混凝土性能的影响

1. 减缩剂掺量对混凝土收缩性能的影响

不同掺量减缩剂的混凝土收缩率试验结果图 3.8。

掺 1.2% ~ 1.8%的减缩剂后,混凝土的 14d 收缩率下降 40% ~ 50%,收缩量减小 $200\mu m/m$ 左右,当混凝土的弹性模量为 $3.0 \times 10^4 MPa$ 时,相当于减小绝对约束状态下的收缩应力 6MPa,对减少混凝土收缩裂缝是十分有利的。另一方面,减缩剂的早期减缩率较大,对提高混凝土的抗裂能力也是十分有益的。虽然早期混凝土可能尚处于施工养护阶段,干燥收缩可能相对较小,但混凝土的化学收缩、自收缩和水化热引起的温度升降主要发生在这一阶段,特别是当浇水养护未能及时保证时,混凝土极易产生开裂,这可能就是混凝土在模板一拆除时即出现裂缝的主要原因。使用减缩剂则可以大大减弱混凝土开裂的趋势。

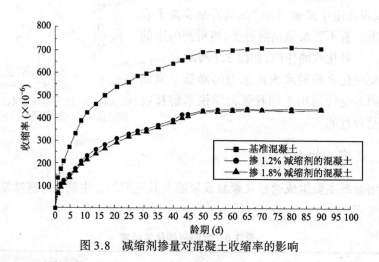

图 3.8　减缩剂掺量对混凝土收缩率的影响

2. 减缩剂对强度的影响

不同减缩剂掺量的水泥净浆、砂浆和混凝土各龄期强度试验结果见表 3.7。

表 3.7　不同减缩剂掺量的强度试验结果

配　　比	砂浆抗折强度(MPa)			砂浆抗压强度(MPa)			混凝土抗压强度(MPa)		
	3d	7d	28d	3d	7d	28d	3d	7d	28d
基准	6.3	7.8	9.5	46.0	64.5	76.5	45.4	63.8	76.8
掺 1.2%减缩剂	6.1	7.6	9.1	39.6	54.5	66.4	40.6	58.9	69.9
掺 1.8%减缩剂	6.2	7.4	9.1	38.0	53.4	65.8	39.8	59.2	71.4

结果表明,减缩剂对砂浆抗折强度的影响很小,但对抗压强度的影响较大,3d 和 7d 强度下降 15%左右,28d 强度下降 10%左右,各龄期混凝土抗压强度下降 10%左右。

3.7　其他外加剂

一、膨胀剂

关于结构混凝土裂缝的产生、防治以及修补等问题,一直深受工程界的关注。显然,掺加膨胀剂使混凝土产生预期的膨胀以补偿收缩,是控制裂缝的方法之一。

膨胀剂是指与水泥、水拌和后经水化反应生成钙矾石或钙矾石和氢氧化钙或氢氧化钙产物,使混凝土产生膨胀的物质。

按化学成分的不同可将膨胀剂分为:硫铝酸钙类膨胀剂、石灰类膨胀剂、铁粉类膨胀剂、氧化镁膨胀剂和复合型膨胀剂。

按膨胀率和限制条件可将膨胀剂分为:补偿收缩型膨胀剂和自应力型膨胀剂。

1. 硫铝酸钙类膨胀剂

凡与水泥、水拌和后经水化反应生成钙矾石或主要生成钙矾石的混凝土膨胀剂,称之为硫铝酸钙类膨胀剂。

该类膨胀剂目前所占比例最大,使用广泛。表 3.8 为此类膨胀剂的代号、基本组成及掺量范围。

表 3.8　我国主要硫铝酸盐类膨胀剂

序　号	膨胀剂品种	掺量	代　号	原料组成	膨胀源
1	硫铝酸钙膨胀剂	8% ~ 10%	CSA	铝土矿、石灰石、石膏	钙矾石
2	U 型膨胀剂	10% ~ 12%	UEA	硫铝酸盐熟料、明矾石、石膏	钙矾石
3	铝酸钙膨胀剂	6% ~ 8%	AEA	铝酸钙熟料、明矾石、石膏	钙矾石
4	复合型膨胀剂	8% ~ 10%	CEA	石灰系熟料、明矾石、石膏	CaO、钙矾石
5	明矾石膨胀剂	8% ~ 10%	EA-L	明矾石、石膏	钙矾石

硫铝酸钙类膨胀剂,不论是哪种类型,其膨胀源都是钙矾石或以钙矾石为主,它是由膨胀剂组分中的硫酸盐离子、铝离子以及钙离子、碱介质等生成的。其中,硫酸盐离子、铝离子可以由膨胀剂中的 $CaSO_4$ 或 $CaSO_4 \cdot 2H_2O$ 和膨胀剂中的明矾石提供,钙离子和碱介质由水泥熟料水化提供。当膨胀剂掺入到水泥混凝土中,经化学反应,即形成均匀的钙矾石晶体而产生膨胀作用。因此,钙矾石生成的数量、结晶形态、化学组成以及膨胀特性,都将影响膨胀剂在水泥混凝土中的作用效果。

2. 石灰类膨胀剂

这类膨胀剂是指与水泥、水拌和后经水化反应生成氢氧化钙的混凝土膨胀剂,其膨胀源是 $Ca(OH)_2$。它是由 80% ~ 90% 石灰制品作为单组分的膨胀剂。氧化钙膨胀剂比 CSA 膨胀剂的膨胀速率快,且原料丰富,成本低廉,膨胀稳定时间短,耐热性和对钢筋保护作用好。该类膨胀剂目前在我国应用尚不多。

石灰脂膨胀剂是由普通石灰和硬脂酸按一定比例共同磨细而成。石灰(氧化钙)在磨细过程中加入硬脂酸,一方面起助磨剂作用,另一方面在球磨机球磨过程中石灰表面粘附了硬脂酸而形成一层硬脂酸膜,起到了憎水隔离作用,使 CaO 不能立即与水作用,而是在水化过程中膜逐渐破裂,延缓了 CaO 的水化速度,从而控制了膨胀速率。

石灰类膨胀剂目前主要用于大型设备的基础灌浆和地脚螺栓的灌浆。使混凝土减少收缩,增加体积稳定性和提高强度。

石灰类膨胀剂由于其膨胀速率对温度、湿度等环境影响十分敏感而较难于控制,同时生产及使用时间不能间隔过长,保质期短。这些原因使其较少用于补偿收缩混凝土中,但在硫铝酸盐复合型膨胀剂(硫铝酸盐 – 氧化钙类)中也利用一部分 CaO 与硫铝酸盐形成双重膨胀作用。

3. 铁粉类膨胀剂

这类膨胀剂是利用机械加工产生的废料——铁屑作为主要原料,外加某些氧化剂(重铬酸盐和高锰酸盐等)、氯盐和减水剂混合制成。膨胀源为 $Fe(OH)_2$。这种膨胀剂目前应用很少,仅用于二次灌浆的有约束的工程部位。如设备底座与混凝土基础之间的灌浆、已硬化混凝土的接缝、地脚螺栓的锚固、管子接头等。

4. 复合膨胀剂

复合膨胀剂是指膨胀剂与其他外加剂复合具有除膨胀性能外还兼有其他性能的复合外加剂,如兼有减水、早强、防冻、泵送、缓凝、引气等性能。

随着超高层大体积混凝土工程的发展,对混凝土的施工性、使用性、耐久性等方面的要求均不断提高,因此,复合膨胀剂的应用愈来愈普遍。尤其近年,膨胀剂已在向着复合化趋势方向发展。但是,从膨胀剂的组成、作用及掺量上看,它与其他减水剂等外加剂有很大不同,因此,采用复合膨胀剂时必须根据工程的需要,经试验后使用。

5. 氧化镁膨胀剂

氧化镁膨胀剂是指与水泥、水拌和后经水化反应生成氢氧化镁的混凝土膨胀剂。MgO 与水反应生成 $Mg(OH)_2$ 导致体积膨胀。由于 MgO 的水化反应活性较低,故这种膨胀剂产生的膨胀具有延迟性。可在生产水泥时提高熟料中的 MgO 含量或在制作混凝土时外加,两者的安全掺量不仅应满足水泥标准的限量要求,而且应经压蒸试验确定。外加 MgO 膨胀剂时,应充分搅拌均匀,否则,有可能使混凝土中 MgO 的分布不均匀而导致安定性不良。这种膨胀剂尤其适用于大坝等大体积混凝土温降收缩的补偿。

二、泵送剂

能改善混凝土拌和物泵送性能的外加剂称为泵送剂。所谓泵送性,是指混凝土拌和物具有能顺利通过输送管道、不阻塞、不离析、塑性良好的性能。泵送剂是流化剂中的一种,它除了能大大提高拌和物流动性以外,还能使混凝土在 60～180min 内保持其流动性,剩余坍落度应不小于原始的 55%。此外,它不是缓凝剂,缓凝时间不宜超过 120min(特殊情况除外)。

泵送剂一般由减水组分、缓凝组分、增稠组分、引气组分等组成。

三、防冻剂

防冻剂指能使混凝土中水的冰点下降,保证混凝土在负温下凝结硬化并产生足够强度的外加剂。绝大部分防冻剂由防冻组分、早强组分、减水组分或引气剂复合而成,主要适用于冬季负温条件下的施工。值得说明的一点是,防冻组分本身并不一定能提高硬化混凝土抗冻性。常用防冻剂种类有:

1. 氯盐类防冻剂

以氯化钙、氯化钠为主与其他低温早强剂、减水剂、引气剂等复合而成。

2. 氯盐类阻锈防冻剂

以氯盐和阻锈剂(亚硝酸钠、亚硝酸钙)为主与其他低温早强剂、减水剂、引气剂等复合而成。

3. 无氯盐类防冻剂

以亚硝酸盐、硝酸盐、硫酸盐、碳酸盐为主要组分。

4. 无氯低碱/无碱类防冻剂

以亚硝酸钙、$CO(NH_2)_2$ 等为主要早强防冻组分,是一种具有较好发展前景的外加剂。

各类防冻剂具有不同的特性,因此防冻剂品种选择十分重要。氯盐类防冻剂适用于无筋混凝土。氯盐防锈类防冻剂可用于钢筋混凝土。无氯盐类防冻剂,可用于钢筋混凝土和预应力钢筋混凝土,但硝酸盐、亚硝酸盐、碳酸盐类则不得用于预应力混凝土以及与镀锌钢材或与铝铁相接触部位的钢筋混凝土。含有六价铬盐、亚硝酸盐等有毒防冻剂,严禁用于饮水工程及与食品接触的部位。

四、阻锈剂

阻锈剂是指能抑制或减轻混凝土中钢筋或其他预埋金属锈蚀的外加剂。钢筋或金属预埋件的锈蚀与其表面保护膜的情况有关。混凝土碱度高,埋入的金属表面形成钝化膜,有效地抑制钢筋锈蚀。若混凝土中存在氯化物,会破坏钝化膜,加速钢筋锈蚀。加入适宜的阻锈剂可以有效地防止锈蚀的发生或减缓锈蚀的速度。常用的种类有:

1. 阳离子型阻锈剂

以亚硝酸盐、铬酸盐、苯甲酸盐为主要成分。其特点是具有接受电子的能力,能抑制阳极反应。

2. 离子型阻锈剂

以碳酸钠和氢氧化钠等碱性物质为主要成分。其特点是阴离子作为强的质子受体,它们通过提高溶液 pH 值,降低 Fe 离子的溶解度而减缓阳极反应或在阴极区形成难溶性被覆膜而抑制反应。

3. 复合型阻锈剂

如硫代羟基苯胺。其特点是分子结构中具有两个或更多的定位基团,既可作为电子授体,又可作为电子受体,兼具以上两种阻锈剂的性质,能够同时影响阴阳极反应。因此,它不仅能抑制氯化物侵蚀,而且能抑制金属表面上微电池反应引起的锈蚀。

阻锈剂广泛应用于以氯盐为主的腐蚀区,如海洋环境、海水侵蚀区、沿海潮差区、浪溅区;使用海砂地区;以含盐水施工的混凝土;内陆盐碱地区、盐湖地区;受冰盐侵害的路、桥工程;在氯盐腐蚀性气体环境下的钢筋混凝土建筑物;已被腐蚀的建筑物的修复工程。

五、养护剂

养护剂又称混凝土养生液,其主要作用是涂敷于混凝土表面,形成一层致密的薄膜,使混凝土表面与空气隔绝,防止水分蒸发,使混凝土利用自身水分最大限度地完成水化的外加剂。按主要成膜物质分为三大类:

1. 无机物类

主要成分为水玻璃及硅溶胶。此类养护剂深敷于混凝土表面,能与水泥的水化产物氢氧化钙反应生成致密的硅酸钙,堵塞混凝土表面水分的蒸发孔道而达到加强养护的作用。

2. 有机物类

主要有乳化石蜡类和氯乙烯-偏氯乙烯共聚乳液类等。此类养护剂敷于混凝土表面,基本上不与混凝土组分发生反应,而是在混凝土表面形成连续的不透水薄膜,起到保水和养护的作用。

3. 有机、无机复合类

主要由有机高分子材料(如氯乙烯-偏氯乙烯共聚乳液、乙烯-醋酸乙烯共聚乳液、聚醋酸乙烯乳液、聚乙烯醇树脂等)与无机材料(如水玻璃、硅溶胶等)及其他表面活性剂复合而成。

六、增粘剂

能增大混凝土拌和物稠度并具有良好保水性的外加剂称为增粘剂。

掺减水类外加剂的大流动性混凝土(如泵送混凝土、自流平混凝土、水下不分散混凝土等),尽管混凝土用水量小,但是混凝土还可能离析,粘聚性差,致使混凝土浇筑成型后分层,导致混凝土质量不均匀。若在这些大流动性混凝土中掺加少量增粘剂,则混凝土粘聚性好,不离析、不泌水,从而保证混凝土的施工质量。

1. 纤维素系

主要是非离子型水溶性纤维素醚,如亲水性强的羟基纤维素(HEC)、羟乙基甲基纤维素(HEMC)和羟丙基甲基纤维素(PHMC)等。它们的粘度随分子量及取代基团的不同而不同。

2. 丙烯基系

以聚丙烯酰胺为主要成分。絮凝剂常与其他外加剂复合使用,如与减水剂复合、与引气剂复合、与调凝剂复合等。

七、脱模剂

涂抹在各种模板内表面能产生一层隔离膜并且不影响模内混凝土凝结硬化以及硬化混凝土的力学性能,又能减少混凝土与模板之间粘附力的外加剂称为脱模剂。脱模剂的种类较多,常可分为以下七类:

1. 纯油类脱模剂

如矿物油、植物油和动物油等。该类脱模剂为液体或乳剂,颜色为白色或茶褐色,中性,个别呈弱碱性。可用于钢模及木模。对混凝土表面及内在质量有一定影响。

2. 乳化油类脱模剂

该类脱模剂是采用润滑油类、乳化剂、稳定剂及助剂配制而成。分水包油(O/W)型和油包水(W/O)型两种类型。

3. 皂化油类脱模剂

该类脱模剂是采用植物油、矿物油及工业废油与碱类作用而制成的水溶性皂类脱模剂。

4. 石蜡类脱模剂

该类脱模剂是采用40%～50%石蜡加乳化剂在水中乳化而制成,属于水包油型脱模剂。

5. 化学活性剂类脱模剂

该类脱模剂为淡黄色液体,pH呈中性,密度 $0.82～0.89g/cm^3$,易溶于水,较适用钢模板。

6. 油漆类脱模剂

醇酸清漆、磁漆等。

7. 合成树脂类脱模剂

该类脱模剂是采用饱和聚酯树脂、甲基硅树脂、环氧树脂为主要成分配制而成的脱模剂。

8. 其他

用纸浆废液、海藻酸钠等配制而成。

八、加气剂

混凝土制备过程中,掺入经过化学反应产生气体,使混凝土中形成大量气孔的外加剂,称为加气剂。

加气剂用以调节混凝土的含气量和表观密度,也可以用来生产轻混凝土。常用的加气剂有:

1. H_2 释放型加气剂

主要是较活泼的金属 Al、Mg、Zn 等在碱性条件下与水反应放出氢气。

2. O_2 释放型加气剂

H_2O_2 在氧化剂 $Ca(ClO)_2$、$KMnO_4$ 等作用下放出氧气。

3. N_2 释放型加气剂

主要是分子中含有 N—N 键的化合物,如偶氮类或肼类化合物,在活化剂如铝酸盐、铜盐的作用下释放出氮气。

4. C_2H_2 释放型加气剂

碳化钙与水反应生成乙炔气体。

5. 空气释放型加气剂

通过 30 目筛的流化焦或活性炭在混凝土拌制过程中逐渐释放吸附的空气。

6. 高聚物型加气剂

异丁烯-马来酸酐共聚物的镁盐、天然高分子物质(如水解蛋白质和适量增稠剂),配成水溶液,用发泡机制得密度为 0.1～0.2kg/L 的泡沫,引入水泥砂浆或混凝土中,硬化后即得轻质砂浆或混凝土。

综合考虑引气质量、可控制性和经济因素,实际工程中以 Al 粉较常用。

第4章

新型水泥基复合材料

　　复合材料是由两个或两个以上独立的物相,包含粘结材料(基体)和颗粒、纤维或片状材料(增强体)以微观或宏观形式所组成的固体材料,并且具有与其组成物质不同的性能。例如玻璃纤维增强塑料(玻璃钢)、人造板、橡皮轮胎等都属于复合材料的范畴。

　　复合材料的性能一般由组成它的基体和增强体的性能以及它们之间的界面状态所决定。复合材料的特点是:(1)可综合发挥各种组成材料的优点,使一种材料具有多种性能,例如玻璃钢即具有类似钢材的强度,又具有塑料的介电性能和耐腐蚀性能;(2)可根据性能需求进行材料的设计和制造;(3)可制成所需的任意形状的产品,避免多次加工工序,例如可避免金属的切削、磨光等工序。

　　复合材料可有多种分类方法:(1)根据基体类型分类,分为金属基复合材料、聚合物基复合材料和陶瓷基(含水泥基)复合材料;(2)根据增强体外形分类,可分为不连续(颗粒或短纤维)增强复合材料、连续纤维增强复合材料和纤维编织物或片材增强复合材料等。此外也可根据增强体的类型、复合材料的功能等进行分类。

　　水泥混凝土作为建筑工程领域使用最广泛的一种材料,本身有很多优点,但也存在抗拉强度不足、收缩变形大、韧性差、抗裂性差等缺点,因此也常常采用复合增强体的方式改善某些性能,下面主要介绍常见的几种新型水泥基复合材料。

4.1 纤维改性水泥基复合材料

水泥基复合材料是由水泥、砂、石共同组成的非均质体,具有抗拉强度小、韧性小、耐化学腐蚀性差等固有缺点,影响了水泥基材料性能的进一步提高。针对水泥基复合材料缺陷产生的原因,在水泥基复合材料中加入少量纤维,制成纤维增强水泥基复合材料(FRC),利用纤维具有的较大的拉伸强度和断裂韧性,在水泥基复合材料受力时,水泥基复合材料中的纤维可吸收较大的能量,使水泥基体的裂纹扩展速度变小。纤维增强水泥基复合材料的优点为:能大大改善抗拉性能,提高抗折强度,其韧性呈数量级地增加(可达1000倍);能有效减少与硬化、养护有关的收缩和收缩裂纹;减少结构截面的尺寸,使结构轻型化。

纤维在水泥基复合材料领域的应用最早可以追溯到古埃及时代,草筋黏土砖和纸筋灰是最早的纤维增强复合材料。目前,高强度、高韧性、高耐久性的纤维增强、增韧水泥基复合材料取得长足发展,其性能比传统水泥基材料有很大提高。

一、纤维的分类和作用

水泥基复合材料中常用的纤维按照弹性模量可分为两大类:高弹性模量纤维和低弹性模量纤维。低弹性模量纤维(如各种有机纤维、尼龙、聚丙烯、聚乙烯等)只能提高水泥基复合材料的韧性、抗冲击性能等与材料的塑性有关的物理性能;高弹性模量纤维(如钢纤维、玻璃纤维、碳纤维等)则能够改善水泥基复合材料的强度和刚性。

纤维按作用方式又可分为:①短纤维。改善纤维在水泥基复合材料中的分散性,通过传递应力吸收高能量,有效抗击冲击力和控制裂缝;②短纤维铺网或网状纤维。增加纤维与基体的接触面积和接触力,有效降低水泥基复合材料固化过程中的塑性收缩,提高构件的耐冲击力,延长构件的使用寿命;③异形化纤维。如V形纤维、Y形纤维、带钩形纤维等,异形化能够增加纤维与基体的接触表面,加强两者之间的有效粘结,提高增强、增韧效果;④表面涂层改性纤维。利用有机或无机化合物处理或涂层,改善纤维在混合过程中的分散性,提高纤维与基体材料的粘结力。

在水泥基复合材料中掺入一定量的纤维,当水泥凝固后,纤维在试体中呈三维乱向分布,能有效提高水泥基复合材料构件的力学性能。在纤维增强的水泥基复合材料中,纤维能减少水泥基体收缩而引发的微裂纹,在受荷初期延缓和阻止基体中微裂纹的扩展并最终成为外荷的主要承载者,在水泥硬化后可部分提高水泥基复合材料的强度、抗冻性、抗渗性、抗裂性、耐磨性和抗冲击性等许多性能。

　　影响纤维增强增韧效果的因素主要有以下几个方面：①纤维种类；②纤维的表面性能。一般认为：纤维过长，长径比过高会影响水泥浆体的流变性，并且不易分散均匀；纤维过短，长径比过低，则水泥基复合材料的塑性和其他力学性能增效甚微；③纤维与基体界面的粘结强度。纤维增强水泥基复合材料的力学性能主要取决于基体的物理性能、纤维的物理性质以及两者之间的粘结强度。当基体与纤维确定后，纤维与基体之间的粘结强度就成了决定硬化物质性能的主要因素。将纤维异形化、对纤维进行表面改性处理均可以增强纤维与基体之间的粘结强度；④纤维的掺量，对于乱向短纤维增强水泥复合材料而言，为使基体开裂后的承载能力不致下降所需要的最小纤维体积率称为临界纤维体积率。表4.1 列举了几种纤维的临界体积率。

表 4.1　常用纤维增强水泥基复合材料类型和纤维临界体积率

编　号	纤维增强水泥基复合材料	纤维临界体积率(%)
1	棉麻纤维增强水泥基复合材料	8 ~ 9
2	石棉增强砂浆基复合材料	15
3	香蕉纤维增强水泥基复合材料	8 ~ 14
4	碳纤维增强水泥及砂浆基复合材料	4 ~ 5
5	椰壳纤维增强砂浆基复合材料	3
6	椰壳粗纤维增强水泥基复合材料	14 ~ 15
7	桉木纤维增强水泥基复合材料	8 ~ 10
8	亚麻纤维增强水泥及砂浆基复合材料	7.5 ~ 9.5
9	玻璃纤维增强水泥基复合材料	6 ~ 8
10	聚丙烯纤维增强水泥基复合材料	0.3 ~ 0.5

　　纤维改性水泥基复合材料是一种新型建筑材料，将纤维与传统的水泥基复合材料相结合，达到改善性能和实现水泥基复合材料工业可持续发展的目的。纤维自身虽然有着高强度、低弹性模量、耐酸碱腐蚀，使用安全等优点，但其存在价格高、分散性差、与基体的粘结强度低等缺点，在一定程度上制约了纤维在水泥基复合材料方面的应用。因此，今后研究的方向应该放在如何降低纤维的生产成本以及改善纤维表面性能，使其能够更好地与基体配合，最大限度地发挥增强增韧作用。

二、常见的纤维增强水泥基材料

1. 钢纤维增强水泥基复合材料(SFRC)
20 世纪 60 年代由美国首先开发应用钢纤维增强水泥基复合材料(SFRC)。

SFRC 具有三大特点:一是抗裂性好,二是弯曲韧性优良,三是抗冲击性能强。因此迅速发展成为目前应用最为广泛的一种纤维增强水泥基复合材料。

在 SFRC 中剪切纤维和异形纤维使用较多,利用其纤维表面的粗糙程度可增加水泥浆体与纤维间的摩擦系数,以提高浆体对纤维的握裹力。SFRC 中一般钢纤维的长径比为 25 ~ 100,体积掺量为 0.25% ~ 0.75%,钢纤维在水泥基复合材料中大多以三维分布,所得 SFRC 与普通水泥基复合材料性能比较见表 4.2。

表 4.2　SFRC 与普通水泥基复合材料性能比较

物理性能	普通水泥基复合材料	SFRC
$R_{折}$(MPa)(开裂)	200 ~ 250	550 ~ 1250
$R_{折}$(MPa)(破裂)	200 ~ 550	550 ~ 1750
$R_{压}$(MPa)	2100 ~ 3500	3500 ~ 5600
$R_{劈}$(MPa)	250	420
弹性模量(MPa)	$2.0 \times 10^5 ~ 10^6$	$1.5 \times 10^6 ~ 10^6$
$R_{冲}$(MPa)	4.8	13.8

除表 4.2 中所示性能外,由于所掺钢纤维性能不同及掺量不同的影响,SFRC 的抗拉强度可有不同程度的提高,如 SFRC 断裂韧性可提高 50 倍,疲劳寿命和冲击阻力可提高 100 倍,抗收缩能力显著提高。

2. 玻璃纤维增强水泥基复合材料(GFRC)

20 世纪 40 年代,欧洲开始研究玻璃纤维增强水泥基材料,最初开发时尚未意识到石棉纤维对人体健康的危害而以替代石棉纤维为主要目的,只是开辟一种新型纤维材料,弥补石棉纤维的不足。随着各国政府立法禁止使用石棉纤维,玻璃纤维增强水泥基材料便成了一种理想的石棉替代材料。当时作为配筋的玻璃纤维一般采用普通的中碱玻璃纤维,水泥采用普通硅酸盐水泥。由于普通硅酸盐水泥的碱度较高(pH 值为 12.5),水化时产生的 $Ca(OH)_2$ 腐蚀玻璃纤维,使纤维丧失了原有强度,失去增强作用。因此 GFRC 的发展一度受阻。

随着上世纪 90 年代初专家们对 GFRC 耐久性问题取得了一致意见,即降低碱度及减少水泥水化产物中氢氧化钙是解决 GFRC 耐久性的主要途径,用低碱水泥与抗碱玻纤制得的 GFRC 耐久性达到并超过了一般水泥基复合材料构筑物的寿命(50 年)。

随着 GFRC 技术的成熟,GFRC 广泛用于非承重或半承重制品,如内墙板、外墙板、活动地板、波瓦、通风道、输水与排污管道、快速车道挡土墙、吸音壁等。与金属材料相比,其强度和刚度低的缺点可以用肋加强或者做成复合结构来增强。与钢筋混凝土相比,在运输和安装期间,重量轻是一大优点。GFRC 特别适用于包裹钢结构来提高其防火性能。由于其有利的力学性能,开创了钢结构防火外覆技术的应用天地。GFRC可作为屏障物,防止渗透水、泥土的湿气、过滤水和压力水,且成本低廉。因为GFRC具有抑制开裂的特征,所以配置在GFRC中的高强钢筋,能够非常有效地避免受到锈蚀,可用于受动力作用的结构领域,如设备基础、海上构筑物和船的上部构筑物等。

3. 碳纤维增强水泥基复合材料(CFRC)

碳纤维作为水泥的增强物具有以下特点:抗碱性能好、质量轻、耐高温、耐磨损、导电和导热性能好、优良的生物稳定性。在水泥、水泥基复合材料中掺加碳纤维可起到阻裂增韧作用,制得高性能水泥基复合材料。它克服钢纤维易锈蚀、石棉纤维致癌、玻璃纤维在高碱度下强度受损等缺点。CFRC具有高抗拉强度和弯曲强度、较高的韧性和延性、高抗冲击性和抗裂性、好的耐磨性、尺寸稳定性和抗静电性等。选择适宜的碳纤维,当体积掺量为 2%~3%($4.5kg/m^3$)时,CFRC的抗折强度比普通水泥可提高4倍(16~21MPa),韧性提高20倍,经冻融实验和加速耐候试验,动态弹性模量和抗折强度都没有变化。

CFRC材料以其优越的性能,受到人们越来越明显的关注。至今CFRC材料在高层建筑、大桥、码头、河坝、耐火、防震、静电屏蔽、导电以及波吸收等方面得到了日益广泛的应用。

4. 聚丙烯纤维增强水泥基复合材料

英国西部海岸很早就将聚丙烯纤维剁碎掺入水泥基复合材料砌块,用于砌筑防波堤。但直到20世纪80年代初才逐渐兴起。这种产品的使用方法是将碎至12~51mm的聚丙烯纤维以 $900g/m^3$ 以上的比例加入水泥中,拌和作业,使它们充分散开,变成无数呈各方向均匀分布于水泥基复合材料拌和料中的单个纤维,综合看来形成了纤维网。其作用机理是当微裂缝形成并进一步发展时遇到了纤维,纤维的存在阻止了微裂缝发展成宏观裂缝的可能,同时还控制了硬化状态下出现的裂缝的宽度和长度。

研究和实验表明:大部分水泥基复合材料龟裂出现在浇筑后的24h之内,这时水泥基复合材料对振动、塑性收缩和沉陷开裂最为敏感,聚丙烯纤维的加入大大防止了这类裂缝的产生和发展。同时,还显著减少了水泥基复合材料的渗透性,当加入 $593g/m^3$ 纤维时,渗透性减少了44%,而加入 $1187 g/m^3$ 纤维时,渗透性改善达79%。这样,钢筋水泥基复合材料中钢筋的锈蚀问题就可得到改善。聚丙烯纤维的加入可使水泥基复合材料的耐磨性提高一倍以上,冲击应力可提高10%,可用在易受车船、设备和集装箱冲撞摩擦的码头、港口等处,还特别适合应用在地震多发区等环境下。

聚丙烯纤维不影响水泥基复合材料性质,没有表面泌水或离析现象,可满足各种抹光条件要求。这种纤维不仅可用于无筋水泥混凝土、钢筋水泥混凝土,还可用于加气水泥混凝土。聚丙烯纤维增强水泥基复合材料作为喷射水泥混凝土效果也很好,喷射的拌和物具有良好的强度发展特性和出色的抗冻性、良好的流变性,析水分层、纤维起团现象少,具有更大的内聚力,能喷射到位,施工时快速、省时、成本低,特别适于覆盖易于被大气、表面水侵入和冰冻剥蚀的道路、机场、矿山边坡以及通过化学与地质活动影响环境的矿山尾矿废石场。也可用于码头、桥墩、防波堤的维护和修复。

5. 天然纤维增强水泥基复合材料

纤维加入水泥基复合材料主要功能是抑制和稳定微裂缝的发展。而纤维的彼此靠近,长宽比大,表面积大,粘结强度和抗拉强度大,对微裂缝的稳定有更大的影响,尤其是粘结强度和抗拉强度的平衡是关键。由于纤维最终是因拔出而不是折断失去作用的,所以高的抗拔出性对水泥基复合材料的韧性和吸附能力有极大的影响。实验分析表明,纤维素纤维在这些方面比起钢纤维和合成纤维来效果更好,特别能够提供各种关键性质所需的平衡,尤其在暴露于恶劣气候和生物影响环境下。纤维素纤维在水泥基复合材料中的几何分布特点也优于其他纤维,由于每克纤维数高于其他纤维几十倍,交叉密切,可将微裂缝限制在更小的范围内,控制其尖端位置的扩展,尤其是纤维素纤维直径细而表面亲水性强,这样就不会影响水泥颗粒的压实。因而微结构密度高,均匀性好。纤维素纤维可以普通的混合方式加入水泥基复合材料和砂浆混合料中。

天然纤维除了利用其核心成分——经加工后的纤维素纤维外,也可使用只经简单加工或未加工的原料,如稻草、牧草、芦苇、棕榈叶、竹子等均可用于水泥基材料中。

6. 纤维增强塑料(FRP)

纤维增强塑料(FRP)是一种复合纤维材料,由合成或有机高强纤维构成,是水泥基复合材料结构中一种新型复合材料。FRP 主要由高性能纤维、聚酯基、乙烯基或环氧树脂组成,典型的 FRP 大约有 60% ~ 65% 的纤维,其余是基体。单丝经过浸润树脂、拉拔、缠绕、粘结而形成片材、板材、绳索、棒材、短纤维或格状材料。

它具有质量轻、便于施工、比钢筋水泥混凝土结构更耐用、耐腐蚀、高比强度(是钢筋的 10 ~ 15 倍)、耐疲劳(是钢筋的 3 倍)、电磁中性、低导热系数等优点。但也具有一些缺点,如施工费用高、弹性模量低、紫外线对其伤害大、长期强度低于短期静力强度、水腐蚀、施加预应力时横向应力大等。

FRP 可用于新建结构、补强加固旧建筑物、构筑物、预应力结构、路面结构、桥梁工程、海岸和近海工程中。尤其在一些腐蚀严重或难于修补的结构——工业厂房、桥梁的桥面板、桥墩等结构中更能发挥其强度高、易于施工、剪裁方便等优点。FRP 用于工程中的主要有碳纤维(CFRP)、玻璃纤维(GFRP)和芳纶纤维(AFRP)三种纤维增强塑料。

CFRP 在所有 FRP 中弹性模量最高,极限拉应变在 1.2~2.0 之间,线膨胀系数为 0.2×10^{-6},抗拉强度大约是 3GPa,弹性模量为 230GPa。CFRP 多使用聚丙烯腈(PAN)或沥青为基材。AFRP 具有最高的极限拉应变,其抗拉强度为 2.65~3.4GPa。弹性模量为 73~165GPa,AFRP 的弹性模量与抗拉强度成反比:弹性模量越高,抗拉强度越低;弹性模量低,抗拉强度高。GFRP 是花费最少的一种FRP,它有两种:E 型和 S 型,弹性模量和抗拉强度分别为 2.3GPa 和 74GPa,3.9GPa 和 87GPa。GFRP 的横向抗剪强度低,与水泥基复合材料的线膨胀系数相近,GFRP 可制成预应力筋用于预应力水泥基复合材料结构中,用于补强加固的有玻璃纤维片材和板材。

FRP 作为结构受力部件材料,其应用型式各异,不仅有棒材型式、纤维布型式(包括编织材料及细纤维材料的短纤维丝),还有单独作为结构(或组合结构)构件的板、梁型式以及作为结构加固材料的纤维板等型式。

7. 智能水泥基复合材料

智能水泥基复合材料是在传统水泥基复合材料基础上复合智能型组分,如把传感器、驱动器和微处理器等置入水泥基复合材料中,使水泥基复合材料成为既能承受荷载又具有自感知和记忆、自适应、自修复等特定功能的多功能材料。目前,可用于水泥基复合材料中的驱动器材料主要有形状记忆合金(SMA)和电流变体(ER),这些材料可根据温度、电场的变化而改变其形状、尺寸、自然频率、阻尼以及其他一些力学特征,因而具有对环境的自适应功能。传感是水泥基复合材料中要求具备的另一关键功能,无论是驱动控制还是智能处理都要求传感网络提供系统状态的准确信息。用作水泥基复合材料中传感器材料的主要是光纤。

自 20 世纪 90 年代以来,国内外对水泥基复合材料在智能化方面作了一些有益的探讨,并取得了一些阶段性的成果。相继出现了损伤自诊断水泥基复合材料、温度自监控水泥基复合材料、具有反射电磁波功能的导航水泥基复合材料、调湿性水泥基复合材料以及仿生自愈合水泥基复合材料等。

(1)损伤自诊断水泥基复合材料

损伤自诊断水泥基复合材料的出现与碳纤维的发展是紧密联系的。碳纤维是 20 世纪 60 年代发展起来的一种高强、高弹模、质轻、耐高温、耐腐蚀和导电、导热性能好的纤维材料,并开始应用于水泥基复合材料中。

碳纤维水泥基复合材料(CFRC)是在普通水泥基复合材料中分散均匀地加

入碳纤维而构成的。由于碳纤维的掺入对交流阻抗的敏感，且通过交流阻抗谱又可计算出碳纤维水泥基复合材料的导电率，这就使得利用碳纤维的导电性去探测水泥基复合材料在受力时内部微结构的变化成为了一种可能。在1989年，美国的 D.D.L.Chung 发现将一定形状、尺寸和掺量的短碳纤维掺入到水泥基复合材料中，可以使水泥基复合材料具有自感知内部应力、应变和损伤程度的功能。通过对材料的宏观行为和微观结构进行观测，发现材料的电阻变化与其内部结构变化是相对应的，如可逆电阻率的变化对应弹性变形，而不可逆电阻率的变化对应非弹性变形和断裂。

随着压应力的变化，碳纤维水泥基复合材料的电阻率也会变化，这就是碳纤维水泥基复合材料的压敏性。碳纤维水泥基复合材料压应力与电阻率的关系曲线基本上可分为无损伤、有损伤和破坏三段。根据这一关系，通过测试碳纤维水泥基复合材料电阻率的变化可以判定其所在结构部分水泥基复合材料所处的工作状态，实现对结构工作状态的在线监测。在掺入碳纤维的损伤自诊断水泥基复合材料中，碳纤维水泥基复合材料本身就是传感器，可对水泥基复合材料内部在拉、压、弯静荷载和动荷载等外因作用下的弹性变形和塑性变形以及损伤开裂进行监测。将碳纤维水泥基复合材料用于路面结构，利用其压敏功能，也可对路面的交通流量和车辆载荷进行监控。损伤自诊断水泥基复合材料有一个明显的特点就是灵敏度非常高，在对碳纤维作臭氧处理后，用碳纤维掺量为0.5%（体积分数）的水泥净浆作为应变传感器，其灵敏度可达700，远大于一般电阻应变计的灵敏度（约为2）。

(2)温度自监控水泥基复合材料

纤维水泥基复合材料具有很好的温敏性。一方面，含有碳纤维的水泥基复合材料会产生热电效应。在最高温度为70℃、最大温差为15℃的范围内，温差电动势 E 与温差 ΔT 之间具有良好稳定的线性关系。当碳纤维掺量达到某一临界值时，其温差电动势率有极大值，如在普通硅酸盐水泥中加入碳纤维，其温差电动势率可达 $18\mu v/℃$。因此可以利用这一效应来实现对水泥基复合材料结构内部和建筑物周围环境的温度分布及变化进行监控。

另一方面，当对碳纤维水泥基复合材料施加电场时，在水泥基复合材料中会产生电热效应，引起所谓的热电效应。研究表明，热电效应和电热效应都是由于碳纤维水泥基复合材料中存在空穴导电所致。因此可以利用电热效应，把碳纤维水泥基复合材料应用于机场跑道、桥梁路面等工程中以实现自动融雪和除冰的功能。在实际工程应用中，已取得了很好的效果。

①具有反射电磁波功能的导航水泥基复合材料

现代社会向智能化方向发展，可以预见未来的交通系统也会智能化，汽车行驶由电脑控制。通过对高速公路上车道两侧的标记进行识别,电脑系统可以确定汽车的行驶线路、速度等参数。如果在水泥基复合材料中掺入 0.5%(体积分数)的直径为 0.1μm 的碳纤维微丝,则这种水泥基复合材料对 1GHz 的电磁波的反射强度要比普通水泥基复合材料高 10dB,且其反射强度比透射强度高 29dB,而普通水泥基复合材料反射强度比透射强度低 3～11dB。采用这种水泥基复合材料作为车道两侧导航标记,可实现自动化高速公路的导航。汽车上的电磁波发射器向车道两侧的导航标记发射电磁波,经过反射,由汽车上的电磁波接收器接收,再通过汽车上的电脑系统进行处理,即可判断并控制汽车的行驶线路。这种导航标记还具有成本低,可靠性好,准确度高的特点。

②自调节水泥基复合材料

有些建筑物对室内的湿度控制要求较高。从材料的角度来说,就希望能研制出一种自动调节环境湿度的水泥基复合材料,使其对环境湿度进行监测和调控。研究发现,把沸石粉作为调湿组分加入水泥基复合材料当中就可制成满足上述要求的调湿性水泥基复合材料。其具有以下特点:优先吸附水分;水蒸气压力低的地方,其吸湿容量大;吸、放湿与温度有关,温度上升时放湿,温度下降时吸湿。日本已应用于实际的工程当中,如日本月黑雅叙园美术馆、东京摄影美术馆以及成天山书法美术馆等。

混凝土本身并没有自调节功能,要达到自调节的目的,就要在水泥基复合材料中复合驱动器材料,如形状记忆合金(SMA)和电流变体(ER)。

形状记忆合金(SMA)具有形状记忆效应(SME)。若在室温下给以超过弹性范围的拉伸塑性变形,当加热至稍许超过相变温度,即可使原先出现的残余变形消失,并恢复到原来的尺寸。在水泥基复合材料中埋入形状记忆合金,利用形状记忆合金对温度的敏感性和其在不同温度下恢复相应形状的功能,当水泥基复合材料结构受到异常荷载干扰时,通过记忆合金形状的变化,使水泥基复合材料内部应力自动改变为另一种有利的应力分布,这样就可调整建筑结构的承载能力。

电流变体(ER)是一种可通过外界电场作用来控制其粘性、弹性等流变性能双向变化的悬胶液。在外界电场的作用下,电流变体可于 0.1ms 级时间内组合成链状或网状结构固凝胶,其粘度随电场增加而变稠到完全固化,当外界电场拆除时,仍可恢复其流变状态。在水泥基复合材料中复合电流变体,利用电流变体的这种作用,当水泥基复合材料结构受到台风、地震袭击时调整其内部的流变特性,改变结构的自振频率、阻尼特性以达到减缓结构振动的目的。

③自修复水泥基复合材料

自修复水泥基复合材料就是模仿生物组织对受创伤部位能自动分泌某种物质,从而使受创伤部位愈合的机理,在水泥基复合材料中掺入某些特殊的组分,如内含粘结剂的空心胶囊、空心玻璃纤维或液芯光纤,使水泥基复合材料在受到损伤时部分空心胶囊、空心玻璃纤维或液芯光纤破裂,粘结剂流到损伤处,使水泥基复合材料裂缝重新愈合。也可让掺入水泥基复合材料中的修复剂本身并不具有粘结基材的功能,但当与另外的物质(生长活性因子)相遇时可反应生成具有粘结功能的物质,实现损伤部位的自动修复。如仿生自愈合水泥基复合材料。采用磷酸钙水泥(含有单聚物)为基体材料,在其中加入多孔编织纤维网,在水泥水化和硬化过程中,多孔纤维释放出引发剂(当作是生长活性因子),引发剂与单聚物发生聚合反应生成高聚物。这样,在多孔纤维网的表面形成了大量有机及无机物质,它们互相穿插粘结,最终形成了与动物骨骼结构相类似的复合材料,具有优异的强度和延展性、柔韧性等性能。在水泥基复合材料使用过程中,如果发生损伤,多孔纤维就会形成高聚物,自动愈合损伤。

　　水泥基复合材料对土木建筑结构的应力、应变和温度等参数进行实时、在线监控,对损伤进行及时修复,并可减轻台风、地震对水泥基复合材料结构的冲击。这对确保水泥基复合材料结构的安全性和延长其使用寿命是非常重要的。智能水泥基复合材料作为对传统水泥基复合材料的一种突破,其发展必将使水泥基复合材料的应用具有更广阔的前景和产生巨大的社会经济效益。

4.2　活性粉末水泥基材料

　　随着上世纪70年代高效减水剂和硅粉日益广泛的应用,混凝土在低的水胶比和工作性良好的条件下拌和成型密实,因而硬化后可得100MPa或更高抗压强度的高强混凝土,将这种混凝土用于桥梁、道面和高层建筑的建设,能使构件断面减小,并使得道面的耐磨性能显著提高,使用寿命大大延长。但是随着高强混凝土日益广泛的使用,也暴露出一些问题。如高强混凝土比较低强度的混凝土更易开裂,硅粉掺量越多,水胶比越低的高强混凝土,早期强度发展越迅速,开裂现象也越显著。

　　为避免上述问题的产生,一方面许多国家的规范将硅粉掺量控制在10%以内,但因此也制约了水胶比降低的程度;另一方面,掺入钢纤维以控制其开裂,取得了一定的效果。但是,在粗骨料颗粒仍然较大的情况下,钢纤维的"架桥"作用受到限制,而且长纤维对拌和物的工作性影响显著。于是,法国人皮埃尔·里查德(P·Richard)仿效"高致密水泥基均匀体系"(DSP材料),将粗骨料剔除,根据密实堆积原理,用最大粒径400um的石英砂为骨料,制备出强度和其他性能优异的活性粉末水泥基材料。这种新材料申报了专利,并且在1994年旧金山的美国混凝土学会春季会议上首次公开。

至今短短几年,活性粉末水泥基材料已在大量的工程中应用,显示出广阔的发展前景。

一、活性粉末水泥基材料的基本原理

活性粉末水泥基材料是一种高强度、高韧性、低孔隙率的超高性能材料。它的基本原理是:材料含有的微裂缝和孔隙等缺陷最少,可以获得由其组成材料所决定的最大承载能力,并具有特别好的耐久性。根据这个原理,其所采用的原材料平均颗粒尺寸在 $0.1\mu m$ 到 1mm 之间,目的是尽量减小材料的孔间距,从而更加密实。活性粉末水泥基材料的制备采取了以下措施:

1. 提高匀质性

活性粉末水泥基材料通过以下的手段来减小非匀质性:(1)去除粗骨料,而用细砂代替。活性粉末水泥基材料的最大粒径仅为高强混凝土的 $1/50 \sim 1/30$;(2)水泥砂浆的力学性能提高。高强混凝土的骨料与水化水泥浆体的弹模之比为 3.0,活性粉末水泥基材料为 $1.0 \sim 1.4$;(3)消除了骨料与水泥浆体的界面过渡区。

2. 增大堆积密度

活性粉末水泥基材料由细石英砂、水泥、硅粉、硅灰或沉淀硅等颗粒混合物组成。通过以下方法来优化活性粉末水泥基材料的颗粒级配:(1)由不同粒级组成的混合物在每一粒级中有严格的粒级范围;(2)对于相邻的粒级选择高的平均粒径比;(3)研究水泥和高效减水剂的相容性,并通过流变学分析决定高效减水剂的最佳掺量;(4)优化搅拌条件;(5)通过流变学和优化相对密度来决定需水量。

提高密实度和抗压强度的一个有效的方法是在新拌混凝土的凝结前和凝结期间加压。这一措施有三方面的益处:其一,加压数秒就可以消除或有效地减少气孔;其二,在模板有一定渗透性时,加压数秒可将多余水分自模板间隙排出;其三,如果在混凝土凝结期间始终保持一定的压力,可以消除由于材料的化学收缩引起的部分孔隙。

3. 通过凝固后热养护改善结构

根据组分和制备条件不同,活性粉末水泥基材料分为 RPC200 和 RPC800 两级,其中 RPC200 的抗压强度达 $170 \sim 230MPa$,而 RPC800 更高达 $500 \sim 800MPa$。活性粉末水泥基材料 200 的热养护是在混凝土凝固后加热进行,90℃的热养护可显著加速火山灰反应,同时改善水化物形成的微结构,但这时候形成的水化物仍是无定形的;更高温度($250 \sim 400$℃)的热养护用于获得活性粉末水泥基材料 800,养护使水化生成物 C—S—H 凝胶体大量脱水,形成硬硅钙石结晶。

4. 掺钢纤维增加韧性。

活性粉末水泥基材料 200 中掺的钢纤维长度约为 13mm,直径约 0.15 ~

0.20mm,体积掺量为 1.5% ~ 3%。活性粉末水泥基材料 800,其力学性能的改善是通过掺入更短的(≤3mm)且形状不规则的钢纤维来获得的。

二、活性粉末水泥基材料的制备、配合比及特性

1. 材料和制备工艺

(1)材料

①水泥。通常使用强度等级为 42.5 或以上级别的硅酸盐水泥及普通硅酸盐水泥即可配制活性粉末水泥基材料,以 C_3S 含量高、C_3A 含量低的硅酸盐类水泥胶结效果最好。

②细石英砂。为达到最大密实,避免与水泥颗粒粒径冲突,细石英砂平均粒径应选择 $250\mu m$,粒径范围为 $150 \sim 600\mu m$ 之间,颗粒多呈球形,矿物成分 SiO_2 含量不低于 99%。

③硅灰。选择硅灰应考虑以下几个参数:颗粒聚集程度、颗粒粒径和硅灰纯度。通常要求硅灰化学成分中 $SiO_2 \geqslant 90\%$,粒径 $< 1\mu m$,平均粒径为 $0.1\mu m$,呈球形。硅灰与水泥比例以 0.25 较佳,这样硅灰能发挥最佳的填充作用,同时能最大限度地与水泥水化物 $Ca(OH)_2$ 进行二次水化反应。

④磨细石英粉。对于活性粉末水泥基材料热处理过程而言,磨细石英粉是不可缺少的组成成分,其中以 $5 \sim 25\mu m$ 粒径范围的石英粉可最大程度地发挥活性。因此,宜采用平均粒径 $10\mu m$ 的磨细石英粉,这与水泥粒径接近。

⑤高效减水剂。多使用减水率超过 20% 的高效减水剂。

⑥钢纤维。为提高活性粉末水泥基材料韧性和延性掺入 $1.5 \sim 3.0\%$ 混凝土体积掺量的短钢纤维,其长径比约为 $40 \sim 100$。

(2)制备

①拌和。称量各材料后,将水泥、石英砂、石英粉、硅灰和钢纤维搅拌,以拌和物颜色均匀程度来判定直至拌匀;加入溶有高效减水剂的一半用水量搅拌约 3min,再加入另一半用水量搅拌约 10min。活性粉末水泥基材料的和易性不能以坍落度来表示,其拌和物外观不像混凝土而更像塑性的沥青。

②浇注。活性粉末水泥基材料试件在外部振动条件下的振动台上成型,对于梁、柱等现场浇注的则采用内部振动的插入式振捣器捣实。

③加压成型。活性粉末水泥基材料成型后 24h 内对其进行加压,在凝结前后加压过程中,被带入的空气和早期化学收缩将大部分消除,一部分拌和水也将被挤出,从而减少了活性粉末水泥基材料的水胶比,进一步增加了密实度。

④养护。养护条件根据活性粉末水泥基材料类型有所差异,主要有三种养护可供选择:1)标准养护:在 20±2℃ 水中养护 28d;2)热水养护:在 90℃ 热水中

养护 48h;3)高温养护:热水养护后在 200~400℃高温下养护 8h。

2. 活性粉末水泥基材料的配合比

表 4.3 列举了活性粉末水泥基材料 RPC200 和 RPC800 的典型配合比及主要力学性能。

表 4.3 活性粉末混凝土类型、配合比及特性

活性粉末混凝土类型		RPC200	RPC800
硅酸盐水泥	(kg/m³)	955	1000
细砂(150~400μm)	(kg/m³)	1051	500
硅粉(14m²/g)	(kg/m³)	229	230
极细沉淀硅(35 m²/g)	(kg/m³)	10	—
磨细石英粉(平均 4μm)	(kg/m³)	390	—
聚丙烯酸系超塑化剂	(kg/m³)	13	18
钢纤维	(kg/m³)	191	630
用水量	(kg/m³)	153	180
圆柱体抗压强度	(MPa)	170~230	490~680
		(钢质骨料)	650~810
抗折强度	(MPa)	20~60	45~102
断裂能	(J/m²)	15000~40000	1200~2000
弹性模量	(GPa)	54~60	65~75

3. 活性粉末水泥基材料的性能

活性粉末水泥基材料极高的材料密实度决定了它优异的力学性能。以活性粉末水泥基材料 RPC200 为例,其材料抗压强度达 170~230MPa,是高性能混凝土的 2.4 倍;其抗折强度为 30~60MPa,是高性能混凝土的 4~6 倍;掺入纤维后拉压比可达 1/4 左右,弹性模量为 40~60GPa,断裂韧性高达 20000~40000J/m²,是普通混凝土的 250 多倍,可与金属媲美。活性粉末水泥基材料比高性能混凝土具有更好的材料匀质性和密实度及更少的孔隙率,从而导致其对于侵蚀性离子的侵害具有更高的抵抗性,因此具有更好的耐久性,见表 4.4。

表 4.4 RPC 和 HPC 耐久性能对比

耐久性能指标	总体孔隙率	微观孔隙率	渗透性	水分吸收性	氯离子扩散性
RPC 和 HPC 对比	低 4~6 倍	低 10~50 倍	低 50 倍	低 7 倍	低 25 倍

若活性粉末水泥基材料被灌入钢管,在压力作用下,材料的极限强度和延性都将得以提高,依据钢管厚度、钢纤维含量及混凝土凝固过程中加压的不同,活性粉末水泥基材料可获得 250MPa 至 350MPa 的抗压强度。各种情况下的活性粉

末水泥基材料及普通混凝土、HPC 受压应力-应变对比曲线如图 4.1 所示。活性粉末水泥基材料在力学性能上的另一个显著优势是,它的抗弯强度及延性比普通及高性能混凝土有了极大提高。从一个典型的三分点集中荷载作用下活性粉末水泥基材料 200 受弯构件的荷载—变形(如图 4.2 所示)上可以看出,RPC 200 的初裂强度约为其极限弯折强度的 60%,试件纯弯段的弹性极限拉应变约为 330×10^{-6} m/m,最终破坏极限拉应变约为 7500×10^{-6} m/m,具有极好的延性储备。RPC200 的极限抗弯强度是普通砂浆的十倍多,材料塑性也比普通砂浆好很多,故可防止结构突然发生的脆性破坏。RPC200 对于普通混凝土普遍存在的徐变和收缩现象表现出了非常小的敏感性。在对其进行的 1～3d 典型的热处理过程中可以观察到适度的收缩,当热处理结束后,几乎没有任何残余收缩再发生,如图 4.3 所示,基本徐变也被减少到了不足普通混凝土(徐变应变 $300～1500 \times 10^{-6}$)或 HPC 的 10%,如图 4.4 所示。

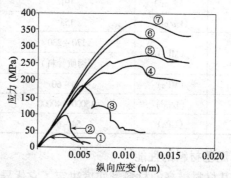

①普通混凝土;②高性能混凝土;③含钢纤维活性粉末水泥基材料;④不含钢纤维、有侧限活性粉末水泥基材料;⑤含钢纤维、有侧限活性粉末水泥基材料;⑥不含钢纤维、有侧限并经加压处理的活性粉末水泥基材料;⑦含钢纤维、有侧限并经加压处理的活性粉末水泥基材料

图 4.1　受压应力-应变对比曲线图

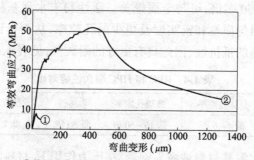

①普通砂浆;

②活性粉末水泥基材料 200

图 4.2　RPC200 的弯曲性能曲线

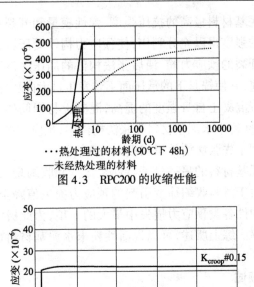

····热处理过的材料(90℃下48h)
—未经热处理的材料
图 4.3　RPC200 的收缩性能

—热处理过的材料(90℃下48h)
图 4.4　RPC200 的基本徐变

三、活性粉末水泥基材料的工程应用

1. 预制结构产品

　　使用活性粉末水泥基材料可以有效减小结构自重,在具有相同抗弯能力的前提下,活性粉末水泥基材料结构的重量仅为钢筋混凝土结构的 1/2~1/3,几乎与钢结构相近。活性粉末水泥基材料有较高的抗拉强度,同时具有高的抗剪强度,这就使得由活性粉末水泥基材料本身在结构中直接承受剪力,取消构件中的附加抗剪钢筋成为可能,从而在设计中能够采用更薄以及更加新颖合理的截面形式;加之活性粉末水泥基材料具有极好的延性,因此可以生产出各种成本降低且服务寿命提高的预制结构产品,用于市政工程中的立交桥、过街天桥、城市轻轨高架桥等方面。

2. 预应力结构

　　活性粉末水泥基材料预应力受弯构件拥有类似于钢材的比强度,结构极轻但却拥有很好的刚度,跨越能力进一步增加,可替代工业厂房的钢屋架和高层、超高层建筑的上部钢结构。在活性粉末水泥基材料预应力结构中,外荷载作用下产生的主拉应力由预应力抵消,而次拉应力、剪应力及所有的压应力都可由活性粉末水泥基材料本身直接承担。

　　活性粉末水泥基材料极高的抗压强度、弹性模量和开裂强度使预应力构件中高强预应力筋的强度得以充分利用,使预应力构件受压区无须配置为防止在预拉应力下发生开裂的预应力筋,使后张法构件的局压区混凝土在张拉钢筋时不易产生纵向裂缝,并使锚具下的承压面不致发生过大的压缩变形,可大大减少预应力损失。随着混凝土自身强度的提高,混凝土与钢筋的界面粘结强度也得以增加,故而在活性粉末水泥基材料先张法构件中,预应力的施加范围及施加效率都比之普通混凝土先张法构件得到极大提高。

　　活性粉末水泥基材料的另一显著特性是徐变和收缩现象极其微小,这便使其预应力构件中由于材料收缩徐变引起的预应力损失值降至最小,而此项损失又是传统预应力构件各类预应力损失中最大的一项,为此极大地提高了张拉控制应力的工作效率。综上所述,可以说活性粉末水泥基材料在预应力领域中有着很好的应用前景。

3. 抗震结构领域

　　活性粉末水泥基材料可以作为一种很有前途的抗震结构材料。这是由于更轻的结构系统降低了惯性荷载;结构构件横截面高度的减少允许构件在弹性范围内发生更大的变形;极高的断裂能及高韧性使结构构件可以吸收更多的地震能。同时可以提高节点的抗震承载力,解决节点区钢筋过密、箍筋绑扎困难和混凝土难以浇筑密实等问题。

4. 钢管混凝土领域

　　无纤维活性粉末水泥基材料制成的钢管混凝土,具有极高的抗压强度、弹性模量和抗冲击韧性,用它来做高层或超高层建筑的支柱,可大幅度减少截面尺寸,增加建筑物的使用面积与美观。利用钢管侧限无纤维活性粉末水泥基材料,使其在凝固前受到压缩,夹杂其中的空气及早期的化学收缩大都被排除,此外在压缩期间,部分拌和水也被挤出了拌和物,使活性粉末水泥基材料的水胶比得以降低,从而提高了密实度。此外,由于影响活性粉末水泥基材料成本的主要因素是钢纤维的价格,故无论是从力学观点,还是从经济角度考虑,无纤维活性粉末水泥基材料钢管混凝土都具有很大发展潜力。

5. 其他领域

　　活性粉末水泥基材料具有很高的耐磨性,可用于路面、桥面改造。有研究表明,用活性粉末水泥基材料修复已损坏的桥面,可提高桥梁的承载能力。利用活性粉末水泥基材料的超高抗渗透性及抗拉性,可替代钢材制造压力管道和腐蚀性介质的输送管道,用于远距离油气输送等,能够解决中等口径高强混凝土管输送压力不够高,大口径钢管价格昂贵等问题。利用活性粉末水泥基材料的高冲击韧性与超高抗渗透性,制造中低放射性核废料储藏容器,不仅可降低泄漏的危险,而且可大幅度延长使用寿命。活性粉末水泥基材料的早期强度发展快,后期强度极高,可以替代钢材和昂贵的有机聚合物用于补强和修补工程,既可保持混凝土体系的有机整体性,还可降低工程造价。

4.3　地聚合物水泥基材料

地聚合物水泥基材料的概念来源于法国教授 Davidovits,他在对古建筑物的研究过程中发现,耐久性的古建筑物中有网络状的硅铝氧化合物存在,这类化合物与一些构成地壳的物质结构相似,被称为土壤聚合物。20 世纪 70 年代末,Davidovits 教授开发了一类新型的碱激活胶凝材料——地聚合物水泥基材料(Gepolymeric Cement)。

地聚合物水泥基材料是一种集早强、环保、耐久等优点于一体的新型绿色胶凝材料。近年来,地聚合物水泥基材料引起了人们的广泛关注,其研究及应用都取得了较大的进步。

一、地聚合物水泥基材料简介

1. 地聚合物水泥基材料的一般化学成分与矿物组成

地聚合物水泥基材料是高岭土等矿物经较低温度(500~900℃)煅烧,生成处于介稳状态的偏高岭土,在碱性激活剂及促硬剂等外掺料的共同作用下形成的。地聚合物水泥基材料原料矿物中的硅铝氧化合物经历了一个由解聚到再聚合的过程,形成类似地壳中一些天然矿物的结构,其典型的化学成分见表 4.5。

表 4.5　地聚合物水泥与两种天然矿物的主要化学成分　　　　　%

材料	SiO_2	Al_2O_3	CaO	MgO	$K_2O + Na_2O$
地聚合物水泥基材料	59.2	17.6	11.1	2.9	9.2
意大利火山灰	54.0	19.0	10.0	1.5	10.6
莱茵河火山灰	57.0	20.0	6.0	2.0	7.0

地聚合物水泥基材料在矿物组成上完全不同于硅酸盐水泥,其主要由无定形矿物组成:(1)高活性偏高岭土;(2)碱性激活剂(苛性钾,苛性钠,水玻璃,硅酸钾等);(3)促硬剂(低钙硅比的硅酸钙以及硅灰等,处于无定形态);(4)外加剂(主要有缓凝剂等)。

2. 地聚合物水泥的生产工艺

地聚合物水泥的基本生产工艺流程如下:

$$\boxed{含高岭石黏土} \xrightarrow{H_2O} \boxed{湿泥} \longrightarrow \boxed{脱水} \longrightarrow \boxed{烘干破碎} \longrightarrow \boxed{煅烧(500~900℃)}$$

$$\xrightarrow{+碱性激发剂、促硬剂和外加剂等} \boxed{粉磨} \longrightarrow \boxed{包装}$$

二、地聚合物水泥基材料的聚合机理及最终产物结构

地聚合物水泥基材料经聚合反应后,最终产物形成类似于地壳中一些天然矿物的铝硅酸盐网络状结构。Davidovits 教授将地聚合物水泥最终产物的结构形态分为 3 个类别,即单硅铝土聚物、双硅铝土聚物、三硅铝土聚物,具体见图 4.5。

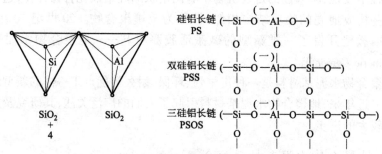

图 4.5　地聚合物水泥基材料的长链结构示意图

地聚合物水泥基材料的最终产物明显有别于硅酸盐水泥的水化产物。硅酸盐水泥水化后,其水化产物主要是由硅酸盐二聚物及少量低聚物组成,而地聚合物水泥聚合后则形成了网络状的无机聚合物;地聚合物水泥基材料不存在硅酸钙的水化反应,其最终产物以离子键以及共价键为主,范德华力为辅,而传统水泥则以范德华力以及氢键为主,因此其性能优于传统水泥。

地聚合物水泥基材料的聚合机理不同于硅酸盐水泥的水化,和有机高分子聚合物的聚合机理也有所区别。地聚合物水泥基材料是以含高岭石的黏土为原料,经较低温度(500~900℃)煅烧,发生如下反应:$2n[Si_2O_5,Al_2(OH)_4]\rightarrow 2(SiO_2,Al_2O_2)n+4nH_2O$,该反应使 Al 的配位数从 6 配位转化为 4 或 5 配位,高岭石结构转化为无定型结构的偏高岭土,有较高的火山灰活性。处于介稳状态的偏高岭土等无定型硅铝化合物,经碱性激活剂和促硬剂的作用,硅铝氧化合物经历了一个由解聚到再聚合的过程,形成类似地壳中一些天然矿物的铝硅酸盐网络状结构。化学式表述如下:

$$(Si_2O_5,Al_2O_2)_n + nH_2O \xrightarrow{\text{NaOH, KOH}} n(OH)_3\text{—}Si\text{—}O\text{—}Al^{(-)}\text{—}(OH)_3$$

$$n(OH)_3\text{—}Si\text{—}O\text{—}\overset{(-)}{Al}\text{—}(OH)_3 \xrightarrow{\text{NaOH, KOH}} (Na,K)(\text{—}\underset{O}{\overset{|}{Si}}\text{—}O\text{—}\underset{O}{\overset{|}{Al^{(-)}}}\text{—}O\text{—})_n + 3nH_2O$$

$$(Si_2O_5, Al_2O_2)_n + nSiO_2 + nH_2O \xrightarrow{\text{NaOH, KOH}} n(OH)_3—Si—O—\underset{\underset{(OH)_2}{|}}{Al^{(-)}}—O—Si—(OH)$$

$$n(OH)_3—Si—O—\underset{\underset{(OH)_2}{|}}{Al}—O—Si—(OH)_3 \xrightarrow{\text{NaOH, KOH}} (Na, K)(—\underset{\underset{O}{|}}{Si}—O—\underset{\underset{O}{|}}{Al^{(-)}}—$$

$$O—\underset{\underset{O}{|}}{Si}—O—)_n + nH_2O$$

三、地聚合物水泥基材料的物理化学性能

地聚合物水泥基材料与普通硅酸盐水泥的不同之处在于:前者存在离子键、共价键和范德华力,以前两类为主;后者则以范德华力和氢键为主,这就是性能相差十分悬殊的原因。地聚合物水泥兼有有机高聚物、陶瓷、水泥的特点,又不同于上述材料,它具有以下优点:

1. 力学性能好

主要力学性能指标优于玻璃和水泥,可与陶瓷、铝、钢等金属材料相媲美。地聚合物水泥与其他材料力学性能对比见表 4.6。地聚合物水泥基材料具有早期强度高的特点,有研究表明,20℃下其凝结后 4h 的强度即可达 15～20MPa,为其最终强度的 70% 左右。

表 4.6　地聚合物水泥基材料与其他材料力学性能对比

性　能	地聚合物水泥基材料	普硅水泥	玻　璃	陶　瓷	铝合金	钢	聚甲基丙烯酸甲酯
密度 (g/cm^2)	2.2～2.7	2.3	2.5	3.0	2.7	7.9	1.2
弹性模量 (GPa)	50	20	70	200	70	210	3
抗拉强度 (MPa)	30～190	1.6～3.3	60	100	30	300	49～77
抗弯强度 (MPa)	40～210	5～10	70	150～200	150～400	500～1000	91～120
断裂能 (J/m^2)	50～1500	20	10	300	10000	10000	1000

2. 具有较强的耐腐蚀性和良好的耐久性

地聚合物水泥基材料水化时不产生钙矾石等硫铝酸盐矿物,因而能耐硫酸盐侵蚀,另外,地聚合物水泥,基材料在酸性溶液和各种有机溶剂中部都表现了

良好的稳定性。表 4.7 给出了地聚合物水泥基材料和其他类型水泥在浓度为5%酸性条件下的质量损失率比较。工程界一般认为,硅酸盐水泥的使用寿命只有 50～150a,而地聚合物水泥聚合反应后形成耐久型矿物,几乎不受侵蚀性环境的影响,其寿命可达千年以上。

表 4.7　酸性条件下质量损失率比较 %

水　泥　类　别	H_2SO_4	HCl
波特兰水泥	95	78
波特兰水泥/矿渣	96	15
铝酸盐水泥	30	50
地聚合物水泥	7	6

3. 耐高温隔热效果好

地聚合物水泥基材料在高温条件下稳定性好,显示较好的高温力学强度,其耐火耐热性能优于传统硅酸盐水泥。其导热系数为 0.24～0.38W/(m·K),可与轻质耐火黏土砖(0.3～0.4W/m·K)相媲美,隔热效果也十分好。

4. 耐水热作用

在水热条件下,传统水泥易受到毁灭性破坏,而地聚合物水泥基材料则保持较好的稳定性,能有效地固封核废料。

5. 有较高的界面结合强度

普通硅酸盐水泥与骨料结合的界面处,容易出现富含 $Ca(OH)_2$ 及钙矾石等粗大结晶的过渡区,造成界面结合力薄弱。而地聚合物水泥基材料和骨料界面结合紧密,不会出现类似的过渡区,适宜作混凝土结构修补材料。

6. 地聚合物水泥能有效固定几乎所有有毒离子

表 4.8 为未经处理某矿物废渣和经地聚合物反应后废渣中浸出的离子浓度比较。地聚合物水泥基材料聚合后形成网络状的硅铝酸盐结构,其聚合有毒离子的机理见图 4.6。这对于处置和利用各种工业废渣极为有利。

表 4.8　某矿物废渣中浸出离子浓度 %

试　样	As	Fe	Zn	Cu	Ni	Ti
未处理的废渣	42	9726	1858	510	5	20
经地聚合反应后的废渣	2	123	1115	4	3	7

7. 水化热低

地聚合物水泥基材料在较低温度下煅烧而成,与普通硅酸盐水泥相比,地聚合物水泥基材料"过剩"的能量小,表现出较低的水化热,用于大体积混凝土工程时不会造成急剧温升,避免了破坏性的温度应力产生。

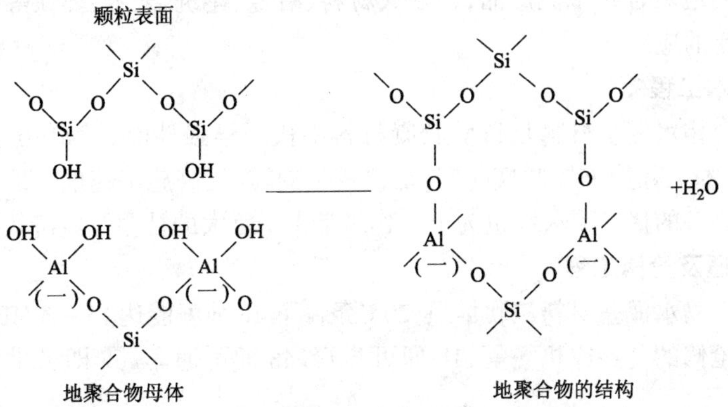

图 4.6　地聚合物水泥基材料聚合有毒离子示意图

8. 体积稳定性好化学收缩小

与普通混凝土相比,地聚合物水泥基材料不仅具有早期强度高、渗透率低的特点,而且还具有较低的收缩值。表 4.9 为地聚合物水泥与普通硅酸盐水泥收缩值比较。

表 4.9　地聚合物水泥基材料与硅酸盐水泥收缩值比较　　　　%

水　泥　类　别	7d	28d
硅酸盐水泥	1.0	3.3
矿渣硅酸盐水泥	1.5	4.6
地聚合物水泥基材料	0.2	0.5

9. 低 CO_2 排放

地聚合物水泥基材料生产过程中不使用石灰石原料,因此排放 CO_2 仅为硅酸盐水泥的 1/5,这对保护生态平衡、维护环境协调有重要意义。

综上所述,地聚合物水泥基材料某些力学性能与陶瓷相当,有些耐腐蚀、耐高温等性能更超过金属与有机高分子材料,但其生产能耗只及陶瓷的 1/20,钢的 1/70,塑料的 1/150,而且几乎无污染,因此地聚合物水泥基材料有可能在许多技术领域内代替昂贵材料。

四、地聚合物水泥基材料的应用

地聚合物水泥基材料因其一系列独特的物理化学性能而受到人们的广泛关注,目前有近 30 个国家或地区建立了专门研究地聚合物水泥的实验室。以 Davidovits 教授为首的法国地聚合物研究所,在地聚合物水泥的研究及应用领域做出了重大的贡献。从 20 世纪 80 年代至今,该研究所获得了大量的专利权,并开发了系列地聚合物水泥产品,在耐火材料、冶金、建筑、艺术、环保等诸多领域取得了广泛的应用。

1. 土木工程

地聚合物水泥基材料是目前胶凝材料中快硬早强性能最为突出的一类材料,用于土木工程能缩短脱模时间,加快模板周转,提高施工速度。地聚合物水泥基材料具备的优良耐久性也为土木建筑带来了巨大的社会及经济效益。

2. 交通及抢修工程

地聚合物水泥基材料快硬早强,20℃条件下 4h 强度能达 15 ~ 20MPa,由地聚合物水泥抢修的公路或机场等,1h 即可步行,4h 即可通车,6h 即可供飞机起飞或降落。

3. 汽车及航空工业

地聚合物水泥因高温性能优良,且不会燃烧或在高温下释放有毒气体及烟雾,因此,被应用于汽车发动机机罩和航空飞行器的驾驶室或机舱等关键部位,提高飞行器的安全系数。

4. 非铁铸造及冶金

地聚合物水泥基材料能经受 1000 ~ 1200℃的高温而保持较好的结构性能,所以能广泛应用于非铁铸造及冶金行业,Davidovits 教授成功的利用地聚合物水泥制件浇铸了铝制品。

5. 塑料工业

地聚合物水泥基材料可制作塑料成型的模具,由地聚合物水泥制作的模具耐酸碱及各种侵蚀性介质,且具有较高的精度和表面光滑度,能满足高精度加工的要求。

6. 有毒废料及核废料处理

地聚合物水泥基材料聚合后的最终产物具有牢笼型的结构,能有效的固定几乎所有重金属离子;地聚合物水泥因具备优良的耐水热性能,在核废料的水热作用下能长期保持优良的结构性能,因而能长期的固定核废料。

7. 艺术及装饰材料

地聚合物水泥基材料具备较好的加工性能,其制品具有天然石材的外观,便于成型及制作各种艺术及装饰材料。

8. 储藏设施

地聚合物水泥基材料可用于修建低维护、高性能的粮食储备系统,用地聚合物水泥修建的粮仓具有自调温调湿的功能,所以能免除现有粮仓的调温及通风设备的投入和运行费用。地聚合物水泥修建的粮仓无返潮现象,且密封性好,能有效地抑制霉菌的生长。另外,地聚合物水泥有足够高的强度,能有效地预防鼠类等啮齿类动物的入侵。

当然,有关地聚合物水泥的应用研究还在发展中,随着地聚合物水泥复合材料的开发,其理化性能必将大大的丰富,应用领域将进一步扩展。

五、地聚合物水泥基材料的研究现状及发展

地聚合物水泥在二十几年的发展过程中,经历了一个从初级到高级的发展过程。最初的地聚合物水泥制品必须要在一定温度($60 \sim 180℃$)下养护,甚至需要压蒸工艺,所用原材料也比较单一。随着研究的进展,地聚合物水泥在常温下也能实现快硬高强的优异性能,所用原材料也大为丰富,目前,各种工业废渣在地聚合物水泥中都广为应用,如:矿渣、粉煤灰、硅灰等;各种天然黏土矿物以及火山灰材料在地聚合物水泥中也有广泛的应用。地聚合物水泥碱激活剂也由单一的碱金属、碱土金属氢氧化物扩展到氧化物、卤化物、有机组分等。地聚合物水泥的增韧、增强添加物以及制备工艺手段亦日趋进步,材料性能大幅度提高。

1. 地聚合物水泥基复合材料的研究开发

纤维增强地聚合物水泥大大提高了地聚合物水泥的性能,金属纤维、碳纤维、碳化硅纤维、玻璃纤维、有机纤维、聚丙烯纤维网等都可对地聚合物水泥进行增强,取得了较好的效果。

2. 地聚合物水泥基结构材料及修补材料的开发

由于地聚合物水泥基材料具有良好的综合性能,其不仅可以部分替代硅酸盐水泥进行基础设施建设,而且可以作为修补和增强材料在工程中广泛应用。

3. 地聚合物水泥固定有毒废料及放射性废料的研究

4. 地聚合物水泥耐久性的研究

古罗马及古希腊建筑物能较完整的保留至今,堪称世界奇迹,地聚合物水泥被认为与这些耐久性建筑物有类似的化学成分与矿物结构,因此地聚合物水泥有可能和这些耐久性建筑一样,具有优良的耐久性。

5. 地聚合物水泥基材料环保效益的研究

生产 1t 水泥熟料就要放出约 1t 的 CO_2,生产地聚合物水泥相对硅酸盐水泥能减少约 $50\% \sim 80\%$ 的 CO_2 排放。

地聚合物水泥基材料是一种不同于硅酸盐水泥的新型胶凝材料,相对硅酸盐水泥而言,其生产能耗小,几乎无污染,是一种环保型“绿色建筑材料”。地聚合物水泥广阔的应用领域和各种优异的性能更是向人们展示了迷人的开发前景。因此应重视对这一类新型胶凝材料的研究,进一步开发其优异的工程性能和环保性能,将地聚合物水泥基材料发展成为 21 世纪的新型水泥基复合材料。

4.4　环境友好水泥基复合材料

水泥混凝土作为最大宗人造材料,给人类带来了文明,也给环境造成了污染。长期以来,从事混凝土理论科学与实际工程的研究人员只注意到混凝土为人类所用,给人类带来了方便和财富的一面,却忽略了混凝土给人类和地球带来负影响的另一面。如为了达到高强度和耐久性的要求,传统的混凝土始终在追求其结构的密实性。目前城市表面80%以上的面积被建筑物和混凝土路面覆盖,这种密实性混凝土缺乏透气性和透水性,调节空气的温度、湿度的能力差,使市区的温度比郊区和乡村高2~3℃,产生所谓的"热岛现象"。雨水长期不能渗入地下,使城市地下水位下降,影响地表植物的生长,结果造成城市生态系统失调。

进入20世纪八十年代后期以来,由于对生态环境的日益重视,使研究者不得不重新考虑这种材料如何科学地发展,除了水泥清洁生产,提高性能减少用量外,另一个重要的方面是这种材料能为环境做些什么? 其中,扩大水泥的使用范围,用水泥基材料来改造生态环境,如治沙漠、治水、治理城市环境等。因此,胶凝材料应该突破传统建筑材料的范围,发展环境友好型材料,走可持续发展之路。

环境友好型水泥基材料是指既能减少对地球环境的负荷,同时又能与自然生态系统协调共生,为人类构造舒适环境的混凝土材料。目前常见的环境友好水泥基材料有生态种植水泥基材料、海洋生物适应型水泥基材料、光催化水泥基材料等。

一、生态种植水泥基材料

传统的混凝土色彩灰暗,给人以生硬、粗糙、灰冷的视觉效果。人们生活在被钢筋混凝土填充的城市中,感到远离自然,缺少生活情趣。所以开发能够植被的绿化混凝土,用于城市的道路两侧及中央隔离带、水边护坡、楼顶、停车场等部位,可以增加城市的绿色空间,调节人们的生活情绪,同时能够吸收噪音和粉尘,对城市气候的生态平衡也起到积极作用。

生态种植水泥基材料的基本构造如图4.7所示,它分为两层,一层为3cm厚的表层土,种子混入其中;另一层为30cm厚的连续空隙硬化体,即多孔混凝土。采用单一粒径骨料、河砂、石膏等,保水材料和肥料填充入植被水泥基材料的空隙。泥煤做保水材,与肥料、水、增粘剂一起做成泥水状使其流入空隙;无机物为主要成分填充空隙,或在锯末、活性炭混合物里加水,结成一体。生态种植水泥基材料要求：(1)确保连续空隙,使根系在混凝土中生长繁茂,连续孔隙率在18%～35%;(2)必要的水分、肥料,以确保植物生长;(3)pH 值维持在不影响植物生长的水平。

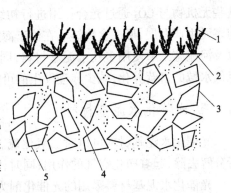

图 4.7　生态种植水泥基材料的结构
1—植物;2—泥土;3—多孔渗
水的混凝土;4—肥料;5—保水材料

生态种植水泥基材料也可以做成高速公路及铁路两侧的岩石边坡生态护坡,单独用植物或者植物与土木工程和非生命的植物材料相结合,以减轻护坡面的不稳定性和侵蚀。绿化网是当前日本在软弱岩石边坡生态护坡中较常用的生态材料。绿化网的构造网采用抗拉强度高的尼龙等高分子材料编织而成,分上下两层,两层网中间每隔一定间距包有肥料、草种、水稳定剂、含有机质的腐殖土等的混合物。

二、海洋生物适应型水泥基材料

普通的水泥基材料由于其组成材料之一是水泥,水泥在水化时将产生占水泥石体积20%～25%的 $Ca(OH)_2$,使得混凝土呈强碱性,pH 值高达 12～13。这种碱性对于钢筋混凝土结构来说是有利的,具有保护钢筋不被腐蚀的作用。但对于道路、港湾、护岸等,这种碱性不利于海洋生物的生长,所以开发低碱性、内部具有一定的空隙,能够提供水中生物的生长所必需的养分空间,适应海洋生物生长的混凝土是环境友好水泥基材料的一个重要的研究方向。

1. 人工海底山脉

人工海底山脉或礁石是在海底或海岸人工制成的具有特定形状的水泥基材料堆积体。根据山脉和礁石外形、尺寸和表面形状的不同,它们可以产生不同的生态效果。如具有竖向构造的体积巨大的山脉可以将海底横向水流或潮汐转换成垂直上升水流,从而将处于海底深处的营养盐分提升至上层海水,满足浮游生物生长需要,进而保证水生物的食物需求增加海产品的产量;表面经过适当处理的礁石可以给海生物,如藻类、贝类,提供栖息生长的良好环境,促进海洋生物的繁殖,使海洋生态环境进入良性循环的状态。另外,港口、码头的护岸、防浪堤等海中构筑物也可做成有利于海洋生物生长、繁殖和栖息的环境友好型结构。

2. 用于水质净化的水泥基材料

通过附着在多孔水泥基材料内、外表面上的各种微生物来间接的净化水质。需厌氧菌、氨氧化菌、硝酸氧化菌等菌类附着后,使有机物和氨分解并无机化。

这些无机物与 CO_2 通过光合作用进行初级生产而生成有机物,然后从二级生产向多元生产发展,形成食物链。在位于海岸、水域里的构筑物和减浪砌块的表面以及河流施工中使用多孔水泥基材料,同时栽种芦苇或杂草,能够消除氮和磷,降低水域的富营养化,减少赤潮发生的可能性。

三、光催化水泥基材料

光催化水泥基材料可以对二氧化硫、氮氧化物等对人体有害的污染气体进行分解去除,起着净化空气的作用;同时,它又有杀菌去污等抗菌功能。

光催化水泥基材料采用的光催化剂为二氧化钛。因为二氧化钛的禁带宽度为 3.2eV,故当它吸收了波长小于或等于 387.5nm 的近紫外光波段后,价带中的电子就会被激发到导带,形成带负电的高活性电子,同时在价带上产生带正电的空穴。在电场的作用下,电子与空穴发生分离,迁移到被子表面的不同位置。热力学理论表明,分布在表面的正电空穴可以将吸附在二氧化钛表面的 OH^- 和 H_2O 分子氧化成羟基($\cdot OOH$ 或 $\cdot OH$)自由基.而羟基自由基的氧化能力特别强,能氧化大多数的有机污染物及无机污染物,将其最终阵解为 CO_2 和 H_2O 等无害物质。

光催化水泥基材料的制备有以下两种方法:

(1)二氧化钛微粉掺入法。通过距离透水性砌块表面 7~8mm 深度范围内掺加二氧化钛微粉,使其掺入量控制在 50% 以下,可制作成具有很好除氮氧化物功能的光催化水泥基材料。此种砌块若运用于公路的铺设,用以除去汽车尾气中排出的氮氧化合物,可以使空气质量得到显著改善。

(2)光催化载体法。光催化载体法是对部分骨料被覆一层二氧化钛薄膜,这些骨料相当于光催化剂的载体,然后把这部分骨料放置于砌块表面,使被覆二氧化钛薄膜的骨料部分显露出来,从而制得具有光催化功能的材料。这种光催化水泥基材料也能够有效地去除氮氧化合物和其他有害气体。

四、其他环境友好水泥基材料

透水性水泥基材料。透水性水泥基材料与传统的水泥基材料相比,最大的特点是具有 15%~30% 的连通孔隙,具有透气性和透水性,将这种水泥基材料用于铺筑道路、广场、人行道路等,能够扩大城市的透水、透气面积,增加行人、行车的舒适性和安全性,对调节城市空气的温度和湿度,维持地下土壤的水位和生态平衡有重要作用。

声屏障。公路建设是世界各国经济发展的重要标志之一,但交通噪声严重破坏了公路沿线的生态环境。声屏障的类型:按功能可分为吸声类和反射类,按外观景象可分为绿化生态型和景观型。吸声类：声屏障采用多孔吸声材料，吸声功能大、反射功能小，主要有轻骨料混凝土砌块或板材，刨花板背衬普通混凝土板，带穿孔面层的钢板，面层为玻璃纤维、矿渣棉、石棉等的塑钢板，面层为多孔混凝土的普通混凝土板等。反射类：声屏障采用密实型材料，反射功能大，吸声功能小，主要有普通混凝土砌块或板材、波瓦型彩钢板、玻璃板等。绿化生态型：在声屏障上或旁边种植花草或树藤爬墙类植物，既绿化声屏障，又增加吸声和减噪功能。景观型：平形或圆弧形的玻璃声屏障，在路内可看到路外景色。

五、存在问题及对策

环境友好水泥基复合材料是一种绿色水泥基材料，它以适应环境为特征。例如有固沙、固土的胶凝材料，可以种植树木、花草；固岸、固堤的胶凝材料，可以适合海洋生物生长、栖息和繁殖。环境友好型胶凝材料应具有适宜的酸碱度和孔隙率。像硅酸盐水泥等传统胶凝材料，碱度很高（$pH \approx 12.5$），孔隙率比较低，显然不适合用于环境治理和保护。但粉煤灰、煤矸石等工业废渣的组成和结构为低钙型铝硅酸盐矿物，具有潜在的火山灰反应活性，以它们为基本材料，适当加入少量激发剂，可望配制出环境友好型胶凝材料。在我国，北方的一些地区存在沙漠侵蚀、水土流失等生态环境问题，需要大量的固沙、固土材料；南方的沿海地区存在海岸线不稳、塌陷等问题，也需要大量的固堤护岸材料；城市的混凝土化和高热环境，需要得到治理，开发可植被混凝土是最可行的解决措施。另一方面，我国每年生产大量的固体工业废渣，目前堆置待处理的粉煤灰、煤矸石等废渣亦分别达到数亿吨以上，它们大量侵占农田，污染城乡环境，因此研究开发废渣综合利用技术，变废为宝，治理环境，具有重大的经济价值和学术价值。

第5章
新型墙体材料

　　新型墙体材料是一个相对的概念,随着社会和经济的发展及其科技水平的不断进步,不同时期的新型墙体材料的含义不同。就我国现阶段从保护耕地、保护环境、节能和利废的角度出发,新型墙体材料是指以非黏土为原料生产的墙体材料,但考虑到量大面广的砖瓦企业不可能一下转产非黏土墙体材料,黏土实心砖转产黏土空心砖也能节约部分土地,因此,目前也把孔洞率达到国家规定的黏土制品作为一种过渡产品,在一定时期内也视为新型墙体材料,因此,现阶段,新型墙体材料是指除黏土实心砖以外的所有建筑墙体材料。

　　在新型墙体材料中有不少在发达国家已有四五十年或更长的生产和使用经验,如纸面石膏板、混凝土空心砌块等,但结合我国墙体材料的现状,对我国绝大多数人来说仍是较为陌生的,因此将称此类墙体材料称为新型墙体材料。

　　长期以来,实心黏土砖一直是我国墙体材料中的主导材料。但实心黏土砖的生产消耗了大量的土地资源和煤炭资源,造成严重的环境破坏和污染,据资料介绍,每生产1亿块标准黏土实心砖要毁田100～150亩,耗标准煤约1万吨,按2000年黏土砖产量8000亿块计算,一年要毁田100万亩,耗煤8000万吨。针对生产与使用黏土实心砖存在毁田取土,高能耗与严重环境污染等问题,我国对传统实心黏土砖的限制和淘汰力度逐步加大,在国务院国办发[1999]72号文,建设部建住房[1999]295号文以及国家墙体材料革新办公室墙办发[2000]06号文中已明确提出相关城市限时禁止使用黏土实心砖的目标。大力开发与推广使用节土、节能、利废、多功能、有利于环保、符合可持续发展的新型墙体材料,特别是轻质、高效、保温、隔热、外观整齐、带有自装饰、施工方便快捷的新型墙体材料是各级政府和广大建筑科技人员的一项重要使命。

近几年来,新型墙体材料的产量品种得到快速的发展,新型墙体材料的产量由 1995 年的 1219 亿块(折合成标准砖)增长到 2000 年的 2100 亿块,占墙体材料总量的比例由 1995 年的 16% 提高到 2000 年的 28%。有些中心城市限制生产使用黏土砖,推广使用新型墙体材料的步伐更快,如上海市新型墙体材料生产总量的比例从 1991 年的 6.9% 上升到 1999 年的 80%。我国新型墙体材料的产量快速增加,产品质量和产品结构得到明显的改善,技术装备水平也较快提高。

目前我国已初步形成以砖、板、块为主导产品的新型墙体材料体系。技术方面要强调创新,在高起点基础上进行产学研结合,以形成具有自主知识产权的技术体系。装备方面要特别强调提高国产化装备开发能力和制造水平,形成专业化配套、规模合理、性能可靠、自动化水平较高的主导产品装备体系。产品方面,特别要强调与当地资源、建筑结构要求紧密结合,达到四高,即高掺量(掺加工业废渣 30% 以上)、高孔洞率(如烧结黏土多孔砖孔洞率 25% 以上、烧结黏土空心砖孔洞率 40% 以上)、高强度、高保温性能,同时还要满足装饰效果和二次装修的要求,形成具有本地特色的新型墙体材料产品体系。

5.1　砖

根据 GB 5348—85《砖和砌块名词术语》,砌筑用的人造小型块材,长度 <365mm,宽度 ≯240mm,高度 ≯115mm 称为砖。砖的块材小,砌筑较为灵活,但施工效益较低,新型墙体材料中砖的类型颇多,本节重点介绍其中较有代表性的几种。

一、蒸压灰砂砖

蒸压灰砂砖是以石灰和砂为主要原料,经计量配料、搅拌混合、消化、压制成型、蒸压养护、成品包装等工序而制成的实心或空心砖,它是典型的硅酸盐建筑制品,主要用于多层混合结构建筑的承重墙体。

1958 年我国开始研究发展蒸压灰砂砖。1960 年用从原东德引进的十六孔转盘式压砖机,在北京硅酸盐制品厂建成蒸压灰砂砖生产线。生产技术和设备经消化吸收和改进后,在四川江津新建了一条生产线。随后在十六孔转盘式压机的基础上,研制了八孔转盘式压机。自此,蒸压灰砂砖在有砂和石灰石资源而又缺乏黏土资源的地区迅速发展,蒸压灰砂砖成为许多地方的主要墙体材料。

灰砂砖是一种技术成熟,性能优良,生产节能的新型建筑材料,在有砂和石灰石资源的地区,应大力发展,以替代黏土砖。

1. 灰砂砖生产

(1)原材料

砂子和石灰是生产灰砂砖的主要原料。砂子可用河砂、海砂、风积砂、沉积砂和选矿厂的尾矿砂等,砂中的 SiO_2 应 > 65%,级配较好。石灰应采用生石灰,$CaO > 60\%$,生石灰的质量直接影响灰砂砖的质量,故应尽可能选用含钙量高、消化速度快、消化温度高、过火和欠火石灰量少的磨细钙质生石灰。

(2)混合料的制备

混合料的制备包含原材料的计量与搅拌、混合料的消化、混合料的二次搅拌等工序。制备混合料之前,必须进行配合比设计。设计配合比要考虑使砖坯有足够的强度和使产品达到事先确定的性能,如强度、耐久性、抗冻性和在侵蚀介质中的稳定性等等。并非砖坯强度愈高愈好。产品强度高虽好,但强度愈高石灰就要用得愈多,对砂子质量要求就要越好,这就意味着成本提高。因此,配合比设计是找到技术上和经济上最优化的临界点。石灰的掺量以有效 CaO 计,一般占砂的 10% ~ 15%。

(3)砖坯成型

成型是灰砂砖生产最重要的环节之一。包括四个生产工序:将松散的混合料加入压砖机模孔中、加压成型、取出砖坯、码坯。

灰砂砖的成型压力越大,砖坯的密实度、强度越高。但压力过大,混合料的弹性阻抗大,反而会使砖坯膨胀、层裂,故成型压力一般不超过 20MPa。加压时间对砖坯强度也有一定影响,压制时间过短,砖坯强度低,但压制时间过长也没意义。

(4)蒸压养护

灰砂砖的结构形成是靠 $Ca(OH)_2$ 与砂子中的 SiO_2 发生化学反应生成具有胶凝性质的水化硅酸钙,将砂子胶结成整体而成。该反应在常温下速度极慢,无法满足生产需求,在高温(即蒸压养护)条件下,反应速度大大加快,可使混合料在很短的时间内形成很高的强度。

蒸压养护在蒸压釜内进行,整个过程分为静停、升温升压、恒温恒压、降压降温四个工序。静停可使砖坯中的石灰完全消化、提高砖坯的初始强度,从而防止蒸压过程中的制品涨裂。蒸压养护的蒸气压力最低要达到 0.8MPa,一般不超过1.5MPa,在 0.8 ~ 1.5MPa 压力范围内,相应的饱和蒸气温度为 170.42 ~ 198.28℃。升温升压速度不能过快,以免砖坯内外温差、压差过大而产生裂纹,恒温恒压 4 ~6h。未经蒸气压力养护的灰砂砖只能是气硬性材料,强度低,耐水性差。

2. 产品规格与技术性能(GB 11945—1999)

(1)产品规格

我国国家标准规定的品种和规格只有一种 240mm × 115mm × 53mm,合格品

的尺寸公差是 ±3mm, 一等品是 ±2mm, 优等品的长宽方向为 ±2mm, 高度
为 ±1mm。表 5.1 列出了灰砂砖的外观质量要求。

(2)力学性能

我国标准规定了 10、15、20、25 等四个强度级别, 抗压强度平均值分别为
10MPa、15MPa、20MPa、25MPa, 抗折强度平均值分别为 2.5 MPa、3.3 MPa、4.0 MPa、
5.0 MPa。表 5.2 列出了灰砂砖力学性能。

(3)抗冻性能

灰砂砖的抗冻性能指标列于表 5.3。

(4)导热性

灰砂砖的导热系数和热阻见表 5.4。

表 5.1　灰砂砖外观质量(mm)

项　　目	指　　标		
	优等品	一等品	合格品
(1)尺寸偏差　不超过 　　　　长度 　　　　宽度 　　　　高度	 ±2 ±2 ±1	 ±2 	 ±3
(2)对应高度差　不大于	1	2	3
(3)缺棱掉角的最小尺寸　不大于	10	15	25
(4)完整面　不小于	2 个条面和 1 个顶面或 2 个顶面和 1 个条面	1 个条面和 1 个顶面	1 个条面和 1 个顶面
(5)裂缝长度 不大于 a. 大面上宽度方向及其延伸到条面的长度; b. 大面上长度方向及其延伸到顶面上的长度或条、顶面水平裂纹的长度	 30 50	 50 70	 70 100

注:凡有以下缺陷者,均为非完整面:
　　1. 缺棱尺寸或掉角最小尺寸大于 8mm;
　　2. 灰球黏土团、草根等杂物造成破坏面的两个尺寸同时大于 10mm×20mm;
　　3. 有气泡、麻面、龟裂等缺陷。

表 5.2　灰砂砖力学性能

强 度 级 别	抗压强度(MPa)		抗折强度(MPa)	
	平均值不小于	单块值不小于	平均值不小于	单块值不小于
25	25	20.0	5.0	4.0
20	20.0	16.0	4.0	3.2

续表

强 度 级 别	抗压强度(MPa)		抗折强度(MPa)	
	平均值不小于	单块值不小于	平均值不小于	单块值不小于
15	15.0	12.0	3.3	2.6
10	10.0	8.0	2.5	2.0

注:优等品的强度等级不得小于 15 级。

表 5.3　灰砂砖抗冻性指标

强 度 级 别	抗压强度(MPa) 平均值 不小于	单块砖的干质量损失(%)不大于
25	20.0	2.0
20	16.0	2.0
15	12.0	2.0
10	8.0	2.0

注:优等品的强度等级不得小于 15 级。

表 5.4　灰砂砖的导热系数和热阻

灰砂砖种类	容量等级	导热系数(W/m·K)	热阻(m²·K/W)				
			墙体厚度(cm)				
			11.5	17.5	24	30	36.5
实心砖	1.4	0.7	0.16	0.25	0.34	0.43	0.52
	1.6	0.79	0.15	0.22	0.30	0.38	0.46
	1.8	0.99	0.12	0.18	0.24	0.30	0.37
	2.0	1.10	0.10	0.16	0.22	0.27	0.33

3. 其他品种灰砂砖

(1)灰砂空心砖

灰砂空心砖的空洞率大于 15%,一般为 22%～33%,表观密度为 1200～1400kg/m³。该类砖规格有 (240×115×53)mm、(240×115×90)mm、(240×115×115)mm、(240×115×175)mm 四种,规格代号分别为 NF、1.5NF、2NF、3NF。

灰砂空心砖按 5 块砖的抗压强度平均值和单块抗压强度最小值划分为 7.5、10、15、20、25 等 5 个强度级别。抗冻性的合格要求同灰砂砖。

灰砂空心砖按尺寸偏差大小、缺棱掉角程度等外观质量指标划分为优等品、一等品和合格品等 3 个质量等级。

(2)彩色灰砂砖

在普通灰砂砖混合料中加入适量矿物或无机颜料,如氧化铁红、氧化铁黄等,生产出彩色灰砂砖,用于砌筑清水墙。

4. 灰砂砖的应用

灰砂砖经模具压制,尺寸精度高,表观质量好,抗压强度较高,可替代黏土砖用于各种砌筑工程,也可用于清水砖砌墙,但因灰砂砖的组成材料和生产工艺与烧结黏土砖不同,某些性能与烧结砖不同,施工应用时必须加以考虑,否则易产生质量事故。

(1)灰砂砖砌体的收缩值比烧结黏土砖砌体高,为减少干缩,灰砂砖出釜 1个月后才能上墙砌筑,使灰砂砖的收缩在砌筑前基本完成。

(2)禁止用干砖或含饱和水的砖砌墙,以免影响灰砂砖和砂浆的粘结强度以及增大灰砂砖砌体的干缩开裂。不宜在雨天露天砌筑,否则无法控制灰砂砖和砂浆的含水率。由于灰砂砖吸水慢,施工时应提前 2d 左右浇水润湿,灰砂砖含水率宜为 8% ~ 12%。

(3)由于灰砂砖表面光滑平整、砂浆与灰砂砖的粘结强度不如与烧结黏土砖的粘结强度高等原因,灰砂砖砌体的抗拉、抗弯和抗剪强度均低于同条件下的烧结砖砌体。砌筑时应采用高粘性的专用砂浆。砂浆稠度约 7 ~ 10cm,不能过稀。当用于高层建筑、地震区或筒仓构筑物时,还应采取必要的结构措施来提高灰砂砖砌体的整体性。在灰砂砖表面压制出花纹也是增大灰砂砖砌体的整体性的有效措施。

(4)温度高于 200℃时,灰砂砖中的水化硅酸钙的稳定性变差,如温度继续升高,灰砂砖的强度会随水化硅酸钙的分解而下降。因此,灰砂砖不能用于长期超过 200℃的环境,也不能用于受急冷急热的部位。

(5)灰砂砖的耐水性良好,处于长期潮湿的环境中强度无明显变化。但灰砂砖呈弱碱性,抗流水冲刷能力较弱,因此灰砂砖不能用于有酸性介质侵蚀的部位和有流水冲刷的部位,如落水管处和水龙头下面等位置。

(6)对清水墙体,必须用水泥砂浆二次勾缝,以防雨水渗漏,房屋宜做挑檐。

灰砂砖砌筑工程的施工和验收应符合国家标准 GB 50203—98 的有关规定。

二、蒸压粉煤灰砖

蒸压粉煤灰砖是以粉煤灰、石灰、石膏以及骨料为原料,经配料、搅拌、轮碾、压制成型、高压蒸气养护等生产工艺制成的实心粉煤灰砖。

生产蒸压粉煤灰砖可大量利用粉煤灰,而且可以利用湿排灰。生产 1m³ 砖至少可用 800kg 粉煤灰,一个年产 5000 万块砖厂可用掉近 6 万吨粉煤灰。这无疑对节约土地,改善生态环境有重要意义。

　　蒸压粉煤灰砖在我国各地具有一定的生产规模,应用已相当普遍。已制订有产品行业标准 JC 239—1991,有些地区制订了地区性应用规范。目前尚无统一的设计与施工规程。

1. 蒸压粉煤灰砖生产工艺

(1)原材料

　　原材料主要有粉煤灰、石灰、石膏和骨料。粉煤灰应符合 JC 409—91《硅酸盐建筑制品用粉煤灰》规定。石灰应尽可能选用有效氧化钙含量高、消化速度快、消化温度高的新鲜生石灰。一般要求有效氧化钙大于 60%,氧化镁小于5%,消化速度小于 15min,消化温度大于 60℃,细度用方孔边长 0.08mm 筛筛余应小于 15%

　　石膏可用天然石膏或工业副产石膏,要求 $CaSO_4$ 含量大于 65%。采用工业副产石膏应对其杂质加以限制。石膏的细度亦应小于 15%。

　　骨料的种类及掺量直接影响砖的强度及收缩值。骨料掺量增加,还可显著改善成型工艺特性,减小物料分层。可采用工业废渣、砂以及细石屑等。

(2)配料搅拌

　　按配合比进行配料,目的是通过生产工艺过程使各原料相互作用,生成一定水化产物和结构,使蒸压粉煤灰砖达到要求的强度及其他性能。配料要计量准确,而且要根据原材料产量的波动变化及时调整。搅拌就是要使各原料能混合均匀。

(3)消化

　　又称"陈化",目的是使生石灰充分消解,生成的 $Ca(OH)_2$ 与粉煤灰等材料产生预水化反应,提高拌和料的可塑性,提高坯体的成型性能,而且还可防止在蒸压过程中因石灰消化引起体积膨胀使砖胀裂的现象发生。石灰一定要充分消化。

(4)轮碾

　　轮碾对拌和料起到压实、均化和增塑的作用,可提高砖坯的极限成型压力。同时轮碾又使粉煤灰在碱性介质中的活性得以激发。这种共同作用的结果,改善和提高了蒸压粉煤灰砖的质量。

(5)压制成型

　　经过轮碾的拌和料送入压转机的料仓,经布料压制成型砖坯。成型的压力、加压速度等对砖的质量影响较大。压砖机的压力小,砖坯不密实;压制速度快,砖坯内的气体不能很好排出,会造成砖坯分层和裂纹。压制后砖坯的外观质量应达到标准规定的要求。

(6)码坯静停

　　成型好的砖坯放在养护小车上,送至静停线编组静停。静停的作用是使砖坯在蒸压养护之前达到一定强度,以便在蒸压养护时能抵御因温度变化产生的应力,防止砖坯发生裂纹。

(7)蒸压养护

砖坯在蒸压釜内养护分为升温、恒温、降温三个阶段。合理的蒸压养护制度是确保粉煤灰砖质量的前提。当蒸气压力由 0.8MPa 上升到 1.0MPa 时,小试件抗压强度提高 30% ~ 40%,当蒸气压力由 0.8MPa 上升到 1.2MPa 时,抗压强度几乎增加一倍。温度升高,托勃莫来石含量增加,当 CSH 凝胶与托勃莫来石达到最佳比例时,能同时满足强度和收缩要求。因此,蒸压养护时间宜为 10 ~ 12h,蒸气压力不宜小于 1.0MPa。

2. 粉煤灰砖技术性能要求

按照 JC 239—91 规定,蒸压粉煤灰砖的技术性能要求包括外观质量、抗折强度和抗压强度、抗冻性及干燥收缩。

(1)外观质量

外观质量应符合表 5.5。

表 5.5　粉煤灰砖外观质量(mm)

项　　目	指　　标		
	优等品	一等品	合格品
尺寸允许偏差			
长度	±2	±3	±4
宽度	±2	±3	±4
高度	±1	±3	±3
对应高度差不大于	1	2	3
每一缺棱掉角的最小破坏尺寸不大于	10	15	25
完整面不小于	2 条面和 1 顶面或2 顶面和 1 条面	1 条面和 1 顶面	1 条面和 1 顶面
裂缝长度不大于 a. 大面上宽度方向的裂纹(包括延伸到条面的长度) b. 其他裂纹	30 50	50 70	70 100
层　裂	不　允　许		

注:在条面和顶面上破坏面的两个尺寸同时大于 10mm 和 20mm 者为非完整面。

(2)抗折和抗压强度

抗折和抗压强度应符合表 5.6 的规定,优等品的强度应不低于 15MPa,一等品的强度应不低于 10MPa。

表5.6　蒸压粉煤灰砖强度指标(MPa)

强度级别	抗压强度不小于		抗折强度不小于	
	10块平均值	单块值	10块平均值	单块值
20	20.0	15.0	4.0	3.0
15	15.0	11.0	3.2	2.4
10	10.0	7.5	2.5	1.9
7.5	7.5	5.6	2.0	1.5

注:强度级别以蒸压养护后1d为准。

(3)抗冻性

抗冻性应符合表5.7的规定。

(4)干燥收缩

蒸压粉煤灰砖的干燥收缩值:优等品应不大于0.60mm/m;一等品应不大于0.75mm/m;合格品应不大于0.85mm/m

表5.7　蒸压粉煤灰砖抗冻性指标

强度级别	抗压强度(MPa) 平均值 不小于	单块砖的干质量损失(%) 不大于
20	16.0	2.0
15	12.0	2.0
10	8.0	2.0
7.5	6.0	2.0

3. 施工应用

蒸压粉煤灰砖的建筑设计与施工,一些地方已制定了专门的地方规程,但目前还没有全国统一的专门规程。设计与施工主要采用普通黏土砖、烧结粉煤灰砖的规程和规范,即GBJ 3—88《砌体结构设计规范》和GB 50203—98《砌体工程施工及验收规范》,有抗震要求的建筑物还应符合GBJ 11—89《建筑抗震设计规范》的规定。

蒸压粉煤灰砖与普通黏土砖在性能上有较大的差别,因此在使用过程中必须有相应措施。

(1)压制成型的粉煤灰砖比黏土砖表面光滑、平整,并可能有少量起粉,这些使砂浆的粘结力较低,使砌体抵抗横向变形能力减弱。为此应设法提高砖与砂浆的粘结力,应尽可能采用专用砌筑砂浆。

(2)粉煤灰砖的初始吸水能力差,后期的吸水不能满足随砌筑的施工要求,而须提前湿水,保持砖的含水率在10%左右,才能保证砌筑质量。此特性还要求砂浆的保水性较好,再考虑粘结性,在承重结构中,不能采用强度等级低于

M7.5 的砂浆砌筑,或采取其他措施来保证砌筑质量。

(3)粉煤灰砖出釜后三 d 内收缩较大,平均每天收缩 0.019mm/m;3d 至 10d 内,平均每天收缩 0.005mm/m;30d 后收缩逐渐趋于稳定,平均每天收缩 0.003mm/m。为了避免砖的收缩对建筑物的不良影响,出釜后的砖应存放一周以后才能用于砌筑,雨季施工应采取防雨措施。

4. 防止开裂措施

根据对蒸压粉煤灰砖的检查,在底层窗台下发现有裂缝。为此,在窗台、门、洞口等部位适当增设钢筋,以防止这些部位的裂缝。此外,还应适当增设圈梁,减少伸缩缝间距离,或采取其他措施,以避免和减少裂缝的产生。

5.2　砌块

砌块是用于砌筑的块状材料,其块体比砖大,生产效率和砌筑效率比砖高,且不需要用专门的机械即可施工。砌块的分类方法很多,主要分类方法有:

1. 按胶凝材料分为:水泥混凝土砌块、硅酸盐砌块、石膏砌块;

2. 按砌块空心率分为:实心砌块,空心率<25%;空心砌块,空心率≥25%;

3. 按砌块的规格分为:小型砌块,a. 长、宽、高有一项或一项以上分别大于 365mm、240mm、115mm,b. 高不大于长的 6 倍,长不超过高的 3 倍,c. 高大于 115mm 且小于 380mm;中型砌块,主规格的高度为 380～980mm;大型砌块,主规格的高度大于 980mm。

一、普通混凝土小型空心砌块

混凝土砌块在 19 世纪末期起源于美国,砌块的原材料来源方便,适应性强,性能发展很快。我国从 20 世纪 20 年代开始生产和使用混凝土砌块,60 年代发展较快,1974 年国家建材局把混凝土砌块列为重点推广的新型墙体材料。目前,我国混凝土砌块的产量、种类、生产技术水平、设备均达到世界水平,已成为重要的新型墙体材料。

1. 生产工艺

(1)原材料

水泥作为生产混凝土砌块的胶凝材料,水泥品种一般选择普通硅酸盐水泥、矿渣水泥、火山灰水泥或复合水泥,宜采用散装水泥。水泥的强度一般选用 32.5MPa。可掺入部分粉煤灰或粒化矿渣粉等活性混合材料,以节约水泥。

细骨料主要采用砂、石屑,粗骨料可采用碎石、卵石或重矿渣等,骨料应有良好的级配,以提高砌块拌和物的和易性,便于成型。提高混凝土砌块的密实性,提高强度、提高砌块的抗渗性。

(2)搅拌成型

原材料经计量后,应采用强制式搅拌以保证搅拌质量,控制好用水量。

(3)成型

砌块的模具及成型机的性能是生产混凝土空心砌块的关键。砌块成型包括喂料、振动加压和脱模三个过程。喂料是在设备振动的情况下使混凝土拌和料充填模具至预定喂料高度并形成均匀水平面的过程,在此过程中拌和料需要克服与模具的黏附作用力而尽可能把狭窄的模具空间填实。振压是通过成型设备的强力振动加压使模具内的拌和料紧密成型至具有规格高度的坯体。脱膜是使坯体顺利从模具中脱出,保持坯体完好的外形。成型周期由喂料时间、振实时间和脱膜复位时间组成。

(4)养护

混凝土空心砌块的养护可采用自然养护和蒸气养护。自然养护较经济,但养护时间长,堆场面积大。蒸气养护,应控制好坯体的静停养护时间,升温速率、恒温的温度和恒温时间以及降温速率。

2.普通混凝土小型空心砌块技术性能

(1)规格形状

混凝土小型空心砌块的主规格尺寸为 390mm×190mm×190mm,最小外壁厚应不小于30mm,最小肋厚应不小于25mm,小砌块的空心率应不小于25%。其他规格尺寸也可由供需双方协商。图5.1是砌块各部位的名称。

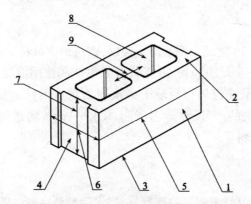

图 5.1　砌块各部位名称

1—条面;2—坐浆面(肋厚较小的面);3—铺浆面;
4—顶面;5—长度;6—宽度;7—高度;8—壁;9—肋

(2)产品等级

根据《普通混凝土小型空心砌块》(GB 8239—1997)规定,该种砌块按尺寸允许偏差、外观质量(包括弯曲、掉角、缺棱、裂纹)分为优等品(A)、一等品(B)和合格品(C)三级,见表5.8、表5.9。

(3)强度等级

混凝土砌块的强度以实验的极限荷载除以砌块毛截面积计算。砌块的强度取决于混凝土的强度和空心率。根据混凝土空心砌块强度的平均值和单块最小值确定其相应的强度等级,见表5.10。

表 5.8　尺寸允许偏差(GB 8239—1997)(mm)

项 目 名 称	优等品(A)	一等品(B)	合格品(C)
长　度	±2	±3	±3
宽　度	±2	±3	±3
厚　度	±2	±3	+3 −4

表 5.9　外观质量(GB 8239—1997)

项 目 名 称		优等品(A)	一等品(B)	合格品(C)
弯曲,(mm)不大于		2	2	3
缺棱掉角	个数,(个)不多于	0	2	2
	三个方向投影尺寸的最小值,(mm)不大于	0	20	30
裂纹延伸的投影尺寸累计,(mm)不大于		0	20	30

表 5.10　强度等级(GB 8239—1997)(MPa)

强度等级	砌块抗压强度		强度等级	砌块抗压强度	
	平均值不小于	单块最小值不小于		平均值不小于	单块最小值不小于
MU3.5	3.5	2.8	MU10.0	10.0	8.0
MU5.0	5.0	4.0	MU15.0	15.0	12.0
MU7.5	7.5	6.0	MU20.0	20.0	16.0

(4)抗渗性

小砌块的抗渗与建筑物外墙体的渗漏关系十分密切,特别是对清水墙砌块的抗渗性要求更高,抗渗按规定方法测试,见图5.2,其水面下降高度在三块试件中任一块应不大于10mm。

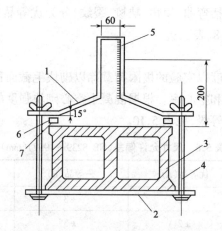

图 5.2 小型空心砌块抗渗试验装置

1－上盖板;2－下盖板;3－试件;4－紧固螺栓;

5－带有刻度玻璃管;6－聚苯乙烯泡沫条,厚 10mm,宽 20mm;7－20mm 周边涂黄油

(5)抗冻性

砌块的抗冻性应符合表 5.11 规定。

表 5.11 抗冻性(GB 8239—1997)

使用环境条件		抗冻等级	指 标
非采暖地区		不规定	—
采暖地区	一般环境	F15	强度损失≤25% 质量损失≤5%
	干湿交替环境	F25	

注:非采暖地区指最冷月份平均气温高于－5℃的地区。采暖地区指最冷月份平均气温低于或等于－5℃的地区。

3. 混凝土小型空心砌块应用技术要点

(1)砌块强度必须达到设计强度等级;

(2)龄期达 28d,并且干燥后方可砌筑;

(3)砌筑砂浆需具有良好的和易性,砂浆稠度小于 50mm,分层控制在 20～30mm;

(4)砌筑的水平灰缝厚度和竖直灰缝密度控制在 8～12mm,水平灰缝砂浆饱满度不得低于 90%,竖缝不得低于 80%;

(5)当填充墙砌至顶面最后一层皮,与上部结构接触处宜用实心小砌块斜砌楔紧;

(6)洞口、管道、沟槽和预埋件等,应在砌筑时预留或预埋,严禁在砌好的墙体打凿。

除此几条,其他应按照 JGJ/T 14—95《混凝土小型空心砌块建筑技术规程》执行。

二、轻骨料混凝土小型空心砌块

轻骨料混凝土小型空心砌块中的骨料采用轻质骨料。若粗骨料和细骨料均采用轻质材料称全轻骨料,轻骨料混凝土小砌块按其采用的轻骨料品质可分为:陶粒混凝土小砌块、火山渣混凝土小砌块、煤渣混凝土小砌块和自然煤矿石混凝土小砌块等。

轻骨料混凝土小砌块的特点是:自重轻,保温隔热性能好,抗震性能强、防火、吸声、隔声性能优异,施工方便。

1. 轻骨料混凝土小型空心砌块的生产

轻骨料混凝土小型空心砌块的生产与普通混凝土小型实心砌块的生产类似,不同之处在于骨料采用轻质骨料。由于轻骨料的吸水率较大,强度较低,因此,轻骨料应预湿水,使轻骨料拌和物的和易性较为稳定,便于成型。另外,成型加压力不能过大,否则易压碎面层和轻骨料,影响轻骨料混凝土的质量。成型后的砌块应加强保温养护防止开裂。在考虑轻骨料小型空心砌块强度同时,应考核其表观密度和其他技术经济指标。综合考量:强度—表观密度—成本之间的平衡点和优化值。

2. 轻骨料混凝土小型空心砌块的主要性能(GB/T 15229—2002)

(1)外观质量要求

该产品规格尺寸为 390mm × 190mm × 190mm,其他尺寸可由供需双方商定。其尺寸允许偏差见表 5.8,外观质量要求见表 5.12。

表 5.12　外 观 质 量

项　目　名　称		一等品	合格品
缺棱掉角(个)	不多于	0	2
三个方向投影尺寸的最小值(mm)	不大于	0	30
裂纹延伸的投影尺寸累计(mm)	不大于	0	30

(2)表观密度

小砌块单位体积(含空心率)的质量称为其表观密度。小砌块的表观密度对其强度和保温性能有很大的影响。

不同品种的轻骨料其孔结构不同,堆积密度也不同,因而用其制作的小砌块密度差别也很大。我国轻骨料混凝土小砌块品种很多,表观密度差异很大。保温性能也相差很大。当前以超轻陶粒混凝土小砌块为最轻,表观密度最小,保温性能最好。其次为某些地区的天然轻骨料混凝土小砌块及粉煤灰珍珠岩混凝土小砌块,而火山渣、煤渣混凝土及自然煤矸石混凝土小砌块一般都较重,保温性能也较差。

对同一品种轻骨料来讲,因其配制的混凝土类别不同,小砌块的表观密度也不同。以无砂混凝土小砌块最轻,全轻混凝土砌块居中,砂轻混凝土砌块最重。

我国《轻骨料混凝土小型空心砌块》标准 GB/T 15229—2002 中将小砌块依其表观密度分为 8 个等级,见表 5.13。

表 5.13　轻骨料混凝土小型空心砌块密度等级

密度等级	砌块干燥表观密度范围(kg/m³)	密度等级	砌块干燥表观密度范围(kg/m³)
500	≤500	900	810～900
600	510～600	1000	910～1000
700	610～700	1200	1010～1200
800	710～800	1400	1210～1400

（3）抗压强度

抗压强度是轻骨料混凝土小砌块的一个最重要指标,对同一规格的小砌块来说,混凝土表观密度越大,其强度越高,反之则越小。对同一品种轻骨料混凝土来说,也可因混凝土配合比及砌块生产工艺地方不同制成不同密度、不同强度的小砌块。

我国《轻骨料混凝土小型空心砌块》标准 GB 15229—2002 中,将小砌块的抗压强度及其密度等级的关系分成 6 个等级,见表 5.14。表 5.14 中的小砌块强度等级是以其具有一定保证率的小砌块抗压强度标准值来表示的。我国标准中所取保证率为 80%。

表 5.14　轻骨料混凝土小型空心砌块强度等级

强度等级	砌块抗压强度(MPa)		密度等级范围(kg/m³)
	平均值	最小值	
1.5	≥1.5	1.2	≤600
2.5	≥2.5	2.0	≤800
3.5	≥3.5	2.8	≤1200
5.0	≥5.0	4.0	
7.5	≥7.5	6.0	≤1400
10.0	≥10.0	8.0	

注:符合表 5.14 各项要求的为优等品或一等品;密度等级范围不满足者为合格品。

表 5.14 中的小砌块强度等级是以其具有一定保证率的小砌块抗压强度标准值来表示的。我国标准中所取保证率为 80%。

应该指出的是,标准中根据我国 20 世纪 80 年代以来的超轻陶粒混凝土小砌块生产与实践经验,规定试块强度等级为 1.5,突破了国外相应标准中强度等级为 2.5 的规定。

(4)吸水率和相对含水率

轻骨料混凝土的吸水率比普通混凝土大,以致其制成的小砌块的吸水率也较大,但不应大于 20%。

相对含水率是以小砌块出厂时的含水率与其吸水率的比值来表示的。吸水率及相对的含水率对小砌块的收缩、抗冻、抗碳化性能有较大的影响。小砌块相对含水率越大,其上墙后收缩越大,墙体内部产生的收缩应力也就越大。当其收缩应力大于小砌块的抗拉应力时,即将产生裂缝。因而严格控制小砌块上墙时的相对含水率十分重要。

我国标准 GB/T 15229—2002 中对轻骨料混凝土小型空心砌块的吸水率、相对含水率所作的规定示于表 5.15。

表 5.15　轻骨料混凝土空心砌块的干缩率及相对含水率

干缩率 (%)	相对含水率(%)		
	潮湿环境	中等湿度	干燥环境
<0.03	45	40	35
0.03~0.045	40	35	30
>0.045~0.065	35	30	25

注:潮湿环境系指年平均相对湿度大于 75% 的地区;中等环境系指年平均相对湿度为 50%~75% 的地区;干燥环境系指年平均相对湿度低于 50% 的地区。

(5)耐久性

小砌块的耐久性包括其抗冻性、抗碳化性及耐水性。小砌块的抗冻性以其抗冻标号表示。我国标准 GB 15229—2002 中的轻骨料混凝土小型空心砌块的抗冻性指标示于表 5.16。

表 5.16　轻骨料混凝土小型空心砌块的抗冻性指标

使用环境条件	抗冻标号
非采暖地区 采暖地区:	F25
1. 相对湿度≤60%	F25
2. 相对湿度>60%	F35
水位变化:干湿循环或 粉煤灰掺量≥取代水泥量 50% 时	≥F50

注:非采暖地区指最冷月份平均气温高于 -5℃ 的地区。

　　小砌块的抗碳化性以其碳化系数来表示,即小砌块碳化后的强度与碳化前的强度之比。我国小砌块标准 GB 15229—94 中规定,加入粉煤灰掺和料的小砌块碳化系数不应小于 0.8。实验研究和实践都证明,一般以水泥为主要胶凝材料的轻骨料混凝土小砌块,其抗碳化性完全可满足要求。

　　小砌块的耐水性通常以软化系数来表示,即浸水后与浸水前的小砌块抗压强度之比。不掺粉煤灰的水泥混凝土小砌块耐水性也完全符合要求,掺粉煤灰的混凝土小砌块,则因掺入粉煤灰的品质和掺量而有差别。因此标准中只对掺粉煤灰掺和料的轻骨料混凝土小型空心砌块的耐水性作了规定,即其软化系数不应低于 0.75。

3. 轻骨料混凝土小型空心砌块工程应用

　　轻骨料混凝土小砌块品种很多,性能各异,为了能根据其不同性能合理使用小砌块,依小砌块的密度等级及强度等级划分其合理适用范围,详见表 5.17。

表 5.17　各类小砌块适用范围

强度等级	密度等级范围(kg/m³)	小砌块类别	适用范围
1.5 2.5	≤800	超轻陶粒混凝土小砌块 膨胀珍珠岩粉煤灰混凝土小砌块 黏土陶粒混凝土小砌块 页岩陶粒混凝土小砌块	自承重保温外墙 框架填充墙、隔墙
3.5 5.0	≤1200	火山渣混凝土小砌块 浮石混凝土小砌块 自然煤矸石混凝土小砌块 煤渣混凝石土小砌块	承重保温外墙 框架填充墙
7.5 10.0	≤1400	自然煤矸石混凝土小砌块 火山渣混凝土小砌块	承重外墙或内墙

　　目前,我国轻骨料混凝土小砌块主要用于以下几个方面:

　　(1)需要减轻结构自重,并要求具有较好的保温性能与抗震性能的高层建筑的框架填充墙。超轻陶粒混凝土小砌块在此领域用量最大。

　　(2)北方地区及其他地区对保温性能要求较高的住宅建筑外墙。在该领域主要应用普通陶粒混凝土小砌块、煤渣混凝土小砌块、自然煤矸石混凝土多排孔小砌块等做自承重保温墙体。

　　(3)公用建筑或住宅的内隔墙。根据建设部小康住宅产品推荐专家组建议,用作内墙的轻骨料混凝土小砌块的密度等级宜小于 800 级,强度等级应不小于1.5,小砌块的厚度以 90mm 为宜。

(4)轻骨料资源丰富地区多层建筑的内承墙及保温外墙。

(5)屋面保温隔热工程、耐热工程、吸声隔声工程等。

4. 应用技术要点

由于目前我国轻骨料混凝土品种繁多、原材料来源复杂、生产工艺落后,因而小砌块的产品质量差异较大。因此,必须从生产到应用严把质量关。

(1)要严格控制轻骨料最大粒径不大于 10mm,因空心小砌块壁厚只 30mm 左右,骨料粒径过大不能保证外观质量,且增加抹灰量。以煤渣为骨料的小砌块,应控制煤渣烧失量不大于 20%。

(2)严格控制轻骨料混凝土小砌块的质量。防止不合格产品上墙,造成工程隐患。特别是不允许使用强度不足及相对含水率超过标准要求的小砌块上墙,以免产生裂缝。为此要求轻骨料混凝土小砌块必须经 28d 养护方可出厂。且使用单位必须坚持产品验收,杜绝使用不合格产品。

(3)砌筑前,砌块不宜洒水淋湿,以防相对含水率超标。施工现场砌块堆放采取防雨措施。

(4)砌筑时应尽量采用主规格砌块,并应清除砌块与表面污物及底部毛边,并应尽量对孔错缝搭砌。砌体的灰缝应横平竖直,灰缝应饱满,以确保墙体质量。

(5)小砌块建筑的设计与施工应满足《混凝土小型空心砌块建筑技术规程》JGJ/T 14—95 有关要求。

三、蒸压加气混凝土砌块

蒸压加气混凝土砌块是以水泥、石灰、矿渣、砂、粉煤灰、铝粉等为原料经磨细、计量配料、搅拌浇注、发气膨胀、静停切割、蒸压养护、成品加工、包装等工序制造而成的多孔混凝土。它具有质轻、保温、防火、可锯、可刨加工等特点,可制成建筑内外墙体。

国内于 1958 年开始进行加气混凝土研究,1963 年进行工业性实验和应用,1965 年从瑞典西波列克斯(Siporex)公司引进全套技术装备,于 1966 年建成北京加气混凝土厂,年生产能力 13 万 m^3。随后又相继从波兰、罗马尼亚、德国引进若干关键技术和设备,并分别在哈尔滨、齐齐哈尔、北京、南京、上海、南通、杭州等地建立生产线。

20 世纪 70 年代初开始对引进技术和装备进行消化吸收。首先在北京硅酸盐制品厂建成一条年产 10 万 m^3 的生产线。与此同时,开展了研究和开发,先后研制成功 3.9m、6m 坯体翻转式切割机、3.9m 负压搬运坯体、预铺钢丝式切割机、发气用水溶性铝粉膏、沥青基及丙烯酸基钢筋防腐涂料、蒸压釜等加气混凝土生产的关键技术及成套设备,建立了一批专用技术、设备、配套材料、机具生产、制造厂家,形成了专业研究设计队伍和拥有自有知识产权的技术,建立起了独立的工业体系。

截至 1999 年全国有加气混凝土生产线约 200 条,形成生产能力 1000 万 m^3。分布在大部分省、市,主要集中在北京、河北、珠江三角洲、江苏沪宁沿线、湖北省武汉地区周围、甘肃兰州地区和新疆维吾尔自治区、辽宁省大部分地区。1998年生产加气混凝土近 400 万 m^3。产品以砌块为主,板材不足 20 万 m^3,加气混凝土中,80% 用粉煤灰做原料,按年产 1000 万 m^3 计每年可利用粉煤灰在 400 万 t,目前每年实际利用 150 万 t。

1. 蒸压加气混凝土生产工艺

蒸压加气混凝土(以下简称"加气混凝土")是由钙质材料(水泥 + 石灰或水泥 + 矿渣)、硅质材料(石英砂或粉煤灰)、石膏、铝粉和水制成的轻质材料,其中钙质材料与硅质材料和水是主要原料,在蒸压养护过程中生成以托勃莫来石(tobermorite)为主的水热合成产物,对制品的物理力学性能起关键作用;石膏作为掺和料可改善料浆的流动性与制品的物理性能;铝粉是发气剂,与 $Ca(OH)_2$反应起发泡作用。

根据各地区的原材料来源情况,组成不同的原材料体系,从而产出不同的加气混凝土品种,如石灰-砂加气混凝土、水泥矿渣砂加气混凝土、水泥石灰粉煤灰加气混凝土、水泥粉煤灰混凝土等品种。

蒸压加气混凝土的生产流程见图:

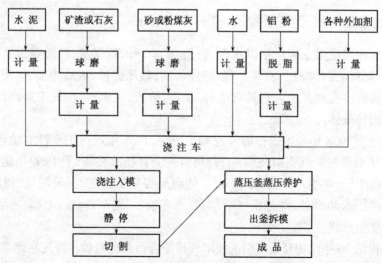

图 5.3　蒸压加气混凝土砌块生产工艺流程

加气混凝土的生产工艺包括原材料制备、配料浇注、坯体切割、蒸压养护、脱膜加工等工序。在原材料加工制备阶段,硅质材料应先磨细,一般采用湿磨,如果有条件还可在配料后将几种主要原料一起加入球磨机中混磨,有利于改善制品性能。经过加工的各种原料分别存放在贮料仓或缸中,各种原材料、外加剂、废料浆和处理的铝粉悬浮液依照规定的顺序分别按配合比计量加入浇注车中。浇注车一边搅拌浆,一边走到浇注地点,逐模浇注料浆。料浆在模具中发气膨胀形成多孔坯体。常用的模具规格有 600mm × 1500mm × 600mm 和 600mm × 900mm × 3300mm 等,一般浇注高度为 600mm。刚浇注形成的坯体,必须经过一段时间静停,使坯体具有一定强度,一般是 0.05MPa,然后进行切割。切割好的坯体连同底模一起送入蒸压釜。坯体入釜后,关闭釜门。为使蒸气易渗入坯体,通蒸气前要先抽真空,真空度约达 $800 × 10^5Pa$。然后缓缓送入蒸气并升压,当蒸气压力为 $(8 \sim 10) × 10^5Pa$,相应蒸气温度为 175 ~ 203℃,为了使水热反应有足够时间进行,要维持一定时间恒压养护。蒸气压力较高,恒压时间就可相对缩短。$8 × 10^5Pa$ 下需恒压 12h,$11 × 10^5Pa$ 下需恒压 10h,$15 × 10^5Pa$ 下需恒压 6h。恒压养护结束,逐渐降压,排出蒸气恢复常压,打开釜门,拉出装有成品的模具。

蒸压加气混凝土的生产流程见图 5.3。

2. 蒸压加气混凝土砌块性能要求(GB/T 11968—1997)

(1)产品规格

蒸压加气混凝土的规格尺寸见表 5.18。

表 5.18　砌块的规格尺寸(mm)

砌块公称尺寸			砌块制作尺寸		
长度 L	宽度 B	高度 H	长度 L_1	宽度 B_1	高度 H_1
600	100 125 150 200 250 300	200 250 300	$L-10$	B	$H-10$
	120 180 240				

如用户需要其他规格,可与生产厂协商确定。加气混凝土砌块按尺寸偏差与外观质量、体积密度和抗压分为优等品、一等品和合格品三个等级。表 5.19列出了加气混凝土砌块对尺寸偏差和外观的要求。

(2)抗压强度

蒸压加气混凝土按抗压强度和体积密度分级,按强度分为七个级别,按体积密度分为六个级别。表5.20和5.21列出了砌块的抗压强度和砌块的强度级别,砌块的抗压强度应符合表5.20的规定,砌块的强度级别应符合表5.21的规定。

(3)密度

砌块的干体积密度应符合表5.22的规定

表5.19　加气混凝土尺寸偏差和外观

项　　　目			指　　　标		
			优等品(A)	一等品(B)	合格品(C)
尺寸允许偏差(mm)	长度	L_1	±3	±4	±5
	宽度	B_1	±2	±3	±3 −4
	高度	H_1	±2	±3	+3 −4
缺棱少角	个数,不多于(个)		0	1	2
	最大尺寸不得大于(mm)		0	70	70
	最小尺寸不得大于(mm)		0	30	30
	平面弯曲不得大于(mm)		0	3	5
裂　　纹	条数,不多于(条)		0	1	2
	任一面上的裂纹不得大于裂纹方向尺寸的		0	1/3	1/2
	贯穿一棱二面的裂纹不得大于裂纹所在面的裂纹方向尺寸总和的		0	1/3	1/3
爆裂、粘膜和损坏深度不得大于(mm)			10	20	30
表面疏松、层裂			不允许		
表面油污			不允许		

表5.20　砌块的抗压强度

强度级别	立方体抗压强度(MPa)	
	平均值不小于	单块值不小于
A1.0	1.0	0.8
A2.0	2.0	1.6
A2.5	2.5	2.0
A3.5	3.5	2.8
A5.0	5.0	4.0
A7.5	7.5	6.0
A10.0	10.0	8.0

表 5.21　砌块的强度级别

体积密度级别		B 03	B 04	B 05	B 06	B 07	B 08
强度级别	优等品(A)	A1.0	A2.0	A3.5	A5.0	A7.5	A10.0
	一等品(B)			A3.5	A5.0	A7.5	A10.0
	合格品(C)			A2.5	A3.5	A5.0	A7.5

表 5.22　砌块的干体积密度　　　　　　　　　　（kg/m³）

体积密度级别		B 03	B 04	B 05	B 06	B 07	B 08
体积密度	优等品(A)≤	300	400	500	600	700	800
	一等品(B)≤	330	430	530	630	730	830
	合格品(C)≤	350	450	550	650	750	850

（4）干燥收缩、抗冻性和导热系数

砌块的干燥收缩、抗冻性和导热系数（干态）应符合表 5.23 的规定。

表 5.23　干燥收缩、抗冻性和导热系数

体积密度级别			B03	B04	B05	B06	B07	B08
干燥收缩值	标准法≤	mm/m	0.50					
	快速法≤		0.80					
抗冻性	质量损失(%)≤		5.0					
	冻后强度(MPa)≥		0.8	1.6	2.0	2.8	4.0	6.0
导热系数(干态)W/m·k≤			0.10	0.12	0.14	0.16	—	—

注：（1）规定采用标准法、快速法测定砌块干燥收缩值，若测定结果发生矛盾不能判定时，则以标准法
　　　　测定的结果为准。
　　（2）用于墙体的砌块，允许不测导热系数。

（5）热物理参数

加气混凝土的热物理参数见表 5.24。

表 5.24　加气混凝土的热物理参数

热物理参数	容重与含水率											
	500kg/m³				600kg/m³				700kg/m³			
	0	6%	12%	18%	0	6%	12%	18%	0	6%	12%	18%
导热系数 λ(W/m·k)	0.14	0.19	0.23	0.28	0.16	0.20	0.25	0.30	0.17	0.22	0.27	0.31
比热 c(kJ/kg·k)	0.92	1.09	1.26	1.42	0.92	1.09	1.26	1.42	0.92	1.09	1.26	1.42
导温系数 α(m²/h)	0.0010	0.0012	0.0013	0.0013	0.0010	0.0011	0.0012	0.0013	0.0009	0.0010	0.0011	0.0011

热物理参数	容重与含水率											
	500kg/m³				600kg/m³				700kg/m³			
	0	6%	12%	18%	0	6%	12%	18%	0	6%	12%	18%
蓄热系数 S_{st} (W/m²·k)	2.06	2.73	3.24	3.79	2.41	3.12	3.69	4.28	2.76	3.49	4.12	4.76
蒸气渗透系数 (g/m·h·Pa)	2.18×10^{-4}				1.73×10^{-4}				1.20×10^{-4}			

(6)耐火性能

加气混凝土耐火性能见表5.25。

表 5.25　加气混凝土耐火性能

材　　料	规格(mm)	耐火评定
加气混凝土砌块	厚度 75 厚度 100 厚度 150 厚度 200	2.50h 3.75h 5.75h 8.00h
加气混凝土墙板	6000×150×600 3300×150×600	1.25h 1.25h

注:以上系容重为500kg/m³水泥、矿渣、砂加气混凝土的耐火性能。

(7)隔声性能

加气混凝土砌块隔墙的隔声性能列于表5.26。

表 5.26　加气混凝土隔声性能

隔墙做法	下列各频率的隔声量(dB)						100～3150 赫兹的平均隔声量 (dB)
	125	250	500	1000	2000	4000	
两道 75cm 厚砌块墙,双面抹灰	35.4	38.9	46.0	47.0	62.2	69.2	48.8
一道 75cm 厚砌块和一道半砖墙,双面抹灰	40.3	50.8	55.4	57.7	67.2	63.5	55.8
75cm 厚砌块墙,双面抹灰	29.9	30.4	35.4	40.2	49.2	55.5	38.8
100cm 厚砌块墙,双面抹灰	34.7	37.5	38.3	40.1	51.9	56.5	40.6
150cm 厚砌块墙,双面抹灰	25.5	35.8	38.8	45.6	53.6	55.2	43.0

3. 蒸压加气混凝土砌块应用技术要点

使用蒸压加气混凝土可以设计建造三层以下的全加气混凝土建筑,主要可用作框架结构、现浇混凝土结构的外墙填充、内墙隔断,也可用于抗震圈梁构造柱多层建筑外墙或保温隔热复合墙体。

(1)蒸压加气混凝土砌块不得用于建筑物标高±0.000 以下的部位或长期浸水或经常受干湿交替的部位。

(2)不得用于受酸碱化学物质侵蚀的部位和制品表面温度高于 80℃的部位。

(3)为减少施工中的现场切锯工作量,避免浪费,便于备料,加气混凝土砌块砌筑前均应进行砌块排列设计。

(4)灰缝应横平竖直,砂浆饱满,水平灰缝厚度不得大于 15mm,竖向灰缝宽度不得大于 20mm。

(5)砌到接近上层梁、底板时,宜用烧结普通砖斜砌挤紧,砖倾斜角度为 60°左右,砂浆应饱满。

(6)对现浇混凝土养护浇水时,不能长时间流淌,避免发生砌体浸泡现象。

(7)砌块墙体宜采用粘结性能较好的专用砂浆砌筑,也可用混合砂浆,砂浆的最低标号不宜低于 M2.5;有抗震及热工要求的地区,应根据设计选用相应的砂浆砌筑,在寒冷和严寒地区的外墙应采用保温砂浆,不得使用混合砂浆砌筑。砌筑砂浆必须拌和均匀,随拌随用,砂浆的稠度以 7~10cm 为宜。

蒸压加气混凝土砌块的设计、施工、验收应符合 JGJ 17—98《蒸压加气混凝土应用技术规程》和北京市建筑设计研究所主编、中国建筑标准设计研究院出版的 03J104《蒸压加气混凝土砌块建筑物构造》的要求。

5.3　轻质墙板

一、纸面石膏板

1. 概述

纸面石膏板是以熟石膏(半水石膏)为胶凝材料,并掺入适量添加剂和纤维作为板芯,以特制的护面纸作为面层的一种轻质板材。

我国自 1978 年起生产纸面石膏板。国内自行设计制造的第一条年产 400万 m² 的生产线在北京石膏板厂投产。1983 年北京新型建材总厂由德国可耐福(Knauf)公司引进年产 2000 万 m² 的成套生产线,通过对国外技术的消化吸收,我国于 20 世纪 80 年代后期起已可自行设计制造年产 400~2000 万 m² 的纸面石膏板生产线。近几年发展尤为迅速,在上海、天津、芜湖等地建立了若干中外合资纸面石膏生产厂,具有国际上 90 年代的先进水平,从而使全国纸面石膏板生产能力达到 2.6 亿 m² 以上。

从各种轻质隔断墙体材料来看,产量最大和机械化、自动化程度最高的是纸面石膏板,墙体内可安装管道与电线。墙面平整,装饰效果好,是较好的隔断材料。

2. 生产工艺

制造纸面石膏板所用主要天然二水石膏或化学石膏(即工业副产品石膏,如磷石膏、烟气脱硫石膏等),使之经煅烧成为熟石膏,在制板芯时使熟石膏粉加水,并添加少量的粘结剂、发泡剂、促凝剂等,经均匀混合成料浆。在辊式成型机上,使料浆浇注在正面的护面纸上,并复以背面护面纸,成为连续的板坯,待板坯凝固后,再使之切割、烘干、切边、包边等即得成品。经烘干后的纸面石膏板的最终含水率小于2%。

图5.4为天然石膏作为原料制造纸面石膏的工艺流程图。

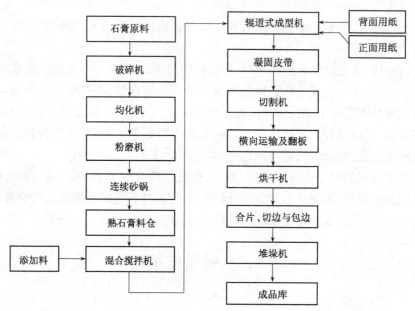

图5.4 纸面石板生产工艺流程图

3. 纸面石膏板分类规格尺寸及标记方法

(1)产品分类

纸面石膏板按其用途分为:普通纸面石膏板、耐水纸面石膏板和耐火纸面石膏板三种:

①普通纸面石膏板(代号 P)

以建筑石膏板为主要原料,掺入适量轻骨料、纤维增强材料和外加剂构成芯材,并与护面纸牢固地粘结在一起的建筑板材。

②耐水纸面石膏板(代号 S)

以建筑石膏为主要原料,掺入适量纤维增强材料和耐水外加剂等构成耐水芯材,并与耐水护面纸牢固地粘结在一起的吸水率较低的建筑板材。

③耐火纸面石膏板(代号 H)

以建筑石膏为主要原料,掺入适量轻骨料无机耐火纤维增强材料和外加剂构成耐火芯材,并与护面纸牢固地粘结在一起的改善高温下芯材结合力的建筑板材。

(2)石膏板边部形状

纸面石膏板的边部形状分为矩形、倒角形、锲形和圆形四种(见图 5.5、图5.6、图 5.7、图 5.8),也可根据用户要求生产其他边部形状的板。

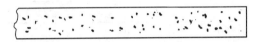

图 5.5 矩形棱边(代号 J)

图 5.6 倒角形棱边(代号 D)

图 5.7 楔形棱边(代号 C)

图 5.8 圆形棱边(代号 Y)

(3)规格尺寸

①纸面石膏板的长度为 1800mm、2100mm、2400mm、2700mm、3000mm、3300mm和 3600mm。

②纸面石膏板的宽度为 900mm 和 1200mm。

③纸面石膏板的厚度为 9.5mm、15.0mm、18.0mm、21.0mm 和 25.0mm。可根据用户的要求,生产其他规格尺寸的板材。

(4)产品标记

标记方法:长度 3000mm、宽度 1200mm、厚度 12.0mm 带楔形棱边的普通纸面石膏板,标记为:纸面石膏板 PC3000×1200×12.0(GB/T 9775—1999)。

4. 纸面石膏技术性能新要求(GB/T 9775—1999)

(1)普通纸面石膏板技术性能要求

①外观质量

　　纸面石膏板表面平整,不得有影响使用的破损、波纹、沟槽、污痕、过烧、污料、边部漏料和纸面脱开等缺陷。

　　②尺寸偏差

　　纸面石膏板的尺寸偏差应不大于表5.27的规定。

表 5.27　尺寸偏差(mm)

项　目	长　度	宽　度	厚　度	
			9.5	≥12.0
尺寸偏差	0 −6	0 −5	±0.5	±0.6

　　③对角线长度差

　　板材应切成矩形,两对角线长度差应不大于5mm。

　　④楔形棱边断面尺寸

　　楔形棱边宽度为30～80mm,楔形棱边深度为0.6～1.9mm。

　　⑤断裂荷载

　　板材的纵向断裂荷载值和横向断裂荷载值应不低于表5.28的规定。

表 5.28　断裂荷载

板材厚度(mm)	断裂荷载(N)	
	纵向	横向
9.5	360	140
12.0	500	180
15.0	650	220
18.0	800	270
21.0	950	320
25.0	1100	370

　　⑥单位面积质量

　　板材单位面积质量应不大于表5.29的规定。

表 5.29　单位面积质量

板材厚度(mm)	单位面积质量 kg/m²	板材厚度(mm)	单位面积质量 kg/m²
9.5	9.5	18.0	18.0
12.0	12.0	21.0	21.0
15.0	15.0	25.0	25.0

　　⑦护面纸与石膏芯材的粘结

　　护面纸与石膏芯材的粘结良好,按规定方法测定时,石膏芯材应不裸露。

(2)其他纸面石膏板技术性能要求

①耐水纸面石膏板性能要求见表5.30。

表 5.30　耐水纸面石膏板性能要求

项　　目		指　　标					
		优等品		一等品		合格品	
		平均值	最大、最小值	平均值	最大、最小值	平均值	最大、最小值
单位面积重量 (kg/m²)	9mm	8.5	9.5(最大)	9.0	10.0(最大)	9.5	10.5(最大)
	12mm	11.5	12.5(最大)	12.0	13.0(最大)	12.5	13.5(最大)
纵向断裂荷载 (N)	9mm	392	353(最小)	353	318(最小)	353	318(最小)
	12mm	539	485(最小)	490	441(最小)	490	441(最小)
横向断裂荷载 (N)	9mm	167	150(最小)	137	123(最小)	137	123(最小)
	12mm	206	185(最小)	176	159(最小)	176	159(最小)
含水率(%)		2.0	2.5(最大)	2.0	2.5(最大)	3.0	3.5(最大)
受潮挠度 (mm)	9mm	< 48		< 52		< 56	
	12mm	< 32		< 38		< 44	
护面纸与石膏芯材 的湿粘结性能(浸水2h)		裸露面积不许有		裸露面积不许有		裸露面积 < 3cm²	

耐水纸面石膏板的吸水率应不大于10.0%。表面吸水量应不大于160g/m²。

②耐火纸面石膏板性能要求见表5.31。

表 5.31　耐火纸面石膏板性能要求

项　　目		指　　标					
		优等品		一等品		合格品	
		平均值	最大、最小值	平均值	最大、最小值	平均值	最大、最小值
纵向断裂 荷载(N)	9mm	400	360(最小)	350	315(最小)	300	270(最小)
	12mm	550	495(最小)	500	450(最小)	450	405(最小)
	15mm	700	630(最小)	650	585(最小)	600	540(最小)
	18mm	850	760(最小)	800	720(最小)	750	675(最小)
	21mm	1000	900(最小)	950	855(最小)	900	810(最小)
	25mm	1150	1035(最小)	1100	990(最小)	1050	945(最小)
横向断裂 荷载(N)	9mm	170	153(最小)	140	126(最小)	110	99(最小)
	12mm	210	189(最小)	180	162(最小)	150	135(最小)
	15mm	260	234(最小)	225	203(最小)	159	176(最小)
	18mm	320	288(最小)	270	243(最小)	240	216(最小)
	21mm	380	342(最小)	315	284(最小)	285	257(最小)
	25mm	430	387(最小)	360	324(最小)	330	297(最小)
含水率(%)		2.0	2.5(最大)	2.0	2.5(最大)	3.0	3.5(最大)

5. 纸面石膏板应用

纸面石膏板具有轻质、耐火、加工性好等特点,可与轻钢龙骨及其他配套材料组成轻质隔墙与吊顶。除能满足建筑上防火、隔声、绝热、抗震要求外,还具有施工便利,可调节室内空气湿度以及装饰效果好等优点,适用于各种类型的工业与民用建筑。

轻钢龙骨石膏板隔墙按构造可分为单排龙骨单层石膏板隔墙、单排龙骨双层石膏板隔墙和双排龙骨双层石膏板隔墙,前一种用于一般隔墙,后两种用于隔声墙,其基本构造见表5.32。

表5.32　轻钢龙骨石膏板隔墙构造

名　　称	构　　造	D(mm)	备　　注
单排龙骨单层石膏隔墙	$D = a + d + a$	74 99 124	用于一般隔墙
单层龙骨双层石膏隔墙	$D = 2a + d + 2a$	93 123 148	用于隔声隔墙
双层龙骨双层石膏隔层	$D = 2a + 2d + 2a$	153 203 253	用于隔声隔墙

表中:1. a 为石膏板厚度, d 为轻钢龙骨密度。

2. 用于卫生间的石膏板,其吸水率应小于10%(2h)。

轻钢龙骨石膏板隔墙主要用于内墙,需要具有一定的隔声性能,为提高隔声性能,可在墙体中腔填充轻质吸声材料,如岩棉毯等,表5.33列出部分轻钢龙骨石膏板隔声性能,仅供参考。

表5.33　轻钢龙骨石膏板隔墙隔声性能

石　膏　板		隔墙厚度(mm)	隔声指数(dB)	备　　注
层数	每层厚度(mm)			
2	12 + 12	99	36 ~ 37	
2	18 + 9.5	102.5	42	
2	25 + 15	115	46	
3	12 + 12 + 12	111	43 ~ 45	
3	15 + 9.5 + 15	114.5	49	
3	12 + 12 + 25	124	51	
3	12 + 12 + 12	111	48 ~ 51	填40mm厚岩棉
4	12 + 12 + 12 + 12	123	49 ~ 50	
4	12 + 12 + 12 + 12	123	51 ~ 53	填40mm厚岩棉
4	12 + 12 + 12 + 12	135	50	附加 Q3 减震条
4	12 + 12 + 12 + 12	135	50	附加 Q3 减震条 填40mm厚岩棉
4	12 + 12 + 12 + 12	198	57	双排龙骨填 40mm 厚岩棉

注:数值由清华大学建筑物理试验室测定。

普通石膏板不宜用于潮湿环境,也不能用于经常与水接触的部位,因潮湿的环境石膏晶格面粘结力削弱,遇水晶体有溶解趋势,强度降低。洗手间、厨房等经常与水接触的墙体应选用耐水的石膏板。并在墙体下沿用 C20 混凝土浇注一条与墙体一致的墙垫。

二、钢丝网架水泥夹芯板

1. 概况

钢丝网架夹芯水泥板是由三维空间焊接钢丝网架和内填泡沫塑料板或内填半硬质岩棉板构成的网架芯板,经施工现场喷抹水泥砂浆后形成的(图 5.9),具有重量轻、保温、隔热性好、安全方便等优点。

钢丝网架水泥聚苯乙烯夹芯板是钢丝网架水泥夹芯板的主要品种,该板最早由美国研制开发,之后又在奥地利、比利时、韩国等国家相继问世。目前已在世界各国得到了较为广泛的应用。我国首先在深圳华南建材有限公司于 1986 年全套引进美国 COVINTE(卡文顿)公司泰柏板的制造技术及设备,并于当年正式投产。此后,引进的生产技术和设备有韩国的舒乐舍板、奥地利的 3D 板、比利时的 UBS 板和美国的英派克板。国内不少企业则采用我国自行研制的设备生产,其中许多企业也有手工插(穿)丝、单点焊机的工艺技术进行生产。

2. 钢丝网架水泥夹芯板主要类型

(1)按芯材填充材料分

①轻质泡沫塑料

如聚苯乙烯泡沫、聚氨酯泡沫。

②轻质无机纤维

如岩棉、玻璃棉。

(2)按结构形式分

①集合式:这种板先将两层钢丝网用"W"钢丝焊接起来,然后在空隙中插入芯材,如美国 CS&M 公司 W 板和 Covintec 公司的 TIP 板(泰柏板);

②整体式;这种板先将芯材置于两层钢丝网之间,再用连接钢丝穿透芯材将两层钢丝焊接起来形成稳定的三维桁架结构。比利时的 Sismo 板、奥地利的 3D 板以及韩国的 SRC 板均为此类。

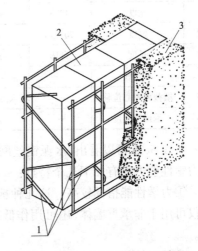

图 5.9　钢丝网架水泥夹芯板

1—钢丝骨架;2—保温芯材;3—抹面砂

3. 钢丝网架水泥夹芯板主要性能及要求

(1)原材料性能

①钢丝。直径 2.1mm 的低碳冷拔镀锌钢丝,抗拉强度为 550～650MPa。

②聚苯乙烯泡沫塑料。自熄型,表观密度 16～24kg/m³,抗压强度 ≥ 0.08MPa,导热系数为 0.047W/(m·k),厚度 54mm。

③岩棉板。半硬质,表观密度 100～1200kg/m³,导热系数为 0.0407W/(m·k),厚度为 50mm。

④聚合物水泥砂浆 1:3,水泥砂浆掺适量聚合物乳液,表观密度 1700～1800kg/m³,导热系数为 0.093W/(m·k)。

(2)外观质量及尺寸允许偏差

钢丝网架轻质夹芯板外观质量及尺寸允许偏差见表 5.34。

(3)复合墙板的性能指标

目前我国尚未制定水泥钢丝网架类复合板材的国家标准或行业标准,只有某些厂家的企业标准。

水泥钢丝网架类复合墙板的主要规格尺寸为 1250mm × 2700mm × 110mm。三维钢丝网架的厚度:按两片钢丝网架的中心间距计算约为 70mm。两面各铺抹 25mm 厚的聚合物水泥砂浆,板的总厚度为 110mm,其主要性能指标示于 5.35。

表 5.34　钢丝网架轻质夹芯板的外观质量及尺寸允许偏差

序号	项目名称	名义尺寸 (mm)	允许偏差 (mm)	序号	项目名称	名义尺寸 (mm)	允许偏差 (mm)
1	宽度	1220	±5	7	漏焊点	—	2%
2	厚度	70～76	±3	8	横丝间距	50.8	—
3	长度	自选	±5	9	局部挠曲	—	≤5mm
4	对角线	—	±15	10	侧向弯曲	—	≤5mm
5	横截面中心位移	—	±3	11	产品外观	平整无变形	
6	端面平整度	—	±5				

从表 5.35 可以看出,水泥钢丝网架类复合墙板与其他轻质板材比较,在物理力学性能方面有如下几个特点:

①力学性能指标较高。这几种板材的轴心抗压和横向抗弯强度较高,因此不仅可用于非承重墙体,还可用作低层(2～3层)建筑的承重墙体和楼板、屋面板。

②保温性能较好。以聚苯泡沫塑料或岩棉保温板为芯材的此类复合板的导热系数小、热阻高。110mm 厚的板材,其保温性能优于二砖半后的砖墙。但因其

表观密度(平均密度约 1000kg/m³)小于红砖,故蓄热系数较低,隔热性能仅相当于一砖厚的砖墙。

③隔声性能好。无论是泰伯板、舒乐板还是 GY 板,其隔声性能都很好,隔声量超过 40dB,因而适合作分户隔墙。

表 5.35　水泥钢丝网架类复合墙板的主要性能指标

项 目 名 称	单 位	性 能 指 标		
		泰柏板	舒乐舍板	GY 板
面密度	kg/m³	< 110	< 110	< 110
中心受压破坏荷载	kN/m	280	300	180 ~ 220
横向破坏荷载	kN/m²	1.7	2.7	2.7
热阻值(110mm 厚)	m²·k/W	0.48	0.879	0.8 ~ 1.1
隔声量	dB	45	55	48
耐火极限	h	> 1.3	> 1.3	> 2.5
资料来源		北京亿利达轻体房屋有限公司	山东蓬莱聚氨酯工业公司	北京新型建材总厂

④耐火性能比较好。按现行标准试验方法对上述三种板材的耐火性能检验结果表明,其耐火极限均不低。GY 板已超过建筑构件一级防火的要求;泰柏板和舒乐板也接近一级防火等级。但由于泰柏板和舒乐板均采用聚苯泡沫塑料芯材,温度超过 70℃时芯材会熔化,在烈火作用下如砂浆层开裂,会冒出白色烟雾令人窒息。因此,为保证该类板材在建筑工程中安全应用,符合防火要求,生产企业必须为施工单位提供板材的安装施工规程、标准,并参与指导。施工企业必须按照规程施工,确保质量,特别是水泥砂浆层厚度和完好性。

另外,公安部消防部门要求,此类板材的耐火极限不应小于 1h,聚苯芯材的氧指数不应小于 30,水泥砂浆外复层厚不得小于 25mm。达到此防火要求的板材可以在二类高层建筑的面积不超过 100m² 的房间用做隔墙;在高度超过 100m 的一类高层建筑中,人员不超过 50 人,面积不超过 100 m² 的房间也可以用此类板材作隔墙(上述规定引自 1994 年 12 月 6 ~ 7 日在北京召开的"钢丝网架水泥聚苯乙烯复合板材防火安全问题论证会"会议纪要)。

4. 应用技术要点

(1)水泥钢丝网类复合墙板,用于墙体时的允许轴压荷载和允许侧向剪力不应大于表 5.36 中所列数值。

(2)钢丝网架轻质夹芯板必须严格按照设计要求进行安装。89SJ34 图集建议:

表 5.36　水泥钢丝网架类复合板允许荷载极限

墙板高度(m)	允许轴压荷载(kN/m)	墙板高宽比	允许侧向剪力(kN/m)
2.4	88	0.5	6.4
2.7	81	1.0	5.6
3.0	72	2.0	4.6
3.3	61	4.0	3.5
3.6	48		

①用做隔墙的钢丝网架夹芯板厚度 100mm,墙高极限 4.5mm,采用配套连接件与主体结构的梁柱和地面连接。夹芯板之间及夹芯板与门窗框之间用钢丝网片增强或配置加强钢筋。隔墙过长时,应配置加强型钢。抹面砂浆强度应不低于 M10。

②用做维护外墙的钢丝网架夹芯板,应该与框架的梁柱或现浇圈梁中预埋的连接钢筋进行可靠的连接。夹芯墙可以自承重,每三层增设一道支承,高女儿墙应设钢筋混凝土构造柱和圈梁。必要时可在维护外墙内侧增抹 30mm 厚的保温砂浆,以提高夏季隔热性能,耐火极限也可达 2h。

③用做复合外墙外保温层的钢丝夹芯板,应该穿过主体砖墙或钢筋混凝土墙中的预埋防锈钢筋,并靠紧主墙。然后将连接钢筋弯平与夹芯板外网捆牢,夹芯板拼缝处垫以 10mm 厚、50mm 宽的聚苯条,外抹 1 3 水泥砂浆。钢筋混凝土主墙和过梁的门窗洞口四周贴 20mm 宽的聚苯条,避免产生热桥。

(3)要特别注意防止抹灰层产生裂缝。建议设计与施工采取如下措施:

①设计高墙或长墙时,板块大小要均匀,力求减少拼缝。

②要选用抗裂性好的聚合物水泥砂浆或石膏抹面砂浆,严格按程序抹灰,即先抹底灰,待底灰硬结后,再抹面灰。

③为防止一侧抹灰引起墙体变形,应在不抹灰的一侧设好支撑。当一侧抹实底灰后,立即抹另一侧底灰。两侧底灰均抹好后,再抹面灰。这样可减少两侧面板受力和收缩变形不均匀。

④抹灰前应先安装好管线及预埋件,防止后凿孔洞。

三、金属面夹芯板

1. 概况

我国金属面夹芯板于 20 世纪 60 年代开始生产,80 年代末以来,由于轻钢结构在民用、工业建筑中广泛应用,带动了金属面夹芯板的应用。金属面聚氨酯夹芯板和金属面聚苯乙烯夹芯板得到较大发展。近几年发展更为迅速。同时,岩棉夹芯板也得到越来越广泛的应用。

目前,我国生产的金属面聚氨酯夹芯板和金属面聚苯乙烯夹芯板的质量,在技术性能与外观质量上均已达到或接近国外同类产品水平,并已向国外出口。

金属面夹芯板重量轻、强度高、具有高效绝热性;施工方便、快捷;可多次拆卸,可变换地点重复安装使用,有较高的耐久性;金属面夹芯板可被普遍用于冷库、仓库、工厂车间、仓储式超市、商场、办公楼、洁净室、旧楼房加层、活动房、战地医院、展览场馆等的建造。

2. 原材料及生产工艺

(1)原材料

①面层材料

金属面夹芯板常用的面层材料见表 5.37。

表 5.37　轻质隔热夹芯板面材种类

面材种类	厚度(mm)	外表面	内表面	备　　注
彩色喷涂钢板	0.5~0.8	热固型聚树脂涂层	热固型环氧树脂涂层	多层基材热镀锌钢板,外表面两涂两烘,内表面一涂一烘
彩色喷涂镀铝锌板	0.5~0.8	热固化型丙烯树脂涂层	热固化型环氧树脂涂层	金属基材铝板,外表面两涂两烘,内表面一涂一烘
镀锌钢板	0.5~0.8			
不锈钢板	0.5~0.8			
铝　　板				可用压花铝板
钢　　板	0.5~0.8			

②芯体材料

A. 聚氨酯。芯体材料采用硬质聚氨酯泡沫塑料。硬质聚氨酯泡沫塑料由 A、B 两组分混合而成。改变其配方,可以改变泡沫体的表观密度和反应时间。

B. 聚苯乙烯。芯体材料采用由聚苯乙烯颗粒加热熟化成型而得到的聚苯乙烯泡沫塑料板材。

C. 岩棉。由精选的玄武岩(或绿辉石)为主要原料,经高温熔融而成的人造无机棉。在岩棉中加入适量热固性胶粘剂,经加工成岩棉板。

③粘结剂

聚氨酯材料粘结性好,能将芯材和面板牢固地粘结住,故不需要粘结材料。聚苯乙烯泡沫芯板和岩棉芯板用聚氨酯胶或改性酚醛酯胶与面板粘结。

(2)生产工艺

金属面聚氨酯夹芯板的生产工艺流程见图 5.10。金属面聚苯乙烯夹芯板与金属面岩棉板的生产工艺基本相似,主要工艺流程见图 5.11。

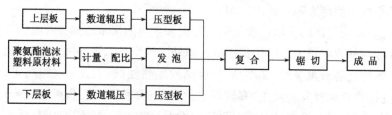

图 5.10 金属面聚氨酯夹芯板的生产工艺流程

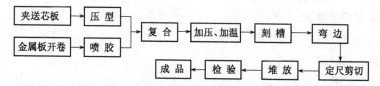

图 5.11 金属面聚苯乙烯夹芯板与金属面岩棉板的生产工艺流程

(3)金属面夹芯板结构

三种板材结构相同,均由内外金属面板和轻质保温隔热夹芯层组成,见图 5.12。

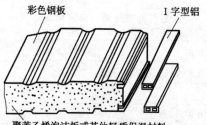

图 5.12 金属夹芯板结构示意图

3. 规格技术与性能

(1)规格。金属面夹芯板规格见表 5.38。

表 5.38 金属面夹芯板规格

指 标		金属面聚氨酯夹芯板	金属面聚苯乙烯夹芯板	金属面岩棉夹芯板
规格(mm)	厚度	40,60,80,100, 120,140,160, 50,75,100,125, 150, 200	50,75,100,150, 200, 250	50, 75, 100
	宽度	900,100,1200	1150, 1200	1150
	长度	1800～6000,1800～8000 1800～12000	≤12000	2000～6000

(2)芯材强度

金属面夹芯板的芯材强度见表 5.39。

表 5.39 各种隔热芯材强度（MPa）

机械强度	硬质聚氨酯泡沫塑料	聚苯乙烯泡沫塑料	岩 棉
抗压强度	0.15～0.40	0.10～0.30	
抗弯强度	0.25～0.60		
抗拉强度	0.25～0.70	0.10～0.30	＞0.05

(3)结构性能

金属面聚氨酯夹芯板和金属面聚苯乙烯夹芯板都具有极好的抗弯承载能力。对此，ZBX 99003—86《室内装配式冷藏库》2.2.1.6 和 JC 689—1998《金属面聚苯乙烯夹芯板》5.3.31 规定，当抗弯承载力 0.5kN/m² 时：

$$a \leqslant [a] = L_0/250$$

式中　a——实测挠度值，mm；

　　　$[a]$——标准规定允许挠度值，mm；

　　　L_0——支座间的距离，mm。

(4)粘结力

金属面夹芯板的粘结力大小除了与选用粘结剂质量有关外，与金属面板的种类也有密切关系，见表 5.40。另外，也与金属面粘结一侧的清洁度和粗糙度有关。

表 5.40 金属面夹芯板粘结力比较（用聚氨酯作粘结剂）

金属面板名称	粘结力	金属面板名称	粘结力
镀锌钢板	0.20	压花铝板	0.15
彩色喷塑钢板	0.15	铝合金板	0.15
彩色喷塑镀铝锌板	0.10	不锈钢板	0.10

(5)隔音性

硬质聚氨酯泡沫塑料、聚苯乙烯泡沫塑料与岩棉均具有很好的隔音性，见表5.41。

表 5.41 隔音性能和燃烧性能

材料名称	硬质聚氨酯泡沫塑料	聚苯乙烯泡沫塑料	岩 棉
平均隔音量(dB)	25～50	20～50	33～50
燃烧性	自熄、火源撤离不足3min，即刻熄灭	自熄、火源撤离不足3min，即刻熄灭	不燃烧

(6)燃烧性

按国家划分建筑材料燃烧等级的要求,硬质聚氨酯泡沫塑料和聚苯乙烯泡沫塑料的燃烧等级为 B_2 级。以它们做芯材复合而成的金属面聚氨酯夹芯板和金属面聚苯乙烯夹芯板的燃烧等级应为 B_1 级。金属面岩棉夹芯板和岩棉芯材的燃烧等级均为 A 级。

(7)其他

对于金属面夹芯板性能产生影响的因素还有吸水性、尺寸稳定、水蒸气透湿系数、蓄热系数和耐温性等,见表 5.42。

表 5.42　各种隔热芯材的其他性能

性能指标	硬质聚氨酯泡沫塑料	聚苯乙烯泡沫塑料	岩　棉	备　注
吸水率(28d 后)(%)	<0.05	<0.8	不吸水	
尺寸稳定性(70℃48h)(%)	<4	<5		
蓄热系数(W/ m^2℃)	0.28	0.23	0.56	GBJ 72—84《冷库设计规范》3.3.3 条文证明表 3.3.3-1
水蒸气透湿系数 (kg/pa·m·s)	<6.5	<4.5	<13.6	GB 10801—89《隔热用聚苯乙烯泡沫塑料》4.3 表 3,GB 10800—89《建筑物隔热用硬质聚氨酯泡沫塑料》4.4 表 3
长期工作温度 (℃)	−50～110	<70	<600	

四、金属面夹芯板的应用

金属面夹芯板主要用于房屋的非承重围护结构,有时也用作承重、围护两用的组合房屋建筑板材。金属面夹芯板施工时,板与板之间用橡胶封条或其他方法密封。一般小型建筑墙板通过上下固定点与楼板和地面固定即可。这种方法也可以用于纵、横墙的连接,见图 5.13。大型建筑的墙板须通过檩条来固定,见图 5.14。板与板的连接,水平缝为搭接缝,垂直缝口为企缝口。在墙角的内外转角用角铝包角加固,见图 5.15。在运输和吊装条件允许的情况下,尽可能采用较长尺寸的板,转角时将内侧板和保温层切出 V 形口,折成转角,见图 5.16。长尺寸可减少搭接缝,从而减少渗漏的可能性,提高保温隔热效果。墙体纵向采用搭接连接,用拉铆钉连接。

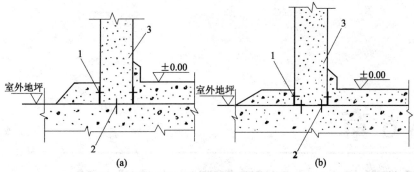

图 5.13　夹芯与地面的连接

（a)外墙板与基础连接　　　　　　　　（b)外墙板与基础连接

1—铆钉、板铜地槽;2—射钉或鼓胀螺栓;　　1—铆钉、板铜地槽;2—射钉钢角板;
3—夹芯板墙板　　　　　　　　　　　　3—夹芯板墙板

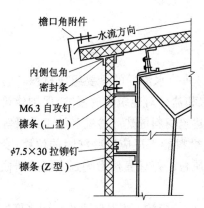

图 5.14　夹芯板与钢结构的连接

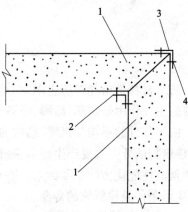

图 5.15　外墙板拐角的连接

1—夹芯板墙边;2—内角铝
3—外角铝;4—铆钉

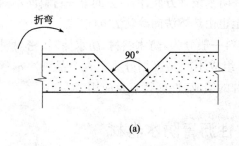

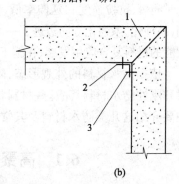

图 5.16　外墙板拐角的连接

1—夹芯板墙拐角;2—内角铝;3—铆钉

(a)外墙板 V 形口;(b)外墙板拐角拉铆钉连接

第6章

新型防水和密封材料

防水材料是指能够防止雨水、地下水与其他水渗透的重要组成材料。防水材料的主要作用是防潮、防漏、防渗,避免水和盐分对建筑物的侵蚀,保护建筑构件。由于基础的不均匀沉降、结构的变形、建筑材料的热胀冷缩和施工质量等原因,建筑物的外壳总要产生许多裂缝,防水材料能否适应这些缝隙的位移、变形是衡量其性能优劣的重要标志。防水材料质量的好坏直接影响到人们的居住环境、生活条件及建筑物的寿命。

近年来,我国的建筑防水材料发展很快,由传统的沥青基防水材料向高聚物改性防水材料和合成高分子防水材料发展,克服了传统防水材料温度适应性差、耐老化时间短、抗拉强度和延伸率低、使用寿命短等缺陷,使防水材料由低档向中、高档,品种化、系列化方向迈进了一大步;在防水设计方面,由过去的单一材料向不同性能的材料复合应用发展,在施工方法上也由热熔法向冷贴法方向发展。

依据防水材料的外观形态,防水材料一般分为:防水卷材、防水涂料、密封材料和刚性防水材料等,这些材料根据其组成不同又可划分为上百个品种。本章主要介绍这几类防水材料及其常见品种的组成、性能特点及应用。

6.1 高聚物改性沥青防水卷材

在沥青中添加适当的高聚物改性剂,可以改善传统沥青防水卷材温度稳定性差、延伸率低的不足,高聚物改性沥青防水卷材具有高温不流淌、低温不脆裂、拉伸强度高和延伸率较大等优点。主要高聚物改性沥青防水卷材有：

一、SBS 改性沥青防水卷材

SBS 是对沥青改性效果最好的高聚物，它是一种热塑性弹性体，是塑料、沥青等脆性材料的增韧剂，加入到沥青中的 SBS（添加量一般为沥青的 10% ～ 15%）与沥青相互作用，使沥青产生吸收、膨胀，形成分子键合牢固的沥青混合物，从而显著改善了沥青的弹性、延伸率、高温稳定性和低温柔韧性、耐疲劳性和耐老化等性能。

SBS 改性沥青卷材是以玻纤毡、聚酯毡等增强材料为胎体，以 SBS 改性石油沥青为浸渍涂盖层，以塑料薄膜为防粘隔离层，经过选材、配料、共熔、浸渍、复合成型、卷曲等工序加工而成的一种柔性防水卷材。

SBS 改性沥青卷材的延伸率高，可达 150%，大大优于普通纸胎卷材，对结构变形有很高的适应性；有效使用范围广，为 − 38 ～ 119℃；耐疲劳性能优异，疲劳循环 1 万次以上仍无异常，SBS 改性沥青的技术性能指标列于表 6.1。

表 6.1　玻纤毡胎基 SBS 改性沥青防水卷材的技术性能

指标名称		25 号			35 号			45 号		
		优等	一等	合格	优等	一等	合格	优等	一等	合格
可溶物含量(g/cm^2)　不小于		1300			2100			2900		
不透水性	压力(MPa)　不小于	0.15			0.2			0.2		
	保持时间(min)　不小于	30								
耐热度		100		90	100		90	100		90
		受热 2h 涂盖层应无滑动								
拉力(N)　不小于	纵向	400	350	300	400	350	300	400	350	300
	横向	300	250	200	300	250	200	300	250	200
柔度(℃)		− 25	− 20	− 15	− 25	− 20	− 15	− 25	− 20	− 15
		$R = 15mm$,弯 180°无裂纹						$R = 25mm$,弯 180°无裂纹		

SBS 改性沥青卷材通常采用冷贴法施工，可用于屋面及地下室等防水工程，其主要配套材料有氯丁粘合剂（卷材间及与基层粘结用），有时为加强粘结还在氯丁粘合剂中掺入适量 401 胶；另一种配套材料为二甲苯（或甲苯），主要用作基层处理剂和稀释剂。

SBS 改性沥青卷材除用于一般工业与民用建筑防水外，尤其适应于高级和高层建筑物的屋面、地下室、卫生间等的防水防潮,以及桥梁、停车场、屋顶花园、游泳池、蓄水池、隧道等建筑的防水。又由于该卷材具有良好的低温柔韧性和极高的弹性延伸性,更适合于北方寒冷地区和结构易变形的建筑物的防水。

二、APP改性沥青卷材

石油沥青中加入25%~35%的APP(无规聚丙烯)可以大幅度提高沥青的软化点,并能明显改善其低温柔韧性。

APP改性沥青卷材是以玻纤毡或聚酯毡为胎体,以APP改性沥青为预浸涂盖层,然后上层撒上隔离材料,下层覆盖聚乙烯薄膜或撒布细砂而成的沥青防水卷材。该类卷材的特点是良好的弹塑性、耐热性和耐紫外老化性能,其软化点在150℃以上,温度适应范围为−15~130℃,耐腐蚀性好,自燃点较高(265℃),APP改性沥青防水卷材的物理性能见表6.2。

表6.2　玻纤毡胎基APP改性沥青防水卷材的物理性能

指标名称		35号			45号			55号		
		优等	一等	合格	优等	一等	合格	优等	一等	合格
可溶物含量(g/cm²)不小于		2100			2900			3700		
不透水性	压力(MPa)不小于	0.3								
	保持时间(min)不小于	30								
耐热度		130	120	110	130	120	110	130	120	110
		受热2h涂盖层应无滑动								
拉力(N),纵横向不小于		800	600	400	800	600	400	800	600	400
断裂延伸率,纵横向不小于		40	30	20	40	30	20	40	30	20
柔度(℃)		−15	−10	−5	−15	−10	−5	−15	−10	−5
		$R=15mm$,弯180°无裂纹						$R=25mm$,弯180°无裂纹		

与SBS改性沥青卷材相比,除在一般工程中使用外,APP改性沥青防水卷材由于耐热度更好和良好的耐紫外老化性能,故更加适应于高温或有太阳辐照地区的建筑物的防水。

三、其他改性沥青卷材

氧化沥青防水卷材是以氧化沥青或优质氧化沥青(催化氧化沥青或改性氧化沥青)作为浸涂材料,以无纺玻纤毡、加纺玻纤毡、黄麻布、铝箔或玻纤铝箔复合为胎体加工制造而成。该卷材造价低,属于中低档产品。优质氧化沥青卷材具有很好的低温柔韧性,适合于北方寒冷地区建筑物的防水。

丁苯橡胶改性沥青防水卷材是采用低软化点氧化石油沥青浸渍原纸,然后以催化剂和丁苯橡胶改性沥青加填料涂盖两面,再撒以撒布料所制成的防水卷材。该类卷材适应于一般建筑物的防水、防潮,具有施工温度范围广的特点,在－15℃以上均可施工。

再生橡胶改性沥青防水卷材是由再生橡胶粉掺入适量的石油沥青和化学助剂进行高温高压处理后,再掺入一定量的填料经混炼、压延而制成的无胎体防水卷材。该卷材具有延伸率大、低温柔韧性好、耐腐蚀性强、耐水性好及热稳定性等特点,适用于一般建筑物的防水层,尤其适用于有保护层的屋面或基层沉降较大的建筑物变形缝处的防水。

自粘性改性沥青防水卷材是以自粘性改性沥青为涂盖材料,以无纺玻纤毡、加纺玻纤毡、无纺聚酯布为胎体,在浸涂胎体后,下表面用隔离纸覆盖,上表面用具有自支保护功能的隔离材料覆面,使用时只需揭开隔离纸便可铺贴,稍加压力就能粘贴牢固。它具有良好的低温柔韧性和施工方便等特点,除一般工程外更适合于北方寒冷地区建筑物的防水。

橡塑改性沥青聚乙烯胎防水卷材是以橡胶和 APP(或其他树脂)为改性剂掺入沥青作浸渍涂盖材料,以高密度聚乙烯膜为胎体,经辊炼、辊压等工序而成。该卷材既有橡胶的高弹性和延伸性,又有塑料的强度和可塑性,综合性能优异。加上胎体本身有良好的防水性和延伸性,一般单层防水已有足够的防水能力。其施工方便,冷粘热熔均可,不污染环境,对基层伸缩和局部变形的适应能力强,适用于建筑物屋面、地下室、立交桥、水库、游泳池等工程的防水、防渗和防潮。

铝箔橡塑改性沥青防水卷材是以橡胶和聚氯乙烯复合改性石油沥青作浸渍涂盖材料,聚酯毡或麻布或玻纤毡为胎体,聚乙烯膜为底面隔离材料,软质银白色铝箔为表面保护层,经共熔、浸渍、复合、冷却等工序而成。该产品具有橡塑改性沥青防水卷材的众多优点,综合性能良好,再加上水密性、气密性、耐候性和阳光反射性良好的铝箔做保护层,增强耐老化能力,使用温度为－10～85℃,在－20℃时也有防水性。该卷材施工方便,冷粘热熔均可,不污染环境,由于低温柔韧性好,在较低温度下也可施工,适用于工业和民用建筑屋面的单层外露防水层。

6.2　合成高分子防水卷材

合成高分子防水卷材是以合成橡胶、合成树脂或两者的共混体为基础,加入适量的助剂和填充料等,经过特定工序所制成的防水卷材。该类防水卷材具有强度高、延伸率大、弹性高、高低温特性好等特点,防水性能优异,而且它彻底改变了沥青基防水卷材施工条件差、污染环境等缺点,是值得大力推广的新型高档防水卷材。目前多用于高级宾馆、大厦、游泳池、厂房等要求有良好防水性的屋面、地下等防水工程。

根据主体材料的不同,合成高分子防水卷材一般可分为橡胶型、塑料型和橡塑共混型防水材料三大类,各类又分别有若干品种。下面介绍一些常用的合成高分子防水卷材。

一、三元乙丙橡胶防水卷材

三元乙丙橡胶防水卷材是以乙烯、丙烯和少量双环戊二烯共聚合成的三元乙丙橡胶为主要原料,掺入适量的丁基橡胶、硫化剂、促进剂、补强剂和软化剂等,经过密炼、拉片、过滤、挤出(或压延)成型、硫化等工序制成的弹性体防水卷材。该卷材是目前耐老化性能最好的一种卷材,使用寿命可达 30a 以上。它具有防水性好、重量轻、耐候性好、耐臭氧性好,弹性和抗拉强度大,抗裂性强,耐酸碱腐蚀等特点,而且其使用的温度范围广,并可以冷施工,目前在国内属高档防水材料。三元乙丙橡胶防水卷材的物理性能见表 6.3。

表 6.3　三元乙丙橡胶防水卷材的物理性能

项　目　名　称	一　等　品	合　格　品
抗拉强度(MPa)不小于	8.0	7.0
断裂伸长率(%)不小于	450	450
直角撕裂强度(N/cm²)不小于	280	245
脆性温度(℃)不低于	−45	−40
耐碱性(10%Ca(OH)₂,168h)	抗拉强度变化−20~20%,断裂伸长率变化<20%	
加热伸缩量,小于	延伸 2mm,收缩 4mm	
不透水性(MPa)30min	0.3MPa,合格	0.1MPa,合格
臭氧老化,40℃,168h,预拉伸40%	500pphm,无裂纹	100 pphm,无裂纹
热空气老化80℃,168h	抗拉强度变化率%	−20~40	−20~50
	断裂伸长率变化率%不小于	−30	−30
	撕裂强度变化率%	−40~40	−50~50

三元乙丙橡胶卷材可用于各种工程的室内外防水和防水修缮,是屋面、地下室和水池防水工程的主体材料。三元乙丙橡胶卷材是重要等级防水工程的首选材料,尤其适用于受振动、易变形建筑工程防水,如体育馆、火车站、港口、机场

等。但是其价格偏高,是普通油毡的 10 倍以上。有一种自粘型三元乙丙橡胶防水卷材,面层为三元乙丙橡胶,底面为氯丁橡胶和再生橡胶混合物组成的复合橡胶防水卷材,其防水性能略逊于纯三元乙丙橡胶防水卷材,但是价格只有纯三元乙丙橡胶防水卷材的三分之一。

二、聚氯乙烯防水卷材

聚氯乙烯防水卷材是以聚氯乙烯树脂为主要原料,掺加填充料和适量的改性剂、增塑剂、抗氧化剂、紫外线吸收剂等,经过捏合、混炼、挤出或压延、冷却卷曲等工序加工而成的防水卷材。聚氯乙烯防水卷材根据基料的组成与特性可分为 S 型和 P 型,S 型防水卷材的基料是煤焦油与聚氯乙烯树脂的混合料,P 型防水卷材的基料是增塑的聚氯乙烯树脂。

聚氯乙烯防水卷材的特点是价格便宜、抗拉强度和断裂伸长率较高,对基层伸缩、开裂、变形的适应性强;低温度柔韧性好,可在较低的温度下施工和应用;卷材的搭接除了可用粘接剂外,还可以用热空气焊接的方法,接缝处严密。聚氯乙烯防水卷材的物理力学性能列于表 6.4。

与三元乙丙橡胶防水卷材相比,除在一般工程中使用外,聚氯乙烯防水卷材更适应于刚性层下的防水层及旧建筑混凝土构件屋面的修缮工程,以及有一定耐腐蚀要求的室内地面工程的防水、防渗工程等。

三、其他合成高分子防水卷材

氯磺化聚乙烯防水卷材是以氯磺化聚乙烯为基料,掺入适量的填料、软化剂、稳定剂、硫化剂、促进剂等经混炼、压延等工序所制成的弹性防水卷材。聚乙烯经氯磺化处理后,一部分氢被硫酰氯基所取代,使之成为弹性体,具有较高的机械性能,抗紫外线、抗臭氧、耐候性好,并且由于氯磺化聚乙烯分子中含有大量的氯原子,故又具有很好的阻燃性能,能离火自灭。对酸、碱、盐等化学药品性能稳定,耐腐蚀性能优良。除一般工程防水外,氯磺化聚乙烯防水卷材特别适合于有腐蚀介质影响的部位,例如化工厂房屋面和污水池等,同时做防水和防腐处理。

氯化聚乙烯防水卷材是以含氯量为 30% ~ 40% 的氯化聚乙烯树脂为主要原料,配以大量填充料及适当的稳定剂、增塑剂、颜料等制成的非硫化型防水卷材。聚乙烯分子中引入了氯原子后,破坏了聚乙烯的结晶性,使得氯化聚乙烯不仅具有合成树脂的热塑性,还具有橡胶状的弹性。而且氯化聚乙烯分子中不含有双键,因而具有优良的耐老化、耐腐蚀等性能。氯化聚乙烯可以制成各种彩色防水卷材,既能起到装饰作用,又能减少对太阳光的吸收,达到隔热的效果。氯化聚乙烯防水卷材现有普通型、玻纤网布增强型和装饰防水型三种,可作为单层防水使用于一般工程,也可用作室内装饰材料,兼有防水与装饰效果。

表 6.4　聚氯乙烯防水卷材的物理性能

项　　目	P 型			S 型	
	优等品	一等品	合格品	一等品	合格品
拉伸强度(MPa)不小于	15.0	10.0	7.0	5.0	2.0
断裂伸长率(%)不小于	250	200	150	200	120
热处理尺寸变化率(%)不大于	2.0	2.0	3.0	5.0	7.0
低温弯折性	－20℃,无裂纹				
抗渗透性	不透水				
抗穿孔性	不渗水				
剪切状态性的粘合性	$\sigma_{ss} \geq 2.0N/mm$ 或在接缝处断裂				

试验室处理后卷材相对于未处理时的允许变化

	外观质量	无气泡、不粘结、无孔洞			
热老化处理	拉伸强度相对变化率(%)	±20	±25		+50 −30
	断裂伸长率相对变化率(%)				
	低温弯折性	−20℃ 无裂纹	−15℃ 无裂纹	−20℃ 无裂纹	−10℃无裂纹
人工候化处理	拉伸强度相对变化率(%)	±20	±25		+50 −30
	断裂伸长率相对变化率(%)				
	低温弯折性	−20℃ 无裂纹	−15℃ 无裂纹	−20℃ 无裂纹	−10℃无裂纹
水溶液处理	拉伸强度相对变化率(%)	±20	±25		+50 −30
	断裂伸长率相对变化率(%)				
	低温弯折性	−20℃ 无裂纹	−15℃ 无裂纹	−20℃ 无裂纹	−10℃无裂纹

　　氯化聚乙烯-橡胶共混防水卷材,是以氯化聚乙烯树脂和合成橡胶为主体,加入适量的硫化剂、促进剂、稳定剂和填充料,经过塑炼、混炼、过滤、延压成型、硫化等工序而制成的防水卷材。氯化聚乙烯-橡胶共混防水材料兼有橡胶和塑料的特点,不仅具有氯化乙烯所特有的高强度和优异的耐臭氧、耐老化性能,而且具有橡胶类材料所特有的高弹性、高延伸性以及良好的低温柔性。因此该类防水卷材适用范围广,适用于各类工程的防水、防潮、防渗和补漏等。

　　WRM-100 橡塑共混防水卷材以聚氯乙烯与合成橡胶为主原料,以红泥为填料,加上其他助剂,经捏合、混炼、挤出成型等工序而成。产品以红泥为填料,所以材质轻软、自熄性好,使用寿命长,价格便宜,且能配成各种颜色、装饰性好,并能起到减少热辐射的隔热作用。该卷材可用冷粘法施工,工艺简单,不污染环境,适用于单层外露的屋面防水工程和有保护层的屋面、地下室、水池、厕浴间、游泳池、隧道的防水防潮。

　　TPO 防水卷材是用三元乙丙橡胶和聚乙烯或聚丙烯共混经塑料工艺加工而成，TPO 防水卷材具有橡胶和塑料的双重优点，在加热条件下呈热塑性，而在使用温度范围内呈弹性，产品有良好的耐老化性和柔性，使用寿命长，价格较便宜。该卷材采用冷粘法施工，由于低温柔性好，在较低的温度下也能施工，适用于单层外露的屋面防水层及有保护层的屋面、地下室、储水池、游泳池等建筑物的防水。

6.3　防水涂料

　　防水涂料是将在高温下呈粘稠液状态的物质，涂布在基体表面，经溶剂或水分挥发，或各组分间的化学变化，形成具有一定弹性的连续薄膜，使基层表面与水隔绝，并能抵抗一定的水压力，从而起到防水和防潮作用。

一、防水涂料的组成和分类

　　防水涂料实质上是一种特殊涂料，它的特殊性在于当涂料涂布在防水结构表面后，能形成柔软、耐水、抗裂和富有弹性的防水涂膜，隔绝外部的水分子向基层渗透。因此，在原材料的选择上不同于普通建筑涂料，主要采用憎水性强、耐水性好的有机高分子材料。常用的主体材料采用聚氨酯、氯丁胶、再生胶、SBS 橡胶和沥青以及它们的混合物，辅助材料主要包括固化剂、增韧剂、增粘剂、防霉剂、填充料、乳化剂、着色剂等，其生产工艺和成膜机理与普通建筑涂料基本相同。

　　防水涂料根据组分的不同可分为单组分防水涂料和双组分防水涂料两类。根据成膜物质的不同可分为沥青基防水材料、高聚物改性沥青防水材料和合成高分子材料防水材料三类。根据涂料的介质不同，又可分为溶剂型、水乳型和反应型三类，不同介质的防水涂料的性能特点见表 6.5。

表 6.5　溶剂型、乳液型和反应型防水涂料的性能特点

项　　目	溶剂型防水涂料	水乳型防水涂料	反应型防水涂料
成膜机理	通过溶剂的挥发、高分子材料的分子链接触、缠结等过程成膜	通过水分子的蒸发，乳胶颗粒靠近、接触、变形等过程成膜	通过预聚体与固化剂发生化学反应成膜
干燥速度	干燥快，涂膜薄而致密	干燥较慢，一次成膜的致密性较低	可一次形成致密的较厚的涂膜，几乎无收缩
贮存稳定性	贮存稳定性较好，应密封贮存	贮存期一般不宜超过半年	各组分应分开密封存放

项　　目	溶剂型防水涂料	水乳型防水涂料	反应型防水涂料
安全性	易燃、易爆、有毒,生产、运输和使用过程中应注意安全使用,注意防火	无毒,不燃,生产使用比较安全	有异味,生产、运输和使用过程中应注意防火
施工情况	施工时应通风良好,保证人生安全	施工较安全,操作简单,可在较为潮湿的找平层上施工,施工温度不宜低于5℃	施工时需现场按照规定配方进行配料,搅拌均匀,以保证施工质量

防水涂料的主要优点是易于维修和施工,特别适用于管道较多的卫生间、特殊结构的屋面以及旧结构的堵漏防渗工程。

二、常用的新型防水涂料

1. 高聚物改性沥青防水涂料

沥青防水涂料通过适当的高聚物改性可以显著提高其柔韧性、弹性、流动性、气密性、耐化学腐蚀性和耐疲劳等性能,高聚物改性沥青防水涂料一般是用再生橡胶、合成橡胶或 SBS 等对沥青进行改性而制成的水乳型或溶剂型防水涂料。

氯丁橡胶沥青防水涂料的基料是氯丁橡胶和石油沥青。溶剂型氯丁橡胶沥青防水涂料是将氯丁橡胶溶于一定量的有机溶剂(如甲苯)中形成溶液,然后将其掺入到液体状态的沥青中,再加入各种助剂和填料经强烈混合而成。水乳型氯丁橡胶沥青防水涂料是阳离子氯丁乳胶与阳离子型石油沥青乳液的混合体,是氯丁橡胶的微粒和石油沥青的微粒借助于阳离子表面活性剂的作用,稳定分散在水中所形成的一种乳状液。两者的技术性能指标相同,溶剂型氯丁橡胶沥青防水涂料的粘结性能比较好,但存在着易燃、有毒、价格高的缺点,因而目前产量日益下降,有逐渐被水乳型氯丁橡胶沥青取代的趋势。该类涂料的特点是涂膜强度大、延伸性好,能充分适应基层的变化,耐热性和低温柔韧性优良,耐臭氧老化,抗腐蚀,阻燃性好,不透水,是一种安全无毒的防水涂料,已经成为我国防水涂料的主要品种之一。适用于工业和民用建筑物的屋面防水、墙身防水和楼面防水、地下室和设备管道的防水、旧屋面的维修和补漏,还可用于沼气池、油库等密闭工程混凝土以提高其抗渗性和气密性。

溶剂型再生橡胶改性沥青防水涂料以再生沥青为改性剂,汽油为溶剂,添加其他填料(滑石粉、碳酸钙等),经加热搅拌而成。产品改善了沥青防水涂料的柔韧性、耐久性等,原料来源广泛、成本低、生产简单,但以汽油为溶剂,虽然固化迅速,但是需注意防火和通风,而且需多次涂刷才能形成较厚的涂膜。溶剂型再生橡胶改性沥青防水涂料在常温和低温下都能施工,适用于工业和民用建筑屋面、地下室、水池、桥梁、涵洞等工程的抗渗、防潮、防水以及旧屋面的维修翻修。

水乳型再生橡胶改性沥青防水涂料是由阴离子型再生乳胶和阴离子型沥青乳胶混合均匀构成,再生橡胶和石油沥青的微粒借助于阴离子表面活性剂的作用,稳定分散在水中而形成的乳状液。该涂料以水为分散剂,具有无毒、无味、不燃的优点,可在常温下冷施工作业,并可在稍潮湿无积水的表面施工,涂膜有一定的柔韧性和耐久性,材料来源广,价格低。它属于薄型涂料,一次涂刷涂膜较薄,需多次涂刷才能达到规定厚度。该涂料一般要加衬玻璃纤维布或合成纤维加筋毡构成防水层,施工时再配以嵌缝密封膏,以达到较好的防水效果。该涂料适用于工业与民用建筑混凝土基层屋面防水;以沥青珍珠岩为保温层的保温屋面防水;地下混凝土建筑防潮以及旧油毡屋面翻修和刚性自防水屋面的维修等。

SBS 改性沥青防水涂料是以沥青、橡胶、SBS 树脂(苯乙烯——丁二烯——苯乙烯嵌段共聚物)及表面活性剂等高分子材料组成的一种水乳型弹性沥青防水涂料。该涂料的优点是低温柔韧性好、抗裂性强、粘结性能优良、耐老化性能好,与玻纤布等增强胎体复合,能用于任何复杂的基层,防水性能好,可冷施工作业,是较为理想的中档防水涂料。SBS 改性沥青防水涂料适用于复杂基层的防水防潮施工,如厕浴间、地下室、厨房、水池等,特别适合于寒冷地区的防水施工。

2. 合成高分子防水涂料

合成高分子防水涂料是以合成橡胶或合成树脂为主要成膜物质,加入其他辅料而配制成的单组分或多组分防水涂料。合成高分子防水涂料的品种很多,常见的有硅酮、氯丁橡胶、聚氯乙烯、聚氨酯、丙烯酸酯、丁基橡胶、氯磺化聚乙烯、偏二氯乙烯等防水涂料。

聚氨酯涂膜防水涂料是由含端异氰酸酯基(—NCO)的聚氨酯预聚体(甲组分)和含有多羟基(—OH)或胺基(—NH$_2$)的固化剂及其他助剂的混合物(乙组分)按一定比例混合所形成的一种反应型涂膜防水涂料。聚氨酯涂膜防水涂料涂膜固化时无体积收缩,具有较大的弹性和延伸率、较好的抗裂性、耐候性、耐酸碱性、耐老化性。当涂膜厚度为 1.5～2.0mm 时,使用年限可在 10a 以上。而且对各种基材如混凝土、石、砖、木材、金属等均有良好的附着力。聚氨酯涂膜防水涂料广泛应用于屋面、地下工程、卫生间、游泳池等的防水,也可用于室内隔水层及接缝密封,还可用作金属管道、防腐地坪、防腐池的防腐处理等。

丙烯酸酯防水涂料是以高固含量丙烯酸酯共聚乳液为基料,掺加填料、颜料及各种助剂经混炼研磨而成的水性单组分防水涂料。这类涂料的最大优点是具有优良的耐候性、耐热性和耐紫外线性。涂膜柔软,弹性好,能适应基层一定的变形开裂;温度适应性强,在 -30～80℃范围内性能无大的变化;可以调制成各种色彩,兼有装饰和隔热效果。适用于各类建筑工程的防水及防水层的维修和保护层等。

硅橡胶防水涂料是以硅橡胶胶乳以及其他乳液的复合物为主要基料,掺入无机填料及各种助剂配制而成的乳液型防水涂料。硅橡胶防水涂料有Ⅰ型和Ⅱ型两种。其中Ⅰ型涂料中加有一定量的改性剂,以降低成本,但除低温柔韧性略差外,其余性能均相同。Ⅰ型涂料和Ⅱ型涂料均有通常由 1 号和 2 号涂料组成,涂布时复合使用,1 号涂布于底层和面层,2 号涂布于中间层。硅橡胶防水涂料能渗入基层毛细孔 0.2～0.3mm 深左右,与基层牢固地粘结在一起,共同承受外力和压力水的渗入。所以该类涂料兼有涂膜防水和渗透防水材料两者的优良特性,具有良好的防水性、抗渗透性、成膜性、弹性、粘结性、延伸性和耐高低温特性,适应基层变形的能力强。可渗入基底,与基底牢固粘结,成膜速度快,可在潮湿底基层上施工,可刷涂、喷涂或滚涂,且在较潮湿、只要无积水的基层上都能施工,无环境污染,对水泥砂浆、金属、木材都具有良好粘结性。硅橡胶防水涂料使用于各类工程尤其是地下工程和复杂结构或许多管道穿过的基层防水、防渗和维修工程。

聚氯乙烯防水涂料是以聚氯乙烯和煤焦油为基料,加入适量的防老剂、增塑剂、稳定剂及乳化剂,以水为分散介质所制成的水乳型防水涂料。施工时,一般要铺设玻纤布、聚酯无纺布等胎体进行增强处理。该类防水涂料弹塑性好,耐寒、耐化学腐蚀、耐老化和成品稳定性好,可在潮湿的基层上冷施工,防水层的总造价低。聚氯乙烯防水涂料可用于各种一般工程的防水、防渗及金属管道的防腐工程。

高性能水乳型橡胶防水涂料是以优异的三元乙丙橡胶为成膜物质,加入防老化剂等添加剂、填料,经混炼成一种胶状体,再用溶剂配制而成。它综合了溶剂型、水乳型改性沥青的优点和橡胶的高弹性、延伸性等。可采用冷施工,具有方便、无毒、不污染、成本低等特点。适用于各种屋面、地下室、厕浴间等工程的防水。

6.4　其他防水材料

一、刚性防水材料

在基层上铺贴防水卷材或涂刷防水涂料,使之形成防水隔离层,这是通常所说的柔性防水,属于外防水技术。与此相对应的刚性防水技术是指在混凝土中掺入防水剂、减水剂、膨胀剂等混凝土外加剂,使浇注后的混凝土细致密实,水分子难以通过,从而达到防水的目的,属于内防水技术。

所谓刚性防水材料就是指以水泥、砂石为原料,或内掺入少量外加剂、高分子聚合物等材料,通过调整配合比、抑制或减少孔隙率、改变孔隙特征,增加各原材料接口间的密实性等方法,配制成具有一定抗渗透能力的水泥砂浆混凝土类防水材料。

刚性防水材料利用材料本身防水,耐久性好,而且省去了附加防水层,降低了工程造价,简化了施工工序,且不受结构形状影响。但要求在施工时,包括防水外加剂的选择、防水水泥基材料的配制、搅拌、浇筑和养护等每道工序都要严格按照要求进行,否则就将失去防水效果。但是,其不宜用于受冲击荷载的工程中。另外,刚性防水层的抗变形能力也较低。对于变形较大的工程,理想的办法是采用刚柔并用的复合防水技术。

1. 刚性防水材料的分类和特点

刚性防水材料是通过调整配合比、掺外加剂或使用新品种水泥等方法提高自身的密实性、憎水性和抗渗性的不透水性防水材料(混凝土或砂浆)。一般可分为普通刚性防水材料、外加剂刚性防水材料和膨胀水泥刚性防水材料三大类。

刚性防水材料有着较高的抗压强度、抗拉强度及一定的抗渗能力,是一种既可防水又可兼作承重、围护结构的多功能材料。与采用卷材防水相比较,刚性防水材料具有以下特点:(1) 兼有防水和承重两种功能,能节约材料,加快施工速度;(2) 材料来源广泛,成本低廉;(3) 在结构构造复杂的情况下,施工简便、防水性能可靠;(4) 渗漏水时易于检查,便于修补;(5)耐久性好。

2. 常见的刚性防水材料

(1)普通刚性防水材料

普通刚性防水材料是以调整配合比的方法,来达到提高自身密实度和抗渗性要求的一种防水材料。其技术原理是通过材料和施工两个方面来抑制和减少防水材料内部孔隙的生成,改变孔隙的特征,堵塞漏水通路,从而使之不依赖其他附加防水措施,仅靠提高自身密实性达到防水的目的。

(2)膨胀水泥刚性防水材料

膨胀水泥刚性防水材料以膨胀剂或膨胀水泥为胶结料配制而成的防水材料。其主要依靠水泥本身的水化反应和结晶膨胀而提高抗渗能力。膨胀水泥刚性防水材料在硬化初期产生体积膨胀,在约束条件下,它通过水泥石与钢筋的黏结,使钢筋张拉,被张拉的钢筋对混凝土本身产生压缩应力,当材料内部产生 $0.2\sim0.7\text{N}/\text{mm}^2$ 的自应力值时,可大致抵消由于干缩和徐变时产生的拉应力,从而达到补偿收缩并具有抗裂防渗的效果。

　(3)外加剂刚性防水材料

　　外加剂刚性防水材料是依靠掺入少量的有机或无机物外加剂来改善刚性防水材料的和易性,提高密实性和抗渗性,以适应建筑工程需要的一种防水材料。

　　按所掺入的外加剂种类的不同,外加剂刚性防水材料可分为减水剂刚性防水材料、引气剂刚性防水材料、三乙醇胺刚性防水材料、氯化铁刚性防水材料等数种。

　　减水剂刚性防水材料是通过掺入适量的不同类型的减水剂,以提高其抗渗能力为目的的刚性防水材料。减水剂对水泥具有强烈的分散作用,它借助于极性吸附作用,大大降低了水泥颗粒间的吸引力,有效地阻碍和破坏了颗粒间的凝絮作用,并释放出凝絮体中的水,在满足施工和易性的条件下,可大大降低拌和用水量,使硬化后孔结构的分布情况得以改变,孔径及总孔隙率均显著减小,毛细孔更加细小、分散和均匀,从而提高刚性防水材料的密实性和抗渗性。

　　引气剂刚性防水材料是在混凝土拌和物中掺入微量引气剂配制而成的防水材料。引气剂是一种具有憎水作用的表面活性物质,它能显著降低水的表面张力,经搅拌可在拌和物中产生大量密闭、稳定和均匀的微小气泡,从而使毛细管变得细小、曲折、分散,减少了渗水通道。引气剂还可增加黏滞性,改善和易性,减少沉降泌水和分层离析,弥补防水材料结构的缺陷,从而提高其密实性和抗渗性。

　　三乙醇胺刚性防水材料是通过掺入适量的三乙醇胺,以提高其抗渗性能为目的而配制的防水材料。依靠三乙醇胺的催化作用,在早期生成较多的水化产物,部分游离水结合为结晶水,相应地减少了毛细管通路和孔隙,从而提高抗渗性,而且具有早强作用。当三乙醇胺和氯化钠、亚硝酸钠等无机盐复合时,三乙醇胺不仅能促进水泥本身的水化,还能促进氯化钠、亚硝酸钠等无机盐与水泥的反应,所生成的氯铝酸盐等络合物,体积膨胀,能堵塞混凝土内部的孔隙和切断毛细管通路,增大混凝土的密实性。因此在刚性防水材料中掺入单一的三乙醇胺或三乙醇胺与氯化钠复合剂,可显著提高抗渗能力。

　　氯化铁刚性防水材料是通过掺入少量氯化铁防水剂拌制而成的具有高抗水性和密实度的防水材料。其防水原理是依靠化学反应产物氢氧化铁等胶体的密实填充作用,新生的氧化钙对水泥熟料矿物的激化作用,易溶性物质转化难溶性物质以及降低析水性等作用而增强材料的密实性,提高其抗渗性。

　　复合型刚性防水材料是通过掺入由有机化合物和无机矿物匹配复合制成的防水材料。其防水效果显著,而且兼容多种功能,使用简便,可降低成本。复合型刚性防水材料是根据工程防水抗渗、抗裂及耐久性要求,将各种防水机理且性能互补的组分组合匹配复合制得的刚性防水材料。其防水机理主要有：

(1)具有减水塑化作用。减水塑化作用可改善和易性，降低水灰比，减小材料中的各种孔隙，特别是使孔径大于 20nm 的毛细孔、气孔等渗水通道减少，即混凝土的总孔隙率和孔径分布都得到改善，同时孔径尺寸减小，因此混凝土密实性提高。

(2)具有补偿收缩抗裂作用，可提高刚性防水材料的抗裂性能，而且使材料的密实度增大，不仅提高了防水抗渗性能，而且使强度获得了增长。

(3)改善泌水性。该防水剂可显著降低刚性防水材料的泌水性，改善粘聚性和保水性，减小了沉降缝隙，提高了水泥石与骨料的胶结力，使材料的抗渗性和力学性能均获得改善。

(4)固体粉末填隙效果可提高混凝土密实性，而且当刚性防水材料与水接触时，防水剂能析出胶状物堵塞毛细孔道，阻断渗水通道，使材料的结构自防水能力增强。

二、建筑密封材料

1. 建筑密封材料的定义和分类

所谓建筑密封材料，是指填充在建筑物构件的接台部位及其他缝隙内，具有气密性、水密性，隔断室内外能量和物质交换的通道，同时对墙板、门窗框架、玻璃等构件具有粘结、固定作用的材料。

用于建筑物的密封材料首先要具有防水功能，能有效地阻挡雨水、地下水等沿着缝隙向建筑物内部渗漏；其次密封材料还应具有保温隔热、节省建筑能耗、增加立面外观线条美感等性能，并且在长期使用过程中具有耐久性。

按照施工时的形态.密封材料分为不定型(又叫做密封膏、嵌缝膏)和定型两大类型。其中不定型防水密封材料在施工阶段呈膏状，不受接缝形状的限制、可密实地填充于缝隙之间，硬化后呈弹性固体状态，具有良好的密闭性、粘结性、变形性及弹性恢复性。具体分类如表 6.6 所示。

2. 常用建筑密封材料

(1)橡胶沥青油膏

橡胶沥青油膏是以石油沥青为基料，加入橡胶改性材料和填充料等经混合加工而成，是一种弹塑性冷施工防水嵌缝密封材料，是目前我国产量最大的品种。

它具有良好的防水防潮性能，粘结性好，延伸率高，耐高低温性能好，老化缓慢，适用于各种混凝土屋面、墙板及地下工程的接缝密封等，是一种较好的密封材料。

表 6.6　建筑密封材料的分类及主要品种

分　类	类　型		主　要　品　种
不定型密封材料	非弹性密封材料	油性密封材料	普通油膏
		沥青基密封材料	橡胶改性沥青油膏、桐油橡胶改性沥青油膏、桐油改性沥青油膏、石棉沥青腻子、沥青鱼油油膏、苯乙烯焦油油膏
		热塑性密封材料	聚氯乙烯胶泥、改性聚氯乙烯胶泥、塑料油膏、改性塑料油膏
	弹性密封材料	溶剂型密封材料	丁基橡胶密封膏、氯丁橡胶密封膏、氯磺化聚乙烯橡胶密封膏、丁基氯丁再生胶密封膏、橡胶改性聚酯密封膏
		水乳型密封材料	水乳丙烯酸密封膏、水乳氯丁橡胶密封膏、改性 EVA 密封膏、丁苯胶密封膏
		反应型密封材料	聚氨酯密封膏、聚硫密封膏、硅酮密封膏
定型密封材料	密封条带		铝合金门窗橡胶密封条、丁腈胶 – PVC 门窗密封条、自粘性橡胶、水膨胀橡胶、PVC 胶泥墙板防水带
	止水带		橡胶止水带、嵌缝止水密封胶、无机材料基止水带、塑料止水带

(2)聚氯乙烯胶泥

聚氯乙烯胶泥是以煤焦油为基料,聚氯乙烯为改性材料,掺入一定量的增塑剂、稳定剂和填料,在 130 ~ 140℃下塑化而形成的热施工嵌缝材料,是目前屋面防水嵌缝中适用较为广泛的一类密封材料。

其主要特点是生产工艺简单,原材料来源广,施工方便,具有良好的耐热性、粘结性、弹塑性、防水性以及较好的耐寒性、耐腐蚀性和耐老化性能。适用于各种工业厂房和民用建筑的屋面防水嵌缝,以及受酸碱腐蚀的屋面防水,也可用于地下管道的密封和卫生间等。

(3)有机硅建筑密封膏

有机硅建筑密封膏是以有机硅橡胶为基料配制成的一类高弹性高档密封膏。有机硅密封膏分为双组分和单组分两种,单组分应用较多。

单组分有机硅建筑密封材料是将有机硅氧烷和硫化剂、填料及其他添加剂混合均匀后作成的单包装产品,装于密闭的容器中备用。施工时,包装筒中的密封膏体嵌填于作业缝中,硅橡胶分子链端的官能团在接触空气中的水分后发生缩合反应,从表面开始固化形成橡胶状弹性体。单组分密封膏的特点是使用方便,使用时不需要称量、混合等操作,适宜野外和现场施工时使用。可在 0 ~ 80℃范围内硫化,胶层越厚,硫化越慢,对胶层厚度大于 10mm 的灌封,一般要添加氧化镁或采用分层灌封来解决。

双组分有机硅建筑密封膏的主剂与单组分的相同,但硫化剂及其机理不同,两者分开包装。使用时,两组分按比例搅拌均匀后嵌填于作业缝隙,固化后成为三维网状结构的橡胶状弹性体。与单组分相比,使用时其固化时间较长。

有机硅建筑密封膏具有优良的耐热、耐寒、耐老化及耐紫外线等耐候性能,与各种基材如混凝土、铝合金、不锈钢、塑料等有良好的粘结力,并且具有良好的伸缩耐疲劳性能,防水、防潮、抗震、气密、水密性能好。适用于各类建筑物和地下结构的防水、防潮和接缝处理。

(4)聚硫橡胶密封材料

聚硫橡胶密封材料是由液态聚硫橡胶(多硫聚合物)为主剂,以金属过氧化物(多数为二氧化铅)为固化剂,加入增塑剂、增韧剂、填充剂及着色剂等配制而成。是目前世界上应用最广、使用最成熟的一类弹性密封材料。聚硫密封材料也分为单组分和双组分两类。目前国内双组分聚硫密封材料的品种较多。

这类密封材料的特点是弹性特别高,能适应各种变形和振动,粘结强度好(0.63MPa)、抗拉强度高(1～2MPa)、延伸率大(500%以上)、直角撕裂强度大(8kN/m),并且它还具有优异的耐候性,极佳的气密性和水密性,良好的耐油、耐溶剂、耐氧化、耐湿热和耐低温性能,使用温度范围广,对各种基材如混凝土、陶瓷、木材、玻璃、金属等均有良好的粘结性能。

聚硫密封材料适用于混凝土墙板、屋面板、楼板、地下室等部位的接缝密封以及金属幕墙、金属门窗框四周、中空玻璃的防水、防尘密封等。

(5)聚氨酯弹性密封膏

聚氨酯弹性密封膏是由多异氰酸酯与聚醚通过加成反应制成预聚体后,加入固化剂、助剂等在常温下交联固化而成的一类高弹性建筑密封膏。聚氨酯弹性密封膏分为单组分和双组分两种,以双组分的应用较广,单组分的目前已较少应用。其性能比其他溶剂型和水乳型密封膏优良,可用于中等和偏高要求的防水工程。

聚氨酯弹性密封膏对金属、混凝土、玻璃、木材等均有良好的粘结性能,具有弹性大、延伸率大、粘结性好、耐低温、耐水、耐油、耐酸碱、抗疲劳及使用年限长等优点。与聚硫、有机硅等反应型建筑密封膏相比,价格较低。

聚氨酯弹性密封膏广泛应用于墙板、屋面、伸缩缝等沟缝部位的防水密封工程,以及给排水管道、蓄水池、游泳池、道路桥梁、机场跑道等工程的接缝密封与渗漏修补,也可用于玻璃、金属材料的嵌缝。

(6)水乳型丙烯酸密封膏

水乳型丙烯酸密封膏是以丙烯酸酯乳液为粘结剂,掺入少量表面活性剂、增塑剂、改性剂以及填料、颜料经搅拌研磨而成。

该类密封材料具有良好的粘结性能、弹性和低温柔韧性能,无溶剂污染、无毒、不燃,可在潮湿的基层上施工,操作方便,特别是具有优异的耐候性和耐紫外线老化性能,属于中档建筑密封材料,其适用范围广、价格便宜、施工方便,综合性能明显优于非弹性密封膏和热塑性密封膏,但要比聚氨酯、聚硫、有机硅等密封膏差一些。该密封材料中含有约 15% 的水,故在温度低于 0℃ 时不能使用,而且要考虑其中水分的散发所产生的体积收缩,对吸水性较大的材料如混凝土、石料、石板、木材等多孔材料构成的接缝的密封比较适宜。

水乳型丙烯酸密封膏主要用于外墙伸缩缝、屋面板缝、石膏板缝、给排水管道与楼屋面接缝等处的密封。

(7)止水带

止水带也称为封缝带,是处理建筑物或地下构筑物接缝(伸缩缝、施工缝、变形缝)用的一类定型防水密封材料。常用品种有橡胶止水带、塑料止水带等。

初始的止水带是横过接缝的金属条,一面涂油以避免与混凝土的粘接,同时防止在接缝处的金属止水带产生应力集中。虽有涂油的措施,但这些简单的止水带对于位移的接缝是不够的,逐步被弯曲成 V 字形的薄铜板替代。实践证明铜止水带也不行,循环位移硬化金属,促进疲劳破坏。现代止水带由 PVC 或橡胶制成,形状各式各样,包括锯齿 U 和 V 型、迷宫式、中央球形和带肋哑铃形(见图 6.1)。

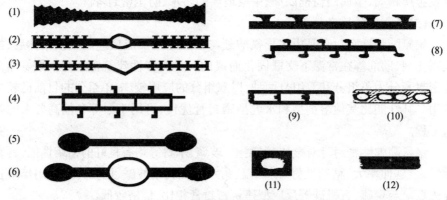

图 6.1　各种形状的现代止水带

1—锯齿形;2—锯齿哑铃形;3—带锯齿的 V 形;4—格形;5—哑铃形;6—中央球哑铃形;
7—上置形;8—迷宫形;9—改进型;10—氯丁橡胶;11,12—丁基橡胶膨润土

橡胶止水带是以天然橡胶或合成橡胶为主要原料,掺入各种助剂及填料,经塑炼、混炼、模压而成。具有良好的弹塑性、耐磨性和抗撕裂性能,适应变形能力强,防水性能好。但使用温度和使用环境对物理性能有较大的影响,当作用于止水带上的温度超过 50℃,以及受强烈的氧化作用或受油类等有机溶剂的侵蚀时不宜采用。橡胶止水带一般用于地下工程、小型水坝、贮水池、地下通道、河底隧道、游泳池等工程的变形缝部位的隔离防水以及水库、输水洞等处闸门的密封止水。

塑料止水带目前多为软质聚氯乙烯塑料止水带,是由聚氯乙烯树脂、增塑剂、稳定剂等原料经塑炼、造粒、挤出、加工成型而成。塑料止水带的优点是原料来源丰富,价格低廉,耐久性好,物理力学性能能满足使用要求。可用于地下室、隧道、涵洞、溢洪道、沟渠等的隔离防水。

(8)膨润土防水材料

膨润土是传统的防水材料,它的应用可回溯到 300~400 年以前,后被聚合物化学改造成一类变化多端的复合材料,主要有下列一些形式:①预制板(重磅纸板或可生物降解纸板内含钠基膨润土芯,纸板上有稳定填料的波纹);②预制土工织物片材,内填充膨润土颗粒(参见图 6.2);③带粘结膨润土混合料的 HDPE 片材;④细部用可抹混合料。

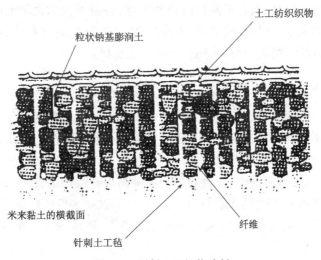

图 6.2　预制土工织物片材

膨润土在化学上叫钠基蒙脱土,是粒状黏土,吸水时膨胀到其干体积的 15 倍,因而具有良好的防水性能。在水化状态和足够的静水压力下,膨润土变成阻碍流水的胶凝体,粘结于混凝土、石材、木材等很多材料上。在完全水化状态下,膨润土具有低蒸气渗透性,但只是部分水化时蒸气渗透性增大,使其不能用于湿气敏感的居住建筑结构。

膨润土防水系统提供下列优点:①安装快速,比较容易;②无 VOC 限量,属环保型材料;③在极端温度(-40~54℃)下施工安全;④可跨接 6mm 的裂缝;⑤适用于复杂几何形状;⑥一次造价较低。

膨润土的缺点归纳起来有以下三点:①需要固定的较高静水压力以保持材料的防水完好性;②缺乏可靠的耐水蒸气迁移性;③将来修理或置换的方案有限。

　　膨润土特别适用于其他防水材料难以应付的场合,特别是开挖中的外防内贴防水,是很少有竞争对手的。对于行车隧道、地铁及其他容许细微渗漏的结构,膨润土更是一种优异的防水材料。在实际中,膨润土的物理性能限制其用于连续静水压力很小、可能下降到低于某一最小值(如 1436Pa)的工程。膨润土也不能用于浸水与完全消除静水压力的干燥时段交替发生的工程。它也不适用于地下水流横向流过其表面或水位有升有降的场合,这些冲刷水运动可以引起膨润土颗粒的迁移。

6.5　防水工程材料的设计与选材

　　防水工程材料的设计与选材是保证防水工程质量的先决条件。不同品种和不同性能的防水材料,具有不同的特点和弱点,各有不同的适用范围,必须综合考虑各方面的因素,在设计时强调:防排结合,以防为主;刚柔结合,以柔适变;复合用材,多道设防;协调变形,共同工作的系统思想。

　　一、适应环境条件选材

　　1. 屋面应根据历年最高气温、最低气温、屋面坡度和使用条件等因素,宜选择耐热性和柔性相适应的卷材。屋面长期暴露,夏天强光照射,雨水冲刷,冬天干燥,冬夏温差较大,重点考虑选择耐老化性好,有一定延伸性的材料如三元乙丙橡胶卷材,面层带有细砂、板岩的聚酯胎基高聚物改性沥青防水卷材,在南方地区宜选 APP 改性沥青防水卷材,在北方地区宜选择 SBS 改性沥青防水卷材。

　　2. 环境处于低温施工时,应采用热熔法施工,选择 SBS、APP 改性沥青防水卷材。

　　3. 施工现场严禁明火时,应选择冷粘法施工的防水卷材或防水涂料。

　　4. 基层处于潮湿状态,应选择在潮湿状态可施工的材料,如树脂与纤维复合的卷材,快凝性聚合物水泥防水材料等,而不宜选择水溶性沥青基防水涂料。

　　5. 基层处于长期潮湿状态,无法干燥的场合,如地下工程防水,一旦出现渗漏难以维修,但有温差变化小的特点,宜选用刚柔结合多道设防。在选择柔性防水材料时,应选用耐霉烂、耐腐蚀性好、使用寿命长的柔性防水材料,若在垫层上作防水时,应选用耐穿刺性好的材料,如厚度在 3mm 以上的玻纤胎或聚酯胎改性沥青防水卷材。

　　二、地下工程优先采用自防水混凝土结构

　　因自防水混凝土结构具有承重和防水两种功能,材料来源广泛,成本低、施工方便、耐久性好,为主体工程防水的必选材料。

三、根据地区降雨量的多少选材

在多雨地区,宜选用耐水性强的防水材料,如以玻纤、聚酯为胎基的改性沥青卷材、高分子合成防水卷材和配套粘结性好的粘结剂,或厚质沥青防水涂料等。少雨地区可选性能稍差的材料。

四、根据建筑功能选材

(一)上人平屋面

1. 轻步行屋面和运动屋面:这类屋面一般不加外层保护,要求面层防水、耐磨和美观,给人一种舒适感觉。要求抗紫外线能力强、耐老化性好,能保持彩色面层在较长时间内稳定,宜选用聚氨酯防水涂料。

2. 安装有设备等重物屋面:通常在防水层上设有保护层(如铺地砖、石板、混凝土预制块和水泥砂浆等),防水层不直接暴露在外,只要符合建筑等级要求的卷材、涂料均可采用。

(二)非上人平屋面

防水层直接暴露,主要矛盾是抗老化、耐穿刺、防水层与砂浆基层可选择满粘、条粘或点粘,选材宜为卷材,如屋面形状复杂,致使卷材很难适应,这种情况下宜选择卷材与涂料复合使用,也可单独选用防水涂料作为防水层(或另加水泥砂浆为保护层)。

(三)种植屋面

种植土层中必须有充足的水分,要求防水层密封性特别好,还要求耐霉烂性好、耐穿刺性强,防止植物根的穿透,要求防水层须有一定强度和厚度,宜优先选用聚氯乙烯卷材或聚乙烯卷材(片材)与 SBS 或 APP 改性沥青防水卷材复合使用的方案,其中一道可选用聚氨酯防水涂料,做多道设防。

(四)倒置屋面

倒置屋面是指防水层在吸水率低的保温层之下的屋面构造。但维修非常困难,因保温层上有很厚的镇压层,维修时工作量很大,浪费很大,对防水材料要求更严格,宜选用柔性复合、防霉性好的材料,因防水材料长期处在潮湿环境,不宜选用胶粘合的材料,适宜选用热熔型改性沥青防水卷材或合成高分子涂料,如聚氨酯防水涂料、硅橡胶防水涂料。

兼有防水作用、吸水率低的保温材料宜选用喷涂聚氨酯硬质泡沫、挤压聚苯乙烯泡沫塑料板、沥青膨胀珍珠岩等。

(五)蓄水屋面

江南气候温和,冬季不结冰,屋面可以蓄水,用以隔热和养殖。适宜于低层小跨度的建筑,大跨度建筑和北方地区不宜做蓄水屋面。若蓄水 20cm 深,涂料和卷材均可做防水层,宜作两道以上设防,满粘法施工。涂料不能用水乳型的,避免长期水泡产生水化还原反应,失去防水作用。

(六)架空隔热屋面

主要在南方使用,在屋面设置隔热保护装置,就好像给防水层搭凉棚,做遮阳伞,又称隔热板,其技术有两点应注意,隔热板距防水层不应少于 30cm;通风要顺畅,不能使夹层窝藏热气而不能流走,如不上人,可用角钢支架,如上人,架空板可用钢筋混凝土板材。

(七)坡顶屋面

俗称瓦屋面。这里指沥青油毡瓦,实为叠搭的块状沥青卷材,可制成各种规格和多种面层,施工时将上端粘结和钉在基层上即可,瓦屋面防水层,宜选用 4mm 厚的改性沥青防水卷材。这是因为固定挂瓦条的铁线或钉,要穿透防水层,需要防水层包裹,才能避免雨水沿钉渗入。

(八)厕浴间

设计时应注意三点:选材,墙面粘贴瓷砖,穿楼板管道。厕浴间的面积不大,但阴阳角多,穿楼板的管道多,不宜使用卷材,而应选用涂料,宜选择聚氨酯防水涂料、聚合物水泥砂浆,硅橡胶防水涂料等。

(九)有振动的工业厂房屋面

对大型预制混凝土屋面防水设计,宜选用延伸性好、强度大的防水材料,材料厚度宜在 1.5mm 以上的高分子防水卷材,如三元乙丙橡胶防水卷材,厚度在 4mm 以上的聚酯胎基改性沥青防水卷材或加筋的氯化聚乙烯防水卷材。

五、水利设施的选材

水池是五面体钢筋混凝土箱槽,对露出地面的水池,只防内水外渗,对全部在地下的水池,既防内水外渗,又防外水内浸。防水层夹在保护层和结构层之间,保护层一般为 6mm 厚细石混凝土,防水材料宜选用焊接合缝的聚氯乙烯宽幅卷材、SBS 和 APP 改性沥青防水卷材,也可用不小于 2mm 厚的高分子涂料。游泳池立面防水层应能牢固粘合瓷砖或水泥砂卷材,也可用不小于 2mm 厚的高分子涂料。游泳池立面防水层应能牢固粘合瓷砖或水泥砂浆层,强度低的防水涂料不宜选用,应选择粘结力大、强度高的防水涂料,如聚氨酯防水涂料、低聚灰比的聚合物水泥复合防水涂料或聚合物水泥砂浆等。

水利、水库防渗应选用聚乙烯或聚乙烯复合土工膜。

水位较高的地下工程,防水层长期泡水,宜选用热熔施工的聚合物改性沥青防水卷材,或聚氨酯防水涂膜材料、聚合物水泥复合防水涂料等,对含有酸、碱的水质,应选用不小于 4mm 的改性沥青卷材,或耐酸性好的高分子合成树脂卷材、三元乙丙橡胶卷材。

六、根据工程条件选材

重要建筑屋面工程防水,应达到相应屋面防水等级,宜选用聚合物改性沥青防水卷材,或合成高分子防水卷材,不但应选择高档次材料,而且应选用高等级的优等品、一等品,根据具体情况,采取相应多道设防的防水材料。

一般建筑工程防水,可选用低档次、合格的防水材料。

第7章

新型建筑塑料

随着石油化学工业的发展,成型加工和应用技术的提高,许多化工产品和化工材料在建筑业获得了广泛的应用,形成了建材行业中的一支新军——化学建材,化学建材是一类新兴的建筑材料,它主要包括建筑塑料、建筑涂料、建筑防水、密封材料、隔热保温、隔声材料、建筑胶粘剂、混凝土外加剂等,故建筑界有人称它是继水泥、钢材、木材之后的第四大建筑材料,其中尤其是建筑塑料所占比重最大。

塑料建材经过近70年的研究发展,已经很好地解决了原料配方、门窗型设计、挤出成型、五金配件和组装工艺设备等一系列技术问题,在各类建筑中得到成功运用。推广应用塑料建材,具有明显的经济效益和社会效益。近几年应用试点表明,在塑料建材的生产能耗方面,生产单位体积聚氯乙烯(PVC)能耗仅分别为钢材和铝材的1/4和1/8;在使用能耗方面,采暖地区采用塑料窗代替普通金属窗,可节约采暖能耗30%~40%;塑料给排水管代替金属输水管节能达50%。塑料给排水管与金属管相比可提高供水能力20%左右,施工工效可提高50%~60%,已在全国20多个省市自治区推广应用PVC给排水管,塑料线槽、线管在住宅小区中得到了普遍应用。高密度的PE燃气管和室内给水管也在进行应用试点,农业排灌、化学矿山建设等工程中也大量应用塑料管。而塑料门窗具有优良的密封性、抗腐蚀性,使其特别适用于寒冷地区、沿海盐雾性气候地区的建筑和有腐蚀性的工业厂房,不用维护保养,可节省大量维修费,东北三省、内蒙古等一些城镇,已有30%以上新建住宅安装使用了塑料窗。广东大部分地区的洗手间、厨房等普遍使用了塑料门。塑料窗还具有显著的节能效果,据中国建筑科学研究院物理所提供的数据,双层玻璃塑料窗的平均传热系数为 $2.3W/(m \cdot K)$,是单层铝、钢窗平均传热系数 $6.4W/(m \cdot K)$ 的 36%,是寒冷地区普通使用的双层钢、铝窗平均传热系数 $3.3W/(m \cdot K)$ 的 70%。

塑料建材与传统建材相比,具有以下特性:

①优良的加工性能。塑料可以用各种方法成型,且加工性能优良。可加工成薄膜、板材、管材,尤其易加工成断面较复杂的异形板材和管材。各种塑料建材都可以用机械大规模生产,生产效率高,产量高。

②密度小,强度高。塑料的密度一般为 $(0.9 \sim 2.2)g/cm^3$,约为钢材的 $1/8 \sim 1/4$,铝材的 $1/2$,混凝土的 $1/3$,不仅减轻了施工时的劳动强度,而且大大减轻了建筑物的自重。但塑料刚性小,作为结构材料使用时,必须制成特殊结构的复合材料,如玻璃纤维增强塑料(FRP)等复合材料和某些高性能的工程塑料已可用于承受小负荷的结构材料。

③耐化学腐蚀性能优良。一般塑料对酸、碱、盐的侵蚀有较好的抵抗能力,这对延长建筑物的使用寿命很重要。塑料易燃烧、老化的缺陷可通过适当的配方技术和加工技术加以部分克服。

④出色的装饰性能。现代先进的加工技术可以把塑料加工成装饰性能优异的各种材料。塑料可以着色,而且色彩是永久的,不需要时可油漆,也可用先进的印刷或压花技术进行印刷和压花。印刷图案可以模仿天然材料,如大理石纹、木纹,图像十分逼真,花纹能满足各种设计人员的丰富想像力。压花使塑料表面产生立体感的花纹,增加了环境的变化,可以说,没有任何一种材料在装饰性能方面可以与塑料相提并论。

7.1　工程塑料制品

一、塑料管材

1936 年德国首先应用 PVC 管输送水、酸及排放污水,使金属管材一统天下的局面受到了严重的挑战。历史的实践证明,塑料管与传统的金属管相比,具有质量轻、能耗低、不生锈、不结垢,已被人们公认为是目前塑料建材中重要的品种之一,被大量用于建筑工程中。目前塑料管的主导应用市场是建筑和市政工程,在工业管道、油田集输管、天然气输送、农田灌溉、渔业养殖等方面发展也非常快,塑料管在城市自来水管道中的应用量已接近世界自来水管道总长度的

40%;在许多发达国家当年新敷设的城市自来水管道中,塑料管的用量在90%以上;城市排水管道中约40%采用塑料管;建筑室内排水管道90%采用塑料管;建筑室内冷、热水管道系统中大有用塑料管完全取代铜管和镀锌钢管的趋势;在城市燃气输配、建筑采暖工程上,塑料管的用量也相当大。

塑料管的优点如下:

①重量轻。以0.9cm壁厚,直径为10cm的水管为例,铸铁管为20~25kg/m,塑料管为3.5kg/m,塑料管的相对密度只有铸铁的1/7,铝的1/2,因此管道运输费用及施工时的劳动强度大大降低。

②耐腐蚀性能好。塑料管能耐多种酸碱等腐蚀性气体,不易锈蚀,作为给水管,不易发黄。据国外资料报道,硬聚氯乙烯管材寿命预测可长达50a。

③流动阻力小。塑料管内壁光滑,不易结垢或生苔,在同样的水压力下,塑料管内的流量比铸铁管中的高30%,且塑料排水管不易阻塞,疏通较容易。

④节能。塑料的加工成型温度较低,据统计,生产硬聚氯乙烯管材节能效果达50%以上;塑料管的保温效果大大高于金属管道,在输送热水管道方面保温效果良好。

⑤有装饰效果。铸铁管易生锈,常涂以黑色沥青涂料保护,与其他材料很不协调,塑料管却可以着色,外表光洁,起一定装饰作用。

⑥安装方便。铸铁管连接虽也可采用承插式,但做接头、密封比较繁琐;白铁管采用螺纹连接,要绞螺纹,密封也较繁复。而塑料管连接方便灵活,溶剂连接的承插式操作十分简单,橡胶密封圈连接也不必绞螺纹,安装速度快。

但塑料管也存在一些缺点,使其应用受到一定的限制:

①耐热性差。除玻璃钢管材外,大多数塑料管,如聚氯乙烯、聚乙烯、聚丙烯等都是热塑性塑料,使用时应避免高温,否则会造成管道变形、泄漏。

②热膨胀系数大。塑料的冷热收缩大,因此在管道系统设计时应考虑安装较多的伸缩接头,留有余地。

③抗冲击性能较低。有些塑料管如硬质聚氯乙烯的抗冲击性能不及金属管,受到撞击时容易破裂,使用时应避免冲击。

20世纪80年代后,发达国家除了继续在塑料管品种方面进行研究开发工作外,还努力研究提高塑料管的性能和节材,相继开发了异型塑料管、双壁波纹管、发泡管、高抗冲击管以及塑料与金属的复合管,进一步提高了塑料管的刚性、耐压等级和耐温等级,拓展了塑料管的应用面,提高了塑料管的市场竞争能力。

1. 建筑用塑料管材的分类

(1)建筑用塑料管按用途可分为如下几类:

①排水管。包括建筑排水管(室内下水管)和埋地排水管(室外排水管)。

②给水管(供水管)。包括室外给水管(含城乡供水管)和建筑给水管(室内冷水管和热水管)。

③其他。输气管(燃气管)、雨落管(建筑雨水管)和电工套管(如穿线管、通讯护套管、埋地输电线套管等)。

(2)建筑用塑料管按材料可分为如下几类:

硬聚氯乙烯(PVC-U)管、软聚氯乙烯(PVC-S)管、氯化聚氯乙烯(CPVC)管、增强或复合聚氯乙烯管、高密度聚乙烯(HDPE)管、中密度聚乙烯(MDPE)管、低密度聚乙烯(LDPE)管、交联聚乙烯(PE-X)管、均聚丙烯〔PP-H]管、嵌段共聚聚丙烯(PP-B)管、无规共聚聚丙烯(PP-R)管、聚丁烯(PB)管、丙烯腈-丁二烯-苯乙烯(ABS)管、玻璃钢(GRP)管、衬塑或涂塑钢管、衬塑铝管、铝塑复合管、塑复铜管等。

(3)建筑塑料用管材以其形状或结构可分为:

单层塑料管(包括非圆形管)、多层塑料管(包括芯层发泡管、多层复合管)、波纹管(包括中层、双层、三层)、缠绕成型管、衬塑、涂塑或复塑金属管、夹泡沫塑料的金属塑料复合管、玻璃钢管、纤维增强塑料软管等。

塑料管又有硬质、半硬质、软质管之分,硬管一般多用于有压力的部位,管壁较厚,管径有的可达 800mm 以上。半硬质管材也叫可弯型硬管,如电线护套管等。软质管中还包括波纹管等。

目前,国外塑料管仍以聚氯乙烯管(PVC)和聚乙烯管(PE)为主导产品,近几年来,PE 管作为城市供水管和燃气管发展很快,增长速度远远超过 PVC。

由于塑料管材的品种和用途很广,因此所用的原料也有很多品种。最常用的树脂材料以交联聚乙烯、聚丙烯和聚氯乙烯为主,交联聚乙烯和聚丙烯多用于给水管和热水管,而聚氯乙烯多用于排水管。除此以外,还有 ABS、尼龙、玻璃纤维增强材料等也是常用材料。

塑料管材的口径可以从几十毫米到几千毫米,多以挤出加工成型法生产。

2. 常用塑料排水管材

排水系统为非压力管,对密封的要求不及压力管道高。最常用的就是硬质 PVC 管材管件,也有采用 PP、HDPE 的。对可能排放热水的场合,最好采用 PP 或 ABS 管道系统。

(1)硬聚氯乙烯排水管(PVC-U)

聚氯乙烯(PVC)是最早被工业化的塑料品种之一,于 20 世纪 40 年代发明,开发初期是以新材料面貌出现。在塑料管材中,它也是应用较早,价格最为低廉的管材。美国开发使用 PVC-U 管材有多年的历史,20 世纪 90 年代已占建筑用塑料管材的 72%,并逐年以约 5%的速度增长。德国是开发利用 PVC-U 管材较早的国家,在建筑给排水管中已占 65% 以上。日本开发使用塑料管始于 1951年,但发展较快,每年以 3.2% 速度增长。在美国、西欧和日本,PVC-U 管材得到充分发展,目前,它仍是塑料管材的主导产品之一。

国内对 PVC-U 管材的推广应用起步较晚,1983 年前只在沿海地区有少量采用。自国家加大推广塑料管材力度以来,发展迅速。据最新资料报道,我国 PVC-U 管材占整个塑料用管材的 80% 以上,是应用最为广泛的塑料建材之一。国内一些城市 PVC-U 建筑排水管使用率达到 90% 以上,在城市供水管道中,已敷设 PVC-U 管道超过 8000km,最大管径达 630mm,在城市排水管道中使用率逐年提高,使用管径不断增大。

①硬质聚氯乙烯管材的定义和分类

根据国家标准 GB/T 5836.1—92 的规定,"建筑排水用硬聚氯乙烯管材"是指以聚氯乙烯树脂为基料,添加适量助剂,经挤出成型的硬聚氯乙烯管材。根据聚氯乙烯塑料中是否添加增塑剂及增塑剂添加数量不同分为软质聚氯乙烯和硬质聚氯乙烯。硬质聚氯乙烯管一般是添加很少邻苯二甲酸二辛酯等增塑剂的聚氯乙烯管。国外通常将硬质聚氯乙烯管材分为下列三种类型:

Ⅰ型:普通硬质聚氯乙烯管,应用广泛;

Ⅱ型:添加改性剂的硬质聚氯乙烯管,以降低成本或提高某项性能,即改性硬质聚氯乙烯管;

Ⅲ型:由氯化聚氯乙烯树脂制成的管材,具有良好的抗冲击和耐热性能。

②硬质聚氯乙烯管材的性质

热性质。硬质聚氯乙烯管的线膨胀系数很大,几乎比钢大 5~7 倍,约为 5.9×10^{-5}/℃,随着温度的升高,硬聚氯乙烯管的强度成直线下降;温度降低时,硬聚氯乙烯管的耐冲击强度降低。因此,Ⅰ型硬聚氯乙烯管的使用不宜超过 60℃。如超过 60℃时,必须采用 Ⅲ 型硬管。在低温使用时,硬聚氯乙烯管要避免受冲击。

耐化学腐蚀性。硬聚氯乙烯管有良好的耐化学腐蚀性能,如耐酸、碱、盐雾等;在耐油性能方面超过碳素钢,在耐低浓度酸性能方面也超过不锈钢和青铜,且不受土壤和水质的影响。但硬聚氯乙烯管不耐酯和酮类以及含氯芳香族液体的腐蚀。

耐久性。硬 PVC 管材与钢管相比,钢管质硬而坚固,但其易受酸、碱等化学物质的腐蚀,实际使用寿命不长;特别是使用在潮湿地方时一般寿命仅为 5~10a。如果使用硬聚氯乙烯管,只要合理选择配方,可获得良好耐候性的硬聚氯乙烯管,它铺设在地下时,不受潮湿、水分和土壤酸碱度的影响,不导电,对电介质腐蚀不敏感。世界各国的应用实践证明,硬聚氯乙烯管在不同的使用条件下,寿命可达 20~50a。

力学性能。硬聚氯乙烯管具有较好的抗拉抗压强度,但其柔韧性不如其他塑料管,其强度不如钢管,因此,在要求耐冲击的环境中,一般采用改性耐冲击的硬聚氯乙烯管。

阻燃性。由于聚氯乙烯本身难燃,硬管配方中包含相当数量的无机物填料和增韧聚合物或含氯、磷、溴的增塑剂,它们能起阻燃作用。因此,硬聚氯乙烯管具有自熄性能。

毒性。所谓聚氯乙烯管毒性,是指聚氯乙烯树脂中的残留单体氯乙烯和有毒稳定剂中的铅、镉含量超过规定限量。氯乙烯和铅、镉在水中会从管道中析出,从而危害环境和人类的健康,并有致癌的可能性,因此,使用硬聚氯乙烯管作为饮水管,是不安全和不卫生的,对此曾引起人们的担心。世界各地对此进行了大量的研究工作,解决的方法首先是从树脂中排除氯乙烯残留单体,二是采用双螺杆挤出机生产硬聚氯乙烯管,以图大幅度减少含铅、镉稳定剂的用量,从而保证管材中铅、镉的析出能在国家规定的指标以下。

③管材技术要求和应用

GB/T 5836.1—92《建筑排水用硬聚氯乙烯管材》规定了 PVC-U 管材的产品分类、技术要求、试验方法、检验规则、标志、包装、运输和贮存。

产品规格。管材规格用 d_e(公称外径)× e(公称壁厚)表示,如图 7.1 所示。按 GB 8806—1988 规定测定管材平均外径和壁厚,并计算外径偏差和壁厚偏差。

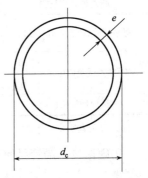

图 7.1　管材的公称外径和公称壁厚

技术条件规定管材长度为(4 ± 0.01)m 和(6 ± 0.01)m。长度也可由供需双方协商确定。表 7.1 示出了管材的规格尺寸与偏差。

技术要求。

a. 颜色。管材颜色一般为灰色,其他颜色可由供需双方商定。

b. 外观。管材内外壁应光滑、平整,不允许有气泡、裂口和明显的痕纹;凹陷、色泽不均及分解变色线等缺陷。管材的两端面应与轴线垂直;直线度公差小于 1%;壁厚在同一断面偏差不得超过 14%。按 GB 8805—1988 测定管材弯曲度。

c. 物理力学性能。管材物理力学性能应满足表 7.2 要求。

表 7.1　管材规格尺寸及偏差要求　　　　　　　（mm）

公称外径 d_e	平均外径 极限偏差	壁厚 e		长度 L	
		基本尺寸	极限偏差	基本尺寸	极限偏差
40	+0.3~0	2.0	+0.4~0	4000 或 6000	±10
50	+0.3~0	2.0	+0.4~0		
75	+0.3~0	2.3	+0.4~0		
90	+0.3~0	3.2	+0.6~0		
110	+0.4~0	3.2	+0.6~0		
125	+0.4~0	3.2	+0.6~0		
160	+0.5~0	4.0	+0.6~0		

表 7.2　管材物理力学性能指标要求

项　目		指　标		检 测 标 准
		优等品	合格品	
拉伸屈服强度(MPa)		≥43	≥40	GB 8804.1—1988
维卡软化温度(℃)		≥79	≥79	GB/T 8802—2001
断裂伸长率(%)		≥80	—	GB 8804.1—1988
扁平试验,压至外径 1/2 时		无破裂	无破裂	GB/T 5836.1—1992 GB 8804.1—1988
落锤冲击试验(TIR)	20℃	TIR≤10%	9/10 通过	GB/T 14152—2001
	0℃	TIR≤5%	9/10 通过	
纵向回缩率(%)		≤5.0	≤9.0	GB 6671.1—2001

注:TIR 为真实冲击率

④硬聚氯乙烯管材使用中存在的问题及解决途径

噪音。普通 PVC 排水管的噪音大于铸铁管,对于采用明装管道,这种情况则更为明显。目前解决该问题的两条途径是改变水流条件或提高管材材质的隔音效果。为此,内壁设有导流螺旋凸起的螺旋管、芯层发泡管和空壁管、芯层发泡螺旋管、空壁螺旋管(如图 7.2 至图 7.4 所示)等开始抢占市场。

在使用状态下,螺旋管内下水沿管材内壁贴壁流动,从而减小了各个方向水

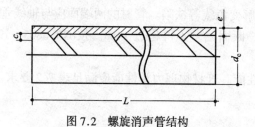

图 7.2　螺旋消声管结构

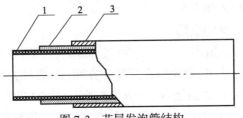

图 7.3　芯层发泡管结构

1,3—内外皮层；2—发泡芯层

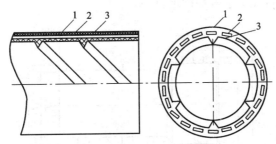

图 7.4　空壁螺旋管结构

1—管壁；2—空壁腔；3—螺旋加强筋

流之间及水流对管壁的冲击,另外芯层发泡管的多空部分、空壁管的中空结构对声波的阻尼作用都被认为是降低噪音的主要原团。

　　水通量。水力学上,塑料管因内壁光滑、阻力小、水流速度大,其立管通水能力大于铸铁管的观点正受到挑战。相反,认为这些"优点"恰为不利因素,水流速度大使管内空气压差、压力波动加大,最终导致通水能力下降的观点已得到更多人的认同,不少理论推证、试验测定甚至于工程实例对此也提供了支持,并提出应采取"消能"措施或增加管内壁的粗糙度等方法来提高通水能力。

　　UPVC 螺旋管的内壁结构在这方面也提供了一定的优势。由于螺旋肋的导流作用,下水沿管内壁螺旋下落,降低了流速,并在管中形成通气柱,从而降低了管内压差及压力波动,提高了排水能力。但上述的水通量包括噪音的测试结果毕竟是在某种特定状态下进行的,实际应用中的水流状态、声波传递等受多种因意的影响,因此现仍有不少人对此提出疑问。

　　防火。大家知道,UPVC 是难燃的,但难燃性的 UPVC 管并不意味着可以防火。在目前,国内几种建筑塑料管道的工程设计、施工规程里有关结水管中众多聚烯烃类的可燃材料尚未提出防火要求,但对在高层建筑中应用的 PVC 排水管却有明确的规定。其中塑料排水管管径较大的,遇热熔融塌落易造成管井或楼板贯穿,使火焰和 PVC 分解产生的烟毒气上串导致火灾蔓延。为此设计规定,需在 UPVC 管外每一层穿楼板处再加装相当长度的防火套管及阻火圈防火抑烟。但这将使工程投入加大。

⑤硬聚氯乙烯管材的应用

PVC-U 塑料管材是国内外应用最为广泛的塑料管道,主要用于建筑排水、给水、落水、排污、穿线、通风、农业输水灌溉等方面(详见表7.3),尤其在排污管中应用较广。其中 PVC-U 加强筋管(如图7.5所示)从20世纪80年代开始,已在发达国家排水、排污工程中得到广泛应用,逐步取代了传统水泥管和实心壁 PVC-U 管材,成为目前世界上最先进的埋地排水、排污管材之一。现已列为我国建设部小康住宅科技成果重点推广项目。

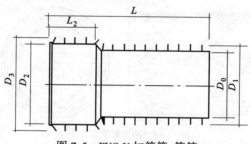

图7.5　PVC-U 加筋管、管筋

PVC-U 管材是国内发展较为成熟的一种塑料管材。目前,应用在排水工程占50%,给水管占5%,化工管占15%,穿线管占15%,通讯管占5%,农业排灌管占5%,其他占5%。其中双壁波纹管(如图7.6)主要用于室外埋地排水管、通讯电缆套管和农用排水管等处。这种管材管壁纵截面由两层结构组成,外层为波纹状,内层光滑,比实心壁厚管节省40%的原料,并且提高了管子承受外载荷的能力。

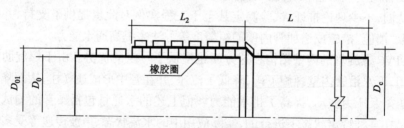

图7.6　双壁波纹管管材、承口

表7.3　各种塑料管的应用范围

管材名称	建筑排水	埋地排水	建筑给水	建筑雨水	给热水	采暖热水	燃气用	电工套管	城市供水	城市供热
PVC-U 实壁管	○	○	○	○	—	—	—	○	—	—
PVC-U 芯层发泡管	○	—	—	—	—	—	—	—	—	—
PVC-U 改性多层管	—	—	○	—	—	—	—	—	○	—
PVC-U 单壁波纹管	—	○	—	—	—	—	—	○	○	—
PVC-U 双壁波纹管	—	○	—	—	—	—	—	○	—	—

续表

管材名称	建筑排水	埋地排水	建筑给水	建筑雨水	给热水	采暖热水	燃气用	电工套管	城市供水	城市供热
PVC-U 超加筋管	—	○	—	—	—	—	—	—	—	—
PVC-U 缠绕-嵌接管	—	○	—	—	—	—	—	—	—	—
CPVC 管	—	—	○	—	—	—	—	○	○	—
HDPE 管	—	—	○	—	—	—	—	—	—	—
MDPE 管	—	—	—	—	—	—	○	—	—	—
LDPE 管	○	—	—	—	—	—	—	○	—	—
PEX 管	—	—	○	—	○	—	—	—	—	—
铝塑复合管	—	—	○	—	○	—	—	—	—	—
HDPE 单壁波纹管	○	○	—	—	—	—	—	○	—	—
HDPE 双壁波纹管	○	○	—	—	—	—	—	○	—	—
HDPE 超加筋管	—	○	—	—	—	—	—	—	—	—
HDPE 缠绕-嵌接管	—	○	—	—	—	—	—	—	—	—
均聚 PP 管	—	○	—	—	—	—	—	—	—	—
嵌段共聚 PP 管	—	—	○	—	○	—	—	—	—	—
PPR 管	—	—	○	—	○	○	—	—	—	—
PB 管	—	—	○	—	○	○	—	—	—	—
ABS 实壁管	—	—	○	—	○	—	—	—	—	—
ABS 芯层发泡管	○	—	—	—	—	—	—	—	—	—
玻璃钢管	—	—	—	—	—	—	—	—	○	—
玻璃钢夹砂管	—	○	—	—	—	—	—	—	○	—
衬塑或涂塑钢管	—	—	○	—	○	○	—	○	—	—
铝塑复合管	—	—	○	—	○	—	—	—	—	—
塑铜复合管	—	—	○	—	○	—	—	—	—	—
泡沫塑料保温复合钢管	—	—	—	—	○	○	—	—	—	—
塑料—金属复合缠绕管	—	○	—	—	—	—	—	—	—	—

注:○——可使用。

⑥硬聚氯乙烯管件

塑料管路通常由塑料管材、管配件两部分组成,其配合比例为 100∶(10～12)。塑料管件又称管配件,是指把管材与管材、管材与仪表、设备、阀门等相连接的管接件。建筑排水用硬 PVC 管件类型有:粘结承口、弯头、三通及四通、异径管和管箍、伸缩节、存水弯、立管检查口、清扫口、通气帽、排水栓、大、小便器连接件、地漏。图 7.7 所示为几种典型的管件。

45°弯头　　　　　　90°弯头　　　　　　135°弯头　　　　　　180°弯头
图 7.7　典型的 PVC-U 管件

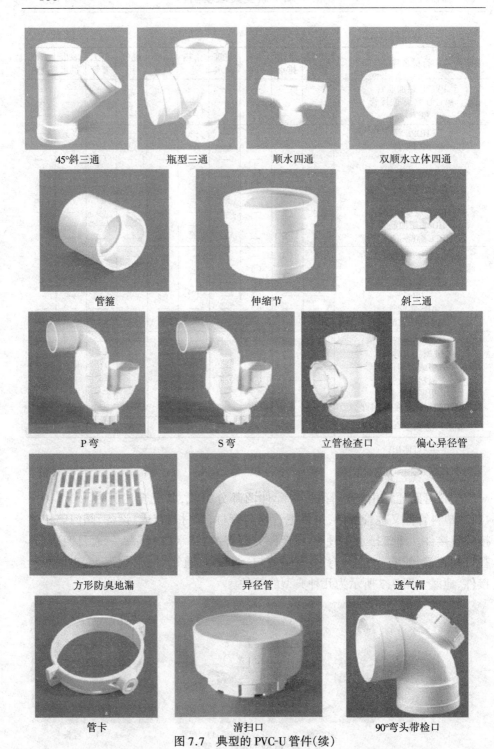

| 45°斜三通 | 瓶型三通 | 顺水四通 | 双顺水立体四通 |

| 管箍 | 伸缩节 | 斜三通 |

| P弯 | S弯 | 立管检查口 | 偏心异径管 |

| 方形防臭地漏 | 异径管 | 透气帽 |

| 管卡 | 清扫口 | 90°弯头带检口 |

图 7.7　典型的 PVC-U 管件(续)

管接件的制造一般采用注射成型或焊接成型,玻璃纤维增强塑料的管接件常用手糊或热压成型,大的法兰等可由硬质聚氯乙烯板材经机械加工而成。管配件在管道中,与管材承受着同样来自管内流体和管外环境的力学和化学作用,因此要求管件的强度等性能应与管材本身相似,管件的壁厚不得小于相应的管材壁厚。管件应完整无损,浇口及溢边平整,内外表面色泽均匀、平滑、无明显痕纹。建筑排水用硬聚氯乙烯管件采用标准为 GB/T 5836.2—92。本标准参照国际标准 ISO 3633《建筑物内排污、废水系统用硬聚氯乙烯(UPVC)管材及管件——规范》。

⑦硬聚氯乙烯管道的连接

塑料管路的质量好坏与配套的管接件有着密切的关系,但管材的连接方式也是影响管材连接质量的重要因素。

承插口连接是 PVC-U 管材的主要连接方式,另外,还有法兰连接和螺纹连接,缺少管件时也可采用接触(摩擦)焊,但 PVC-U 管材不能采用熔接连接。承插口连接分为使用粘合剂的承插口(俗称平直承插口,TS 法)和使用弹性密封圈的承插口(俗称 R 型承插口,R-R 法)。其中,以承插胶粘接口为最佳,是 PVC-U 管道连接的最理想接口,它具有强度高、耐压高、气密性可靠、工艺简单和经济性好等优点。但胶粘接口的承插管件和管子的公差配合要求较高。国外广泛将带弹性密封圈承插式接头用于硬质 PVC 管材的连接,这种连接方式既可拆卸,在一定压力范围下工作又十分可靠,管路可拆卸重复使用,已得到国际公认,是值得借鉴的施工方法。

管道承插粘结接口适用于管外径 d_e 为(20~200)mm 的管道连接,管道橡胶圈连接(R-R)法适用管外径 d_e 为(63~315)mm 管道连接。法兰连接法主要用于大口径 PVC-U 管与钢、铜管道、各种机械的金属接口的连接,PVC-U 管与金属管配件采用螺纹连接方法,其连接的 PVC-U 管径不宜大于 63mm。

(2)其他排水管材

①聚乙烯排水管。适于排水管用的以低密度聚乙烯管和高密度聚乙烯管为主,中密度聚乙烯因国内产量不多而很少应用。低密度聚乙烯(LDPE)耐腐蚀性好,质轻,柔软性好,小口径管可盘绕,便于运输,易于熔融焊接,安装方便,综合价格便宜。因而小口径管常用于经常移动的排水用管材,而大口径管则用于埋地排水管和下水道用管材。特大型 LDPE 管(直径在 2m 以上)则由滚塑成型,通常用作下水道的更新。高密度聚乙烯排水管(HDPE)是在每 1000 个碳原子中含有不多于 5 个支链的线性分子所组成的聚合物。在所有聚乙烯中,HDPE 的模量最好,渗透性最小,易于成型加工与安装,且价格便宜,以 HDPE 为原材,采用不同的生产工艺,可生产各种增强管,包括高密度聚乙烯缠绕增强管,主要用于远

距离低压输水、城市给排水、海水输送、农田灌溉和通风管道等,螺旋缠绕熔接高密度聚乙烯管和螺旋缠绕嵌接高密度聚乙烯管。

②聚丙烯排水管。用于建筑排水管的有普通聚丙烯管、高填充聚丙烯管和改性聚丙烯管。其特点是无毒、耐化学腐蚀、密度小,强度和耐热性比聚乙烯好,可在110℃连续使用。其致命弱点是耐候性差,特别不耐紫外光,因而聚丙烯排水管只能用于室内或地下掩埋,以避免阳光直照。

③玻璃钢管。通常将热固性树脂加增强纤维制成的材料称热固性复合材料或热固性复合增强材料。如果增强材料是玻璃纤维,那就是俗称的玻璃钢,用玻璃钢材料制成的管材称玻璃钢管,玻璃钢材料由于耐腐蚀及耐候性特别好,经常作户外用管,尤其是综合物理性能要求极好的大口径市政排污管材,玻璃钢管材根据成型方法不同,分为卷绕法玻璃钢管、缠绕法玻璃钢管、拉拔法玻璃钢管和玻璃钢夹砂管等。

2. 常用塑料给水管材

用于给水管材的第一个要求就是无毒、无味。特别是近年来给水的标准已经从供给普通自来水发展到了管道纯净水,因此,生产给水管材要考虑卫生指标。为了满足这一要求,用于给水管材较多的树脂为各种聚乙烯,如高密度聚乙烯和低密度聚乙烯,还有一部分热固性树脂。除此以外,铝塑复合管、铜塑复合管、钢塑复合管的应用也日益增多。

(1)硬聚氯乙烯管。根据 GB/T 10002.1—1996《给水用硬质聚氯乙烯管材》规定,本标准适用于以聚氯乙烯树脂为主要原料,经挤出成型的给水用硬质聚氯乙烯管材,它用于建筑内外给水管材,输送温度不超过45℃。为保证聚氯乙烯管不使水产生气味、颜色,所用的PVC树脂中氯乙烯单体的含量应小于1mg/kg,通常选用卫生级的 SG-4 或 SG-5 型树脂;各种配合剂都应无毒或极低毒性,各项卫生性能应满足表7.4的要求。

表7.4 饮用给水管的卫生性能

性 能 名 称	指 标
铅的萃取值	第一次小于1.0mg/L,第三次小于0.3mg/L
锡的萃取值	第三次小于0.02mg/L
镉的萃取值	三次萃取液的每次不大于0.01mg/L
汞的萃取值	三次萃取液的每次不大于0.01mg/L
氯乙烯单体含量	≤1.0mg/kg

(2)交联聚乙烯(PE-X)管。交联聚乙烯管以高密度聚乙烯作为主要原料,通过高能射线或化学引发剂的作用,将线型大分子结构转变为空间网状结构,从而

可使管材的性能得到改善。交联聚乙烯管由于具有很好的卫生性和综合力学物理性能,被视为新一代的绿色管材。在发达国家,自 20 世纪 80 年代起,已将交联聚乙烯管用于包括饮用水和热水在内的各类流体输送管道。现在交联聚乙烯管在西方国家继续得到广泛的应用。其主要特点是:

①适用温度范围宽,可以在 - 70 ~ 95℃下长期使用;

②质地坚实而有韧性,抗内压强度高,20℃时的爆破压力大于 5MPa,95℃时的爆破压力大于 2MPa,95℃下使用寿命长达 50 年;

③耐化学药品腐蚀性很好,耐环境应力开裂性优良,即使在较高温度下也能用于输送多种化学品和具有加速管材应力开裂的多种流体;

④不生锈,这是普通金属管材无可比拟的优点;

⑤管材内壁的表面张力低,使表面张力较高的水难以浸润内壁,可以有效地防止水垢的形成;

⑥无毒性,不霉留变,不滋生细菌,卫生性符合国家标准 GB/T 17219—1998《生活饮用水输配水设备及防护材料的安全性评价标准》规定的指标;

⑦管材内壁光滑,流体流动阻力小,水力学特性优良,在相同管径下,输送流体的流通量比金属管材大,噪音也较低;

⑧管材的导热系数远低于金属管材,因此其隔热保温性能优良,用于供热系统时,不需保温,热能损失小;

⑨可以任意弯曲,不会脆裂。在管材安装使用过程中,可以利用热风枪进行弯曲或取直;

⑩质量轻,搬运方便,安装简便轻松,非专业人员也可以顺利进行安装,安装工作量不到金属管材的一半。

PE-X 管的应用范围很广,包括建筑用冷热水供应系统、建筑用空调冷热水系统、民用住宅集中供暖系统、地面采暖系统、管道饮用水系统、家用热水器系统配管及各类接驳管、食品工业中饮料、酒类、牛奶等流体的输送管线等。

(3)无规共聚聚丙烯(PP-R)管。PP-R 管材是 20 世纪 80 年代末 90 年代初开发应用的新型塑料管道产品。此管材在输送 70℃的热水、长期内压为 1MPa 条件下使用寿命可达 50a,成为较理想的塑料冷热水管的专用料。PP-R 管道自投入生产及应用以来得到了较大的发展,产品主要用于建筑物冷热水系统,饮用水系统及板式(包括地板)采暖系统。PP-R 在饮用水、热水的塑料管材中所占比例仅次于交联聚乙烯管材,是国家推广应用的三大管材(PE-X 管、PP-R 管和铝塑复合管)之一。PP-R 管材的最新国家标准是 GB/T 18742.1—2002。

PP-R 管除具有一般塑料管材质量轻、强度好、耐腐蚀、使用寿命长等优点外,还具有以下主要特点:

①无毒、卫生属绿色建材。PP-R 分子仅由碳、氢元素组成,无毒性,卫生性能可靠。使用 PP-R 管可以免去使用镀锌管所造成的内壁结垢、生锈等引起的水质"二次污染"。

②耐热、保温属节能产品。PP-R 管最高使用温度为 95℃,长期(50a)使用温度为 70℃,可满足建筑给水设计规范中规定的热水系统使用。PP-R 管导热系数为 0.21W/m·K,仅为钢管导热系数的 1/200,用于热水系统及采暖系统将大大减低热量损耗,故具有较好的保温性能,可节约大量能源。另外在夏季高温、高湿度气候条件下,也可减少给水管外壁结露的可能性。

③管道系统的连接安装方式简单、可靠。由于 PP-R 管材和管件可采用同一牌号的原料加工而成,具有良好的热熔焊接性能,可采用热熔连接。

④不锈蚀、耐磨损、不结垢。PP-R 管材和管件不被大多数化学物质腐蚀,可在很大的温度范围内承受 pH 值范围在 1~14 的高浓度酸和碱的腐蚀。PP-R 管材及管件内壁均匀光滑,流动阻力小且不结垢。这一特性可在很大程度上减少流程损失,增加流体输送量。

⑤防冻裂。PP-R 材料优良的弹性使得管材和管件截面可随冻胀的液体一起膨胀,从而吸收冻胀液体的体积而不会胀裂。

⑥原料可回收性。PP-R 管材在生产及施工过程中产生的废品可回收利用,废料经清洁、破碎后可直接用于生产管材。在回收料使用量不超过总量 10% 的情况下,不会影响制品质量。原料的可回收性,除了可降低生产成本外,还可免除废料对环境造成的影响,此优点是 PE-X 管和铝塑复合管所不具备的。

⑦加工成本低。PP-R 管材生产工艺过程简单,可采用标准挤出机和机头。

(4)聚丁烯(PB)管。聚丁烯兼有聚丙烯和聚乙烯的优点。既有聚丙烯那样的耐环境应力开裂性及很高的抗蠕变件,又有聚乙烯那样的韧性,同时,还具有一些弹性体的特点。耐热性与抗热变形能力、抗冻性、抗脆化能力都很好,非常适于在冷热交变的供暖场合应用。据资料报道,它可在 −30~100℃ 环境下长期应用。还有一个很显著的优点是聚丁烯管能在常温下耐大多数化学品,有常温下耐酸、碱能力,并且它的耐湿性和电绝缘性也很好。

聚丁烯材料是环保材料,废弃物可粉碎后重复利用,并且,它在燃烧过程中也不会产生有害气体。用聚丁烯制成的建筑管材柔韧性好、无毒无害、不会和环境及其他建筑材料发生化学反应。耐腐蚀,不结垢,受热不变形,冻结不脆裂,质量比金属管轻得多,施工又方便简单。它可制成各种直径的管材,是可用于低温及辐射采暖的先进管材。

(5)丙烯腈-丁二烯-苯乙烯(ABS)管。ABS 树脂是丙烯腈、丁二烯、苯乙烯的共聚物,其优点是能表现出三种单体的协同效应。它集丙烯腈的耐油、耐热、耐化学品腐蚀,丁二烯卓越的柔性、韧性,聚苯乙烯的刚性和加工流动性等特点为一体,使 ABS 成为一种刚韧坚固、耐油、耐热、耐腐蚀等综合性能优秀且性能价格比也很优越的工程材料,它应用的领域很广,用 ABS 制作暖气管可替代金属管且应用前景十分广阔

(6)铝塑复合管。铝塑复合管一般为五层复合结构(塑料/粘结剂/铝/粘结剂/塑料),即内外层是聚乙烯,中间层是铝材。内外层的聚乙烯或交联聚乙烯具有优异的耐高低温性、耐老化性、耐环境应力开裂性、无毒、无味、耐腐蚀、无污染、质轻、耐用及保温、隔热等优点,中间的铝层起加强作用,使管材具有很高的耐压、耐冲击及良好的弯曲性,可在许多领域取代金属管。铝塑复合管在许多应用领域得到迅速推广,可广泛用于自来水、采暖及饮用水供应系统用管(采暖系统包括地面辐射采暖);煤气、天然气及管道石油气室内输送用管;空调冷却管、电线电缆用管、化学化工用管以及食品加工的液体输送管等领域。

铝塑复合管的分类方法很多,常见的有以下几种:

①根据铝塑复合管塑料层的种类不同,可将其分为冷水型和温水型两种。冷水型铝塑复合管内外层塑料是由管材专用高密度聚乙烯加工而成;温水型铝塑复合管内外层塑料是由交联高密度聚乙烯加工而成,可耐 95℃以上的介质温度。

②按照 ASTMF 1335 标准,根据塑料与铝材的不同组合可将铝塑复合管分为四类(如图 7.8 所示)。第一类和第二类主要用于较高温度及较高压力场合;第三类和第四类主要用于较低温度和较低压力场合,或用于煤气输送等。

③根据铝塑复合管中间层铝管焊接方法的不同,可将铝塑复合管分为搭接式焊接和对接式焊接两种。搭接式铝塑复合管铝管结构如图 7.9 所示,铝带卷成带有重叠部分的带缝铝管后再进行焊接;对接式铝塑复合管铝管结构如图 7.10 所示,铝带经成型装置卷成对缝形式的铝管后再进行焊接。

铝塑复合管的特殊结构决定了这种管材兼有塑料管与金属管的双重特性。其主要性能优点如下:

①物理机械性能优良。铝塑复合管具有较好的耐压、耐冲击、抗破裂性能;具有良好的电磁屏蔽及抗静电性能;具有良好的耐热性能及保温性能。

②耐腐蚀。内外壁为化学稳定性非常高的聚乙烯或交联聚乙烯,不仅在水中不会被腐蚀,而且可抵御强酸强碱等大多数腐蚀性化学液体,可用于输送各种腐蚀性液体、气体等。

③具有较强的塑性变形能力,不反弹,且不用加热,能在大于 $5D$(D 为管直径)的半径范围内任意弯曲并能保持变形后的形状。这一特点对于成盘收卷的铝塑管用于室内明管施工尤为重要,连续盘绕长度可达 200m 以上。

④阻隔性好。焊接密实的铝管可完全阻止管壁内外气体的渗透。

⑤密度小、重量轻。同样管径及长度的管材、铝塑复合管约为钢管质量的1/7,相同流径的铝塑复合管重量是钢管的1/3。

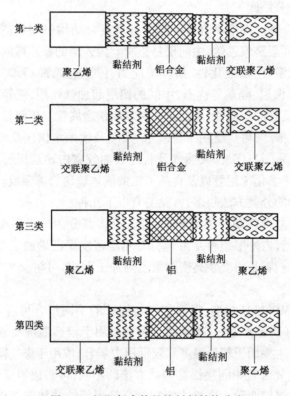

图 7.8　铝塑复合管的按材料结构分类

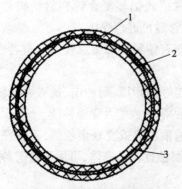

图 7.9　搭接式铝管结构
1—聚乙烯,2—铝,3—聚乙烯

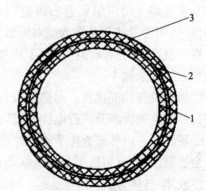

图 7.10　对接式铝管结构
1—聚乙烯,2—铝,3—聚乙烯

⑥水力性好。铝塑复合管内壁光滑,输送流体阻力小,不易结垢,可保证供

水的洁净。同时其水通量比相同直径金属管增加 30%,还有该管材层具有一定的弹性,能有效减弱供水中的水锤现象,消除流体压力冲击,降低噪音。

⑦耐候性能好。铝塑复合管耐温性能及防老化性能都很好,脆化湿度低,防紫外线,热老化能力强,在高温和强紫外线辐射条件下的使用寿命长达 50a。

⑧卫生性能好。铝塑复合管内层为卫生级的聚乙烯,无任何毒性,加工中又不加任何含铅类等重金属的稳定剂,不含有害成分及增塑刑,不会发生霉变或滋生微生物,洁净卫生。中间铝层隔绝氧气 . 气体渗透率为 0,经国家卫生防疫部门检测,完全符合 GB 5749《生活饮用水卫生标准》的要求,是理想的饮水、饮料及医用氧气管道。

⑨安装性能。安装简便,不必套丝、切割、连接十分容易,连续敷设长度可达几十米、几百米,接头少。能自由弯曲,减少弯头。

⑩其他性能。美观:铝塑复合管外壁塑管带有不同颜色,明管施工不需涂漆;易于探测:带有金属铝,暗埋施工后容易被探明位置;价格适中:成本比镀锌钢管略高,但比铜管低很多。

二、塑料门窗

塑料门窗最早是由当时西德的 Nobel 与 Hoechst 公司于 1959 年首先发明并投产的。到 1985 年德国 PVC 塑料门窗上升为 52%,而木门窗下降为 34%,1990年塑料门窗占 55% 左右,目前德国塑料门窗的产量、质量、生产技术、设备的先进程度等方面均处于领先地位,并得到世界各国公认。塑料门窗在西欧一些国家应用比较普遍,英国塑料门窗市场占有率为 15% ~ 17%,丹麦、瑞士为 10% 以上。加拿大 1960 年开始与原西德同时起步生产塑料门窗,因地处北方,冬季气候寒冷,使用率逐年上升,目前市场占有率已超过 35%。美国 1962 年从意大利引进塑料门窗技术,1976 年又从原西德引进技术,目前预计年需塑料窗 25 万 t,是建材产品中增长速度最快的产品。澳大利亚塑料门窗的发展速度可与原西德并驾齐驱,市场占有率达 60% 以上,是使用率最高的国家。日本 1969 年开始进行研究,开始主要用于北海道等寒冷地区以达到节能保温的目的,1975 年为了节能,又开发了气密性高的 PVC 塑料内窗代替木窗,效果明显。1979 年"石油危机"之后,日本加快了发展速度,目前在日本北方地区的市场占有率已超过40%。

我国塑料门窗的研制和发展,最早始于 1960 年,由北京化工研究院首先进行过塑料门窗的试验工作。1970 ~ 1972 年,天津市建筑科学研究所研制出截面与木门窗型材相同,壁厚在 3mm 左右的中空单腔挤出型材,曾试用于某些地下建筑工程。1985 年前后,塑料门窗开始出现了快速度发展,1987 年仅轻工系统,就引进了门窗型材生产线150余条,经过几年的发展,国内就形成1670余条生产线,组装门窗生产线1500余条,组装能力达到2300万 m²/a,生产能力达30万t/a,因推广应用比较困难,1994年的实际产量仅为5万 t/a,市场占有率为1.5%。1995年后产量和应用量以每年一万多吨的速度递增,达到6万 t/a,1996年为7万 t/a,达到欧洲年产量的1/3,全国塑料门窗的使用比例比1995年的4%翻一番达到8.75%。2000年全国平均应用比例已突破15%的目标。

塑料门窗是以树脂为主要原料,加上一定比例的稳定剂、填充剂、着色剂、紫外线吸收剂等添加剂,先经挤出成为型材,然后通过切割、焊接等方式制成门窗框扇,再配装上橡塑密封条、毛条、五金件等而制得的。另外为增强型材的刚性,当超过一定长度时,型材空腔内需要填加钢衬(加强筋),称之为塑钢门窗。目前,世界上已开发出三种材质的塑料门窗:聚氯乙烯(PVC)塑料门窗、玻璃纤维增强不饱和聚配(GUP)塑料门窗和聚氨基甲酸酯(PUR)硬质泡沫塑料门窗。其中聚氯乙烯塑料门窗所占比例最大,约90%以上。表7.5示出了塑料门窗与其他材料门窗的优缺点比较。

表7.5　不同材料门窗的优缺点比较

门窗类型	优　点	缺　点
木门窗	加工制作简单,导热系数低,保温性好,绝缘性好,造价低廉	易燃,潮湿,雨水易引起腐烂、变形,密封性差,油漆、维护费用高,资源有限
钢门窗	强度高,不易变形,断面细小,采光面大,价格低廉	导热系数大,保温性差,密封性差,易锈蚀,维护费高,绝缘性差,生产能耗高
铝门窗	装饰性强,密封性好,断面轻巧,组装简便,价格适中	导热系数大,保温性差,不耐腐蚀,绝缘性差,生产能耗高,开关时有噪音
塑料门窗	密封性最佳,导热系数低,保温性好,耐腐蚀性强,能阻燃、自熄,耐老化性能好,寿命长,绝缘性好,装饰性强,质感舒适,资源充足,价格适中	安装工艺要求高,长期高热环境不宜采用,异型结构组装困难

与钢、木、铝合金门窗比较,塑料门窗的技术经济优势主要体现在:

(1)节能保温性好。就生产型材的能耗而言,塑料门窗的能耗最低,生产1t钢材的能耗为生产1tUPVC型材的4.5倍;而生产1t铝材的能耗为生产1tUPVC型材的8倍。在实际使用中,塑料门窗的热损失最小,塑料型材为多腔式结构,具有良好的隔热性能,传热系数很小,仅为钢材的1/357,铝材的1/1250。有关部门调查比较:使用塑料门窗的房间比使用木窗的房间冬季室内温度提高4~5℃;

(2)降低噪音。塑料型材本身具有良好的隔音效果,若采用双玻结构其隔音效果更理想,特别适用于闹市区噪音干扰严重,但需要安静的场所,如医院、学校、宾馆、写字楼等。塑料门窗的隔音性能符合 GB 8485《建筑外窗隔音性能分级及其检测方法》中的要求。

(3)气密性好。塑料门窗在安装时所有缝隙处都装有橡塑密封条和毛条,所以其气密性远远高于铝合金门窗。而塑料平开窗的气密性又高于推拉窗,一般情况下,平开窗的气密性可达一级,推拉窗可达二级。根据中国建筑科学研究院物理所检测,塑料门窗气密性高于铝、木、钢门窗 5 ~ 10 倍;塑料门窗的空气渗透性能一般为 2 级至 1 级,而木、钢门窗则为 5 级左右。因此,塑料门窗可用于一些有超净化要求的建筑上。

(4)耐腐蚀性好。塑料型材具有独特的配方,具有良好的耐腐蚀性,因此塑料门窗的耐腐蚀性能主要取决于五金件的选择,如选防腐五金件,不锈钢材料,其使用寿命是钢窗的 10 倍左右。因此塑料门窗特别适合在盐雾大的沿海地区、湿度大的南方地区和带有腐蚀性介质的工业建筑中使用。而在强腐蚀、大气污染、海水和盐雾、酸雨等恶劣环境下,钢窗难以适应,铝窗虽稍好,但耐久性差。

(5)性能稳定、耐候性好。长期困扰塑料门窗推广的老化、变形、耐候性差、变色等质量问题已有改善。国产 PVC 窗工作环境温度已达 – 50 ~ 55℃,又由于改进了配方,提高了产品的耐寒性,因此其高温变形、低温脆裂的问题已得到解决。塑料门窗可长期使用于温差较大的环境中,烈日曝晒、潮湿都不会使其出现变质、老化、脆化等现象。最早的塑料门窗已使用 30a,其材质还完好如初,照此推算,正常环境条件下塑料门窗使用寿命可达 50a 以上。

(6)防火性能好。塑料门窗不易燃,不助燃,能自熄,安全可靠,经公安部上海科学研究所检测氧指数为 47,符合 GB 8814《门窗框用聚氯乙烯(PVC)型材》中规定的氧指数不低于 38 的要求。

(7)绝缘性好。塑料门窗使用的塑料型材为优良的电绝缘材料,不导电,安全系数高。

(8)水密性好。塑料型材具有独特的多腔式结构,有特有的排水腔,无论是框还是扇的积水都能有效排出。塑料平开窗的水密性又远高于推拉窗,一般情况下,平开窗的水密性可达 2 级,保持未发生渗透的最大压力为 150Pa,符合 GB 7108《建筑外墙雨水渗透性能分级及检测方法》中 2 级的要求,推拉窗可达到 3 级。

(9)抗风压性好。在独特的塑料型腔内,可填加 1.2 ~ 3mm 厚的钢衬,根据当地的风压值、建筑物的高度、洞口大小、窗型设计来选择加强筋的厚度和型材系列,以保证建筑对门窗的要求。一般高层建筑可选用内平开窗或大断面推拉窗,抗风压强度可达 1 级或特 1 级;低层建筑可选用外平开窗或小断面推拉窗,抗风压强度一般在 3 级,都符合 GB 7106《建筑外窗抗风压性能分级及其检测方法》的要求。

　　(10)产品尺寸精度高,不变形性好。塑料型材材质细腻平滑、质量内外一致,无需进行表面特殊处理。易加工、易切割,焊接加工后,成品的长、宽及对角线公差均能控制在 2mm 以内,加工精度高,焊角强度可达 3500N 以上,同时焊接处经清角除去焊瘤,保证型材表面平整。

　　(11)易防护性好。塑料门窗不受侵蚀,不易变黄褪色,不受灰、水泥及胶合剂影响,几乎不必保养,脏污时,可用任何清洗剂洗涤,清洗后光洁如新。

　　(12)价格适中。与达到同等性能的铝窗、木窗、钢窗相比,塑料门窗的价格较经济实用。

1. 硬聚氯乙烯塑料门窗

(1)硬聚氯乙烯塑料窗

　　适用于由硬聚氯乙烯异型材组装成的固定窗、平开塑料窗、带纱窗的平开塑料窗、推拉塑料窗和带纱窗的推拉塑料窗。图 7.11 示意了常用窗开启方式。

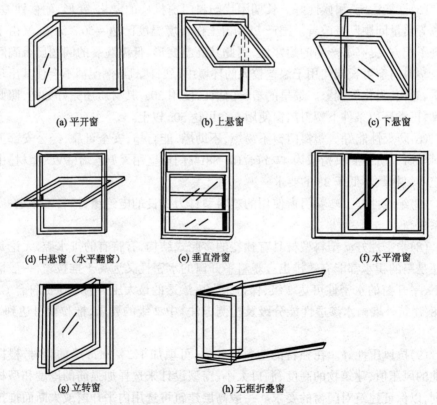

(a) 平开窗　　　　　　　(b) 上悬窗　　　　　　　(c) 下悬窗

(d) 中悬窗（水平翻窗）　　(e) 垂直滑窗　　　　　　(f) 水平滑窗

(g) 立转窗　　　　　　　(h) 无框折叠窗

图 7.11　常用窗开启方式示意图

　　①分类、规格和型号

　　按开启形式,窗可分为固定窗、平开窗(内开窗、外开窗和滑轴平开窗)和推拉窗(左右推拉窗和上下推拉窗)。

　　窗框厚度基本尺寸系列,如表 7.6 所示。表中未列出的窗框厚度尺寸,凡与基本尺寸系列相差在 ±2mm 之内的,均靠用基本尺寸系列。

表 7.6　窗框厚度基本尺寸系列　　　　　　　　(mm)

平开窗	45	50	55	60					
推拉窗				60	75	80	85	90	95	100

　　窗洞口尺寸系列与规格。窗的宽度、高度尺寸,主要根据窗框厚度、窗的力学性能和建筑物理性能要求以及洞口安装要求确定。窗洞口的规格代号见表 7.7 和表 7.8 所示。当采用组合窗时,组合后的洞口尺寸尚应符合 GB 5824《建筑门窗洞口尺寸系列》的规定。

表 7.7　平开窗洞口规格及其代号　　　　　　　　(mm)

洞口高	洞　口　宽						
	600	900	1200	1500	1800	2100	2400
600	0606	0906	1206	1506	1806	2106	2406
900	0609	0909	1209	1509	1809	2109	2409
1200	0612	0912	1212	1512	1812	2112	2412
1400	0614	0914	1214	1514	1814	2114	2414
1500	0615	0915	1215	1515	1815	2115	2415
1600	0616	0916	1216	1516	1816	2116	2416
1800	0618	0918	1218	1518	1818	2118	2418
2100	0621	0921	1221	1521	1821	2121	2421

表 7.8　推拉窗洞口规格及其代号　　　　　　　　(mm)

洞口高	洞　口　宽						
	1200	1500	1800	2100	2400	2700	3000
600	1206	1506	1806	2106	2406		
900	1209	1509	1809	2109	2409	2709	
1200	1212	1512	1812	2112	2412	2712	3012
1400	1214	1514	1814	2114	2414	2714	3014
1500	1215	1515	1815	2115	2415	2715	3015
1600	1216	1516	1816	2116	2416	2716	3016
1800		1518	1818	2118	2418	2718	3018
2100			1821	2121	2421	2721	3021

　　型材颜色。窗的型材颜色分为白色、其他色(宜用于非阳光直射处)和双色,其代号分别为 W、O、WO。

产品型号。产品型号由产品的名称代号、特性代号、主参数代号组成。如图7.7 所示。

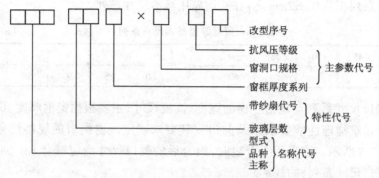

名称代号
- 型式
- 品种　名称代号
- 主称

特性代号
- 带纱扇代号
- 玻璃层数　特性代号

主参数代号
- 窗框厚度系列
- 窗洞口规格　主参数代号
- 抗风压等级
- 改型序号

图 7.12　塑料窗产品型号

名称代号:固定塑料窗(CSG);平开塑料窗(CSP);推拉塑料窗(CST)。

特性代号:玻璃层数(一层为 A、二层为 B、三层为 C);中空玻璃(K);带纱窗(S)。

主参数代号:窗框厚度系列(表 7.6);窗洞口规格(表 7.7 和表 7.8);抗风压等级(1、2、3、4、5、6 等级)。

产品型号示例:平开塑料窗,双层玻璃,带纱扇,窗框厚度 60 系列,洞口宽度 1500mm、洞口高度 1800mm,抗风压性能 2 级,第一次设计:CSP·BS60×1518—2。

②技术要求

材料。窗用型材应符合 GB 8814《门窗框用硬质聚氯乙烯(PVC)型材》的要求,窗用密封条应符合 GB 12002《塑料门窗用密封条》的要求。紧固件、钢衬、五金件的材质及规格应符合行业标准 JG/T 3018《PVC 塑料窗》的有关规定。

为了确保窗的抗风压等性能要求,窗框、窗扇的结构应具有必要的刚度。当门窗构件尺寸大于或等于表 7.9 规定的额定长度时,其内腔必须加衬增强型钢。另外,对五金件装配处及组合门窗拼接处,必须加入增强型钢。

聚氯乙烯塑料的缺点是抗弯强度低,即使从实体断面计算,其抗弯强度也仅为木料的 1/4,加之塑料门窗用异型材又多为中空结构,其抗弯强度更低。为了弥补这方面缺点,除了加大聚氯乙烯型材的断面尺寸,使塑料门窗型材断面比钢、铝、木门窗都大,并使断面形状的力学性能尽可能合理外,还有一个重要措施,就是在其主腔内加衬经防腐处理的增强型钢。

增强型钢最好用矩形钢管或 C 形型钢,其次就是 U 形型钢。目前我国一般采用 U 形型钢。在欧洲和日本增强型钢的壁厚一般都是 2mm,而我国一般采用的是 1.5mm 和 1.2mm 两种,1.5mm 厚的型钢专用于窗框分格的主要受力杆件中。增强型钢的规格、尺寸也要根据型材主空腔的规格、尺寸加工,松紧、长短要适宜,一般型钢的长度比型材短 10～15mm,以不影响端头焊接。

表 7.9　加衬增强型钢门窗构件额定长度值

门窗类型	型材系列	门窗框材(mm) ≥	门窗扇材(mm)		
			宽度	高度	中横竖框
固定窗、平开窗	50、58	1300	≥1200	≥1200	≥900
	45	1000	≥900	≥900	
推拉窗(扇料型材)	>45	1300	上≥1000 下≥700	≥1000	≥900
	<45	1300	上≥900 下≥700	≥900	
平开门	50、58	1200	≥1000	≥1200	≥900
推拉门	>60	1300	上≥1000 下≥600	≥1300	≥900

增强型钢插入塑料型材的方法有两种:一种是在不影响焊接的部位预先插入并紧固;另一种是插在十字形和 T 形焊连接部位。增强型钢应在塑料型材熔融后,焊板刚刚提起、对接刚开始时及时插入,待焊后紧固。增强型钢是通过紧固件使聚氯乙烯型材刚性增强的。固定每根增强型钢的紧固件不得少于 3 个,其间距应不大于 300mm,距型钢端头应不大于 100mm。紧固件采用 $\phi 4mm$ 的大头自攻螺钉或加放垫圈的自攻螺钉。

窗框外形尺寸根据洞口尺寸和墙面饰面层的厚度要求决定。一般窗框的高度、宽度应比洞口尺寸小 20～50mm。

定位铣孔。为使渗漏的雨水及时排出室外,应在适当的位置铣排水孔。一般要求排水孔是直径为 5mm、长为 20mm 的孔槽,其位置应距门窗框拐角约 100mm 处,进水孔与出水孔位置应错开 20～30mm,以防止风压大时水不易泄出,孔间距不得小于 600mm。排水孔不应设置在有增强型钢的腔内,也不能刺穿设置增强型钢的腔室。

安装玻璃时必须按要求安装玻璃垫块和窗角槽板。

窗的外观。窗的表面应平滑,颜色应基本一致,无裂纹、无气泡、焊缝平整,不得有影响使用的伤痕、杂质等缺陷。

窗的力学性能和建筑物理性能应符合各有关标准的规定。力学性能如表 7.10 和表 7.11 所示。抗风压、空气渗透、雨水渗漏、保温及隔声性能如表 7.12、表 7.13、表 7.14、表 7.15 和表 7.16 所示。

经过检验合格的塑料窗,在其表面贴塑料胶带保护膜,待建筑施工竣工后揭去。

表 7.10　平开塑料窗的力学性能

项　目	技　术　要　求			
锁紧器(执手)的开关力	≤100N 力矩≤10N·m			
开关力	平铰链	≤80N	滑撑铰链	≥30N≤80N
悬端吊重	在 500N 力作用下,残余变形不大于 2mm,试件不损坏,仍保持使用功能			
翘曲	在 300N 作用下,允许有不影响使用的残余变形,试件不损坏,仍保持使用功能			
开关疲劳	经不少于 10000 次的开关试验,试件及五金件不损坏,其固定处及玻璃压条不松脱,仍保持使用功能			
大力关闭	经模拟 7 级风连续开关 10 次,试件不损坏,仍保持开关功能			
角强度	平均值不低于 3000N,最小值不低于平均值的 70%			
窗撑试验	在 200N 力作用下,不允许位移,连接处型材不破裂			

表 7.11　推拉塑料窗的力学性能

项　目	技　术　要　求
开关力	≤100N
弯曲	在 300N 力作用下,允许有不影响使用的残余变形,试件不损坏,仍保持使用功能
扭曲	在 200N 作用下,试件不损坏,允许有不影响使用的残余变形
对角线变形	
开关疲劳	经不少于 10000 次的开关试验,试件及五金件不损坏,其固定处及玻璃压条不松脱
角强度	平均值不低于 3000N,最小值不低于平均值的 70%

表 7.12　窗的抗风压性能　　　　　　　　　　(W_q)

等　级	1	2	3	4	5	6
$W_{qq}(Pa)$	≥3500	<3500 ≥3000	<3000 ≥2500	<2500 ≥2000	<2000 ≥1500	<1500 ≥1000

注:表中取值是建筑荷载规范设计荷载取值的 2.25 倍。

表 7.13　窗的空气渗透性能　　　　　　$q_0[m^3/(h·m)]$

窗　型	等　　　级				
	1	2	3	4	5
平开窗	≤0.5	>0.5 ≤1.0	>1.0 ≤1.5	>1.5 ≤2.0	
推拉窗		≤1.0	>1.0 ≤1.5	>1.5 ≤2.0	>2.0 ≤2.5

注:表中数值是压力差为 10Pa 时单位缝长空气渗透量。平开塑料窗单位缝长空气渗透量的合格指标为不大于 2.0m³/(h·m);推拉塑料窗单位缝长空气渗透量的合格指标为不大于 2.5m³/(h·m)。

表 7.14　窗的雨水渗漏性能 △P

等　级	1	2	3	4	5	6
$\Delta P_q(Pa)$	≥600	<600 ≥500	<500 ≥350	<350 ≥250	<250 ≥150	<150 ≥100

注:在表中所列压力等级下,以雨水不进入室内为合格。塑料窗雨水渗漏合格指标为不小于100Pa。

表 7.15　窗的保温性能 $K_0[W/(m^2 \cdot K)]$

窗　型	等　级			
	1	2	3	4
平开窗	≤2.00	>2.00 ≤3.00	>3.00 ≤4.00	>4.00 ≤5.00
推拉窗		≤3.00	>3.00 ≤4.00	>4.00 ≤5.00

注:塑料窗保温性能的合格指标为 K_0 值不大于 $5.00W/(m^2 \cdot K)$。

表 7.16　窗空气声计权隔声性能 $K_0[dB]$

窗　型	等　级		
	1	2	3
平开窗	≥35	≥30	≥25
推拉窗		≥30	≥25

注:塑料窗隔声性能的合格指标为不小于25dB。推拉塑料窗隔声性能指标也可按协议确定。

(2)硬聚氯乙烯塑料门

适用于硬聚氯乙烯异型材组装成的平开塑料门及推拉塑料门,也适用于带纱窗的平开塑料门、固定塑料门、无槛平开塑料门和带纱窗的推拉塑料门。

①分类、规格和型号

按开启形式,塑料门分为固定门、平开门和推拉门。

门框厚度基本尺寸系列,如表 7.17 所示。表中未列出的窗框厚度尺寸,凡与基本尺寸系列相差在 ±2mm 之内的,均靠用基本尺寸系列。

表 7.17　门框厚度基本尺寸系列　　　　　　　(mm)

平开门	50	50	60						
推拉门				60	75	80	85	90	95	100

门洞口尺寸系列与规格。门的宽度、高度尺寸,主要根据门框厚度、门的力学性能和建筑物理性能要求,以及洞口安装要求确定。门洞口的规格代号见表 7.18 和表 7.19 所示。当采用门与窗、门与门组合时,组合后的洞口尺寸尚应符合 GB 5824《建筑门窗洞口尺寸系列》的规定。

表 7.18　平开门洞口规格及其代号　　　　　　　（mm）

洞口高	洞口宽						
	700	800	900	1000	1200	1500	1800
2100	0721	0821	0921	1021	1221	1521	1821
2400	0724	0824	0924	1024	1224	1524	1824
2500	0725	0825	0925	1025	1225	1525	1825
2700		0827	0927	1027	1227	1527	1827
3000			0930	1030	1230	1530	1830

表 7.19　推拉门洞口规格及其代号　　　　　　　（mm）

洞口高	洞口宽				
	1500	1800	2100	2400	3000
2000	1520	1820	2120	2420	3020
2100	1521	1821	2121	2421	3021
2400	1524	1824	2124	2424	3024

型材颜色。门的型材颜色分为白色、其他色(宜用于非阳光直射处)和双色，其代号分别为 W、O、WO。

产品型号。产品型号由产品的名称代号、特性代号、主参数代号组成。

名称代号:固定塑料门(MSG)，平开塑料门(MSP)，推拉塑料门(MST)。

特性代号:玻璃层数(一层为 A、二层为 B、三层为 C)，中空玻璃(K)，带纱窗(S)。

主参数代号:门框厚度系列(表 7.17)；窗洞口规格(表 7.18 和表 7.19)；抗风压等级(1、2、3、4、5、6 等级)。

产品型号示例:推拉塑料门，双层玻璃，带纱扇，门框厚度 90 系列，洞口宽度 1500mm、洞口高度 2100mm，抗风压性能 2 级。第一次设计:MST·BS90×1521—2。

②技术要求

材料:窗用型材应符合 GB 8814《门窗框用硬质聚氯乙烯(PVC)型材》的要求，窗用密封条应符合 GB 12002《塑料门窗用密封条》的要求。紧固件、钢衬、五金件的材质及规格应符合行业标 JG/T 3017《PVC 塑料门》的有关规定。门用增强型钢及其紧固件的表面应经防锈处理。增强型钢的壁厚应不小于 1.2mm，五金件应能满足门的机械力学性能要求。

门框外形尺寸根据洞口尺寸和墙面饰层的厚度要求决定。一般门框的高度、宽度应比洞口尺寸小 30～50mm。

塑料门的其他装配要求同塑料窗的装配要求。

　　门的力学性能和建筑物理性能应符合各有关标准的规定。力学性能如表7.20和表7.21所示。抗风压、空气渗透、雨水渗漏、保温及隔声性能如表7.22、表7.23、表7.24、表7.25和表7.26所示。

表 7.20　平开塑料门的力学性能

项　目	技　术　要　求
开关力	≤80N
悬端吊重	在 500N 力作用下,残余变形不大于 2mm,试件不损坏,仍保持使用功能
翘曲	在 300N 作用力下,允许有不影响使用的残余变形,试件不损坏,仍保持使用功能
开关疲劳	经不少于 10000 次的开关试验,试件及五金件不损坏,其固定处及玻璃压条不松脱,仍保持使用功能
大力关闭	经模拟 7 级风连续开关 10 次,试件不损坏,仍保持开关功能
角强度	平均值不低于 3000N,最小值不低于平均值的 70%
软物冲击	无破损,开关功能正常
硬物冲击	无破损

注:全玻璃门不检测软、硬物的冲击性能。

表 7.21　推拉塑料门的力学性能

项　目	技　术　要　求
开关力	≤100N
弯曲	在 300N 力作用下,允许有不影响使用的残余变形,试件不损坏,仍保持使用功能
扭曲	在 200N 力作用力下,试件不损坏,允许有不影响使用的残余变形
对角线变形	在 200N 力作用力下,试件不损坏,允许有不影响使用的残余变形
开关疲劳	经不少于 10000 次的开关试验,试件及五金件不损坏,其固定处及玻璃压条不松脱
角强度	平均值不低于 3000N,最小值不低于平均值的 70%
软物冲击	试验后无损坏,启闭功能正常
硬物冲击	试验后无损坏

注:无突出把手的推拉门不作扭曲试验。全玻璃门不检测软、硬物的冲击性能。

表 7.22　门的抗风压性能　　　　　　　　　　　　（W_c）

等级	1	2	3	4	5	6
W_{eq}(Pa)	≥3500	< 3500 ≥3000	< 3000 ≥2500	< 2500 ≥2000	< 2000 ≥1500	< 1500 ≥1000

注:表中取值是建筑荷载规范设计荷载取值的 2.25 倍。

表 7.23　门的空气渗透性能　　　　　　$q_0[\mathrm{m^3/(h\cdot m)}]$

2	3	4	5
≤1.0	>1.0 ≤1.5	>1.5 ≤2.0	>2.0 ≤2.5

注:表中数值是压力差为 10Pa 时单位缝长空气渗透量。空气渗透量的合格指标为不大于 $2.5\mathrm{m^3/(h\cdot m)}$。

表 7.24　门的雨水渗漏性能　　　　　　ΔP

等　级	1	2	3	4	5	6
$\Delta P_q(\mathrm{Pa})$	≥600	<600 ≥500	<500 ≥350	<350 ≥250	<250 ≥150	<150 ≥100

注:在表中所列压力等级下,以雨水不连续流入室内为合格。雨水渗漏性能的最低合格指标为不小于 100Pa。

表 7.25　门的保温性能　　　　　　$K_0[\mathrm{W/(m^2\cdot K)}]$

门　型	等　　　　级			
	1	2	3	4
平开塑料门	≤2.00	>2.00 ≤3.00	>3.00 ≤4.00	>4.00 ≤5.00
推拉塑料门		>2.00 ≤3.00	>3.00 ≤4.00	>4.00 ≤5.00

表 7.26　门的隔声性能　　　　　　(dB)

窗　型	等　　级		
	1	2	3
平开塑料门	≥35	≥30	≥25
推拉塑料门		≥30	≥25

(3)塑料门窗的安装基本要求

①塑料门窗安装采用后塞樘工艺。塑料门窗是用硬 PVC 塑料型材组装而成,因其材质较脆,型材壁薄,碰撞和挤压容易造成局部开裂和损伤。因此,塑料门窗的安装必须采用后塞樘的安装工艺,即先做好门窗口,在大面积抹灰后再安装门窗,最后进行洞口墙面的找补工作。

②应采用"弹性连接"方式安装塑料门窗。塑料型材的线膨胀系数是木材的 16 倍,气候变化时与墙体间存在不同步的膨胀和收缩,为了使塑料门窗安装后能自由伸缩,必须采用"弹性连接"方式。"弹性连接"主要方式有:采用"乙"形铁肋与墙体连接;门窗与墙体洞口内壁间留有 15 ~ 20mm 间隙,填塞弹性密封材料;墙面抹灰层不与门窗框材接触,间隙用弹性密封材料嵌缝。

2. 玻璃钢门窗

玻璃钢门窗是以不饱和聚酯树脂为基体材料,以玻璃纤维及其织物为增强材料,采用拉挤成型工艺生产的各种断面形式的中空型材(如图 7.13 所示),经定长切割后,再经机械加工,装配上连接件、密封件、玻璃及其他五金配件,并经过表面处理而制成的建筑产品或构件(如图 7.14 所示)。玻璃钢门窗具有以下特性:

图 7.13 玻璃钢型材   图 7.14 玻璃钢岗亭

(1)比强度、比模量高。采用拉挤成型工艺生产的玻璃钢门窗型材,其纤维含量达 60% ~ 80%,材料的密度为 $1.86g/cm^3$,其密度约为钢密度的 1/4,铝密度的 2、3。然而,该材料的比强度为钢的 5 倍,铝合金的 4 倍;比模量是钢和铝的 4 倍。玻璃钢门窗型材的强度是硬质 PVC 型材强度的十几倍。因此,玻璃钢门窗型材具有轻质、高强的特性,在保证结构的稳定性方面,是现有的其他材料所无法比拟的。

(2)抗疲劳性能好。玻璃钢中纤维与基体的界面能阻止材料受力所致裂纹的扩展,所以玻璃钢材料有较高的疲劳强度极限,从而保证了玻璃钢门窗使用的安全性和可靠性。

(3)减震性好。玻璃钢材料的比模量高,用其制成的门窗结构件具有高的自振频率,从而可以避免结构件在工作状态下的共振引起的早期破坏。并且由于玻璃钢中树脂与纤维间的界面具有吸振能力,使得材料的振动阻尼很高,这一特性有利于提高玻璃钢门窗的使用寿命。

(4)良好的耐腐蚀性。玻璃钢材料能耐海水和微生物的侵蚀,对各类酸、碱、有机溶剂及油类具有稳定性,是一种良好的耐腐蚀材料。

(5)隔热保温、节约能源。玻璃钢材料在室温下的热导率仅为 0.23 ~ 0.50W/(m·K),同时,玻璃钢门窗采用是中空多腔室结构,使热导率相应地降低,因此它具有隔热保温的功效,是一种节约能源的环保型材料。

(6)尺寸稳定性。玻璃钢型材的线膨胀系数为 $(0.7 ~ 6.0) \times 10^{-6}°C^{-1}$,比

硬质 PVC材料的线膨胀系数低很多,因此,玻璃钢门窗具有较高的尺寸精度,在安装和使用的过程中形状、规格、尺寸稳定。

(7)良好的绝缘性。玻璃钢的电阻率高达 $10^4\Omega\cdot cm$,能够承受较高的电压而不损坏。它不受电磁波作用,不反射无线电波,透微波性好。因此,玻璃钢门窗对通讯系统的建筑物有特殊用途。

(8)密封性好。玻璃钢材料的吸湿性很低,几乎不透水,玻璃钢门窗的框与扇之间采用搭接的方式装配,各缝隙处还装有耐老化性极佳的弹性密封条及其他配件,其密封性很好。此外,在窗框的适当位置还预留有排水孔,能有效地将雨水与冷凝水阻挡在室外。

(9)具有阻燃性。拉挤成型的玻璃钢型材中树脂含量低,并在加工的过程中加入了阻燃填料,所以该材料具有较好的阻燃性能,完全能满足各类建筑物防火安全的使用标准。

(10)表面质量好,易于保养及维护。拉挤成型的玻璃钢型材色泽均匀,表面致密、光滑。如果经过表面的二次加工后,可以覆以各种所需要的颜色,更有利于与周围环境的协调;在使用玻璃钢门窗的过程中,不需要特殊的保养与维护措施,可降低保养和维修费用,具有较高的经济效益。

7.2　装饰塑料制品

一、塑料墙纸和墙布

1. 塑料墙纸

塑料墙纸又称塑料壁纸,在国外已有近 50 年的生产和应用历史。我国是在20 世纪 70 年代开始引进生产线,实行工业化生产。它的图案变化多样．色彩艳丽,品种繁多,从外观上可仿制出任何质感的花纹,加:木纹、石纹、麻纹、布纹、织锦缎、瓷砖、红砖、土砖、叶脉纹、仿树皮等回归大自然的花纹以及仿金属膜和镜面等,可以达到以假乱真的效果。

塑料墙纸有很多类型,尤其近年来各种新型墙纸不断问世,一改过去传统的墙纸只起装饰作用,而发展成为耐水、防火、仿瓷、防静电、防霉、防污染、香型、防蚊虫等具有各种功能的多品种墙纸。

(1)分类和用途

根据发展的现状,一般把塑料墙纸分为三种类型:

①普通墙纸

以 $80g/m^2$ 的纸作基材,涂布或压延 $100g/m^2$ 的 PVC 糊状树脂,再经印花、压花而成。这种墙纸花色品种和花色都较多,有单色印花壁纸、复色印花壁纸(包括有光、亚光及平光印花)、压花壁纸、印花压花壁纸和套色压花壁纸等(图 7.15 和图 7.16),适用面广,价格适中。一般住户、公共建筑的内墙装饰均用这种墙纸。

图 7.15　单色发泡压花壁纸结构

(压花图案由许多不同方向的锯齿面在光线照射下反射形成,立体感不强)

图 7.16　印花壁纸结构

(可模仿许多天然材料,装饰效果好,价格较贵)

②发泡墙纸

以 $100g/m^2$ 的纸作基材,涂布或压延 $300 \sim 400g/m^2$ 掺有发泡剂的 PVC 糊状树脂,经印花后,再加热发泡而成。其中高发泡壁纸发泡倍率较高,表面呈富有弹性的凹凸花纹,是一种具有装饰、吸音消声功能的壁纸,多用作会议室、影剧院等墙面装饰;低发泡印花壁纸是在发泡平面上印有图案的品种;化学压花壁纸(化学浮雕)是在油墨印花后再发泡,使其表面形成具有不同色彩的凹凸花纹图案(见图 7.17、图 7.18、图 7.19 和图 7.20)。

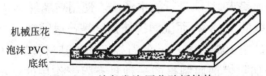

图 7.17　单色发泡压花壁纸结构

(发泡层较厚,压花可直接形成立体感强的图案,表面比较粗糙,不能反射光线形成织锦缎效果)

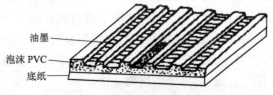

图 7.18　沟底压花壁纸结构

(花纹的立体感较强,兼有印花和压花壁纸的双重装饰效果。花纹是印在凹槽内的,所以不易磨损)

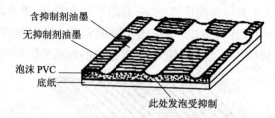

图 7.19 化学压花壁纸结构

(套色印刷后再发泡,加有发泡抑制剂颜色的图案,由于发泡受到抑制成为凹的图案,其他部分
均匀地发泡,可制得十分逼真的图案,面层上可再涂一层透明 PVC 保护层,生产成本增加)

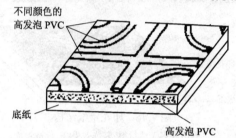

图 7.20 完全发泡壁纸结构

(与印花壁纸不同,图案不是用印刷油墨印上去的,
而是由不同色彩的高发泡 PVC 构成,立体感很强,有浮雕感。)

③特种墙纸

特种壁纸是指具有特殊功能的壁纸,它主要用于一些有特殊要求的场合。这类壁纸有耐水型、防火型、抗静电型、彩砂型等。

耐水型壁纸是用玻璃纤维布(毡)作基材,经涂塑加工而成的(除基材外,其他工艺与普通壁纸相同)。使用时再配以具有耐水性的胶粘剂,以适应卫生间、浴室等场地的装饰要求,且能进行洒水清洗。使用玻璃纤维毡作壁纸基材,其吸水率仅为普通壁纸的 19.8%,而湿润拉伸强度是普通壁纸的 15~20 倍。

防火型壁纸是用 $100~200g/m^2$ 的石棉纸作为基材,以 PVC 树脂作为面层并在 PVC 涂浆中添加阻燃剂而制得的一种具有阻燃作用的壁纸。主要适用于防火要求较高的建筑墙面装饰和木板面装饰。

彩色砂粒壁纸是在基材表面散布彩色砂粒,再喷涂粘结剂,使其表面具有砂鼓毛面的一种壁纸,适用于门厅、柱头、走廊等部位的装饰。

特殊装饰效果壁纸。该种壁纸是指面层采用金属彩砂、丝绸、麻毛棉纤维等制成的特种壁纸,它可使墙面产生光泽、散射、珠光等艺术效果,使被装饰墙面四壁生辉,可用于门厅、走廊、顶棚等的局部装饰。

其他种类壁纸。如金属基壁纸是在纸上涂布树脂,然后压以铝质薄膜而成,在美国和欧洲较受欢迎。隔热泡沫壁纸能使住房的热耗散减少 11%~9%,这种隔热壁纸一般有 6mm 厚,由三层组成,第一层为铝箔,中间层为泡沫塑料,第三层为高强度耐火皱纹牛皮纸。其隔热效果相当于 30mm 厚的矿棉。

特种壁纸在层面树脂的选用上,传统的用得最多的还是 PVC 树脂,另外也有用 PE、PU、PS 等树脂。今后塑料壁纸将向多功能发展,在满足基本的装饰功能条件下,要兼具其他功能,如透气性好、防霉防蛀、除臭、保温隔音等等。

(2)墙纸规格和技术性能要求

聚氯乙烯(PVC)塑料壁纸的质量标准由 GB 8945—88《聚氯乙烯壁纸》规定。

①目前市场上供应的墙纸品种繁多,但其规格都以其宽幅及长度来划分,大致分为三种规格。

窄幅:53～60cm,长 10～12m,每卷 5～6m^2,重 1～1.5kg;

中幅:76～90cm,长 25～50m,每卷 20～45m^2;

阔幅:92～120cm,长 50m,每卷 46～90m^2。

②每批墙纸要求花纹、颜色及光泽的一致性。墙纸表面不允许有气泡、色差、污渍及杂质,面积很小时,一般不能多于 3～4 处。压花墙纸的花纹应达到规定深度,不允许有光面。

③退色性试验:将试样在老化试验机内经碳棒光照 20h 后,不应有退、变色现象。

④耐磨性试验:用干的白布在磨擦机上磨擦 25 次,用湿的白布湿磨二次,都不应有明显掉色,即白布上不应沾色。

⑤抗张强度:纵向抗张强度应达到 6MPa,横向抗张强度应达到 5MPa;直角撕裂强度:纵向应达到 1.5MPa,横向应达到 1.5MPa。

⑥剥离强度:一般来说,以纸与聚氯乙烯层剥离时,不发生分层为合格。

2. 塑料贴墙布

贴墙布是用天然纤维或人造纤维织成的布为基料,表面涂以树脂,并印刷上图案色彩而制成,也可用无纺成型方法制成。贴墙布图案美观,色彩绚丽多彩、富有弹性、手感舒适,是一种使用广泛的室内装饰材料。目前,我国生产的主要品种有纸基织物壁纸、玻璃纤维印花贴墙布、无纺贴墙布、化纤装饰墙布、棉纺装饰墙布、织锦缎等。

(1)纸基织物壁纸。由棉、毛、麻、丝等天然纤维及化纤制成的各种色泽、花色的粗细纱或织物再与纸基层粘合而成。这种壁纸是用各色纺线的排列达到艺术装饰效果,有的品种为绒面,可以排成各种花纹,有的带有荧光,有的线中编有金、银丝,使壁面呈现金光点点,还可以压制成浮雕图案,别具一格。其特点是:色彩柔和幽雅,墙面立体感强,吸声效果好,耐日晒,不退色,无毒无害,无静电,不反光,且具有透气性和调湿性。适用于宾馆、饭店、办公大楼、会议室、接待室、疗养院、计算机房、广播室及家庭卧室等室内墙面装饰。

（2）麻草壁纸。以纸为基底，以编织的麻草为面层，经复合加工而制成的墙面装饰材料。麻草壁纸具有吸声、阻燃、散潮气、不吸尘、不变形等特点，并且具有自然、古朴、粗犷的大自然之美，给人以置身于原野之中，回归自然的感觉。适用于会议室、接待室、影剧院、酒吧、舞厅以及饭店、宾馆的客房等的墙壁贴面装饰，也可用于商店的橱窗设计。

（3）玻璃纤维印花贴墙布。以中碱玻璃纤维布为基材，表面涂以耐磨树脂，印上彩色图案而成。其特点是：玻璃布本身具有布纹质感，经套色印花后，装饰效果好，且色彩鲜艳，花色多样，室内使用不退色，不老化，防水，耐湿性强，可用肥皂水洗刷。价格低廉、施工简单、粘贴方便。适用于招待所、旅馆、饭店、宾馆、展览馆、餐厅、工厂净化车间、居民住宅等室内墙面装饰，尤其适用于室内卫生间、浴室等墙面的装贴。玻璃纤维印花贴墙布在使用中应注意，防止硬物与墙面发生摩擦，否则表面树脂涂层磨损后，会散落出玻璃纤维，损坏墙布。另外，在运输和贮存过程中应横向放置、放平，切勿立放，以免损伤两侧布边，影响施工时对花。当墙布有污染和油迹后，可用肥皂水清洗切勿用碱水清洗。

（4）无纺贴墙布。采用棉、麻等天然纤维或涤纶、腈纶等合成纤维，经无纺成型、涂布树脂、印刷彩色花纹等工序而制成。这种贴墙布的特点是：挺括，富有弹性，不易折断，纤维不老化，不散头，对皮肤无刺激作用，色彩鲜艳，图案雅致，粘贴方便，具有一定的透气性和防潮性，能擦洗而不退色，且粘贴施工方便。适用于各种建筑物的室内墙面装饰，尤其是涤纶无纺墙布，除具有麻质无纺墙布的所有性能外，还具有质地细洁、光滑等特点，特别适用于高级宾馆、高级住宅。

（5）化纤装饰贴墙布。以化学纤维织成的布（单纶或多纶）为基材，经一定处理后印花而成。常用的化学纤维有黏胶纤维、醋酯纤维、丙纶、腈纶、锦纶、涤纶等。所谓"多纶"是指多种化纤与棉纱混纺制成的贴墙布。这种墙布具有无毒、无味、透气、防潮、耐磨、不分层等特点。适用于各级宾馆、饭店、办公室、会议室及居民住宅。

（6）棉纺装饰墙布。以纯棉布为基材经处理、印花、涂布耐磨树脂等工序制作而成。该墙布强度大、静电小、蠕变性小、无光、吸声、无毒、无味，对施工人员和用户均无害，花型色泽美观大方。可用于宾馆、饭店及其他公共建筑和较高级的民用建筑中的装饰，适合于水泥砂浆墙面、混凝土墙面、白灰墙面、石膏板、胶合板、纤维板、石棉水泥板等墙面基层的粘贴或浮挂。棉纺装饰墙布还常用作窗帘，夏季采用这种薄型的淡色窗帘，无论其是自然下垂或双开平拉成半弧形式，均会给室内创造出清静和舒适的氛围。

（7）高级墙面装饰织物。指锦缎、丝绒、呢料等织物，这些织物由于纤维材料、织造方法及处理工艺的不同,所产生的质感和装饰效果也不相同,它们均能给人以美的感受。锦缎也称织锦缎,是我国的一种传统丝织装饰品,其上织有绚丽多彩、古雅精致的各种图案,加上丝织品本身的质感与丝光效果,使其显得高雅华贵,具有很强的装饰作用。常被用于高档室内墙面的浮挂装饰,也可用于室内高级墙面的裱糊,但因其价格昂贵,柔软易变形、施工难度大、不能擦洗、不耐脏、不耐光、易留下水渍的痕迹、易发霉,故其应用受到了很大的限制。丝绒色彩华丽,质感厚实温暖,格调高雅,主要用作高级建筑室内窗帘、软隔断或浮挂,可营造出富贵、豪华的氛围。粗毛呢料或仿毛化纤织物和麻类织物,质感粗实厚重,具有温暖感,吸声性能好,还能从纹理上显示出厚实、古朴等特色,适用于高级宾馆等公共厅堂柱面的裱糊装饰。

二、塑料装饰板

塑料板材(包括各种异型板材和复合板材)的种类很多。主要用于建筑护墙板、屋面板、平顶板。塑料护墙板和屋面板无论是单层的还是复合形式的,它们重量轻,因此能大大减轻建筑物的自重和负荷。塑料护墙板可以被加工成具有各种形状的断面和立面,并加以着色,因而用它做成的墙面富有立体感,具有独特的建筑效果。从施工安装方面来看,塑料护墙板和屋面板也有明显的优越性。它们是干法安装的,轻便灵活,大大减少了施工现场的湿法作业(抹灰、涂装、粘贴等)。它们的保养也很容易,甚至可以说是无需保养的材料。用来生产建筑用板材的塑料主要有硬质 PVC、PMMA(聚甲基丙烯酸甲酯)、GRP、PC(聚碳酸酯)。同时它们还可与其他材料复合制成复合板材,如纸质装饰层压板,塑料复合钢板,具有隔热材料芯材的复合板材等。

1. 硬质 PVC 护墙板和屋面板

作为护墙板和屋面板,除各种建筑上的要求,如隔热、防水、透光等外,首先要求它们有足够的刚性,能较简易地固定。对于硬质 PVC 板这类薄壁(1～2mm)板材,提高刚性最简单的办法就是将平板加工成波形板、异型板和格子板。

(1)硬质 PVC 波形板

这类板材有两种基本结构。一种是横向波形板,其宽度可为 800～1500mm,横向波形板的波形尺寸较小,这样可以卷起来,每卷长度可为 10～30m。另一种是纵向波形板,其宽度可为 900～1300mm,长度没有限制,但为便于运输,一股最长为 5～6m。硬质 PVC 波形板的生产常采用挤出成型法。彩色硬质 PVC 波形板可作外墙装饰,特别是阳台栏板和窗间墙,色彩鲜艳,给建筑物的立面增色不少。此外,PVC 波形板也大量用作屋面板,波纹板的断面如图 7.21 所示,国内目前大都为圆波板,一般波高为 15mm、波距为 63mm。

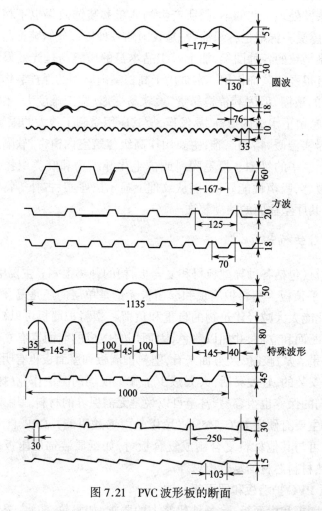

图 7.21　PVC 波形板的断面

　　硬质 PVC 波形板的厚度为 1.2～1.5mm。有透明和不透明两种,透明板的透光率为 75%～85%,可作采光用的屋面板,不透明的 PVC 波形板可任意着色,还可以印上木纹等装饰图案。

　　(2)硬质 PVC 挤出异型板(扣板)(图 7.22)

　　这类板材是用异型挤出的方法生产。它有两种类型,一种是单层异型板,它的断面是多种多样的,一般做成方形波,以增加立面上的线条,在它的两边采用钩槽或插入配合的形式使接缝看不出来。型材的一边有一个钩形的断面,另一边则有槽形的断面,连接时钩形的一边嵌入槽内,中间有一段重叠区,这样既能达到水密的目的,又能遮盖接缝,并且这种柔性连接还能充分适应型材横向的热伸缩。由于采取了重叠连接的方式,这种异型板又称为波叠板。为适应板材的热伸缩,这种异型板(扣板)的宽度不宜太大,一般为 100~200mm,长度虽没有限制,但为运输方便,最长为 6m,厚度为 1.0~1.5mm。

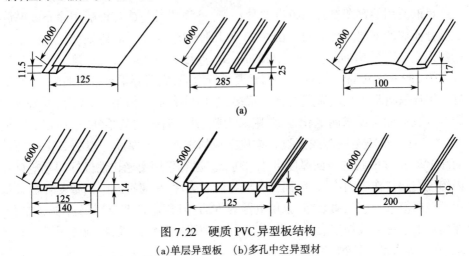

图 7.22　硬质 PVC 异型板结构
(a)单层异型板　(b)多孔中空异型材

另一种为中空异形材,一般为多孔薄壁结构,它的断面也是多种多样的,它们的连接一般采用企口的形式。

硬质 PVC 异型板可作建筑物内外墙的护墙扳,以及吊平顶。它的表面光洁,不积灰,容易清洁,机械性能好,不易损伤和磨耗,起保护和装饰墙体作用,同时提高了整体墙的隔音、隔热功能。

(3)硬质 PVC 格子板

格子板是将硬质 PVC 平板用真空成型的方法使平板变为具有各种立体图案的方形或矩形的建筑板材,这样板材的刚性大大提高,而且能吸收 PVC 的热伸缩,波形板和扣板只能吸收横向的热伸缩,而格子板则可吸收板面在纵横两方向的热伸缩,即当发生热伸缩时,格子板尖顶部的高度变化很小,所以格子板可以采用刚性方式固定,避免了板材因热收缩而发生开裂、扭曲和翘曲等现象。另外,格子板的立体感强。当阳光强射到格子板上时,其立体板面可形成迎光面和背光面的强烈反差,于是形成一阴影图案;当阳光照射的角度改变时,阴影图案也会随之改变,因此用格子板做的墙面或顶棚具有极富特点的光影装饰效果,富于变化。格子板一般为 500mm×500mm 的正方形单格子板,也有更大尺寸的,一块板上有两个以上格子的多格子板,厚度一般为 2~3mm。格子板常用作大型公共建筑,如体育馆、图书馆、展览馆等的墙面或吊顶。

2. 塑料金属复合板

塑料金属复合板包括塑料与镀锌钢板或铝板用涂布或贴膜法复合而成的复合板材和钢丝网泡沫塑料复合夹层板材等多个品种。它们兼有金属板的强度、刚性和塑料表面层优良的装饰性、防腐性等性能。

(1)钢塑复合板

目前使用的钢塑复合墙板有两种:一种是将塑料与镀锌钢板用涂布或贴膜法复合而成的钢塑复合板材。图 7.23 为几种钢塑复合板的典型结构。建筑用的塑钢板宽度为 610mm、914mm、1200mm 等,厚度为 0.4～1.5mm,镀锌钢板的镀锌量为 250～300g/m^2。背面和正面都要进行涂装,底漆要求有较强的附着力,最好是用环氧树脂。表面涂层的种类很多,常用的有聚酯树脂、PVC 糊、丙烯酸树脂等。表面涂层要求耐老化性好、附着力强,并要有一定的柔性,这样在二次加工,如弯曲时就不会脱落或开裂。涂装钢板的表面涂层厚度一般为 20μm 左右,而涂 PVC 糊或贴膜的表面厚度可达 100μm。也有采用耐老化性极好的氟塑料和丙烯酸类塑料作表面涂层,因而具有极好的耐久性、耐腐蚀性。钢塑复合板大量用于金属家具、汽车、集装箱、家用电器等方面,但在建筑上应用仍占 50% 左右,在建筑上它主要被加工成波形板,作为外墙护墙板和屋面板,特别适用于工业建筑、仓库等大型建筑物。

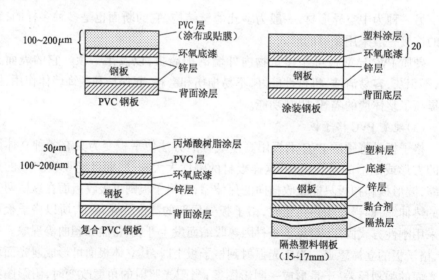

图 7.23　钢塑复合板的典型结构

(2)铝塑复合板

铝塑复合板(亦称铝塑板)是以铝合金薄板作为表层,以聚乙烯或聚氯乙烯塑料作为芯层或底层复合加工而成的。它有铝-塑-铝三层板或铝-塑双层复合板等品种。厚度一般有 3mm、4mm、6mm 或 8mm 几种。该种板材表面铝板经阳极氧化和着色处理,色泽鲜艳。由于采用了复合结构,所以兼有金属材料和塑料的优点,主要特点为重量轻,坚固耐久,比铝合金薄板有更强的抗冲击性和抗凹陷性;可自由弯曲,弯曲后不反弹,因此成型方便,沿弧面基体弯曲时,不需特殊固定,便可与基体良好紧贴,便于粘贴固定;由于经过阳极氧化和着色、涂装等表面处理,所以不但装饰性好而且有较强的耐候性;可锯、铆、刨(侧边)、钻、冷弯、冷折等,易加工、易组装、易维修、易保养等。

铝塑板是一种新型金属塑料复合板材,愈来愈广泛地应用于建筑物的外幕墙和室内外墙面、柱面和顶面的饰面处理,市场占有率迅速提高,大有取代玻璃幕墙之势。为保护其表面在运输和施工时不被擦伤,铝塑板表面都贴有保护膜,施工完毕后再行揭去。铝塑板的结构如图 7.24 所示。

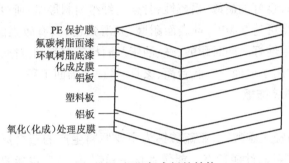

PE 保护膜
氟碳树脂面漆
环氧树脂底漆
化成皮膜
铝板

塑料板

铝板

氧化(化成)处理皮膜

图 7.24　铝塑复合板的结构

铝塑内墙板的质量要求侧重于隔声、防火表面加工的装饰效果。内墙板可用三层复合,也可用双层复合,厚度约 30mm,铝板可用 L5 – 1(含铝量为 99.00% 的普通工业纯铝)号铝合金板,板厚应不小于 0.2mm,芯板厚约为 2.6mm,芯板可用 PE 板或 PE 发泡板。外墙板主要对抗弯强度、色彩、耐候性及外观质量等方面要求比较严格。通常要求厚度不小于 4.0mm,三层复合,采用 LF21 号是 Al – Mn 系防锈铝的典型合金铝合金板,板厚不小于 0.5mm,芯板厚度应不小于 3.0mm。

3. 塑料贴面装饰板

塑料贴面装饰板又称三聚氰胺-甲醛(MF)塑料装饰板,以 MF 为基材,加入固化剂、填料、着色剂、润滑剂等可制得 MF 塑料,简称蜜胺塑料。具有较高的耐热性、耐湿性、吸水率低等特点,可在沸水条件下长期使用,有时使用温度可达150 ~ 200℃。蜜胺塑料制品表面硬度较高,耐污染,能像陶瓷那样方便地去除污渍,因而用途非常广泛,在建筑上常用作装饰层压板。三聚氰胺层压板为多层结构,即表层纸、装饰纸和底层纸。表层纸是一层很薄的透明纸,其主要作用是保护装饰纸的花纹图案,增加表面的光亮度,提高表面的坚硬性、耐磨性和抗腐蚀性。装饰纸是一层印刷好图案的纸,主要作用是提供花纹装饰和防止底层树脂渗透。底层纸是层压板的基层,一般为 8 层牛皮纸,其主要作用是增加板材的刚性和强度,要求具有较高的吸收性和湿强度,对于有防火要求的层压板还需对底层纸进行阻燃处理。有时在印刷纸与底层纸之间还有一层覆盖纸,防止底层中酚醛树脂的颜色渗至印刷纸上。通常底层纸用稀释的水溶性酚醛树脂液浸渍,表层纸、装饰纸和覆盖纸采用三聚氰胺甲醛树脂或改性三聚氰胺甲醛树脂液浸渍.然后经干燥,再将各层纸按顺序铺装叠加在一起,经高温高压(140~150℃,大于4.9MPa)作用,制成成品。三聚氰胺层压板的常用规格有:915mm×915mm、915mm×1830mm、1220mm×2440mm等。厚度有0.5mm、0.8mm、1.0mm、1.2mm、1.5mm、2.0mm以上等。由于三聚氰胺装饰板采用的是热固性塑料,因此与PVC等热塑性塑料相比,具有独特的性能特点:耐热性高,经温度100℃以上不软化、开裂和起泡,具有良好的耐烫、耐燃性;骨架是纤维材料厚纸,所以有较高的机械强度,其拉伸强度可达90MPa,且表面耐磨,光滑致密,具有较强的耐污性,污物很容易清除,卫生性好。同时耐酸、碱、油脂及酒精等溶剂的侵蚀,经久耐用。三聚氰胺装饰板常用于墙面、柱面、台面、家具、吊顶等饰面工程。

4. 其他塑料装饰板

(1)钙塑板

指以树脂和轻质碳酸钙、亚硫酸钙为主要原料生产的塑料板材。钙塑装饰板兼具木材和塑料的性能特点。能像木材一样锯、刨、钉,也能像纸一样印刷和粘贴,能加热软化乃至熔融塑化、热熔粘结。钙塑装饰板主要包括发泡钙塑板、钙塑硬板和增强钙塑板。高发泡钙塑装饰板是以PE树脂加上轻质碳酸钙及添加剂制成的。主要的添加剂有发泡剂、活化剂、润滑剂、着色剂等,经搅拌、混炼、塑化、模压、发泡成型,成型后表面可按要求涂装修饰或二次加工。发泡钙塑板具有轻软、保温、吸声、隔热功能。钙塑装饰板常用作公共建筑的顶棚与墙面饰材。

(2)有机玻璃装饰板

有机玻璃属热塑性塑料,是以甲基丙烯酸酯为主要原料,加入引发剂、增塑剂等制成。有机玻璃有极好的透光性,大约能穿透73%的紫外线和92%以上的太阳光线,它的机械强度较高,有很好的耐热、耐寒、耐蚀性和绝缘性,它易成型加工,尺寸较稳定。有机玻璃装饰板主要有透明、彩色和珠光三类,彩色有机玻璃装饰板中也有透明、半透明、不透明之分。有机玻璃板在建筑上主要用于装饰及制作广告牌等。

(3)玻璃钢波形瓦

以无碱玻璃纤维布和不饱和聚酯树脂为原料,用手糊法或挤压工艺成型的一种轻型屋面材料。其质量轻、强度高、抗冲击、耐腐蚀,有较好的电绝缘性、透光性,光彩鲜艳,成型简便,施工安装方便。玻璃钢波形瓦的品种按外形分为大波瓦、中波瓦、小波瓦和脊瓦;按材质分为阻燃型和透明型;按颜色分为本色和带色等。我国生产的玻璃钢波形瓦,长度一般为 1800 ~ 2000mm,宽度为 500 ~ 700mm,厚度为 0.8 ~ 2.0mm。广泛用于临时商场、凉棚、货栈、摊篷和车篷、车站月台等一般不接触明火的建筑物屋面。对于有防火要求的建筑物如货栈,应采用阻燃型树脂。

(4)塑料阳光板

塑料阳光板简称阳光板,又称玻璃卡普隆板。这种板材是用聚碳酸酯(PC)为原料,经挤出定型加工而成的。其种类有平板、中空薄板及波纹板(瓦楞板)等三种;色彩有全透明、无色、半透明乳白色或半透明彩色多种,透明板的透光率为 80%以上,着色板的透光率在 50%左右;厚度为 0.8 ~ 1.0mm,板宽有 600 ~ 2100mm 多种规格。阳光板具有:透光率高、透光性好、耐老化;隔热保温,尤其中空板效果好,隔音、难燃;冲击强度高,防结露;质量轻、施工安装容易,表面易于清洗。阳光板目前已广泛用于建筑、市政工程设施、广告牌、办公隔断、浴室及居室隔断、工业防护罩、高架路面隔音屏、采光天棚和农用温室等。目前上海地区的高架公路两旁已大量采用此种板材做隔音屏,达到良好的效果。

三、塑料地面装饰材料

以高分子材料为基料加工成铺设于地面的建筑装饰装修塑料制品。它包括塑料地板、人造草坪、地面涂层、合成纤维地毯、树脂印花胶合木地板等。塑料地面不仅能替代传统的木地板而起到装饰作用,同时脚感舒适。

1. 化纤地毯

以人工合成的高分子化合物为原料,经纺丝加工而成的化学纤维编织成的地毯,称之为合成纤维地毯,又称化学纤维地毯。

我国以丙纶、腈纶、尼龙等纤维作为原料,经簇绒法和机织法制成面层,再用丙纶编织布及胶粘剂粘合作背衬,底层用麻布加工成新型的化纤地毯,其外表及触感均像羊毛地毯,但比羊毛地毯更耐磨且富有弹性,给人以舒适、美观的感觉,已大量用于宾馆、饭店等公共建筑及住宅、办公室等场所。

化纤地毯可分为簇绒地毯、针刺地毯、机织地毯和静电植绒地毯等品种。我国化纤地毯面层的制作都采用机织及簇绒法,目前,机织法地毯毯面纤维密度较大,毯面的平整性好,但织造速度不及簇绒法快,工序较多,成本较高,随着簇绒机的引进,簇绒地毯的密度有所增加,因而簇绒法是目前生产化纤地毯的主要方式。它是由带有往复式针的簇绒机织造的地毯,即在簇绒机上,将绒头纱线在预先制出的初级背衬(底布)的两侧编织成线圈,然后再将其中一侧用涂层或胶粘剂固定在底布上,这样就生产出了厚实的圈绒地毯(图 7.25 所示),若再用锋利的刀片横向切割毛圈顶部,并经修剪,则就制成了割绒地毯(图 7.26)。

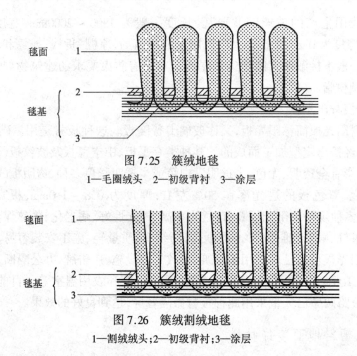

图 7.25　簇绒地毯
1—毛圈绒头　2—初级背衬　3—涂层

图 7.26　簇绒割绒地毯
1—割绒绒头;2—初级背衬;3—涂层

　　簇绒地毯生产时绒毛高度可以调整,圈绒的高度一般为 5~10mm,割绒绒毛高度多在 7~10mm。簇绒地毯毯面纤维密度大,因而弹性好,脚感舒适,并且可在毯面上印染各种图案花纹,是很受欢迎的中档产品。

　　无纺地毯是近年出现的一种普及型廉价地毯,其价格约为簇绒地毯的 1/3~1/4,它是无经纬编织的短毛地毯,是生产化纤地毯的方法之一。它的制造方法,是先以无纺织造的方式将各种纤维(一般为短纤维)制成纤维网,然后再以针扎、缝编、粘合等方式将纤维网与底衬复合。故有针刺地毯、粘合地毯等品种之分。这种地毯因其生产工艺简单、生产效率较高,故成本低、价廉,但其耐久性、弹性、装饰性等均比较差。为提高其强度和弹性,可在毯底加缝或加贴一层麻布底衬或可再加贴一层海绵底衬。

　　(1)地毯按规格尺寸分类

　　①块状地毯

　　不同材质的地毯均可成块供应,形状多为方形及长方形,通用规格尺寸从 610mm×610mm~3660mm×6170mm,共计 56 种。另外还有圆形、椭圆形等。厚度则随质量等级而有所不同。花式方块地毯是由花色各不相同的 500mm×500mm 的方块地毯组成一箱,铺设时可组成不同的图案。块状地毯铺设方便灵活,位置可随意变动,给室内设计提供了更大的选择性,可以满足不同主人的不同情趣要求。同时,对已磨损的部位,可随时调换,从而可延长地毯的使用寿命,达到既经济又美观的目的。门口毯、床前毯、道毯等小块地毯在室内的铺设,不仅使室内不同的功能有所划分,还可打破大片灰色地面的单调感,起到画龙点睛的作用,尼龙等化纤小块地毯还可铺放在浴室、卫生间,起到防滑作用。

②卷状地毯

化纤地毯、剑麻地毯及无纺纯毛地毯等常按整幅成卷供货,其幅宽有 1~4m 等多种,每卷长度一般为 20~50m,也可按要求加工。这种地毯一般适合于室内满铺固定式铺设,可使室内具有宽敞感、整洁感,但损坏后不易更换。楼梯及走廊用地毯为窄幅,属专用地毯。幅宽有 700mm、900mm 两种,也可按要求加工,整卷长度一般为 20m。

(2)地毯的质量标准

地毯的技术性能要求是鉴别地毯质量的标准,也是用户挑选地毯时的依据,主要包括:

①剥离强度

剥离强度是衡量地毯面层与背衬复合强度的一项性能数据;也能衡量地毯复合后的耐水性。

②粘合力

粘合力是衡量地毯绒毛固着于背衬上的牢度。

③耐磨性

化纤地毯的耐磨性数据可供地毯使用耐久性作参考。地毯的耐磨性与地毯绒毛纤维的品种和高度有关,即化纤地毯比羊毛地毯耐磨,地毯越厚越耐磨。

④回弹性

衡量地毯绒面层的回弹性．即地毯在动力荷载下厚度损失百分率。化纤地毯的回弹性次于羊毛地毯,丙纶地毯的回弹性次于腈纶地毯。

⑤静电

衡量地毯带电和放电的情况。静电大小与纤维本身导电性有关,一般来说,化纤地毯不经过处理或纤维导电性差,则这种地毯所带静电较羊毛地毯大,静电大,易吸尘,且打扫除尘也较困难。

⑥老化性

老化性是衡量地毯经过一段时间光照和接触空气中的氧气后,化学纤维老化降解程度,具体表现在经过紫外光照射后纤维的光泽,色泽的变化,耐磨性、回弹性较未光照前差一些,同时在撞击区发现纤维老化经撞击出现粉末现象。

⑦耐燃性

凡燃烧时间在 12min 内,燃烧面积的直径在 17.96cm 以内者都为合格。

⑧耐菌性

地毯作为地面覆盖物,在使用过程中,较易被虫、菌所侵蚀而引起霉烂,凡能经受八种常见霉菌和五种常见细菌的侵蚀而不长菌和霉变者认为合格。

2. 塑料地板

塑料地板是塑料铺地材料中主要的建筑塑料品种之一,绝大部分都是用PVC树脂作为主要原料生产的,产品分硬质、半硬质、软质(卷材)及发泡四种。硬质与半硬质地板,均以不同规格的正方形或长方形产品形式供应市场。软质与发泡地板均以卷材形式供应市场,厚度为 1~2mm,宽度为 1000~2000mm。生产工艺根据地板材质不同而采用挤出压延、压延、热压、注射等不同工艺。硬质地板因不含或含极少量增塑剂,且填料多,所以都用热压法生产,用压延法生产的半硬质、软质地板,也可用冲片机制成方形块状地板。

3. 人造草坪

人造草坪用合成树脂为基料,仿制成与天然草坪相似的质感、色彩、弹性和细度的纤维状地毯,由于它专门铺设于露天场合(也可铺设于内室),所以要求其耐老化性能、色彩的保鲜艳度、纤维的弹性保持率,要比一般的室内用地毯要求高,由于它可用水冲洗,不霉烂,色彩鲜艳,是铺设于屋顶、阳台、运动场、游泳池、宾馆等地的极好装饰材料。

4. 树脂印花胶合板

用合成树脂处理后的木材片材,表面印成天然木纹花纹,经浸渍树脂,热压成型形成耐水防潮性、刚性、耐磨性能优良的印花胶合板,这种地板比天然木地板具有更好的质感和外观,防潮性好不变形,施工简单,深得用户喜爱。

7.3　建筑塑料制品有害物质限量

近年来,随着人们生活水平的提高,购房、居室装饰装修已成消费热点,但是,市场装饰装修材料良莠不齐,有些装饰装修材料有害物质含量严重超标,给室内空气带来了污染,由此所诱发的各种疾病,严重影响了人们的身心健康。国家标准化管理委员会负责制定了"室内装饰装修材料有害物质限量"10项国家标准,标准已于 2001 年 12 月 10 日批准发布,自 2002 年 1 月 1 日起实施。其中与建筑塑料制品有关的标准为:GB 18585—2001《室内装饰装修材料 壁纸中有害物质限量》,GB 18586—2001《室内装饰装修材料 聚氯乙烯卷材地板中有害物质限量》,GB 18587—2001《室内装饰装修材料 地毯、地毯衬垫及地毯胶粘剂有害物质释放限量》。具体要求见表 7.27、表 7.28、表 7.29、表 7.30 和表7.31。

表 7.27　地毯中有害物质释放限量要求

项　目	限量值[mg/(m²·h)] ≤		项　目	限量值[mg/(m²·h)] ≤	
	A 级	B 级		A 级	B 级
总挥发性有机化合物	0.500	0.600	苯乙烯	0.500	0.500
甲醛	0.050	0.050	4—苯基环己烯	0.050	0.050

表 7.28　地毯衬垫有害物质释放限量要求

项　目	限量值[mg/(m²·h)] ≤		项　目	限量值[mg/(m²·h)] ≤	
	A 级	B 级		A 级	B 级
总挥发性有机化合物	1.000	1.200	丁基羟基甲苯	0.030	0.030
甲醛	0.050	0.050	4—苯基环己烯	0.050	0.050

表 7.29　地毯胶粘剂有害物质释放限量要求

项　目	限量值[mg/(m²·h)] ≤		项　目	限量值[mg/(m²·h)] ≤	
	A 级	B 级		A 级	B 级
总挥发性有机化合物	10.000	12.000	2—乙基己醇	3.000	3.500
甲醛	0.050	0.050			

表 7.30　壁纸中有害物质限量要求

项　目		限量值(mg/kg) ≤	项　目	限量值(mg/kg) ≤
重金属(或其他)元素	钡	1000	重金属(或其他)元素	汞	20
	镉	25		硒	165
	铬	60		锑	20
	铅	90	氯乙烯单体	1.0
	砷	8	甲醛	120

表 7.31　聚氯乙烯卷材地板中挥发物的限量值(g/m²)

发泡类卷材地板中挥发物的限量值		非发泡类卷材地板中挥发物的限量值	
玻璃纤维基材	其他基材	玻璃纤维基材	其他基材
≤75	≤35	≤40	≤10

第8章

新型建筑涂料

涂料是指能均匀涂敷于物体表面,能与物体表面粘结在一起,并能形成连续性涂膜,从而对物体起到装饰、保护或使物体具有某种特殊功能的材料。

由于涂料最早是以天然植物油脂、天然树脂,如亚麻子油、桐油、松香、生漆等为主要原料,因而涂料在过去被称为油漆。随着石油化学工业的发展,合成树脂的产量不断增加,且其性能优良,已大量替代了天然植物油和天然树脂,并以人工合成有机溶剂为稀释剂,甚至以水为稀释剂,继续称为油漆已不确切,因而改称涂料。但有时习惯上还将溶剂型涂料称为油漆,而将乳液型涂料称为乳胶漆。

建筑涂料是按涂料的用途进行分类而得出的一个涂料类别。建筑涂料是指涂敷于建筑物表面并能与被涂建筑物表面很好地粘结,形成完整保护膜的成膜物质。建筑装饰涂料则是主要起装饰作用的,并起到一定的保护作用或使建筑物具有某些特殊功能的建筑涂料。

建筑装饰涂料具有色彩鲜艳、造型丰富、质感与装饰效果好,品种多样,可满足各种不同要求。此外,建筑装饰涂料还具有施工方便、易于维修、造价较低、自身重量小、施工效率高,可在各种复杂的墙面上施工等优点,因而是一种很有发展前途的装饰材料。

目前,我国生产的内墙涂料的主要品种是聚醋酸乙烯、聚醋酸乙烯-丙烯酸酯、聚苯乙烯-丙烯酸和乙烯-醋酸乙烯类乳胶漆,以及聚乙烯醇类涂料;外墙涂料品种有乳胶涂料和溶剂型涂料等类别,乳胶涂料以聚苯乙烯-丙烯酸和聚丙烯酸类品种为主,溶剂型涂料则以丙烯酸酯类、丙烯酸聚氨酯和有机硅接枝丙烯酸类涂料为主,此外还有各种砂壁状和仿石型等厚质涂料;地面涂料一般以聚氨酯和环氧树脂类涂料为主;功能涂料主要有防水、防火、防潮、防结露、防霉、防虫、防腐蚀、防碳化等品种;此外还有以聚氨酯类为主要品种的木质装饰漆。

我国目前已能自行研制、生产世界上大多数中、高档品种的建筑涂料,上述品种涂料已基本满足我国蓬勃发展的建筑业和装潢业对建筑涂料品种的需求,且产品结构也将越来越与国际接轨。

8.1　涂料的基础知识

一、建筑装饰涂料的组成

按涂料中各组分所起的作用,可分为主要成膜物质、次要成膜物质和辅助成膜物质。

1. 主要成膜物质

也称胶粘剂或固着剂,它的作用是将其他组分粘结成一整体,并能附着在被涂基层表面形成坚韧的保护膜,胶结剂应具有较高的化学稳定性,多属于高分子化合物或成膜后能形成高分子化合物的有机物质,前者如天然的或合成的树脂,后者如各种植物或动物油料。

(1)油性系:油料是涂料工业中使用最早的成膜材料,是制造油性涂料和油基涂料的主要原料,但并非各种涂料中都要含有油料。

在涂料中使用的油主要是植物油,个别的动物油(如鱼油)虽然可以使用,但由于它的性能不好,使用不多。

涂料使用的植物油中,按其能否干结成膜,以及成膜的快慢,分为干性油(桐油、梓油、亚麻油、苏子油等);半干性油(豆油、向日葵油、棉籽油等);不干性油(蓖麻油、椰子油、花生油等)。干性油涂于物体表面,受到空气的氧化作用和自身的聚合作用,经过一段时间(一周以内),可以形成坚硬的油膜,耐水而富于弹性,半干性油干燥时间较长(一周以上),形成的油膜较软而且有发粘现象,不干性油在正常条件下不能自行干燥,它不能直接用于制造涂料。

(2)树脂系:单用油料虽可以制成涂料,但这种涂料形成的涂膜,在硬度、光泽、耐水、耐酸碱等方面的性能往往不能满足近代科学技术的要求,如各种建筑物长期暴露在大气中而不受破坏等,这些都是油性涂料所不能胜任的,因而要求采用性能优异的树脂,作为涂料的成膜物质。

涂料用的树脂有天然树脂、人造树脂和合成树脂三类。天然树脂如松香、虫胶、沥青;人造树脂是指由天然有机高分子化合物加工而制得,如松香甘油酯(酯胶)、硝化纤维;合成树脂系由单体经聚合或缩聚而制得,如聚氯乙烯树脂、环氧树脂、酚醛树脂、醇酸树脂、丙烯酸树脂等,利用合成树脂制得的涂料性能优异,涂膜光泽好,是现代涂料工业生产量最大,品种最多,应用最广的涂料。

因为每种树脂都有其特性,为了满足多方面的要求,往往在一种涂料中要采用几种树脂或树脂与油料混合使用,因此要求应用于涂料中的树脂之间或树脂与油料之间要有很好的混溶性,另外为了满足施工需要的粘度,还要求树脂能在溶剂中具有良好的溶解性。

2. 次要涂膜物质

颜料和填料也是构成涂膜的组成部分,因而也称为次要成膜物质,但它不能脱离主要成膜物而单独成膜。在涂料中加入颜料,不仅使涂膜性能得到改进,并使涂料品种有所增多。

颜料是一种不溶于水、溶剂和漆基的粉状物质,但能扩散于介质中形成均匀的悬浮体,颜料在涂膜中不仅能遮盖被涂面和赋予涂膜以绚丽多彩的外观,而且还能增加涂膜的机械强度,阻止紫外线穿透,提高涂膜的耐久性和抵抗大气的老化作用,有些特殊颜料更使涂膜具有抑制金属腐蚀,耐高温的特殊效果。

颜料的品种很多,按它的化学组成,可分为有机颜料和无机颜料两类;按它们的来源,可分为天然颜料和人造颜料两类;建筑涂料中使用的颜料应具有良好的耐碱性、耐候性,并且资源丰富,价格较低。建筑涂料中使用的颜料分为无机矿物颜料、有机颜料和金属颜料。由于有机颜料的耐久性较差,故较少使用。常用无机矿物颜料的主要品种有:红色颜料,氧化铁红(Fe_2O_3);黄色颜料,氧化铁黄[$FeO(OH) \cdot nH_2O$];绿色颜料,氧化铁绿(Cr_2O_3),棕色颜料,氧化铁棕(Fe_2O_3),白色颜料,钛白(TiO_2)、锌白(ZnO)、锌钡白($ZnS \cdot BaSO_4$,又称立德粉)、硅灰石粉($CaSiO_3$);蓝色颜料,群青蓝($Na_6Al_4Si_6S_4O_{20}$);黑色颜料,炭黑(C)、石墨(C)、氧化铁黑(Fe_3O_4)。常用的金属颜料有:银色颜料,铝粉(Al),又称银粉;金色颜料,铜粉(Cu),又称金粉。

按它们所起的主要作用不同,分为着色颜料、防锈颜料、体质颜料三类。着色颜料的主要作用是着色和遮盖物面,是颜料中品种最多的一类,着色颜料按它们在涂料使用时所显示的色彩可分为红、黄、蓝、白、黑、金属光泽等类。防锈颜料主要作用是防止金属锈蚀,品种有:红丹、锌铬黄、氧化铁红、偏硼酸钡、铝粉等。体质颜料又称填充颜料,它们在颜料中的遮盖力很低,不能阻止光线透过涂膜,也不能给涂料以美丽的色彩,但它们能增加漆膜厚度,加强漆膜体质,提高漆膜耐磨性,因而称之为体质颜料,填料大部分为白色或无色,一般不具有遮盖力和着色力。填料一般为天然材料或工业副产品,价格便宜。填料分为粉料和粒料两类。常用的粉料为重晶石粉、轻质碳酸钙、重质碳酸钙、高岭土及石英粉等。粒料为粒径小于 2mm 的粒状填料,由天然岩石破碎加工或人工烧结而成。

(1)体质颜料

常见体质颜料有碳酸钙、硫酸钙、硫酸钡和滑石粉等。

①碳酸钙

化学式为 $CaCO_3$,有天然和人造两种,天然产品称老粉、石粉、大白粉、胡粉、白垩粉等石灰石粉末,质地粗糙,比重大,故又称为重质碳酸钙,人造的称为沉淀碳酸钙,质量较纯,粒细质轻,故又称为轻质碳酸钙。

天然产品多用于制造厚漆和腻子等,人造产品有微量碱性,不宜跟不耐碱性的颜料混用;不溶于水,见酸即溶,人造产品多用于平光漆和水粉漆中;在有光漆中少量使用,能够改进色漆的悬浮性和平滑性,中和漆料酸性。

②硫酸钡

化学式为 $BaSO_4$,有天然和人造两种产品,是一种中性颜料,耐酸耐碱,化学性能稳定,可防紫外线辐射,天然产品为重晶石粉,被广泛用于制造底漆、腻子等,人造产品细、软,均匀,吸油量略大,外观呈白色粉末。

③滑石粉

化学式为 $MgH_2(SiO_3)_4$,外观为白色或淡色粉末,由天然产品经过加工磨细而得,遮盖力低、着色力小、吸油量大,质轻软滑腻,调入色漆中能防止颜料下沉,加入少量于清漆中可防止涂层流挂,能增强涂层弹性,提高漆膜的耐水性和耐腐性,常用于调配亚光漆和填孔料。

④硫酸钙

化学式为 $CaSO_4$,俗称石膏粉,外观呈白色和灰白等,其最大的特性是吸水性强,但不溶于水,遇水会吸潮结块,使用时,不宜先直接跟水调配,常用于调制油性腻子,能够加快油性腻子的干燥速度。

(2)着色颜料

着色颜料有红、绿、蓝、黑、白、黄、金属粉 7 种。

①红着色颜料

铁红

俗称西红、土红,着色力和遮盖力较强,其色介于橙黄之间,且红中带黑,不太鲜艳,能耐光、耐热、耐碱,耐弱酸,性能稳定,来源广,用途广。

镉红

硫化镉和硒化镉的混合物,色泽鲜红,着色力和遮盖力强;耐热,耐光,耐候性均好。价格贵,主要用于耐高温的特殊涂料和搪瓷着色。

红丹

又称铅红,鲜橘红色粉末颜料,不溶于水,溶于热碱溶液,遮盖力、着色力较好,是目前使用得最广泛的防锈颜料,在木家具和墙板涂饰中,作为红色颜料,调配填孔料使用。

大红粉

有机颜料,鲜红色粗粒粉状物,其质地轻软,遮盖力强,耐热、耐光、耐酸碱,微溶于油,广泛用于涂料、印刷、塑料工业以及文化教育部门。

四号苏丹红

四号苏丹红又称猩红,深棕色粉末,无气味。用于油和脂肪着色,宜密封保存,主要用于制造涂料。

哈巴粉

又称铁棕,是氧化铁红混合物,性能与铁红略同。

②绿着色颜料:

铬绿

由铅铬与铁蓝混合而成。其颜料深浅取决于两种混合物的用量比例,遮盖力强、耐候性、耐光性、耐热性好,不耐碱和酸,用于造色漆。

氧化铬绿

耐光、耐热、耐碱、耐酸、耐火,主要用于造色漆。

③蓝着色颜料

铁蓝

是华蓝、普鲁士蓝、米洛里蓝等的总称,至今没有确切的分子式,一般称为钾盐铁蓝和铵盐铁蓝,因配方和工艺条件不同而导制组成稍有差别,分别有带青光、红光、青红光等几种,不溶于水,乙醇和乙醚,着色力强,遮盖力不强,耐光性和耐酸性好,不耐碱,遇油极易引起自燃,但被油浸透以后不再自燃。

群青

又称洋蓝,为具有特殊结晶格子的硅酸铝,呈半透明状,有较好的耐光、耐候性能,但着色力和遮盖力却较差,广泛用于冲淡抵消白漆中的黄色,使白漆更为洁白美观,可用之调配酒色除去黄光,在涂料工业中称之为提蓝和托色蓝。

④黑着色颜料

炭黑

是一种纯炭,呈黑色粉末状,不溶于各种溶剂,化学性能稳定,遮盖力和着色力强,耐热、耐酸碱、不变色,是通用的黑色颜料,在木制品涂饰中,是基础着色等工序的主要颜料。

氧化铁黑

又称铁黑,呈黑色粉末状,主要成分是四氧化三铁,遮盖力和着色力强,仅次于炭黑;对光和大气作用稳定,耐碱,溶于酸;在足够的氧气中煅烧,能转变为铁红,在颜料中可增加漆膜的机械强度,并具有一定防锈能力。

⑤白着色颜料

钛白

即二氧化钛,白色粉末状物质,不溶于水和油,白度良好,无毒,遮盖力和着色力均强,耐光、耐热、耐酸碱,不变色,易粉化。在涂料工业中大量用于制造色漆,在家具、地板等涂饰中用来调配腻子、底漆等,涂饰水曲柳本色时,调配虫胶清漆或树脂漆内用于表面着色,可增加木材的表面白度。

锌钡白

俗称立德粉,是硫化锌和硫酸钡的混合物,经沉淀、焙烧、改进的锌钡白,不仅颜色洁白,而且着色力强,遮盖力高,但耐光和耐候性差,遇光会变暗,易粉化,性能较钛白差,主要用于室内涂饰调配底漆和腻子,遇酸会分解出硫化氢毒气。

锑白

即三氧化二锑,外观洁白,遮盖力略次于钛白,跟立德粉相似,但耐候性优于立德粉,耐光耐热性好,粉化性小、无毒,价格较贵。主要用于防火涂料,其防火机理是在高温下能跟氯树脂反应,生成氯化锑,能阻止火焰蔓延。

⑥黄着色颜料

铅铬黄

简称铬黄,呈黄色粉末状,是铬酸或铬酸铅与硫酸铅的混合物,一般有淡铬黄、中铬黄、深铬黄、柠檬黄数种,遮盖力、着色力,耐大气性均较好;但耐光性不强,在光线长期作用下,会变成灰绿,甚至成黑棕色,有毒,比重大,用于涂饰调配酒色作拼色用。

铁黄

又称氧化铁黄,茄门黄、地板黄,是三氧化二铁的一水结晶物,呈黄色粉末状,颜色变动于浅黄和棕黄之间,无毒,溶于酸,不溶于水和乙醇,加热至 150 ~ 200℃时脱水逐步转化为氧化铁红。遮盖力、着色力很强．耐光、耐候、耐碱性好,但耐酸性能较差,价格便宜,应用广泛。

近年已研制出透明氧化铁黄,用于竹木制品着色,也可调入虫胶漆中直接对制品进行着色,效果很好。木制地板着铁黄色后,颜色鲜艳纹理清晰。

锶黄

即铬酸锶,是一种艳丽的柠檬色颜料,微溶于水,在无机酸中完全溶解,遇碱分解,耐光性较高,着色力和遮盖力较低,价格较贵。常作木制品浅色涂层拼色颜料,如用它配成酒色,涂刷于局部微红部位,可以使红光减弱。

镉黄

化学成分为硫化镉,工业品常含有硫化锌和硫化钡,后者常称作镉钡黄,颜色鲜艳且饱和,其色变动于柠檬黄与橙色之间,镉黄着色力最强,遮盖力、耐光性及耐候性良好,可耐700℃高温,不溶于碱,但溶于酸,价格较贵,主要用于绘画装饰图案。

⑦金属粉着色颜料

金粉

是锌铜合金制成的鳞片状粉末,按两种金属配入比例不同而呈黄至红等颜色,色彩美观,比重大,遮盖力较弱,反射光和热之性能较差,主要用于产品局部装饰,可使产品金光灿烂,锌铜合金的不同比例配合所呈色彩效应如下:锌铜比例为15:85,呈淡金色;锌铜比例为25:75,呈浓金色,锌铜比例为30:70,呈绿金色。

银粉

实为铝粉,颗粒呈平滑的鳞片状,显银色光泽,遮盖力极强、极稳定,反射光(反射率可高达70%~80%)和热性能好,隔热、防水、防锈,常用于须避免日光晒热的设备(如油车与冷藏车)涂饰。在家具涂饰中,可用银粉漆点缀图案,室内竹木装饰常用银粉漆装点。

3. 辅助成膜物质

辅助成膜物质不是构成涂膜的主体,但对涂料的成膜过程(施工过程)有很大影响或对涂膜的性能起一定辅助作用,主要包括溶剂(稀释剂)和辅助材料两大类。

(1)溶剂:溶剂主要起到溶解或分散基料,改善涂料的施工性能,增加涂料的渗透能力,改善涂料与基层材料的粘结力,保证涂料的施工质量等作用。施工结束后,溶剂逐渐挥发或蒸发,最终形成连续均匀的涂膜,因而将溶剂也称为辅助成膜物质。水也是一种溶剂,用于水溶性涂料和乳液型涂料。除了氯代烃类外,有机溶剂几乎都是易燃液体,有些溶剂的蒸气吸入后能伤害人体,如氯代烃类的蒸气有麻醉作用,苯蒸气能破坏血球等,一般来说,松香水、松节油无任何毒性。

石油溶剂:主要是链状的碳氢化合物,是由石油分馏而得,在涂料中常用的为150~200℃馏出物,成分为 $C_5H_{12} \sim C_6H_{14}$,密度0.635~0.666,俗称松香水,它的最大优点是无毒,溶解能力属中等,可与许多有机溶剂互解,可溶解油类和粘度不太高的聚合油,价格低廉,在涂料工业中用量很大。

煤焦溶剂:由煤焦油蒸馏而得,包括苯、甲苯、二甲苯等,多属芳香羟类,芳香羟类溶剂溶解力虽然大于烷羟溶剂,能溶解很多树脂,但对人体毒性较大,因此使用时要慎重,常用的是二甲苯和甲苯,溶解能力强,挥发速度适当。

萜烃溶剂:它们绝大部分取自松树的分泌物如松节油。萜烃溶剂主要是油基涂料的溶剂,多年来松节油是涂料的标准稀料,自从醇酸树脂及其他合成树脂出世以来已经逐步被其他溶剂取代。

此外尚有酯类、醇类、酮类等溶剂。

(2)辅助材料:有了成膜物质、颜料和溶剂就构成了涂料。但一般为了改善性能,常采用一些辅助材料,涂料中所使用的辅助材料种类很多,各具特长,但用量很少,一般是百分之几到千分之几,甚至是万分之几,作用显著。根据辅助材料的功能可分为催干剂、增塑剂、润湿剂、悬浮剂、紫外光吸收剂、稳定剂等,目前以催干剂、增塑剂使用量较多。

①催干剂:催干剂又称干燥剂,室温中使用能加速漆膜的干燥,如亚麻油不加催干剂约需 4～5d 才能干燥成膜,且干后膜状不好,加入催化剂后可在 12h 之内干结成膜,且干后涂膜质量好,所以催化剂还具有提高涂膜质量的作用。很多金属氧化物和金属盐类都可用作催化剂,按催干效果的大小排列于后,钴＞锰＞铅＞铈＞铬＞铁＞铜＞镍＞锌＞钙＞铝,但有实际价值的是钴、锰、铅、锌、钙等五种金属的氧化物、盐类和它们的各种有机酸皂(现在涂料工业以采用环烷酸金属皂为主),我国使用最多的是铅和锰的干燥剂。

仅用一种催干剂效果不及同时用多种催干剂,催干剂的使用量各有一定的限度,超过限度反而延长干燥时间和加速涂膜的老化,尤以锰干燥剂影响最大。

②增塑剂:主要用于无油的涂料中,因克服涂膜硬、脆的缺点,在涂料中能填充到树脂结构的空隙中使涂膜塑性增加,一般要求增塑剂无色、无味、无毒、不燃和化学稳定性高,挥发性小,不致因外部因素作用而析出或挥发,涂料使用的增塑剂主要品种有:不干性油,有机化合物(如邻苯二甲酸的脂类)及高分子化合物(如聚氨酯树脂)等。

二、建筑涂料的类型

建筑涂料从化学组成上可分为无机高分子涂料和有机高分子涂料,常用的有机高分子涂料有以下三类。

1. 溶剂型涂料:溶剂型涂料是以有机高分子合成树脂为主要成膜物质。有机溶剂为稀释剂,加入适量的颜料、填料(体质颜料)及辅助材料,经研磨而成的涂料。这种涂料在 20 世纪 60 年代较为流行,因为当时没有水溶性涂料。

溶剂型涂料生成的涂膜细而坚韧,有一定耐水性,使用这种涂料的施工温度常可低到零度。它的主要缺点是有机溶剂较贵,易燃。挥发后有损于人体健康。

2.水溶性涂料:水溶性涂料是以水溶性合成树脂为主要成膜物质,以水为稀释剂并加入适量颜料、填料及辅助材料,经研磨而成的涂料。由于水溶性树脂直接溶于水中,没有明显界面,所以这种涂料是单相的。

3.乳胶漆(涂料):乳胶漆是将合成树脂以 $0.1 \sim 0.5 \mu m$ 的极细微粒分散于水中构成乳液(掺适量乳化剂),以乳液为主要成膜物质并加入适量颜料、填料、辅助原料研磨而成的涂料。由于合成树脂微粒和水之间存在明显界面,所以这种涂料是两相的。

使用水溶性涂料和乳胶漆便宜,不易燃。无毒无怪味,也有一定透气性,涂布时不要求基层材料很干,施工 7d 后的水泥砂浆层上即可涂布,但这种涂料用于潮湿地区易发霉,需加防霉剂,施工时温度不能太低,低于 10℃ 不易成膜。

三、涂料干燥机理

用涂料进行装饰,干燥后即形成涂膜,干燥机理由主要涂膜物质的性质和溶剂的存在决定,随涂料的种类而异。有通过溶剂和水的蒸发而干燥的,有与空气中的氧进行氧化而固化的,有通过缩合和聚合反应而固化的,也有通过这些机理的组合而固化的,种类较多。此外,还可区分为常温下干燥的常温固化型和加热后开始固化的加热固化型,在建筑中使用的涂料,多数是属于常温固化。图 8.1 示出了溶剂型涂料中溶剂挥发干燥与合成树脂乳液型涂料中水分蒸发干燥,在涂膜形成机理上的不同。

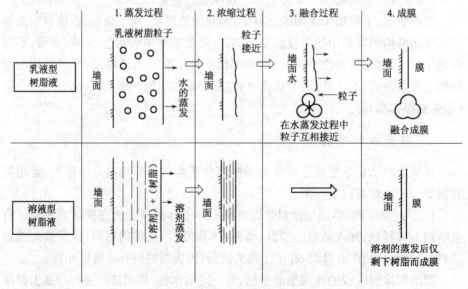

图 8.1　合成树脂涂膜干燥过程

8.2　涂料的种类、特点和技术要求

一、内墙装饰涂料

1. 对内墙装饰涂料的要求

内墙涂料主要功能是装饰及保护室内墙面,使其美观整洁,让人们处于优越的居住环境之中。为了获得良好的装饰效果,内墙涂料应具有以下要求:

(1)色彩丰富、细腻、调和

内墙的装饰效果主要由质感、线条和色彩三个因素构成,采用涂料装饰则色彩为主要因素。内墙涂料的颜色一般应浅淡、明亮,由于众多的居住者对颜色的喜爱不同,因此建筑内墙涂料的色彩要求品种丰富。

内墙涂层与人们的距离比外墙涂层近,因而要求内墙装饰涂层质地平滑、细腻,色彩调和。

(2)耐碱性、耐水性、耐粉化性良好

由于墙面基层常带有碱性,因而涂料的耐碱性应良好,室内湿度一般比室外高,同时为清洁内墙,涂层常要与水接触,因此要求涂料具有一定的耐水性及耐刷洗性,脱粉型的内墙涂料是不可取的,它会给居住者带来极大的不适感。

(3)透气性良好

室内常有水汽,透气性不好的墙面材料易结露、挂水,使人们居住有不舒服感,因而透气性良好的材料配制内墙涂料是可取的。

(4)涂刷方便,重涂容易

人们为了保持优雅的居住环境,内墙面翻修的次数较多,因此要求内墙涂料涂刷施工方便,维修重涂容易。

2. 常用内墙装饰涂料及其特点

常用内墙装饰涂料种类如图 8.2 所示。到目前为止,我国内墙涂料和相关产品的国家标准有 GB/T 9756—2001《合成树脂乳液内墙涂料》、行业标准 JC/T 423—91《水溶性内墙涂料》、JG/T 3003—93《多彩内墙涂料》、JG/T 3049—1998《建筑室内用腻子》。具体技术指标要求见表 8.1、表 8.2、表 8.3 和表 8.4 所示。

(1)溶剂型内墙涂料

溶剂型内墙涂料与溶剂型外墙涂料基本相同,由于其透气性较差,容易结露,施工时有溶剂挥发出来,在室内施工时应重视通风与防火。

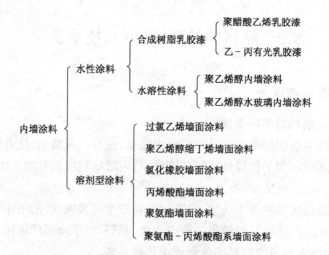

图 8.2　常用装饰内墙涂料种类

表 8.1　合成树脂乳液内墙涂料技术指标要求（GB/T 9756—2001）

项　目	指　标		
	优等品	一等品	合格品
容器中状态	无硬块,搅拌后呈均匀状态		
施工性	涂刷二道无障碍		
低温稳定性	不变质		
干燥时间(表干)(h)	≤2		
涂膜外观	正常		
对比率(白色和浅色)	≥0.95	≥0.93	≥0.90
耐碱性	24h 无异常		
耐洗刷性(次)	≥1000	≥500	≥200

注:浅色是指以白色涂料为主要成分,添加适量色浆后配制成浅色涂料形成的涂膜所呈现的浅颜色。

表 8.2　水溶性内墙涂料技术指标要求（JC/T 423—91）

性　能　项　目	技　术　要　求	
	I 类	II 类
在容器中状态	无结块、沉淀和絮凝	
黏度(s)	30～75	
细度(μm)	≤100	
遮盖力($g \cdot m^{-2}$)	≤300	
白度(%)	≥80	

续表

性 能 项 目	技 术 要 求	
	I 类	II 类
涂膜外观	平整,色泽均匀	
附着力(%)	100	
耐水性	无脱落、起泡和皱纹	
耐干擦性(级)	—	≤1
耐洗刷性(次)	≥300	—

表 8.3　多彩内墙涂料技术指标要求(JG/T 3003—93)

试验类别	项　　　目	技 术 要 求
涂料性能	在容器中状态	搅拌后呈均匀状态,无结块
	黏度(25℃)KUB 法	80 ~ 100
	不挥发物含量	≥19%
	施工性	喷涂无困难
	贮存稳定性(0 ~ 30℃)(月)	6
涂层性能	实干时间(h)	≤24
	涂膜外观	与样本相比无明显差别
	耐水性(去离子水,23℃ ± 2℃)	96h 不起泡,不掉粉,允许轻微失光和变色
	耐碱性(饱和氢氧化钙溶液,23℃ ± 2℃)	48h 不起泡,不掉粉,允许轻微失光和变色
	耐洗刷性(次)	≥300

表 8.4　建筑室内用腻子技术指标要求(JG/T3049—1998)

项　　　目		技 术 要 求	
		Y 型(一般型)	N 型(耐水型)
容器中状态		无结块、均匀	
施工性		刮涂无障碍	
干燥时间(表干)(h)		<5	
打磨性(%)		20 ~ 80	
耐水性(48h)		—	无异常
耐碱性(24h)		—	无异常
粘结强度(MPa)	标准状态	> 0.25	> 0.50
	浸水后	—	> 0.30
低温贮存稳定性		− 5℃冷冻 4h 无变化,刮涂无困难	

但溶剂型内墙涂料光洁度好,易于冲洗,耐久性也好,可用于厅堂、走廊等,较少用于住宅内墙。

外墙涂料可以用作内墙装饰,但价格较高,如配制专用内墙溶剂型涂料,则其组成内金红石型钛白可改为锐钛型钛白,其他填料亦可适当增加,以降低涂料成本。

聚氨酯-丙烯酸酯溶剂型内墙涂料涂层光洁度非常好,类似瓷砖状,因而适宜用于卫生间、厨房的内墙与顶棚装饰。

(2)合成树脂乳胶漆

由合成树脂乳液加入颜料、填料以及保护胶体、增塑剂、润湿剂、防冻剂、消泡剂、防霉剂等辅助材料,经过研磨或分散处理后,制成的涂料称为乳胶漆,亦称为乳液涂料。合成树脂乳胶漆具有下列特点:

①乳胶漆以水作为分散介质,随着水分的蒸发而干燥成膜,因而安全无毒,施工时无有机溶剂逸出,可避免施工时发生火灾危险。唯一可能产生毒害的是其中的少量助剂。

②涂膜呈开放性,透气性好,墙面基层水分可以从细小的微孔中挥发出来,因而可以避免因涂膜内外湿度差而鼓泡,可用于砂浆及灰泥墙面上涂刷,用于内墙装饰,无结露现象。对基层的工作湿度也不像油漆要求得那样严格,可以在湿度较高的基层上涂饰。

③施工方便,可以采用刷涂、滚涂、喷涂等施工方法,施工后工具清洗容易。

④涂膜耐水、耐碱、耐候等性能良好。

⑤施工时应避免在雨、雾天进行,不宜在低于 10℃ 的情况下施工,一般在温度 25℃、湿度 50% 时施工最佳。

⑥乳胶漆与聚氨酯类油漆不要同时施工,否则会严重导致乳胶漆泛黄,应让油漆彻底干燥后才能涂刷乳胶漆。

由于乳胶漆具有其良好的性能,因而是非常适宜用作内墙装饰,装饰效果良好。乳胶漆的种类很多,通常以合成树脂乳液来命名,如丁苯乳胶漆、醋酸乙烯乳胶漆、丙烯酸酯乳胶漆、苯-丙乳胶漆、乙-丙乳胶漆、聚氨酯乳胶漆等。但常用的建筑内墙乳胶漆以平光漆为主,其主要产品为醋酸乙烯乳胶漆。近年来醋酸乙烯-丙烯酸酯有光内墙乳胶漆也开始应用,但价格较醋酸乙烯乳胶漆贵。

根据装饰的光泽效果,乳胶漆可分为亚光、半光、中光、高光和丝光等类型。亚光和半光一般用于民用的客厅、卧室及商用的办公室、商店、饭店、酒店的内墙面;中光一般用于门窗框架、挂镜线及磨损较大的区域,如浴室、厨房、医院及人流较多处;高光泽则用于门窗框架的点缀。

目前市场上乳胶漆品牌众多,应注重品牌,到规范市场或专卖店中购买。

二、外墙装饰涂料

1. 对外墙涂料的要求

外墙涂料主要功能是装饰和保护建筑物的外墙面,使建筑物外貌整洁美观,从而达到美化城市环境的目的。同时能够起到保护建筑物外墙的作用,延长其使用的时间。为了获得良好的装饰与保护效果,外墙涂料一般应具有以下特点:

(1)装饰性良好。要求外墙涂料色彩丰富多样,保护性良好,能较长时间保持良好的装饰性能。

(2)耐水性良好。外墙面暴露在大气中,要经常受到雨水的冲刷,因而作为外墙涂层,应有很好的耐水性能。某些防水型外墙涂料,其抗水性能更佳,当基层墙面发生小裂缝时,涂层仍有防水的功能。

(3)耐沾污性好。大气中的灰尘及其他物质沾污涂层以后,涂层会失去其装饰效能,因而要求外墙装饰涂层不易被这些物质沾污或沾污后容易清除掉。

(4)耐候性良好。暴露在大气中的涂层,要经受日光、雨水,风砂、冷热变化等作用,在这类自然力的反复作用下,通常的涂层会发生开裂、剥落、脱粉、变色等现象,这样涂层会失去原来的装饰与保护功能。因此作为外墙装饰的涂层要求在规定的年限内,不能发生上述破坏现象。即应有良好的耐候性能。

(5)施工及维修容易。建筑物外墙面积很大,要求外墙涂料施工操作简便。为了保持涂层良好的装饰效果,要经常重涂维修,要求重涂施工容易。

2. 外墙涂料种类

常用外墙装饰涂料种类如图 8.3 所示。到目前为止,我国内墙涂料和相关产品的国家标准有 GB/T 9755—2001《合成树脂乳液外墙涂料》,GB/T 9757—2001《溶剂型外墙涂料》,JG/T 24—2000《合成树脂乳液砂壁状建筑涂料》(代替原 GB 9153—88),GB/T 9779—88《复层建筑涂料》,JG/T 26—2002《外墙无机建筑涂料》(代替原 GB 10222—88)。具体技术指标要求如表 8.5,表 8.6,表 8.7,表 8.8,表 8.9 所示。

(1)溶剂型外墙涂料

建筑外墙的溶剂型涂料一般应有较好的硬度、光泽、耐水性、耐化学药品性及一定的耐老化性,与树脂的乳液型外墙涂料相比,由于其涂膜较致密,在耐大气污染、耐水和耐酸碱性方面都比较好;但其组分内含有机溶剂挥发污染环境,漆膜透气性差,又有疏水性,除个别品种外,如在潮湿基层上施工,容易产生起皮、脱落,有其不足的一面,但是作为维修工程或预制墙体装饰涂料使用,有一定的实用意义。

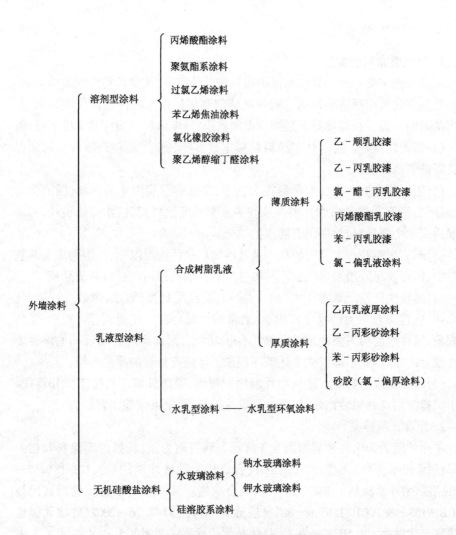

图 8.3　常用外墙涂料种类

表 8.5　合成树脂乳液外墙涂料技术指标要求（GB/T 9755—2001）

项　目	指　标		
	优等品	一等品	合格品
容器中状态	无硬块,搅拌后呈均匀状态		
施工性	刷涂二遍无障碍		
低温稳定性	不变质		
干燥时间(表干)(h)	≤2		
涂膜外观	正常		

续表

项　目		指　标		
		优等品	一等品	合格品
对比率(白色和浅色)		≥0.93	≥0.90	≥0.87
耐水性		96h 无异常		
耐碱性		48h 无异常		
耐洗刷性(次)		≥2000	≥1000	≥500
耐人工气候老化性	白色和浅色	600h 不起泡、不剥落、无裂纹	400h 不起泡、不剥落、无裂纹	250h 不起泡、不剥落、无裂纹
	粉化(级)	≤1		
	变色(级)	≤2		
	其他色	商定		
耐沾污性(白色和浅色)(%)		≤15	≤15	≤20
涂料耐温变性(5 次循环)		无异常		

表 8.6　溶剂型外墙涂料技术指标要求(GB/T 9757—2001)

项　目		指　标		
		优等品	一等品	合格品
容器中状态		无硬块,搅拌后呈均匀状态		
施工性		刷涂二遍无障碍		
干燥时间(表干)(h)		≤2		
涂膜外观		正常		
对比率(白色和浅色)		≥0.93	≥0.90	≥0.87
耐水性		168h 无异常		
耐碱性		48h 无异常		
耐洗刷性/次		≥5000	≥3000	≥2000
耐人工气候老化性	白色和浅色	1000h 不起泡、不剥落、无裂纹	500h 不起泡、不剥落、无裂纹	300h 不起泡、不剥落、无裂纹
	粉化/级	≤1		
	变色/级	≤2		
	其他色	商定		
耐沾污性(白色和浅色)(%)		≤15	≤15	≤20
涂料耐温变性(5 次循环)		无异常		

表 8.7　合成树脂乳液砂壁状建筑涂料技术指标要求（JG/T 24—2000）

项　目		指　标	
		N 型(内用)	W 型(外用)
容器中状态		搅拌后无结块，呈均匀状态	
施工性		喷涂无困难	
涂料低温贮存稳定性		3 次试验后，无结块、凝聚及组成物的变化	
涂料热贮存稳定性		1 个月试验后，无结块、凝聚及组成物的变化	
初期干燥抗裂性		无裂纹	
干燥时间(表干)(h)		≤4	
耐水性		—	96h 涂层无起鼓、开裂、剥落，与未浸泡部分相比，允许颜色轻微变化
耐碱性		48h 涂层无起鼓、开裂、剥落，与未浸泡部分相比，允许颜色轻微变化	96h 涂层无起鼓、开裂、剥落，与未浸泡部分相比，允许颜色轻微变化
耐冲击性		涂层无裂纹、剥落及明显变形	
涂层耐温变性			10 次涂层无粉化、开裂、剥落，与标准板相比，允许颜色轻微变化
耐沾污性		—	5 次循环试验后≤2 级
粘结强度(MPa)	标准状态	≥0.70	
	浸水后	—	≥0.50
耐人工老化性		—	500h 涂层无开裂、起鼓、剥落，粉化 0 级，变色≤1 级

表 8.8　复层建筑涂料技术指标要求（GB/T 9779—88）

复层涂料名称代号	低温稳定性	初期干燥抗裂性	粘结强度(MPa)		耐冷热循环
			标准状态	浸水后	
聚合物水泥系(CE)	不结块、无组成物分离、凝聚	不出现裂纹	>0.49	>0.49	不剥落、不起泡、无裂纹、无明显变色
硅酸盐系(Si)					
合成树脂乳液系(E)			>0.68	>0.49	
反应固化型合成树脂乳液系(RE)			>0.98	>0.68	
复层涂料名称代号	透水性(mL)	耐碱性	耐冲击性	耐候性	耐沾污性
聚合物水泥系(CE)	溶剂型<0.5；水乳型<2.0	不剥落，不起泡，不粉化，无裂纹	不剥落，不起泡，无明显变形	不起泡，无裂纹，粉化≤1级，变色≤2级	沾污率<30%
硅酸盐系(Si)					
合成树脂乳液系(E)					
反应固化型合成树脂乳液系(RE)					

表 8.9　外墙无机建筑涂料技术指标要求（JG/T 26—2002）

项　　目	指　　标
容器中状态	搅拌后无结块,呈均匀状态
施工性	刷涂二道无障碍
涂膜外观	正常
对比率(白色和浅色)	≥0.95
热贮存稳定性(30d)	无结块、凝聚、霉变现象
低温贮存稳定性(3 次)	无结块、凝聚现象
表干时间(h)	≤2
耐洗刷性(次)	≥1000
耐水性(168h)	无起泡、裂纹、剥落,允许轻微掉粉
耐碱性(168h)	无起泡、裂纹、剥落,允许轻微掉粉
耐温变性(10 次)	无起泡、裂纹、剥落,允许轻微掉粉
耐沾污性(%)　Ⅰ类(碱金属硅酸盐类) 　　　　　　Ⅱ类(硅溶胶类)	≤20 ≤15
耐人工老化性(白色和浅色)　(Ⅰ类 800h) 　　　　　　　　　　　　(Ⅱ类 500h)	无起泡、裂纹、剥落,粉化≤1 级,变色≤2 级 无起泡、裂纹、剥落,粉化≤1 级,变色≤2 级

(2)乳液型外墙涂料

乳液型外墙涂料中含有大量乳化剂,以及各种必需的成膜及其他助剂,这些材料必然影响涂膜的耐候性。同时,乳胶漆成膜后会遗留大量孔洞,导致粉尘存积,大大影响乳胶漆的耐沾污性,因而普通乳胶漆不适用于高层建筑,尤其是超高层建筑的外装饰。

(3)无机外墙涂料

无机涂料为水性建筑涂料的一个类别,性能优异,使用方便,对环境保护有利,符合涂料高性能、低污染的发展趋势。无机建筑涂料具有如下特性:

①资源丰富;

②无污染,以水为分散介质,不使用有害物质;

③不燃或难燃,能耐 800℃左右高温;

④表面硬度大,耐磨;

⑤耐擦洗、耐溶剂、耐油性强;

⑥涂膜抗污染性好;

⑦耐候性(耐紫外线性)优异。

但其涂膜不丰满,装饰性较差,使其使用受到一定限制。一些发达国家也在大力发展这类涂料,并在很多工程中得到应用。我国无机涂料虽然起步也较早,但由于性能不尽如人意,装饰效果与其他建筑涂料(如乳胶涂料)相比较为逊色,市场的认可程度较差,再加上推广不利,一直未得到大发展。但我国具有开发无机涂料的丰厚资源,又有一定的研究基础,随着对环境保护要求的不断提高,很多科研院所、大专院校及生产企业都看好这类建筑涂料,正在对其装饰效果、保护性能及施工性能等方面进行研究。无机涂料作为建筑涂料的一大类别有其独特的优势,必将成为建筑涂料行业中不可缺少的品种,有较为广阔的发展前景。为了使无机涂膜具有较好的保护性、装饰性。往往采用与有机基料(如聚合物乳液)拼混,或在乳液聚合时与其发生化学反应,以在性能上取长补短。随着有机高分子聚合物材料的发展,使用的材料也越来越多,有机-无机复合涂料的品种和性能可以满足不同用途的要求,是一类大有发展前途的建筑涂料品种。

(4)高性能外墙涂料

随着工业的不断发展,大气污染越来越严重,全球气候状况也不断恶化,然而,人们对自身生活质量的要求却逐步提高。基于这样的现实情况,现代建筑对外墙涂料提出了更高的要求。高性能外墙涂料这一概念便由此产生。所谓高性能主要是指"三高一低",即高耐候性、高耐沾污性、高保色性和低毒性。高耐候性是外墙涂料,尤其是高层建筑外墙涂料的基本要求。

一般而言,大楼的装修每8~10a进行一次,显然,外墙涂料耐候性应该在8~10a以上,相当于国家标准(GB/T 9757—2001)规定的人工加速老化试验1000h以上。目前市场上大量使用的外墙乳胶漆不能满足上述要求,因而具有优良耐候性的中、高档外墙涂料将是新世纪外墙涂料市场的主要品种。

高耐沾污性是外墙涂料的又一突出性能要求。我国大气污染较严重,人均绿化面积较小,空气中粉尘含量高,涂层表面容易积存尘埃,严重时便出现所谓"拖鼻涕"现象。为提高涂料的装饰效果和使用寿命,提高涂料的耐沾污性是必须的。标准规定,高性能外墙涂料耐沾污性试验,白度损失率应不大于15%。高保色性就是要长期保持其色泽的装饰效果,它要求涂料在正常使用寿命内无明显色差,其标准是人工加速老化1000h以后变色不大于2级。低毒性是保护环境和人们身体健康的要求。尽管外墙涂料在户外施工,但大面积施工所产生的有害挥发气体同样会污染周围环境,且直接影响施工人员的身体健康。因此,近年来,环保型涂料日益引起国内外涂料界的重视。为达到低毒性,采用水性涂料,或使用不含或少含(25%以下)芳香烃的溶剂。

脂肪族溶剂型丙烯酸树脂外墙涂料是以热塑性丙烯酸合成树脂为主要成膜物质,加入脂肪族溶剂及其他颜填料、助剂而制成的一种溶剂型外墙涂料。其耐候性能良好,无污染,耐沾污性试验白度损失率不大于10%,在长期光照、日晒和雨淋条件下,不变色、粉化或脱落,装饰效果良好,抗人工加速老化达3000h,使用寿命估计可达10a以上,是目前国内外建筑涂料工业主要外墙涂料品种之一。

我国生产的该类外墙涂料在高层住宅建筑外墙和与装饰混凝土饰面配合应用，效果甚佳。

有机氟乙烯树脂高耐候性外墙涂料的耐候性能优于其他类型的涂料，其优异的抗老化、耐沾污性将使其配制的外墙涂料耐久性保持 10～15a，为超高层建筑和公共及市政建筑的防护提供可靠保证。此外，含氟丙烯酸树脂外墙涂料也已开始研究开发，是目前国际上最先进的树脂合成技术。

有机硅改性的丙烯酸树脂外墙涂料具有优良的耐候性（耐人工加速老化3000h 以上）、耐沾污性（试验白度损失率不大于 5%）、耐化学腐蚀性，同时不回黏、不吸尘，其综合性能已超过丙烯酸聚氨酯外墙涂料。潮湿固化有机硅丙烯酸树脂涂料，其耐候性能不亚于氟树脂涂料，而售价仅为后者的 1/3，它和有机硅改性醇酸树脂一样已被推荐为重防腐涂料系统中的户外耐候面漆。此外，由于其优异的耐候性和耐沾污性，它能广泛用于混凝土、钢结构、铝板、塑料等材料表面，有效保护建筑物。

聚氨酯外墙涂料是增长最快的涂料品种之一，目前世界上开发较多的是水乳型聚氨酯外墙涂料。它不仅具有优异的耐候性，同时又具有水性涂料无污染的优点，是一种优良的环境友好型外墙涂料。

交联型高弹性乳胶涂料主要是由高弹性聚丙烯酸系列合成树脂乳液、颜料、填料和多种助剂组成，是我国新一代丙烯酸外墙乳胶涂料。它同时具备保护和装饰性能，既有外墙涂料良好的耐候性、耐沾污性、耐水性、耐碱性及耐洗刷性，又有优良的能遮盖细微裂缝的高弹性、抗 CO_2 渗透性等保护墙体的功能。它主要用于旧房外墙渗漏维修，混凝土建筑表面的保护及房屋建筑外墙面的保护与装饰。

三、地面装饰涂料

1. 对地面装饰涂料的要求

地面涂料的主要功能是装饰与保护室内地面，使地面清洁美观，与室内墙面及其他装饰相对应，让居住者处于优雅的环境中。为了获得良好的装饰效果，地面涂料应具有以下特点：

（1）耐碱性良好。因为地面涂料主要涂刷在水泥砂浆基层上，而基层往往带有碱性，因而要求所用的涂料具有优良的耐碱性能。

（2）与水泥砂浆有好的粘结性能。凡用作水泥地面装饰的涂料，必须具备与水泥类基层好的粘结性能，要求在使用过程中不脱落，容易脱皮的涂料是不宜用作地面涂料的。

（3）耐水性良好。为了保持地面的清洁，经常需要用水擦洗，因此要求涂层有良好的耐水洗刷性能。

(4)耐磨性良好。耐磨损性能是地面涂料的主要性能之一,人们的行走,重物的拖移,使地面涂层经常受到摩擦。因此用作地面保护与装饰的涂料层应具有非常好的耐摩擦性能。

(5)良好的抗冲击性。地面容易受到重物的撞击,要求地面涂层受到重物冲击以后不易开裂或脱落,允许有少量凹痕。

(6)涂刷施工方便,重涂容易。为了保持室内地面的装饰效果,待地面涂层磨损或受机械力局部被破坏以后,需要进行重涂,因此要求地面涂料施工方便,易于重涂施工。

2. 地面涂料的种类

常用地面涂料种类如图 8.4 所示。

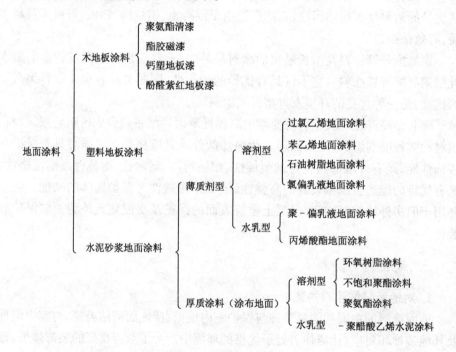

图 8.4　常用地面涂料种类

四、油漆涂料

1. 清油

清油又称熟油,是用干性油经过精漂、提炼或吹气氧化到一定的粘度,并加入催干剂而制成的。清油可以单独作为涂料使用,也可用来调稀厚漆、红丹粉等。

2. 清漆

清漆俗称凡立水。它与清油的区别是其组成中含有各种树脂,因而具有干性快、漆膜硬、光泽好、抗水性及耐化学药品性好等特点。主要用于木质表面或色漆外层罩面。

3. 厚漆

厚漆俗称铅油,是由着色颜料、大量体质颜料和 10% ~ 20% 的精制干性油或精炼豆油,并加入润湿剂等研磨而成的稠厚浆状物。厚漆中没有加入足够的油料、稀料和催干剂等,因而具有运输方便的特点。使用时需加入清油或清漆调制成面漆、无光漆或打底漆等,并可自由配色。调成漆后,其性能及使用方法与调和漆相同,但价格较调和漆便宜。

4. 调和漆

调和漆也称调和漆,它是以干性油为基料,加入着色颜料、溶剂、催干剂等配制而成的可直接使用的涂料。基料中没有树脂的称为油性调和漆,其漆膜柔韧,容易涂刷,耐候性好,但光泽和硬度较差。含有树脂的称为磁性调和漆,其光泽好,但耐久性较差。磁性调和漆中醇酸调和漆属于较高级产品,适用于室外;酚醛、酯胶调和漆可用于室内外。调和漆按漆面还分为有光、半光和无光三种,常用的为有光调和漆,可洗刷;半光和无光调和漆的光线柔和,可轻度洗刷,建筑上主要用于木门窗或室内墙面。

5. 磁漆

磁漆与调和漆的区别是漆料中含有较多的树脂,并使用了鲜艳的着色颜料,漆膜坚硬、耐磨、光亮、美观,好像磁器(即瓷器),故称为磁漆。磁漆按使用场所分为内用和外用两种;按该膜光泽分为有光、半光和无光三种。半光和无光磁漆适用于室内墙面等的装饰。

6. 底漆

用于物体表面打底的涂料。底漆与面漆相比具有填充性好,能填平物体表面所具有的细孔、凹凸等缺陷,并且价格便宜,但美观性差、耐候性差。底漆应与基层材料具有良好的粘附力,并能与面漆牢固结合。

8.3 涂料的主要技术指标及其物理意义

一、涂料液态性能的技术指标及其物理意义

1. 在容器中的状态

是指涂料在容器中的性状,如是否存在分层、沉淀、结块、凝胶等现象以及经搅拌后是否能混合成均匀状态,它是最直观的判断涂料外观质量的方法。在我国建筑涂料标准中,几乎都以"经搅拌后呈均匀状态,无结块"为合格,该项技术指标反映了涂料的表观性能即开罐效果。

2. 固体含量

涂料中所含不挥发物质的量,一般用不挥发物的质量分数表示。该项技术指标有助于设计产品配方及产品综合性能,固体含量对成膜质量、遮盖力、施工性、成本造价等均有较大影响。建筑涂料的固体含量包括两部分:一部分是成膜物质的量;另一部分是颜料与填料的量。在单位面积用量相等的情况下,不同的固体含量导致涂膜厚度有较大的差异,在工程应用中十分重要。

3. 贮存稳定性

指涂料产品在正常的包装状态及贮存条件下,经过一定的贮存期限后,产品的物理及化学性能仍能达到原规定的使用性能。它包括常温贮存稳定性、热贮存稳定性、低温贮存稳定性等。由于涂料在生产后需要有一定时间的周转,往往要贮存一段时间后才使用,因此不可避免地会有增稠、变粗、沉淀等现象产生,若这些变化超过容许限度,就会影响成膜性能,甚至涂料开桶后就不能使用,造成损失。

配方设计好的涂料,贮存 1a 以上,一般性能只有很小变化。但当涂料配方设计不合理,或在贮存和运输中经受夏季高温和冬季低温,或受细菌侵蚀可能会使产品发生不良的变化。

①常温贮存稳定性

贮存稳定性最可靠的测试方法就是常温放置 1a 后实际测定涂料黏度、pH 值、光泽等性能变化。其缺点是得出结果时间长。

②热贮存稳定性

热贮存稳定性常用作涂料贮存稳定性的加速评定。罐装涂料在 50℃ 或 60℃ 热贮存 2~4 周后,测定黏度、pH 值、光泽等性能变化,以判定贮存稳定性。热贮存稳定性和常温贮存稳定性结果有时是不一致的。

③低温贮存稳定性或冻融稳定性

涂料经受冷热交替的温度变化,即经受冷冻及随后融化(循环试验后)而保持原有性能的能力。一般采用冷热交替循环,大多规定在 -5℃ ±2℃ 冻 18h,标准环境 6h 为 1 个循环,3 个循环后观察其有无结块、组成物分离及凝聚、发霉等变化。该项技术指标对内外墙涂料都是不可缺少的。

4. 细度

涂料中颜料及体质颜料分散程度的一种量度,即在规定的条件下,于标准细度计上所得到的读数,一般以 μm 表示。该项技术指标是涂料生产中研磨色浆的内控指标,对成膜质量、涂膜的光泽、耐久性、装饰性、涂料的贮存稳定性等都有较大影响。

5. 黏度

黏度的物理意义是液体在外力(压力、重力、剪切力)的作用下,其分子间相互作用而产生阻碍其分子间相对运动的能力,即液体流动的阻力。涂料属于非牛顿液体,是悬浮体,在热力学上是非稳定体系。黏度是涂料产品的重要指标之一,它对涂料的储存稳定性、施工应用等有很大的影响,因此需要测试涂料的黏度作为产品的内控指标。在涂料施工时,黏度过高会使施工困难,涂膜流平性差;黏度过低,会造成流挂及涂膜较薄遮盖力差等弊病。

二、涂料施工性能的技术指标及其物理意义

1. 施工性

是指涂料施工的难易程度,用于检查涂料施工是否产生流挂、油缩、拉丝、涂刷困难等现象。涂料的装饰效果是通过滚涂、刷涂、喷涂或其他工艺手法来实现的,是否容易施工是涂料能否应用的关键。

2. 干燥时间

涂料从流体层到全部形成固体涂膜这段时间称干燥时间,分为表干时间(表面干燥时间)及实干时间(实际干燥时间)。前者是指在规定的干燥条件下,一定厚度的湿涂膜,表面从液态变为固态,但其下仍为液态所需要的时间。后者是指在规定的干燥条件下,从施涂好的一定厚度的液态涂膜至形成固态涂膜所需要的时间。涂料干燥时间的长短与涂料施工的间隔时间有很大关系,因此施工间隔时间由涂料干燥时间来决定。

3. 遮盖力与对比率

遮盖力是涂膜遮盖底材的能力,它以恰好达到完全遮盖底材的涂布率(g/m²)来表示。涂料的遮盖力有干遮盖力和湿遮盖力之分。一般所指的遮盖力是湿遮盖力,但 JC/T 423—91《水溶性内墙涂料》所规定的遮盖力是干遮盖力。对比率也是反映涂膜遮盖底材的能力,但它是在给定湿膜厚度或给定涂布率的条件下,采用反射率测定仪调定在标准黑板和白板上干涂膜反射率之比,故该比值称为对比率。这个给定湿膜厚度或给定涂布率往往没有达到完全遮盖底材的程度。对比率反映的是干遮盖力。

4. 初期干燥抗裂性

是砂壁状涂料、复层涂料等厚质涂料从施工后的湿膜状态到变成干膜过程中的抗开裂性能。该项技术指标是对某些厚质涂料提出的要求,反映出涂料内在质量,它直接影响装饰效果及最后涂层性能。

5. 打磨性

是涂膜经打磨材料打磨后,产生平滑无光表面的性能。根据要求,打磨材料

可以是各种规格的砂纸或其他材料。可以干磨或蘸水湿磨,以涂膜表面打磨的难易程度或经打磨后产生的表面状态(如掉粉、发热、变软等)来评定。该项技术指标是对涂料配套的腻子产品提出的,它直接影响上层涂膜的平整度。

三、涂料涂膜性能技术指标及其物理意义

1. 涂膜颜色及外观

涂膜颜色及外观是检查涂膜外观质量的指标。涂膜与标准样板相比较,观察其是否符合色差范围、外观是否平整等。

2. 耐水性

指涂膜对水的作用的抵抗能力,即在规定的条件下,将涂料试板浸泡在蒸馏水中,观察其有无发白、失光、起泡、脱落等现象,以及恢复原状态的难易程度。该技术指标对于外墙建筑涂料尤为重要,因为外墙涂料所经受的环境较内墙涂料要苛刻得多,要受到日光照射、风吹雨淋,该指标的好坏直接影响涂料在基材上的附着能力。在室内较为潮湿的场所,如厨房、卫生间或南方的室内也应考虑涂料的耐水性,因此涂膜耐水性与工程应用目的密切相关。

3. 耐碱性

指涂膜对碱侵蚀的抵抗能力,即在规定的条件下,将涂料试板浸泡在一定浓度的碱液中,观察其有无发白、失光、起泡、脱落等现象。建筑涂料适用的基材有多种,如现浇混凝土、混凝土预制板材、水泥砂浆、加气混凝土板材、水泥石棉板、石膏水泥板、纸面石膏板等。基材大多为碱性,要求涂膜具有一定的耐碱性。该技术指标对内外墙涂料都较重要。

4. 耐洗刷性

是涂膜经受皂液、合成洗涤液的清洗(以除去其表面的尘埃、油烟等污物)而保持原性能的能力。内墙涂料饰面经过一定时间后,沾染灰尘、脏物、划痕等需用洗涤液或清水擦拭干净,使之恢复原来的面貌。外墙涂料饰面常年经受雨水的冲刷,涂层必须具备耐洗刷性。该技术指标对内外墙涂料都较重要。

5. 涂层耐温变性(耐冻融循环性)

指涂层经受冷热交替的温度变化而保持原性能的能力。是涂层经冻融循环后,观察涂层表面情况变化的指标,以涂层表面变化现象来表示,如粉化、起泡、开裂、剥落等。建筑物的外墙涂料饰面一般应经得起 5 ~ 10a 的考验,在此期间要经受外界气候的不同温度变化,涂层不能随外界温度变化而发生开裂、脱落等现象。

6. 附着力

是涂膜与被涂物件表面(通过物理和化学力的作用)结合在一起的坚牢程

度。被涂面可以是底材也可以是涂漆底材。该项技术指标表明涂料对基材的粘结程度,对涂料的耐久性有较大影响。

7. 粘结强度

是涂层单位面积所能经受的最大拉伸荷载,即指涂层的粘结性能,常以兆帕(MPa)表示。该项技术指标是砂壁状建筑涂料、复层涂料及室内用腻子等厚质涂层必须测定的重要指标,是厚质涂层对于基材粘结牢度的评定。

8. 耐沾污性

指涂膜受灰尘、大气悬浮物等污染物沾污后,清除其表面上污染物的难易程度。建筑涂料的使用寿命包括两个方面:一是涂层耐久性;二是涂层的装饰性。作为外墙建筑涂料,涂膜长期暴露在自然环境中,能否抵抗外来污染、保持外观清洁,对装饰作用来说是十分重要的。耐沾污性是外墙涂料不可缺少的重要技术指标。

9. 水蒸气透过性

该项技术指标在国外建筑涂料产品中较为常见,主要表明涂膜具有"呼吸性",即涂膜透气而不透水,从而实现与基材一起自由"呼吸",当基材较为潮湿时,基材中的水气可通过涂膜散发出去,从而有效地防止涂膜由于无法透气而出现起鼓、开裂等弊病。

四、涂膜的特定耐候性技术指标及其物理意义

是涂膜抵抗阳光、雨露、风霜等气候条件的破坏作用(失光、变色、粉化、龟裂、长霉、脱落及底材腐蚀等)而保持原性能的能力。可用天然老化或人工加速老化技术指标来衡量涂膜的耐候性能。

1. 天然老化

是涂膜暴露于户外自然条件下而逐渐发生的性能变化。由于我国地域辽阔,气候类型复杂,东、西、南、北地域气候条件差别很大,往往同一个配方的品种在不同地区使用性能具有较大差异。因此为了全面考核某一品种的耐候性,有必要在不同气候类型区域内同时进行曝晒试验,通过设置曝晒场来完成。这是衡量涂膜耐候性能最为理想的试验方法。

2. 人工加速老化

是涂膜在人工老化试验机中暴露而逐渐发生的性能变化。由于自然老化曝晒试验时间过长,不可能将某一涂料品种经几年的曝晒试验后才在工程中使用,因此通过人工老化仪人为地创造出模拟自然气候因素的条件并给予一定的加速性,以克服天然曝晒试验所需时间过长的不足,是目前评定耐久性采用较多的方法。

3. 大气加速老化

通过多年实践证明,大气曝晒虽然符合自然气候条件,但试验周期太长。人工加速老化虽然提高了加速倍率,但模拟性还存在着一定问题。近十几年发展起来的大气加速老化是克服上述问题的有效办法,即利用自然太阳光来加速,使在与自然气候条件比较一致的情况下加速涂膜老化。但该方法也存在受气候影响比较大的问题。

耐候性是外墙涂料最重要的技术指标,提高涂料的耐候性是提高外墙涂料质量的关键。

测定涂膜耐人工老化的目的是为了评定其耐久性,也可以说是为了确定建筑涂料的使用寿命。但遗憾的是,至今尚未找到人工老化时间与建筑涂料使用寿命之间简单的换算关系。我国外墙建筑涂料标准中,主要是以人工老化指标来评定其耐久性。

8.4　建筑内墙涂料与环保、安全卫生、健康有关的技术指标

建筑内墙涂料中对人体与环境造成危害的有害物质包括:

1. 挥发性有机化合物含量(VOC)

该项目是内墙涂料有害物质限量中的重要指标之一,也是健康型内墙涂料的主要指标。该指标是判定涂料产品中挥发性有机化合物的含量,反映涂料在生产、施工和使用过程中对人体健康的影响和室内环境污染。

2. 重金属含量

该项指标是内墙涂料有害物质限量中的重要指标之一,也是健康型内墙涂料的主要指标。这类物质大部分来源于颜料、填料,因此建筑内墙涂料在生产过程中需严格控制重金属含量指标。

3. 甲醛含量

该项指标是内墙涂料有害物质限量中的重要指标之一,也是健康型内墙涂料的主要指标。应保证内墙涂料产品中不含有甲醛及其聚合物成分,甲醛对皮肤黏膜有很强的刺激性,少数人可能产生过敏反应。1996年美国政府工业卫生学专家会议(ACGIH)将其定为人类可疑致癌物,特别在健康型内墙涂料中更应作严格限制。

4. 急性吸入毒性

涂料的毒性主要来源于挥发性有毒、有害物质并通过呼吸道进入肌体,该项指标旨在检测涂料急性吸入的潜在危害。健康型内墙涂料要求该项指标越小越

好。

5. 皮肤刺激性

用内墙涂料进行涂装施工时,操作人员的皮肤可能与涂料接触。因此,要求健康型内墙涂料对皮肤无不良刺激性。

国家环保局于 1994 年发布了第一批环境标志产品(共 7 项产品),其中水性涂料产品的标准号为 HJBZ 004—94,于 1999 年进行了修订,2002 年再次进行了修订。按 HBC 12—2002 的要求,具体内容如下:

(1)产品中不得加入苯、甲苯、二甲苯、乙苯、卤代烃、甲醛及甲醛的聚合物以及重金属铅、镉、铬、汞的化合物,其中杂质带入的有害物限量达到表 8.10 要求。

(2)水性聚氨酯涂料固化剂中游离甲苯二异氰酸酯(TDI)单体含量不得大于 5000mg/kg。

(3)产品的总挥发性有机化合物的含量(TVOC)达到表 8.11 要求。

表 8.10　水性涂料中有害物质限量(HBC 12—2002)

有害物类别	限值($mg \cdot kg^{-1}$)	有害物类别		限值($mg \cdot kg^{-1}$)
苯、甲苯、二甲苯、乙苯	500		汞	60
卤代烃	500	重金属	铅	90
甲醛及甲醛聚合物	100		镉	75
			铬	60

表 8.11　水性涂料中总挥发性有机化合物的含量(TVOC)限值(HBC 12—2002)

产　品　种　类	总挥发性有机化合物的含量(TVOC)限值($g \cdot L^{-1}$)
内墙涂料	100
外墙涂料	200
水性木器漆、水性防腐涂料、水性防水涂料等产品	250

国家标准化管理委员会负责制定的"室内装饰装修材料有害物质限量"10 项国家标准中的 GB 18582—2001《室内装饰装修材料　内墙涂料中有害物质限量》也有与 HBC 12—2002 相同的规定。

8.5　建筑涂料发展方向

建筑涂料应向着减少 VOC、水性化、耐候性优异、功能复合化方向发展。

1. 发展低 VOC 环保型和低毒型的建筑涂料

建筑涂料直接关系到人类的健康和生存环境,建筑涂料向环保型、低毒型方向发展,是建筑涂料的发展趋势,其技术发展方向主要包括开发推广水性涂料系列,开发环保型内墙乳胶漆,发展安全溶剂型聚氨酯木质装饰涂料,开发高固体组分涂料和发展粉末涂料及辐射固化涂料。目前在家庭装潢中使用的107涂料及毒性大的溶剂型聚氨酯涂料、O/W型多彩涂料从环保角度看,应属于逐步淘汰的产品。

2. 发展高性能外墙涂料生产技术,适应高层建筑外装饰的需求

所谓高性能就是具有高耐候性、高耐沾污性、高保色性和低毒性。

3. 发展建筑功能性涂料系列产品

此类系列功能性涂料不仅具有保护和装饰建筑物的功能,而且具有其他方面的特殊功能,已成为国际建筑涂料发展的重要方向。随着科学技术的发展以及人们对涂料的功能性认识的不断提高,功能涂料的市场将会被全面开拓。

建筑特种功能涂料中尤以防火涂料、防水涂料、防腐涂料、防碳化和保温涂料等系列最为重要,防火涂料分木结构和钢结构防火涂料两大类,但当前发展的重点是既有装饰效果又能达到一级防火要求的钢结构防火涂料。防腐涂料中重点是钢结构的防锈、防腐和高耐久性防护面层以及污水工程中混凝土及钢结构防腐材料,对钢筋混凝土构筑物则重点发展防碳化涂料,防止混凝土表层碳化,保护钢筋免遭锈蚀,以确保桥梁等构筑物的百年大计。

在内墙涂料方面逐步淘汰低档聚乙烯醇系列涂料和溶剂型涂料,发展环保型乳胶漆和安全溶剂型涂料;在外墙涂料方面应淘汰低档的乳胶漆,发展高性能乳胶漆、低毒性溶剂型及高耐候性高耐沾污性和适合高层建筑用的外墙涂料,研制开发水性聚氯酯涂料、有机硅丙烯酸乳液涂料、叔醋树脂乳液涂料及常温固化氟树脂涂料;在地面涂料方面要加快降低聚氨酯涂料中的游离TDI含量,发展环氧聚氨酯、水性聚氨酯酪涂料,并积极研制开发功能复合性建筑涂料是建筑涂料工业的发展趋势。

4. 加速研究纳米技术在建筑涂料中的应用

某些纳米无机氧化物材料适当的添加到涂料中可大大地改善涂料的耐光性、保色性和稳定性;某些纳米材料对改善树脂乳液的性能非常有益;某些纳米材料本身就是极好的光触媒剂,可作为新型杀菌剂的载体,适当的工艺可使涂膜表面具有长效的杀菌功能;还有一些纳米材料对紫外光和可见光具有不同的效应,从而与其他一些颜料共混可作为效应颜料,呈现"随角异色性"等。

8.6 建筑腻子

腻子又叫批灰或填泥,是由大量体质颜料与胶粘剂等混合调制而成的糊状物。建筑腻子的主要功能是填平不平整的墙体表面。长期以来,在我国建筑工程中,建筑腻子主要是指内墙用腻子,外墙一般不用腻子。但是由于不用腻子的外墙墙体平整度往往达不到施工的要求,近来使用外墙腻子的工程有所增加。随着人们对节能环保的认识进一步加深,建筑涂料已成为建筑物内外墙体装饰的首选材料,而与之配套使用的建筑腻子也就成为建筑物墙体装饰的重要材料,市场对建筑腻子的需求量也在不断地加大。特别是近年来,随着城市建设的发展,在一些大城市的旧城改造及住宅小区的初装修工程中,建筑腻子得到了广泛的应用,它所显示出来的卓越性能已使人们更充分地认识到了它的优越性和重要性。虽然建筑腻子只是一种基层处理材料,但它却是量大面广必须引起高度重视的建筑材料。

1. 内墙腻子

按照建筑装饰工程施工及验收规范的规定,内墙装修在施涂涂料前,均应使用腻子对墙体找平。与内墙用乳胶涂料配套的腻子有石膏腻子、耐水腻子、乳胶腻子、水泥腻子、弹性腻子等。腻子品种有单组分、双组分、膏状、粉状等不同类型。其中常用的有耐水腻子及石膏腻子。前者粘结强度高、耐水性优异、白度好。在厨房、卫生间及浴室适用的腻子为耐水腻子、水泥腻子或聚合物乳液水泥腻子。使用耐水腻子既可以节省涂料,又可进一步显示与之配套涂料的特性。所有这些腻子均应满足 JG/T 3049—1998《建筑室内用腻子》(见表8.4)中的有关技术要求。

2. 外墙腻子

在我国,使用建筑涂料来装饰建筑物的外墙体已经越来越广泛。但不少建筑物的涂料饰面经过一段时间的使用后,就出现了起皮、脱落等现象,整个墙面变得斑斑驳驳,很不雅观。建筑物墙体饰面涂层的脱落已不是个别现象,它已成为影响建筑装修工程质量的通病之一。造成上述现象的原因有很多,但在众多原因中建筑腻子质量的好坏是关键因素。在建筑涂料的施工过程中,腻子质量的好坏对涂膜的质量起着决定性的作用。上述的涂料饰面脱落等问题,都与墙体基层处理所用建筑腻子的性能有密切关系。

建筑物一年四季都要经受风吹、雨淋、日晒、严寒的考验,因此要求建筑涂料有很好的耐候性,同时对与之配套的建筑腻子也提出了很高的技术性能要求。具体内容如下:

(1)好的建筑腻子必须具有优异的粘结强度,良好的双向亲和性,优异的抗裂性能——弹性(柔韧性)。建筑腻子具有的粘结强度必须足以保证腻子和墙面水泥层或是石材、马赛克、瓷砖等低吸水基材的粘结力,腻子与涂层的粘结力和腻子本身的粘结力,三者都是不可缺少的。腻子具有一定的粘结强度和抗裂性能,它就可以吸收及缓解基面产生的振荡和微变形,最大限度地减少基面对涂料的影响。因为墙体经过冷热的多次循环,必定要引起热胀冷缩,墙体膨胀和收缩将使墙体表层的非弹性材料——水泥墙面产生微小的裂纹,当超过墙体涂层的弹性极限之后,涂层就会产生龟裂,进而在外力的作用下发生脱落。而具有一定弹性的腻子可以在墙体水泥和表面涂层之间消除应力,对墙体微小裂纹起缓冲作用,从而使涂层表面难以开裂,以保障建筑涂料的使用效果,延长建筑涂料的使用年限。

(2)好的建筑腻子应该具有很好的耐水性及优异的抗渗性,也即是要求建筑用腻子具有低吸水率及高的疏水性。因为建筑涂料的涂膜透气性好,在有雨雪的情况下,水或水蒸气会透过涂膜向腻子和水泥墙面渗透,如果使用的腻子不耐水,这时腻子就会发生溶胀向外顶起涂膜,反复几次之后就会导致涂膜的开裂、起皮、脱落。所以在选择建筑腻子时,一定要选用耐水性好的建筑用腻子,给容易因干湿循环而产生变形的基面以更完善的保护。另外,建筑用腻子具有优异的耐水性,它可以适用于各类潮湿的环境,拓宽其应用范围。

(3)好的建筑腻子必须有良好的透气性——干燥特性。因为腻子的一般厚度都要在 0.5mm 左右或更厚,腻子的干燥通常是由外及内的,如果说腻子没有透气性,当腻子表层干燥以后,腻子中的可挥发成分被干燥的腻子表层所封闭,深层的腻子就很难彻底干燥,涂上涂料之后外部稍加用力,腻子就会产生滑动,漆膜也会跟着移动,漆膜的耐久也就成了一句空话。所以建筑腻子只有具有较好的透气性才能使其有较好的干燥性能。

(4)好的建筑腻子应该有一定的耐碱性。墙体一般是抹灰之后再刮腻子,抹灰一般是抹水泥砂浆或石灰砂浆,这些材料通常呈碱性,如果作为中间层的腻子不耐碱,而使得碱直接和墙体涂料(主要是乳胶漆)接触,这就会使得新的水泥砂浆的高碱度在短时间内造成对墙体涂料乳液的破坏,从而破坏漆膜,导致漆膜变色,甚至损坏。所以一种好的建筑腻子必须具有优异的耐碱性,至少要求是中性的,以隔离碱性基材和表面涂料的涂层。

(5)好的建筑腻子应该具有良好的抗流挂性能,并且使涂料着色容易,色泽分布均匀。建筑腻子不仅适用于立体墙面的施工,也应该适合于天花板找平、厨房卫生间顶棚等墙体特殊位置的施工要求和机械喷浆施工的要求,所以它应有一定的抗流挂性能。腻子只是一种墙体基层的处理材料,它上面要涂抹乳胶涂料,这需要建筑用腻子有良好的附着力,使涂料附着容易,并且色泽分布均匀,以保证建筑物的装饰效果。

(6)好的建筑腻子必须有良好的施工性能和存贮稳定性。建筑腻子的浆料应该粗细合适,光滑流畅,易涂刮、打磨,并且表面可作进一步的打磨平滑工作,强度提升快,可连续施工,可以大幅度地提高生产效率,以缩短工期,降低劳动力成本。否则腻子的内在性能再好,操作者不易施工,也很难得到推广应用。而这一点很可能成为一个性能好的建筑腻子能否真正被施工单位采用的关键。过去涂料企业生产的建筑腻子就是因为打磨性能差,涂刮困难,而不被施工单位所选用。由正规的涂料企业生产的优质建筑腻子,从产品出厂到用户的实际使用会有一定的时间间隔,这就要求建筑腻子有良好的存贮性能,在安全保质期内腻子的性能和质量不应发生明显的变化。

(7)好的建筑腻子还应该对环境友好,无毒、无异味,符合环境保护的要求。现在的一些液态建筑用腻子或是固/液双组分建筑用腻子,在生产和施工过程中释放出多种有机化合物,特别是芳香族类有毒气体,造成严重的空气污染,既污染环境,又对人体造成慢性的长期的伤害。

第 9 章
新型建筑装饰陶瓷

　　我国的陶瓷生产历史悠久,从河南出土的彩陶证实,五千多年前的新石器时代,我们的祖先已能制造陶器。唐朝以前的陶瓷都是单彩,唐朝之后才由黄、红、绿配出彩釉,统称唐三彩。宋代是我国陶瓷业发展的盛期,当时中国陶瓷中心在浙江,宋代五大名窑官窑、哥窑、钧窑、汝窑、定窑就有两窑(官窑和哥窑)在浙江。五大名窑之首的官窑配方非常讲究,工艺复杂。该窑生产的龙泉青瓷,古朴典雅、晶莹滋润,紫口铁足,釉厚胎薄,釉面呈现冰裂纹、蟹爪纹,当时陶瓷的技术工艺水平已处于很高的水准,成为当时我国对外交流和贸易的重要商品之一。但在建筑陶瓷方面,我国发展相对较慢。在二十世纪二三十年代,随着泰山砖瓦、德胜窑业、西山窑业等企业的建立,中国才开始自己制造现代意义上的建筑陶瓷(陶瓷墙地砖)。发展至 1949 年,全国陶瓷墙地砖年产量仅 2310m²。1980 年全国年产量为 1261 万 m²,至 2002 年全国年产量占世界总产量 59 亿 m² 的 35.6%,至 2003 年全国产量已达 32.5 亿 m²,远远超过意大利和西班牙。我国建筑陶瓷生产企业的区域化集中程度非常高,仅广东、山东、四川、福建、河北和上海周边地区等六省市(区域)的建陶企业数量占全国 63% 以上,生产能力占全国的生产总能力的 86%,2003 年六个区域的产值约占全国总产值的 90% 以上。随着我国城市化进程加快,中小城镇建设的快速发展,农村住房的改善,人民生活水平的提高,对高品质建筑装饰陶瓷的需求还会不断增加。

9.1　陶瓷基础知识简介

一、陶瓷原料与生产

陶瓷的主要原料有可塑性原料、瘠性原料和熔性原料三大类。可塑性原料即黏土,它是陶瓷的主要部分,其作用是使坯体具有一定的可塑性,易于成型和制坯,常用的有高岭土、易熔黏土和耐火黏土四种。瘠性原料的作用是减少坯体的收缩,防止煅烧时高温变形,常用的有石英砂、熟料(将黏土煅烧后磨细而成)和瓷粉(由碎瓷磨细而成)。溶剂原料的作用是降低烧成温度,常用的有长石、滑石以及钙镁的碳酸盐等。

陶瓷的生产工艺主要有坯体成型、施釉和烧成等工序。施釉制品是根据焙烧次数可分为一次烧成和二次烧成两种工艺。一次烧成是坯体干燥后即施釉,坯体与釉同时烧成。二次烧成是坯体干燥后,先素烧,然后再施釉入窑釉烧。

陶瓷烧结温度的控制十分重要,在开始加热至 110～120℃ 时,黏土中游离水分大量蒸发,在坯体中留下许多孔隙。当温度升高到 425～850℃ 范围内,高岭石等各黏土矿物结晶水脱出,并逐渐分解,剩下的碳素也全部燃尽,此时黏土的孔隙率最大,成为强度不高的坯体。再继续升温至 900～1100℃ 时,已分解的黏土矿物重新化合,形成新的结晶硅酸盐矿物。新矿物的形成,使焙烧后的黏土有强度、耐水性和耐热性。与此同时,黏土中的易熔成分开始熔化,形成液相熔融物,它流入黏土不溶颗粒间的空隙中,并将其粘结,使坯体孔隙率随之下降,体积有所收缩且变得密实,强度也相应增大,这一过程称为烧结。若温度再继续升高,则熔融物增加很多,坯体将无法保持原来的形状而软化变形。所以,黏土坯体在焙烧时应控制焙烧温度,烧至部分熔融,即达烧结为止。

二、陶瓷的分类

按陶瓷制品所用原材料种类不同以及坯体的密实程度不同,陶瓷可分为陶器、炻器和瓷器三大类。

1. 陶质制品

陶质制品为多孔结构,通常吸水率较大,断面粗糙无光,不透明,敲击时声粗哑,有施釉和无施釉的两种制品。烧成温度较低,一般 < 1300℃。

陶质制品根据其原料杂质含量不同,又可分为粗陶和精陶两种。粗陶不施釉,建筑上常用的烧结黏土砖、瓦,就是最普通的粗陶制品。精陶一般经素烧和釉烧两次烧成,通常呈白色或象牙色,吸水率为 9%～12%,高的可达 18%～22%,建筑饰面用的釉面砖,以及卫生陶瓷和彩陶等均属于此类。精陶因其用途不同,又可分别称为建筑精陶、日用精陶和美术精陶。

2. 瓷质制品

瓷质制品结构致密,基本上不吸水,颜色洁白,有一定的半透明性,具有较高的力学性能,其表面通常施有釉层,烧成温度较高,一般在 1250～1450℃。瓷质制品按其原料的化学成分与工艺制作不同,又分为粗瓷和细瓷两种。瓷质制品多为日用餐茶具、陈设瓷、电瓷及美术用品等。

3. 炻质制品

炻质制品是介于陶质和瓷质之间的一类陶瓷制品,也称半瓷。与陶区别是气孔率低,抗折抗冲击性能好,烧成温度较高。与瓷区别是坯体有颜色,断面较粗糙。

炻器按其坯体的细密程度不同,又分为粗炻器和细炻器两种,粗炻器吸水率一般为 4%～8%,细炻器吸水率可小于 2%。建筑饰面用的外墙面砖、地砖和陶瓷锦砖(马赛克)等一般为粗炻制品。细炻器如日用器皿、化工及电器工业用陶瓷等。

三、陶瓷表面施釉装饰

1. 釉的原料与特性

釉是由石英、长石、高岭土等为原料,在配以多种其他成分,研制成浆体,将其喷涂于陶瓷坯体的表面,经高温焙烧时,它能与坯体表面之间发生相互反应,在坯体表面形成一层连续玻璃质层,使陶瓷表面具有玻璃般的光泽和透明性。釉具有类似玻璃的某些物理性质和化学性质,如各向同性,无固定熔点,光泽透明,与玻璃不同的是熔化后液体很粘稠,不易流动。

2. 施釉的作用

(1)可提高陶瓷的装饰效果,掩盖坯体不良颜色和缺陷,使制品表面平滑光亮,在釉中调色,还可以提高装饰效果。

(2)保护作用。可降低坯体吸水性,提高抗渗污染,便于清洗,同时可保护釉层下的图案,防止制品中有毒元素溶出。

(3)提高制品力学性能。釉与坯体结合,可提高制品的抗折、抗冲击性能,尤其对于陶质制品,效果更加明显。

3. 釉的分类及特性

(1)长石釉和石灰釉

由石英、长石、石灰石、高岭土、黏土及废瓷粉等配制而制成。烧成温度在 1250℃以上,属高温透明釉,常用于瓷器、炻器和精陶制品。

(2)透明釉和乳浊釉

透明釉是指涂于坯体表面后,经高温焙烧而成,玻璃质层为透明体。有时为了遮盖坯体颜色,可在透明釉中加入一定的乳浊剂,使原透明釉产生一定量的微细晶粒或微细气泡,便形成了乳浊釉。

(3)色釉

色釉是在釉料中加入各种着色剂,一般为金属氧化物,烧成后便呈现各种色彩。色釉在陶瓷制品得到了广泛的应用,使陶瓷产品色彩丰富,满足了不同爱好者的需求。

(4)特种釉

在釉料中加入添加剂,或者改变釉烧时的工艺参数,可以得到具有特殊效果的釉或釉饰。如结晶釉、裂纹釉和流动釉等。

结晶釉是在 Al_2O_3 含量低的釉料中加入 ZnO、MnO、TiO_2 等结晶形成的,使其在烧成过程中形成粗大的结晶釉层,釉层中的晶形有星形、雪花形、冰花形、松针形等各种形式,具有较好的艺术装饰效果。

裂纹釉是利用釉的热膨胀系数大于坯体,烧成后快速冷却,使釉层产生裂纹。不同的裂纹形态有不同的装饰效果。

流动釉是在较高的温度下过烧,使釉沿坯体流动,从而形成自然条纹。为获得不同色彩的条纹,流动釉通常为色釉。

若改变釉烧时的工艺参数,也可形成不同的釉饰。如烧成后缓慢冷却,可获得不反光的釉面,称为亚光或无光釉。这种釉的表面有丝状或绒状的光泽,具有特殊的表面装饰效果。

4. 彩绘

彩绘是指在陶瓷制品表面绘上彩色图案、花纹等,使陶瓷制品有更好的装饰性。彩绘有釉下彩和釉上彩两种。

(1)釉下彩

是在坯体上彩绘,后施透明釉,再釉烧而成。其优点是彩色图案被釉层保护较好,不易磨损,缺点是色彩没有釉上彩丰富。

(2)釉上彩

是指在釉烧后的陶瓷表面上再用低温彩料进行彩绘,然后在 $600\sim900℃$ 条件下釉烧而成。

(3)贵金属装饰

属于高级陶瓷制品,通常采用金、铂、银等贵重金属在陶瓷釉上进行装饰,其中最常见的是饰金,如金边、图画描金等。

用金装饰陶瓷有亮金、磨光金及腐蚀金等方法,其中亮金在陶瓷装饰中最为广泛。无论何种金饰方法,使用的金材料基本上只有两种,即金水(液态金)与粉末金。

亮金为彩用金水作着色剂材料,在适当的温度下彩烧后,直接获得发光金属层的装饰。金水的含量必须控制在 $10\%\sim12\%$ 以内,含金量不足的金水,金层易脱落且耐热性降低。磨光金层中的含金量较亮金高得多,故经久耐用。彩用贵金属装饰技术,其特点是能制造成发亮金面与无光金面互相衬托的艺术效果。

9.2　陶瓷釉面砖

釉面砖又称瓷砖、瓷片或陶质釉面砖,由于主要用于建筑物内墙装饰,故又称内墙面砖。

一、釉面砖原料、生产工艺及种类

釉面砖是以难熔黏土为主要原料,加入一定量非可塑性掺和料和助熔剂,共同研磨成浆体,经榨泥、烘干成为含一定水分的坯料后,通过模具压制成薄片坯体,再经烘干、素烧、施釉、釉烧等工序而制成。

釉面砖正面有釉,背面有凹凸纹,以增加贴牢度。规格主要有正方形或长方形。根据所用釉料和生产工艺不同,有白色釉面砖、印花釉面砖等多种。彩色釉面砖以浅色居多,釉面砖表面所施釉料品种很多,有白色釉、彩色釉、光亮釉、珠光釉、结晶釉等。为了配合建筑物内部阴阳转角处的装贴及工作台面装贴的要求,还有各种配件砖,如阴角、阳角、压顶条、腰线砖等。

釉面砖的主要种类及特点见表9.1。

表 9.1　釉面砖的主要种类及特点

种　类		代号	特　点
白色釉面砖		F,J	色纯白,釉面光亮,清洁大方
彩色釉面砖	有光彩色釉面砖	YG	釉面光亮晶莹,色彩丰富雅致
	无光彩色釉面砖	SHG	釉面半无光,不晃眼,色泽一致,柔和
装饰釉面砖	花釉砖	HY	在同一砖上施以多种彩釉,经高温烧成。色釉互相渗透,花纹千姿百态,有良好的装饰效果
	结晶釉砖	JJ	晶花辉映,纹理多姿
	斑纹釉砖	BW	斑纹釉面,丰富多彩
	大理石釉砖	LSH	具有天然大理石花纹,颜色丰富,美观大方
图案砖	白色图案砖	BT	在白色釉面砖上装饰各种图案,经高温烧成。纹样清晰,色彩明朗,清洁优美
	有色图案砖	YGT DYGT SHGT	在有光(YG)或无光(SHG)彩色釉面砖上,装饰各种图案,经高温烧成。产生浮雕、锻光、绒毛、彩漆等效果
字面釉面砖	瓷砖画	—	以各种釉面砖拼成各种瓷砖画,或根据已有画稿烧制成釉面砖,拼装成各种瓷砖画,清新优美,永不褪色
	色釉陶瓷字	—	以各种色釉、瓷土烧制而成,色彩丰富,光亮美观,永不褪色

二、陶质釉面砖主要技术性能要求（GB/T 4100.5—1999）

1. 尺寸偏差

(1)长度、宽度和厚度允许偏差应符合表9.2的规定。

表 9.2　陶质砖长度、宽度、厚度允许偏差（GB/T 4100.5—1999）

允　许　偏　差　（％）			无间隔凸缘	有间隔凸缘
长度和宽度	①	每块砖(2条或4条边)的平均尺寸相对于工作尺寸的允许偏差	$L \leqslant 12\,cm \pm .075$ $L > 12\,cm;\ \pm 0.50$	+ 0.60 − 0.30
	②	每块砖(2条或4条边)的平均尺寸相对于10块试样(20或40条边)平均尺寸的允许偏差	$L \leqslant 12\,cm \pm .075$ $L > 12\,cm;\ \pm 0.50$	± 0.25
厚度		每块砖厚度的平均值相对于工作尺寸厚度的最大允许偏差	± 10.0	± 10.0

注:砖可以有1条边或几条边上釉

(2)边直度、直角度和表面平整度应符合表9.3的规定。

表 9.3　陶质砖边直度、直角度和表面平整度允许偏差（GB/T 4100.5—1999）

允　许　偏　差	无间隔凸缘		有间隔凸缘	
	优等品	合格品	优等品	合格品
边直度^①(正面) 相对于工作尺寸允许的最大偏差	± 0.20	± 0.30	± 0.20	± 0.20
直角度^①(正面) 相对于工作尺寸允许的最大偏差	± 0.30	± 0.50	± 0.20	± 0.30
表面平整度 相对于工作尺寸允许的最大偏差 (a)对于由工作尺寸计算的对角线的中心弯曲度 (b)对于由工作尺寸计算的边的弯曲度 (c)对于由工作尺寸计算的对角线的翘曲度	+ 0.40 − 0.20 ± 0.30	+ 0.50 − 0.30 ± 0.50	+ 0.70 − 0.10 S≤250 0.30 S>250 0.50	+ 0.80 − 0.20 S≤250 0.50 S>250 0.75

注①:不适用于有弯曲形状的砖。

2. 表面质量

优等品:至少有95％的砖,距0.8m远处垂直观察表面无缺陷。

合格品:至少有95％的砖,距1m远处垂直观察表面无缺陷。

3. 物理性能

(1)吸水率:平均值 $E > 10\%$,单个值不小于9％。当平均值 $E > 20\%$ 时,生产厂家应说明。

(2)破坏强度和断裂模数。

①破坏强度:厚度 $> 7.5\,mm$,破坏强度平均值不小于600N;

厚度 < 7.5mm,破坏强度平均值不小于 200N。

(破坏强度:抗折破坏荷载乘以两支撑棒之间的跨距除以试样宽度。单位 N)

②断裂模数(不适用与破坏强度 ≥ 3000N 的砖)平均值不小于 15MPa,单个值不小于 12MPa。

[断裂模数:破坏强度除以沿破坏断面最小厚度的平方,单位 $N/mm^2(MPa)$]

陶质砖抗冻性不作要求,其他性能与瓷质砖相同。

三、陶质釉面砖的特性及应用

陶质釉面砖由于烧结程度较低,坯体在焙烧过程中的变形较小。尺寸精度较高,表面平整光滑,图案色彩精美,表观质量好,因此常用于室内厨房、卫生间或医院手术室等场所的墙面装饰,既可保护墙面又便于清洗,保持整洁卫生。

室内墙面陶质釉面砖常用的规格有(单位:mm)100 × 100、150 × 150、150 × 200、200 × 200、200 × 300、250 × 400 等,厚度在 5 ~ 8mm,随着陶质釉面砖生产技术和产品质量不断提高,规格逐渐大型化,已由过去常用的 150 × 150 向 250 × 400 发展。另外,在表面色彩图案方面,也由过去单一的单色向多块组合风景图案发展。已不仅仅满足简单的使用功能,而是更注重装饰美化。

四、陶质釉面砖选择应用要点

(1)选用陶质釉面砖不能只注意其表观质量和装饰效果,还应重视其抗折抗冲击性能,具有较好的力学性能,使用后砖面的抗裂性和贴牢度才有保障。

(2)陶质釉面砖不能用于室外装修。因陶质釉面砖的力学性能较炻质面砖低,吸水性也较大,不能满足室外气候及环境条件的要求。比如抗渗、抗冻、气候温差变化、碰磕等。容易开裂脱落。

(3)内墙粘贴面砖前,墙面和面砖均应预湿水后晾干。若采用水泥净浆粘贴,水泥强度应适中,水泥强度低,粘结力差,若强度太高,在凝结硬化过程中产生的收缩力大,易拉裂面转,形成团形裂纹。

(4)由于室内墙面装饰是近视效果,面砖间的缝应尽可能小,横缝竖缝均应笔直。砖缝应用白水泥浆填刮。

(5)釉面砖应一次性购买,以防色差。

9.3 墙地砖

墙地砖包括建筑物外墙装饰贴面用砖和室内外地面装饰用砖,由于目前这类砖均为炻质面砖,有的可墙地两用,故常称为墙地砖。

一、外墙炻质墙地砖

1. 外墙面砖规格及常用装饰方法

外墙砖通常用于建筑物的外墙饰面,如有需要也可以用于内墙饰面或地面的装饰。常用外墙砖的规格(单位:mm)有:45×195、50×200、52×230、60×240、100×100、100×200、200×400 等,厚 $6 \sim 8mm$。用于外墙面砖,规格不宜太大,否则影响贴牢度和安全性。外墙表面有施釉和无施釉之分,施釉砖有亚光和亮光之分,表面有平滑和粗糙之分,颜色有各种色彩,背面一般有较明显的凹凸状沟槽,可提高与墙体粘结力。外墙铺贴面积较大,故在铺贴时应在外墙基底面上弹线分格,以使砖缝通直整齐。外墙砖缝间距一般为 $5 \sim 8mm$,贴完后须用水泥砂浆勾缝。

外墙贴砖前应先进行设计规划,挑选一定规格面砖通过不同的排列组合,构成不同的线条质感。也可采用不同色调,构成不同的几何线条,以增加建筑立面的装饰效果。但颜色必须协调,颜色种类不宜超过三种,否则颜色杂乱起不到应有的装饰效果。外墙面砖色调的选择还应与环境协调,符合城市规划的要求。

2. 外墙炻质面砖主要技术性能要求(GB/T 410—1999)

陶瓷砖的吸水率变化范围很大,其质量要求随吸水率的不同而有较大不同。GB/T 4100—1999 按吸水率不同将陶瓷砖分为五大类,即:瓷质砖($E \leqslant 0.5\%$),炻瓷砖($0.5\% < E \leqslant 3\%$),细炻砖($3\% < E \leqslant 6\%$),炻质砖($6\% < E \leqslant 10\%$)和陶质砖($E < 10\%$)。

外墙炻质面砖的吸水率 E 一般 $\leqslant 3\%$,因此应符合炻瓷砖($0.5\% < E \leqslant 3\%$)的技术要求(GB/T 4100.2—1999)。

(1)尺寸偏差

①宽度和厚度允许偏差应符合表 9.4 的规定。

表 9.4　瓷质砖、炻瓷砖长度、宽度和厚度允许偏差

允许偏差(%)			产品表面面积 $S(cm^2)$				
			$S \leqslant 90$	$90 < S \leqslant 190$	$190 < S \leqslant 410$	$410 < S \leqslant 1600$	$S > 1600$
长度和宽度	①	每块砖(2 或 4 条边)的平均尺寸相对于工作尺寸的允许偏差	± 1.2	± 1.0	± 0.75	± 0.6	± 0.5
	②	每块砖(2 或 4 条边)的平均尺寸相对于 10 块砖(20 或 40 条边)平均尺寸的允许偏差	± 0.75	± 0.5	± 0.5	± 0.4	± 0.3
厚度		每块砖厚度的平均值相对于工作尺寸厚度的最大允许偏差	± 10.0	± 10.0	± 5.0	± 5.0	± 5.0

注:抛光砖的平均尺寸相对于工作尺寸的允许偏差为 $\pm 1.0mm$。

②边直度、直角度和表面平整度应符合表9.5的规定。

表9.5　瓷质砖、炻瓷砖边直度、直角度和表面平整度允许偏差

允许偏差(%)	产品表面面积 $S(cm^2)$									
	$S \leqslant 90$		$90 < S \leqslant 190$		$90 < S \leqslant 410$		$90 < S \leqslant 160$		$S > 1600$	
	优等品	合格品	优等品	合格品	优等品	合格品	优等品	合格品	优等品	合格品
边直度①(正面)相对于工作尺寸的最大允许偏差	±0.50	±0.75	±0.4	±0.5	±0.4	±0.5	±0.4	±0.5	±0.3	±0.5
直角度①(正面)相对于工作尺寸的最大允许偏差	±0.70	±1.0	±0.4	±0.6	±0.4	±0.6	±0.4	±0.6	±0.3	±0.5
表面平整度 相对于工作尺寸的最大允许偏差 (a)对于由工作尺寸计算的对角线的中心弯曲度	±0.70	±1.0	±0.4	±0.5	±0.4	±0.5	±0.4	±0.5	±0.3	±0.4
(b)对于由工作尺寸计算的对角线的中心翘曲度	±0.70	±1.0	±0.4	±0.5	±0.4	±0.5	±0.4	±0.5	±0.3	±0.4
(c)对于由工作尺寸计算的对角线的边弯曲度	±0.70	±1.0	±0.4	±0.5	±0.4	±0.5	±0.4	±0.5	±0.3	±0.4

注:1.①不适用于有弯曲形状的砖。
　　2.抛光砖的边直度、直角度和表面平整度允许偏差为±0.2%,且最大偏差不超过2.0mm。

(2)表观质量

优等品:至少有95%的砖,距0.8m处垂直观察表面无缺陷;

合格品:至少有95%的砖,距1m处垂直观察表面无缺陷。

(3)物理性能:

①吸水率:平均值为0.5% < $E \leqslant 3.0%$,单个值不大于3.3%。

②破坏强度和断裂模数:

破坏强度:厚度≥7.5mm,破坏强度平均值≥1100N

　　　　　厚度<7.5mm,破坏强度平均值≥700N

断裂模数(不适用于破坏强度≥300N 的砖):平均值≥30Mpa,单个值≥27MPa。

其他性能的要求与瓷砖相同。

3. 外墙炻质面砖装饰特性

建筑物外墙采用炻质面砖装饰,色彩稳定,吸水率低,雨天自涤,不老化、抗腐蚀、具有很强的耐秀性,维修费用低,工程装饰竣工之后,几乎一劳永逸,是其他外墙装饰材料所难以比拟的。

4. 提高外墙面砖贴牢度的施工技术要点:

(1)炻质面砖质量必须符合 GB/T 4100—1999 技术要求;

(2)外墙面砂浆强度不低于 10.0MPa；

(3)面砖粘贴前墙面应预湿水,尽可能延长粘贴水泥浆的水化时间；

(4)宜采用普通水泥,强度等级不低于 32.5MPa,最好掺入占水泥量 3%～5%的"801"建筑胶水,水泥浆应充分搅拌。

二、炻质地面砖

炻质地面砖主要指用于室内地面装饰砖,也可用于室外。室内地面砖常用规格(单位:mm)有 300×300、400×400、500×500、600×600、800×800、1000×1000,厚度根据面砖规格不同为 7～12mm 用于室外面砖的规格较小,但较厚,表面粗糙防滑。

室内面砖一般为同质炻砖,经抛光裁边加工后,尺寸精度高,表面光洁平整,吸水率低,抗污能力强,易清洁,耐磨,耐腐蚀,随着陶瓷生产技术和设备的不断提高,面砖产品的规格尺寸越来越大。常用规格的概念已从 20 世纪 90 年代初的 300mm×300mm 发展到目前的 800mm×800mm 以及 1000mm×1000mm；材质从 20 世纪 90 年代以前的陶质釉面砖发展到目前的同质炻质装饰砖。它仿花岗石的斑状颗粒结构较为逼真,并且避免天然石材的色差,装饰效果可与中高档花岗石媲美。仿大理石的花纹色彩,单块效果较好,但铺贴后其花纹色彩块块相同,成了单调的重复,效果不如仿花岗石。

三、劈离砖

劈离砖是将一定配比的原料,经粉碎、炼泥、真空挤压成型、干燥、高温烧结而成。由于成型时为双砖背联坯体,烧成后再劈离成两块砖,故称劈离砖。

劈离砖挤压成型时,坯体自成一平衡的空间结构,因此,坯体在干燥和烧结过程中,变形小,便于控制,生产效率高。

劈离砖种类很多,色彩丰富,颜色自然柔和,表面质感变幻多样,细质的清秀,粗质的浑厚；表面上釉的,光泽晶莹,富丽堂皇；表面无釉的,质朴典雅大方,无反射弦光。

劈离砖坯体密实,强度高,其抗折强度≥30MPa；吸水率小,低于 6%；表面硬度大,耐磨防滑,耐腐抗冻,冷热性能稳定。背面凹槽纹与粘结砂浆形成楔形结合,可保证铺贴砖时粘结牢固。

劈离砖适用于各类建筑物的外墙装饰,也适合用作楼堂馆所、车站、候车室、餐厅等室内地面的铺设。厚砖适于广场、公园、停车场走廊、人行道等露天地面铺设,也可用作游泳池、浴池池底和池岸的贴面材料。

9.4 琉璃制品

琉璃制品是一种带釉陶瓷,是我国陶瓷宝库中的古老珍品。它以难熔黏土为原料,模塑成各种坯体后,经干燥、素烧、施釉,再釉烧而成。琉璃制品质地致密,表观光滑,不易剥釉,不易褪色,色彩绚丽,造型古朴,富有我国传统的民族特色。目前,屋面用琉璃瓦仍被作为高档装饰。

琉璃制品主要有琉璃兽以及琉璃花窗、栏杆等各种装饰件,还有陈设用的各种工艺品,如琉璃桌、绣墩、花盆、花瓶等。其中琉璃瓦是我国用古建筑的一种高级屋面材料。琉璃瓦品种繁多,常见的有:筒瓦(盖瓦)、板瓦(底瓦)、滴水(铺在檐口处的一块板瓦,前端下边连着舌形板)、沟头(铺在檐中处的一块筒瓦,有圆盖盖瓦)、挡沟(有正挡和斜挡之分)、脊(有正脊和翘脊之分)、吻(有正吻和合角吻之分),其他还有用于琉璃瓦屋面起装饰作用的各种兽形琉璃饰件。琉璃瓦的色彩艳丽,常用的有金黄、翠绿、宝蓝等色。

建筑琉璃制品由于价格高,自重大,一般用于有民族特色的建筑和纪念性建筑中,另外在园林建筑中,常用于建造亭、台、楼、阁的屋面。

建筑琉璃制品的质量要求包括尺寸允许偏差,外观质量和物理性能。尺寸允许偏差和外观质量要求见 GB 9197—1988。

9.5 卫生陶瓷

常用卫生陶瓷包括陶瓷洗面盆(挂式、台式、立式)、坐便器(连体式、分体式)、小便器(挂式、立式)、净身盆、洗涤盆、手纸盒、皂盒、蹲便器和各类陶瓷高位水箱等。

卫生陶瓷产品的质量要求包括尺寸允许偏差、外观质量、变形、冲洗功能和物理性能,见 GB 6952—86。

1. 尺寸允许偏差

卫生陶瓷的尺寸允许偏差必须符合表 9.6 的规定。

2. 外观质量

卫生陶瓷一级品外观质量必须符合表 9.7 的规定。外观缺陷允许范围超过该表规定,但又不影响使用的为二级或三级品。一件(套)产品应无明显色差。

表 9.6　卫生陶瓷尺寸允许偏差

项　目	尺寸范围(mm)	允许偏差		备　注
外形尺寸	> 100	± 3	%	
	< 100	± 3	mm	
孔眼距产品中心线偏移	> 100	3	%	
	< 100	3	mm	
排出口距边	> 300	± 3	%	
	< 300	± 10	mm	
皂盒、手纸盒等小件制品		− 3		
孔眼尺寸	$\phi < 15$	+ 2		
	$15 < \phi < 30$	± 2		
	$30 < \phi < 80$	± 3	mm	
	$\phi > 80$	± 5		
孔眼圆度	$40 < \phi < 70$	1.5		二、三级品相应递增 0.5
	$70 < \phi < 100$	2.5		
	$\phi > 100$	4.0		二、三级品相应递增 1
孔眼安装面(孔眼半径加 10)平面度		2		

表 9.7　卫生陶瓷的外观缺陷允许范围

缺陷名称	单位	洗面器		水槽		便器类		水箱
	mm	洗净面	可见面	洗净面	可见面	洗净面	可见面	可见面
裂纹		不允许	极少	不允许	极少	不允许	极少	不允许
棕眼、斑点	个	各 20	各 50	少许		少许		各 25
橘釉、烟熏		不明显		不明显		不明显		不明显
落脏	mm²	不允许	4	20		14		低水箱 10 高水箱 14
缺釉		不允许	少量	少量		少量		少量
磕碰		不允许	50	不允许	50	不允许		不允许
坑包 $\phi < 4.0mm$	个	2	3	3	5	2	3	2

3. 变形

卫生陶瓷产品的允许最大变形数值应符合表 9.8 的规定。

4. 冲洗功能

便器一次排放全部污物,并不留污水痕迹的用水量不超过 9L。

5. 物理性能

(1)吸水率:煮沸法不大于 3%;真空法不大 3.5%;

(2)经抗裂试验应无裂纹。

表 9.8　卫生陶瓷允许最大变形数值(mm)

产品名称	安装面			表面			整体			边缘		
	一级	二级	三级	一级	二级	三级	一级	二级	三级	一级	二级	三级
坐便器 洗涤器	5	8	12	5	8	12	8	12	18	—	—	—
洗面器	4	7	9	5	8	11	6	10	13	5	8	11
水槽	6	10	18	6	10	13	10	15	25	6	10	18
水箱	5	—	—	7	10	13	7	12	18	5	17	10
蹲便器	—	—	—				7	10	15	6	8	12
小便器	3(10)	5(18)	8(24)	—	—	—	—	—	—	(6)	(10)	(15)
皂盒、 手纸盒	—	—	—							2	4	6

注:括号内的数值适用于落地式小便器。

第10章
新型建筑玻璃

　　玻璃作为采光材料已有 4000 多年的历史,现代玻璃的功能已从过去单纯作为采光材料向控制光线、调节热量、建筑节能、控制噪音和装饰方面发展。我国生产玻璃已有悠久历史,但 20 世纪 50 年代前发展缓慢,新中国成立后,经科技人员刻苦攻关,50 年代在上海建立第一条夹层玻璃和第一条钢化玻璃生产线,60 年代掌握了浮法玻璃生产技术和中空玻璃生产线,70 年代后在特种玻璃和玻璃深加工等技术领域已处于国际先进水平。我国已多年成为世界平板玻璃最大生产国,2003 年我国平板玻璃总产量已达 2.52 亿重量箱,其中浮法玻璃占 83% 以上。

10.1　玻璃的基本知识

一、玻璃的生产

　　玻璃是用石英砂、纯碱、长石和石灰石为主要原料,并加入一定辅助原料,在 1550 ~ 1660℃高温下熔融,经拉伸成型后急速冷却而成的制品。其主要化学成分是 SiO_2、Na_2O、CaO 和少量的 MgO、Al_2O_3 等。

　　目前常见的成型方法有垂直引上法、水平拉引法、延压法、浮法等。

　　垂直引上法是引上机将熔融的玻璃液垂直向上拉引。水平拉引法是将玻璃溶液向上拉引 70cm 后绕经转向辊再延水平方向拉引,该方法便于控制拉引速度,可生产特厚和特薄的玻璃。延压法是利用一对水平水冷金属压辊将玻璃展延成玻璃带,由于玻璃处于可塑状态下压延成型,因此会留下压延的痕迹,压延法常用于生产压花玻璃和夹丝玻璃。浮法是将熔融的玻璃液引入熔化的锡槽,在干净的锡液表面自由摊平,逐渐降温退火加工而成,浮法是目前最先进的玻璃生产方法。该玻璃具有平整度高、质量好,玻璃的宽度和厚度调节范围大等特点,而其玻璃自身的缺陷如气泡、结石、疙瘩等较少。浮法生产的玻璃经过深加工后可制成各种特种玻璃。

平板玻璃的产量是采用箱来计量的。2mm 厚的玻璃 10m² 作为一个标准箱。一个重量箱等于 2mm 厚、面积 10m² 的平板玻璃的质量,约重 50kg。不同厚度的玻璃换算方法按表 10.1。

表 10.1　不同厚度玻璃标准箱和重量箱换算系数

玻璃厚(mm)	2	3	5	6	8	10	12
标准箱(个)	1	1.65	3.5	4.5	6.5	8.5	10.5
重量箱(个)	1	1.5	2.5	3	4	5	6

二、玻璃的分类

玻璃的品种繁多,分类的方法也多样,通常按其化学组成和用途进行分类。

1. 按玻璃的化学组成分类

(1)钠玻璃

钠玻璃又名钠钙玻璃,它主要由 SiO_2、Na_2O、和 CaO 组成,其软化点较低,易于熔制;由于含杂质较多,制品多带绿色。与其他品种玻璃相比,钠玻璃的力学性质、热性质、光学性质和化学稳定性等均较差,多制造普通建筑玻璃和日用玻璃制品,故又称普通玻璃。

(2)钾玻璃

钾玻璃是以 K_2O 替代钠玻璃中部分 Na_2O,并提高玻璃中 SiO_2 的含量而制成。它硬而有光泽,故又称硬玻璃,其他性质也较钠玻璃好。钾玻璃多用以制造化学仪器和用具,以及高级玻璃制品。

(3)铝镁玻璃

铝镁玻璃是降低钠玻璃中碱金属和碱土金属氧化物的含量,引入 MgO 并以 Al_2O_3 替代部分 SiO_2 而制成。它软化点低,析晶倾向弱,力学性质、光学性质和化学稳定性都有提高,常制造高级建筑玻璃。

（4）铅玻璃

铅玻璃又名铅钾玻璃或晶质玻璃，系由 PbO、K_2O 和少量 SiO_2 所组成，它光泽透明，质软而易加工，对光的折射率和反射性强，化学稳定性高。铅玻璃密度大，故又称重玻璃。用以制造光学仪器、高级器皿和装饰品等。

（5）硼硅玻璃

硼硅玻璃又称耐热玻璃，由 B_2O_3、SiO_2 及少量的 MgO 所组成，它有较好的光泽和透明度，较强的力学性能、耐热性、绝缘性和化学稳定性。用以制造高级化学仪器和绝缘材料。

（6）石英玻璃

石英玻璃由纯 SiO_2 制成，具有极强的力学性质、热性质，优良的光学性质和化学稳定性，并能透过紫外线。可用于制造耐高温仪器，杀菌灯等特殊用途的仪器和设备。

2. 按玻璃用途分类

（1）建筑玻璃——平板玻璃

平板玻璃是建筑工程中应用面广，用量最大的建筑材料之一，它主要包括：

①透明窗玻璃。指普通平板玻璃、大量用作建筑采光。

②不透视玻璃。采用压花、磨砂等方法而制成透光、不透视的玻璃。

③装饰平板玻璃。采用蚀花、压花、着色等手段制成具有装饰性的玻璃。

④热功能玻璃。采用吸热、镀膜等方式生产的玻璃。

⑤安全玻璃。将玻璃进行淬火，或在玻璃中夹丝、夹层而制成的玻璃。

（2）建筑艺术玻璃

建筑艺术玻璃是指用玻璃制成的具有建筑艺术性的屏风、花饰、扶栏、雕塑以及马赛克等制品。

（3）玻璃建筑构件

玻璃建筑构件主要有空心玻璃砖、波形瓦、平板瓦、门、壁板以及玻璃纤维增强塑料制品等。

（4）玻璃质绝热、隔音材料。

玻璃质绝热、隔音材料主要有泡沫玻璃、玻璃棉毡、玻璃纤维等。

三、普通平板玻璃的技术性质

1. 密度

玻璃的密度在 $2.40 \sim 3.80 g/cm^3$，玻璃内部十分致密，几乎无空隙，吸水率极低。

2. 强度

普通玻璃的抗压强度为 $600 \sim 1200 MPa$，抗拉强度为 $40 \sim 80 MPa$，抗弯强度为

$50 \sim 90MPa$，弹性模量为$(6 \sim 7.5) \times 10^4 MPa$。

3. 硬度

普通玻璃的莫氏硬度为 $5.5 \sim 6.5$ 玻璃的抗刻划能力较高，但抗冲击能力较差。

4. 导热系数

普通玻璃的导热系数为 $0.73 \sim 0.92 W/m \cdot K$，比热为 $0.33 \sim 1.05/(kg \cdot K)$，热膨胀系数为$(8 \sim 10) \times 10^{-6}/℃$，石英玻璃的热膨胀系数为 $5.5 \times 10^{-6}/℃$。玻璃的热稳定性较差，主要是由于玻璃的导热系数较小，因而会在局部产生高温内应力，使玻璃因内应力出现裂纹或破裂。

5. 光学性质

玻璃的光学性质包括反射系数、吸收系数、透射系数和遮蔽系数四个指标。反射的光能、吸收的光能和透射的光能与投射的光能之比分别称反射系数、吸收系数和透射系数。不同厚度不同品种的玻璃反射系数、吸收系数、透射系数有所不同。将透过 3mm 厚标准透明玻璃的太阳辐射能量作为 1，其他玻璃在同样条件下透过太阳辐射能量的相对值为遮蔽系数，遮蔽系数越小，说明透过玻璃进入室内的太阳辐射能越少，光线越柔和。

6. 化学性质

玻璃的化学稳定性较高，除氢氟酸外可抵挡所有酸的腐蚀，但耐碱性较差，长期与碱液接触，会使玻璃中的 SiO_2 溶解而受到侵蚀。

普通平板玻璃的技术性能应符合 GB 4871—1995《普通平板玻璃》的技术要求。选用应参照 JGJ 113—2003《建筑玻璃应用技术规程》。

10.2　热功能玻璃

热功能玻璃指能隔热、增热、保温或改善热功能的玻璃，它不仅能透过太阳的可见光，增加建筑立面的装饰效果，改善和营造较为舒适的温度环境，降低空调能耗。热功能玻璃包括吸热玻璃、热反射玻璃、中空玻璃等。

一、吸热玻璃

吸热玻璃是一种可以控制阳光，既能吸收全部或部分热射线（红外线），又能保持良好透光率的平板玻璃。

1. 吸热玻璃生产及特性

吸热玻璃的生产是在普通钠-钙硅酸盐玻璃中加入有着色作用的氧化物，如氧化铁、氧化镍、氧化钴以及硒等，使玻璃带色并具有较高的吸热性能。也可在玻璃表面喷涂氧化锡、氧化锑、氧化钴等有色氧化物薄膜而制成。常见的吸热玻璃不仅有茶色,还有蓝色、灰色、黄色、红色等。

吸热玻璃对太阳能的辐射有较强的吸收能力,当太阳光照射在吸热玻璃上时,相当一部分的太阳辐射能被玻璃吸收,被吸收的热量大部分可再向室外散发。加之其透的辐射热比普通玻璃小,故其总热阻比普通玻璃大。这就是为何吸热玻璃吸热大又能隔热的原因。吸热玻璃的颜色和厚度不同,对太阳能辐射吸收程度也不同。详见图 10.1。

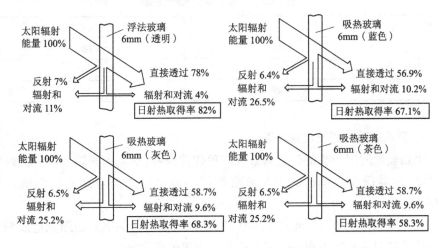

图 10.1　浮法玻璃和吸热玻璃的日射热通过率

吸热玻璃也能吸收太阳的可见光。6mm 厚的普通玻璃能透过太阳可见光的78%,而古铜色的镀膜玻璃仅能透过可见光的 26%,能使刺目的阳光变得柔和,起到良好的防眩作用,特别是炎热的夏天,能有效地改善室内温度,使人感到舒适凉爽。

吸热玻璃还能吸收太阳的紫外线。它可以显著减少紫外线的透射对人与物的损害,可以防止室内家具、日用器具、商品、档案资料与书籍等因紫外线照射而造成的褪色和变质现象。

吸热玻璃具有一定的私密性兼有适当的透明度,在室内能清晰地观察室外景物,但当室内亮于室外时则反之,应予注意。

2. 吸热玻璃的技术要求

JC/T 536—1994《吸热玻璃》标准作了技术规定。

(1)外观缺陷和尺寸允许偏差

吸热平板玻璃和吸热浮法玻璃的尺寸允许偏差规定与相应的普通平板玻璃和浮法玻璃的规定一致。吸热玻璃按外观质量分为优等品、一等品和合格品。

（2）规格

吸热玻璃的厚度为 2、3、4、5、6、7、8、9、10、12mm，其长度和宽度与普通平板玻璃和浮法玻璃的规定相同。

（3）光学性质

吸热玻璃的光学性能，用可见光透射比和太阳光直接透射比来表示，两者的数字换算成 5mm 标准厚度的值后，应满足表 10.2 的规定。

表 10.2　吸热玻璃的光学性质

颜　　色	可见光透射比（%）	太阳光直接透射比（%）
茶色	42	60
灰色	30	60
蓝色	45	70

3. 吸热玻璃应用及注意问题

吸热玻璃适用于装备有空调系统的现代建筑物，如高级宾馆、写字楼、博物馆、体育馆等门窗玻璃。由于其遮蔽作用一般可以降低空调制冷系统负荷 10%～20%。

吸热玻璃减少了可见光和紫外线的透过比，故可避免强烈的阳光造成的令人不适的炫目光和室内物品受光作用造成的褪色变质等。

吸热玻璃特有的色彩具有极好的装饰作用，成为一种新型外墙和室内装饰材料。

吸热玻璃还可以按不同用途进行加工，制成磨光、钢化、夹层、镜面及中空玻璃。在外部围护结构中用它配置彩色玻璃窗，在室内装饰中，用它镶嵌玻璃隔断、装饰家具、增加美感。在许多情况下，人们采用吸热玻璃考虑得更多的是它的装饰效果。

吸热玻璃的热炸裂问题是使用吸热玻璃必须注意的问题。吸热玻璃在强烈的日照下吸收大量的太阳能使自身温度升高，比如，广告牌、树木或其他建筑物等局部遮蔽，会使吸热玻璃各处升温不同，若温差过大引起的热应力超过玻璃的抗拉强度，则会使玻璃破裂。其他引起热应力的因素还有吸热玻璃边部与金属框架接触散热不均匀，曝晒后突如其来的暴风雨等。因此，在使用大面积吸热玻璃，如幕墙玻璃时，除按照施工规程进行安装外，设计时最好选用经钢化的吸热玻璃，避免热炸裂造成损失或对人的伤害。为避免热炸裂现象，在安装吸热玻璃时应留有一定的间隙，应使窗帘、百叶窗等远离玻璃表面以利于通风、散热。避免暖风或冷风直接吹在玻璃上，避免强光直接照射在玻璃上，避免外墙面过大的凹凸变化而在玻璃上出现形状复杂的阴影,避免在玻璃上粘贴纸等易吸收阳光的物品。

使用吸热玻璃时宜安装百叶窗,这是因为吸热玻璃的温度较高,有较强的热辐射作用,尽管室内温度较低也使人体感到有点"闷热"。利用百叶窗可消除此种现象。吸热玻璃也可进一步加工成中空玻璃(它在阻挡红外光进入室内的同时,自身吸收了大量热能造成温度升高,温度较高的吸热玻璃又成为热辐射源。所以吸热玻璃宜用于中空玻璃的室外侧,在减少太阳能进入室内,提高保温效果的同时,也减少了吸热玻璃对室内的热辐射)、夹层玻璃等,其隔热效果更佳。

二、热反射玻璃

热反射玻璃又称镀膜玻璃或境面玻璃

1. 镀膜玻璃生产及特性

镀膜玻璃是在普通平板玻璃的表面用一定的工艺将金、银、铝、铜等金属氧化物喷涂上去形成薄膜,或用电浮法、等离子交换法向玻璃表面渗入金属离子形成热反射膜。热反射玻璃的生产方法很多,产品性能与质量也相差很大,但以磁控真空阴极溅射法生产的性能和质量最佳。真空磁控溅射方法属于离线镀膜工艺,优点是反射率和颜色通过靶材成分和溅射工艺可调可控,因此具有众多的品种,缺点是成本较高,膜层的硬度较低,俗称"软镀膜";另一种是采用在线喷涂工艺方法,在浮法玻璃生产线上进行粉末喷涂或液体喷涂,优点是膜层牢固,成本相对较低,俗称"硬镀膜"。目前世界先进镀膜技术是在浮法生产线上进行金属化合物热解镀膜技术或化学气相沉积镀膜技术。镀膜玻璃能有效反射太阳光线,反射率可达 30% 以上,具有较好的隔热性能。光线透过热反射玻璃时变得较为柔和,能较有效地避免眩光,从而改善室内环境。

镀膜玻璃具有单向透象特性。镀膜玻璃表面金属层极薄,使它的迎光面具有镜子的特性,而在背面又如窗玻璃那样透明。即在白天能从室内看到室外景物,而在室外却见不到室内的景象,使建筑物内部受到遮蔽及帷幕的作用。而在晚上的情形则相反,室内的人看不到外面,而室外却可清晰地见到室内。这对商店等需艺术装饰的建筑部位很有意义。用镀膜玻璃做建筑幕墙和门窗,可使整个建筑变成一座闪闪发光的玻璃宫殿。由于镀膜玻璃具有这两种功能,所以它为建筑设计的创新和立面处理提供了良好的条件。镀膜玻璃具有良好的隔热性能,其透热系数小(透热系数是指在相同条件下阳光通过各种玻璃射入室内的相对热量与通过 3mm 厚透明玻璃射入室内 1h 的热量之比,),热透过率低,透过热反射玻璃的光线柔和,使人感到清凉舒适。它的色彩丰富,有较好的装饰性,有过滤紫外线反射红外线的特征。

2.镀膜玻璃应用及注意问题

镀膜玻璃主要用于办公大楼、宾馆、体育馆等现代建筑物,采用镀膜玻璃可以降低空调制冷系统的负荷,减少能耗。

镀膜玻璃具有绚丽的色彩和镜面作用,常用于多层或高层建筑的幕墙,使整个建筑物光辉灿烂,玻璃幕墙上映出蓝天、白云和周围景物,构成一幅动态的画面。在建筑设计中,往往更注意应用镀膜玻璃的装饰功能。

镀膜玻璃应用注意问题:

(1)镀膜玻璃膜层的耐磨性和抗化学侵蚀性较差,一般用热反射膜玻璃进一步加工成中空玻璃,膜面朝内才能保证膜层不被磨伤和侵蚀,才能长久使用。

(2)必须充分重视镀膜玻璃产生的阳光反射引起的光污染。

(3)镀膜玻璃的安装施工一定要严格按施工规程进行,尤其是无框玻璃幕墙施工时,一定要确保框架、粘结剂、橡胶垫的质量。施工过程中,不得使粘结剂、水泥等污染玻璃表面。

(4)为保持热反射性能和外观,应经常清洁表面,但不要使用强酸、强碱或其他对玻璃和膜层有侵蚀或损害的清洁材料。

对热反射玻璃在应用中暴露的一些问题比如光污染、热污染、影象畸变、膜层划伤、滤色光环境等,公众和媒体喷有烦言,甚至有限制或禁止热反射玻璃使用的呼吁,也有的地方政府出台了限用热反射玻璃的法规。

三、中空玻璃

1.中空玻璃结构及种类

中空玻璃是将两片或多片平板玻璃按一定间距《吸热玻璃》用边框隔开,四周用胶接、焊接或熔接的方法密封,中间充入干燥空气或其他气体的玻璃制品。见图 10.2。

中空玻璃的种类按颜色分有无色、绿色、黄色、金色、蓝色、灰色、茶色等。按玻璃层数分有双层和多层等;按玻璃原片的性能分有普通中空、吸热中空、钢化中空、夹层中空、热反射中空玻璃等。

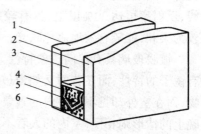

图 10.2　双层中空玻璃剖面示意

1—玻璃;2—玻璃;3—干燥空气;
4—隔垫;5—干燥剂;6—密封材料

2.中空玻璃主要特点

(1)隔热保温

中空玻璃空气层的导热系数小,所以中空玻璃具有良好的隔热保温性能。从表 10.3 可以看出普通中空玻璃(3 + A6 + 3)的隔热性能已相当于 100mm 厚的混凝土墙,而三层中空玻璃(3 + A6 + 3 + A6 + 3)的隔热能力已接近 370mm 厚的砖墙。

表 10.3　中空玻璃与其他建材的热传导性

材　料　名　称	热传导系数[KJ/(m²·h·c)]
3mm 平板玻璃	24.58
5mm 平板玻璃	24.16
普通中空玻璃(3 + A6 + 3)	12.92
三层中空玻璃(3 + A6 + 3 + A6 + 3)	8.76
混凝土墙(100mm 厚)	12.04
砖墙(370mm 厚)	7.54

(2)隔音性

中空玻璃具有较好的隔声性能,其隔声的效果通常与玻璃的厚度、层数、空气层的间距有关,还与噪音的种类、声强有关。一般可使噪音降低 30～40dB,对交通噪音可降低 31～33bdB,即能将街道汽车噪音降低到学校教室的安静程度。

(3)防结露

在室内一定相对湿度下,玻璃表面达到某一温度时,玻璃表面就会结露,这一结露温度叫露点。玻璃结露之后将严重影响玻璃的透视和采光性能,中空玻璃接触到室内高湿度空气的时候,内层玻璃表面温度较高,而外层玻璃虽然温度较低,但接触到的空气温度也较低,所以不会结露,并能保持一定的室内湿度。中空玻璃内部空气的干燥度是中空玻璃最重要的质量指标。

3. 中空玻璃的规格尺寸和技术要求(GB 11944—2002)

中空玻璃的常用形状与最大尺寸见表 10.4

表 10.4　中空玻璃的常用形状与最大尺寸(GB 11944—2002)

玻璃厚度 (mm)	间隔厚度 (mm)	长边最大 尺寸(mm)	短边最大尺寸(mm) (正方形除外)	最大面积 (cm²)	正方形边长最大 尺寸(mm)
3	6	2110	1270	2.4	1270
	9～12	2110	1270	2.4	1270
4	6	2420	1300	2.86	1300
	9～10	2440	1300	3.17	1300
	12～20	2440	1300	3.17	1300
5	6	3000	1750	4.00	1750
	9～10	3000	1750	4.80	2100
	12～20	3000	1815	5.10	2100

玻璃厚度（mm）	间隔厚度（mm）	长边最大尺寸(mm)	短边最大尺寸(mm)（正方形除外）	最大面积（cm²）	正方形边长最大尺寸(mm)
6	6	4550	1980	5.88	2000
	9～10	4550	2280	8.54	2400
	12～20	4550	2440	9.00	2400
10	6	4270	2000	8.54	2440
	9～10	5000	2000	15.00	3000
	12～20	5000	3180	15.90	3250
12	12～20	5000	3180	15.90	3250

中空玻璃用原片玻璃应满足相应的技术标准要求,且普通平板玻璃应为优等品,浮法玻璃应为优等品或一等品。

中空玻璃的主要技术性能规定,列于表 10.5 和表 10.6 中。

表 10.5　中空玻璃尺寸允许偏差(GB 1194—2002)(mm)

边　　长	允许偏差	厚度	公称厚度	允许偏差	对角线长	允许偏差
小于100	±2.0	≤6	17 以下	±1.0	对角线之差	≤0.2%
100～200	−3.0～2.0		17～22	±1.5		
2000～2500	±3.0	>6	22 以上	±2.0		

表 10.6　中空玻璃的性能要求(GB 1194—2002)

项　　目	试　验　条　件	性　能　要　求
密封	在试验压力低于环境气压 10±0.5kPa,厚度增长必须≥0.8mm。在该气压下保持 2.5h 后,厚度增长偏差＜15% 为不渗漏	全部试样不允许有渗漏现象
露点	将露点仪温度降到≤−40℃,使露点仪与试样表面接触 3min	全部试样表面无结雾或结露
紫外线照射	紫外线照射 168h	试样内表面上不得有结雾或污染的结霜
气候循环及高温、高湿	气候试验经 320 次循环,高温、高湿试验经 224 次循环,试验后进行露点测试	总计 12 块试样,至少 11 块无结雾或结露

4. 中空玻璃应用及注意问题

中空玻璃主要用于需要采暖、空调、防止噪音或结露以及要求无直射阳光的建筑物门窗或幕墙等,它可明显降低冬季和夏季的采暖和制冷费用。由于中空玻璃的价格相对较高,目前主要用于饭店、宾馆、办公楼、学校、医院、商店等需要室内空调的场合,住宅建筑已逐步在应用。

中空玻璃应用时要注意的问题:

(1)中空玻璃不能切割,应按厂家的规格进行选用,或按要求尺寸进行定制。

(2)中空玻璃的安装框架应符合有关规范的要求,安装施工前应检验。

(3)中空玻璃的安装施工应严格按照有关施工规范的要求进行,防止玻璃受局部应力过大发生破裂,中空玻璃与安装框架间不能有直接接触。镶嵌中空玻璃的腻子不能用硬固型的,并且不与中空玻璃密封胶产生化学反应。

(4)使用镀膜玻璃、吸热玻璃、夹层和钢化玻璃制成的中空玻璃,安装时一定要分清反正面。如镀膜玻璃应置于向室外一侧等。

四、电热玻璃

电热玻璃有导电网电热玻璃和导电膜电热玻璃两种。导电网电热玻璃是将两块浇注的型材,中间夹有肉眼几乎难以看到的极细电热丝,经热压而成;导电膜电热玻璃是将喷有导电膜玻璃与未喷导电膜的厚玻璃经热压而成。

电热玻璃的使用电压为 190~230V,玻璃表面最高温度可达 60℃,透光率为80%。这种玻璃具有一定的抗冲击性能,并且当充电加热时,玻璃表面不会结雾结冰霜。

电热玻璃在建筑上常用于陈列窗、橱窗、严寒地区的建筑门窗、瞭望塔窗、工业建筑的特殊门窗、挡风玻璃等。

五、太阳能玻璃

随着能源危机,太阳能玻璃作为一种新的能源正受人们的重视。人们正以不同的方式利用太阳能为人类服务。

目前已有两种类型的太阳能转换装置被广泛应用。一类是吸收或反射辐射能并转换成热能;另一种是利用光电效应使太阳能转换成电能。

玻璃作为一种利用太阳能的材料具有很多优越性:玻璃对太阳能有很高的透过率和较低的反射率;也能在玻璃中掺入某些着色剂,对不同波长的光进行选择吸收;玻璃能耐几百度高的温度,能加工成各种几何形状、尺寸和厚度;玻璃表面平整光滑,容易清洗,能抵抗大气风化、成本较低。因此,玻璃经加工处理后可用于太阳能装置。

10.3　安全玻璃

普通玻璃的最大弱点是性脆和易碎,破碎后的玻璃具有尖锐的棱角,容易伤人,因此需要研制和生产安全性较高的玻璃。目前常用的安全玻璃有钢化玻璃、夹层玻璃、夹丝玻璃等。

随着高层建筑的发展和建筑玻璃的大型化,建筑玻璃造成人身伤害和安全事故的几率迅速增大。在使用建筑玻璃的任何场合都有可能发生直接灾害或间接灾害,最近在北京某超市进行的店庆酬宾活动中,由于人多拥挤造成玻璃大门破碎,有十余名顾客受伤,最严重者被碎玻璃划伤肩膀造成肌腱割断,还有人的划伤达 10cm 长,类似的玻璃伤人事故时有所闻,如空中坠落、人体撞击等等,并且有人员伤亡,由于建筑玻璃破坏造成的灾害主要有以下几种:1. 高空坠落:玻璃天棚或高层建筑的窗玻璃在台风、冰雹、地震或人为破坏时破碎坠落,其尖锐碎片造成人身伤害。2. 身体撞击:通道、隔墙、落地窗、大门等玻璃结构物容易受到人的碰撞,尤其对儿童极具危险,玻璃被撞破坏后刺伤人体。3. 火灾蔓延:建筑物发生火灾时,一是切断火源,再是扑灭火头,而玻璃遇火则爆裂,空气流通助长火势蔓延。4. 防盗的薄弱部位:贼盗入室的捷径是打破门窗玻璃,玻璃属脆性材料,抗冲击强度较低,是建筑物安全的重点防护部位,防弹防爆的薄弱部位——银行、使馆等重要建筑,最易受到外来攻击的部位是门窗,子弹容易穿透,炸弹容易爆破。

1997 年《建筑玻璃应用技术规程》颁布实施,对一些至关重要的建筑部位使用安全玻璃做出强制性要求。规定钢化玻璃与夹层玻璃可用作安全玻璃,钢化玻璃强度高,并且破碎后成为无锐角小碎片,夹层玻璃破坏后碎片仍然粘连在胶片上不会飞散,这两种玻璃都将对人身的伤害危险减至最小。

在有可能发生人体与玻璃碰撞的场合,必须使用安全玻璃,如玻璃门、玻璃隔墙、玻璃栏板、落地窗、浴室用玻璃、幼儿园和医院用玻璃等,钢化玻璃和安全玻璃都可以使用,在设计时应根据玻璃板面大小、冲击破碎后有无次生灾害发生、是否有其他功能要求等因素选择,如有防火要求的玻璃隔墙应采用防火夹层玻璃,对于有可能发生玻璃碎片坠落伤人的场合应使用安全玻璃。规程规定屋顶斜面窗、天窗玻璃、天棚等在距地面高度 5m 以上时,应采用夹层玻璃,距地面高度 5m 以下时应采用夹层玻璃或钢化玻璃,主要考虑到钢化玻璃破坏坠落时的"玻璃雨"对人仍可能造成伤害,所以距地面较高的场合只允许使用夹层玻璃。

在水下使用的玻璃应采用夹层玻璃。由于玻璃承受水的压力要求有较高的安全系数,规程建议最好采用由钢化玻璃制造的夹层玻璃。以上 3 种建筑部位用的玻璃必须是安全玻璃,实际上应使用安全玻璃的建筑场合还有很多,但是从发生几率上远小于上述情况,兼顾安全与经济因素暂不作要求。

对于高层建筑的外窗和玻璃幕墙,在风、地震和其他偶然因素作用下也有可能发生高空坠落,对这种小概率事件通常的做法是建筑物周边不设人行道,用绿地隔出安全带,也可以采用半钢化玻璃提高抗风压和耐地震能力,在我国部分城市颁布了地方性法规对高层建筑使用的建筑玻璃提出较严格的安全性要求。

一、钢化玻璃

1. 钢化玻璃的生产方法

钢化玻璃是普通平板玻璃的二次加工产品,钢化玻璃的加工分为物理钢化法和化学钢化法两种。

(1)物理钢化玻璃

物理钢化玻璃又称淬火钢化,是将普通平板玻璃在加热炉中加热到接近软化点温度($650 \sim 700℃$)时,移出加热炉,立即用多头喷嘴向玻璃两面喷吹冷空气,使之迅速且均匀地冷却,当冷却到室温后,便形成了高强度的钢化玻璃。

(2)化学钢化玻璃

化学钢化玻璃是应用离子交换法进行钢化,其方法是将含碱金属离子钠($Na+$)或钾($K+$)的硅酸盐玻璃,浸入熔融状态的锂(Ni^+)盐中,使纳或钾离子在表面层发生离子交换,使表面层形成锂离子交换层,由于锂离子膨胀系数小于钠钾离子,从而在冷却过程中造成外层收缩较小而内层收缩较大,当冷却到常温后,玻璃便处于内层受拉应力而外层受压应力的状态,其效果类似于物理钢化玻璃,因此也就提高了强度。

化学钢化玻璃强度虽然较高,但是破碎后仍然形成尖锐的碎片,因此一般不作安全玻璃使用。

2. 玻璃钢化原理

普通玻璃在水平简支承状态下,当上部受到荷载作用时玻璃的上部将产生压应力,下部将产生控应力。当下部拉应力超过玻璃的抗拉强度时,玻璃即产生破坏。见图10.3a,玻璃在钢化加热接近软化时,由于移出加热炉后,立即向玻璃两侧喷吹冷风,使玻璃的两个表面首先受冷硬化,待内部逐渐冷却并随着体积收缩时,由于外表已硬化,势必阻止内部的收缩,因而使玻璃处于内部受拉,外边受压的应力状态,如图10.3b,当玻璃受弯曲外力作用时,玻璃板表面将处于较小的拉应力,而玻璃板上部则处于较大的压应力状态,因玻璃的抗压强度较高,所以不会造成破坏(图10.3c),由此可知,钢化之后的平板玻璃,其强度可得到大幅度的提高。

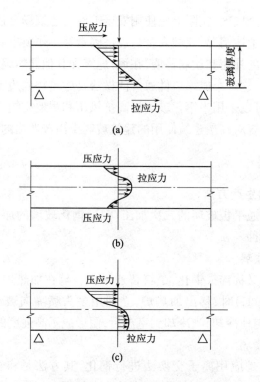

图 10.3　钢化玻璃应力状态

(a)普通玻璃受弯作用时的截面应力分布
(b)钢化玻璃截面上的内应力分布
(c)钢化玻璃受弯作用时的截面应力分布

　　当外力超过其极限应力时,玻璃局部破损,其强大的内部应力便失去平衡,瞬间破坏,自动裂成无数小块,这些小碎块没有尖锐的棱角,不易伤人,因此钢化玻璃是一种安全玻璃。

3. 钢化玻璃的外观及技术性能要求(GB 9963—88)

(1)外观质量

钢化玻璃的外观质量要求见表 10.7。

表 10.7　玻璃的外观质量要求

缺陷名称	说　　明	允许缺陷数	
		优等品	合格品
爆边	每片玻璃每米长上允许有长度不超过 10mm,自玻璃边部向玻璃板面延伸深度不超过 2mm,自板面向玻璃厚度延伸深度不超过厚度的 1/3 的爆边	不允许	1 个

续表

缺陷名称	说　明	允许缺陷数	
		优等品	合格品
划伤	宽度在 0.1mm 以下的轻微划伤,每平方米面积内允许存在条数	长 50mm 4	长≤100mm 4
	宽度大于划伤,每平方米面积内允许存在条数	宽 0.1～0.5mm 长≤50mm 1	宽 0.1～1mm 长≤100mm 4
夹钳印	夹钳印中心与玻璃边缘的距离	玻璃厚度≤9.5mm ≤13mm	
		玻璃厚度＞9.5mm ≤19mm	
结石、裂纹、缺角	均不允许存在		
波筋、气泡	优等品不得低于 GB 11614 一等品的规定 合格品不得低于 GB 11614 一等品的规定		

（2）技术性能要求

钢化玻璃的技术性能要求见表 10.8。

4. 钢化玻璃应用

钢化玻璃由于抗弯抗折抗冲击强度高,破碎无棱角,耐急冷急热等特性,因此广泛应用于建筑、汽车等相关特性要求的领域。

钢化玻璃适用于整块玻璃门(无框),玻璃隔断屏障、玻璃栏等。

玻璃幕墙使用钢化玻璃可大大提高抗风压强度,防止热炸裂,并可增大单块玻璃面积,减少支承结构。

钢化玻璃适用于餐桌、浴室玻璃房等急冷急热的部位。有防火要求的门窗玻璃和可能受到碰撞的部位不宜使钢化玻璃。

钢化玻璃边部的抗冲击强度较弱,所以在施工安装时必须注意保护边部,不能与其他东西碰磕。避免钢化玻璃边部与坚硬的金属框架直接接触,钢化玻璃不能二次加工。

表 10.8　钢化玻璃的技术性能

项　目		性　能　指　标
抗冲击性	钢球质量(g) 自由下落高度(m)	1040 1
	冲击结果	不碎

项　　　目		性　能　指　标	
安全性	碎片形状	蜂窝状	蜂窝状
	碎片面积(mm²)	<300	<200
	碎片最大长度(mm)	<80	<50
抗弯强度(MPa)		125	
耐温急变性		将钢化玻璃置于 −40℃冷冻箱内,保持 2h,取出后以熔化的金属铅浇于其上,玻璃表面不碎不裂。将钢化玻璃置于 200℃炉内,取出投入 30℃水中,不碎不裂	
加工性		钢化玻璃不能钻孔,切割,磨削,不能二次加工,使用时应按所需规格和形状定制	

二、夹层玻璃

1. 夹层玻璃的制作

夹层玻璃是由玻璃板与透明有机材料粘合在一起的层压玻璃。夹层玻璃的原片玻璃可以是浮法玻璃、吸热玻璃、热反射镀膜玻璃和钢化玻璃等,玻璃板之间的中间材料是透明有机材料,它对玻璃有很高的粘结强度,同时具有良好的力学性能、热学性能和环境稳定性。目前使用最广的是含有增塑剂的聚乙烯醇缩丁醛胶片(PolyVinylButyral—PVB),把 PVB 胶片铺放在玻璃板之间,经预压抽空,并在高压釜内 100～135℃,0.8～1.8MPa 下数小时的蒸压,使玻璃与 PVB 胶片牢固的粘结在一起,制成夹层玻璃。另外也有灌注生产工艺,即把玻璃之间的空腔内注入腔液,经聚合制成夹层玻璃。目前使用较多的灌注材料是丙烯酸酯类单体加入增塑剂、引发剂、抗老化剂及着色剂等配置而成的。

曲面夹层玻璃是把玻璃原片热弯成型后再经过夹层工序制成的,以满足设计造型和特殊要求。防弹玻璃、防盗玻璃、电加热玻璃、电磁屏蔽玻璃和调光玻璃等是特种夹层玻璃。

2. 夹层玻璃主要性能

(1)安全性

夹层玻璃的中间层材料具有良好的抗拉强度和延伸率,它可以吸收大量的冲击能,因此夹层玻璃的抗冲击性大大高于单片玻璃。尤其重要的是即使玻璃被打破后仍会保持一个整体,碎片被牢牢地粘在中间层上不会飞溅伤人。

(2)光学性能和阳光遮蔽性

夹层玻璃的可见光透过率与所用的原片玻璃和中间层材料有关。

夹层玻璃的中间层材料具有吸收紫外线的能力,所以夹层玻璃具有良好的紫外线遮蔽性能。

表 10.9 给出了使用普通玻璃和着色玻璃中间层材料的夹层玻璃的光学性能和阳光遮蔽性能。

表 10.9　几种夹层玻璃的光学性能和阳光遮蔽性能

品　种	可见光透过率(%)	阳光控制性能	
		太阳透射能透过率(%)	遮蔽系数
无色夹层玻璃(5mm)	89	77	0.92
蓝色夹层玻璃(5mm)	73	68	0.84
乳白色夹层玻璃(5mm)	65	58	0.76
古铜色夹层玻璃(5mm)	52	54	0.72
灰色夹层玻璃(5mm)	44	47	0.67
明蓝色夹层玻璃(5mm)	58	65	0.81
棕色夹层玻璃(5mm)	28	34	0.56

（3）耐热性及辐射性

夹层玻璃水煮 2h 后无气泡或脱胶,250 瓦紫外线灯照射 100h 无气泡,不显著变色,可见光透过率下降不超 10%

（4）隔音性

由于夹层玻璃中间原材料具有很低的剪切弹性模量,使声波振动衰减以及多个界面的反射效应,声音透过夹层玻璃时有较大的损耗,所以夹层玻璃具有良好的隔音性能。夹层玻璃的隔音性能比单层玻璃高得多。

（5）抗弯抗冲击性

夹层玻璃的平面弯曲强度大于组成的两片玻璃强度之和,但略小于相当于夹层玻璃总厚度的单片玻璃平面弯曲强度,其比例系数 k 一般为 0.6～1.0。它与中间原材料的性质和使用温度有关。

$$\sigma_L = k\sigma_d$$

式中　σ_L——夹层玻璃的平面弯曲强度(MPa)；

σ_d——相当于夹层玻璃厚度的单层玻璃平面弯曲强度(MPa)。

在建筑物的抗风压强度设计、水族箱等抗水压强度设计时,应当充分考虑夹层玻璃的强度系数。

夹层玻璃具有较好的抗冲击性,用 1040g 的钢球 1200mm 高度自由下落冲击,试样的中间膜不断裂或因玻璃剥落而暴露。

（6）抗穿透性

45kg 重的霰弹从 300～2300mm 高度冲击玻璃试样,夹层玻璃中的二层玻璃全部破坏后不可产生直径 75mm 的球可自由通过的孔洞。

改变夹层玻璃的结构和组成,可以制成防弹和防盗玻璃。这类夹层玻璃一般较厚,为玻璃和透明塑料多层复合结构,可满足各种使用要求。

3. 夹层玻璃应用

夹层玻璃广泛应用于需要透明和安全的部位,如临街的玻璃门窗、玻璃幕墙、高空观览大厅的玻璃门窗等;也可用于水族箱、动物园毒蛇展览窗等有特殊安全要求的场所。

采用钢化玻璃夹层其安全性更高,常用于高级轿车和大巴汽车,经多层特殊处理的夹层玻璃可作为防弹玻璃。

三、夹丝玻璃

内部夹有金属丝或金属网的平板玻璃称为夹丝玻璃。

1. 夹丝玻璃生产方式

夹丝玻璃用连续压延法制造。当玻璃液经过压延机的两辊中间时,同时送入经过预处理的金属网或金属丝,使其嵌入玻璃中,金属丝应有较高的强度,热膨胀系数应与玻璃较为接近,表面清洁无油垢。金属丝网一般为普通钢丝、特殊钢丝或铜丝,直径一般 ≥0.3mm。预先点焊加工成正方形、六角形或菱形金属丝网。

2. 夹丝玻璃的主要性能

(1)夹丝玻璃具有防火性能。遇到火灾时,夹丝玻璃虽开裂破坏但并不散开,可起到隔离火灾的作用,延缓火灾的蔓延。

(2)夹丝玻璃有一定安全性。在大的冲击荷载作用下,即使开裂或破坏仍连在一起而不散开。减少碎片溅击伤人,并且还具有一定防盗作用。

(3)抗折强度较普通玻璃低。夹丝玻璃为非匀质材料。由于在玻璃中夹入金属丝,破坏了玻璃的均一性,也降低了机械强度。夹丝玻璃的抗折强度约为同厚度普通玻璃的 70%,使用时应注意。

3. 夹丝玻璃的应用

夹丝玻璃适用于建筑设计防火规范要求的门窗玻璃。其防火性能应达到 GBJ 45—82《高层民用建筑设计防火规范》要求。由于夹丝玻璃具有一定的安全性,即使受到撞击破坏后也不会飞溅伤人,故常用于工业与民用建筑用玻璃。夹丝玻璃还可用于需有一定的防盗作用的门窗。

夹丝玻璃可以切割,但切割后应将断口处的金属丝作防锈处理,以防生锈影响夹层玻璃的透光性和装饰性。

夹丝玻璃的抗风压强度系数是平板玻璃的 0.7 倍,故在风压高的部位应采用较厚的夹丝玻璃。

四、聚碳酸酯玻璃

聚碳酸酯(PC)是一种非晶型的热塑性工程塑料,学名 2,2 - 双(4 - 羟基苯基)丙烷聚碳酸酯,即通常所称的双酚 A 型聚碳酸酯。它与 ABS、PA、POM、PBT 及改性 PPO 一起被称为"六大"通用工程塑料。PC 由于具有优异的综合性能,尤以耐冲击强度高被誉为塑料之"冠"。PC 树脂的可见光透过率在 90%以上,是唯一具有良好透明性能的工程塑料,并且具有优异的电绝缘性、延伸性、尺寸稳定性及耐化学腐蚀性,还有自熄、易增强阻燃、无毒、卫生、着色等优良性能。

通过压制或挤出方法可制得的 PC 板可作为高性能的窗玻璃,它具有比无机玻璃高得多的性能,PC 板质轻,为无机玻璃的 1/2,隔热性能较无机玻璃提高 25%,冲击强度是无机玻璃的 250 倍;聚碳酸酯板材技术性能指标为:密度 1.18~1.20g/cm³,抗拉强度 66MPa,断裂伸长 50%~100%,抗压强度 85MPa,抗弯强度 105MPa,冲击强度无缺口不断裂,布氏硬度 95,连续耐热 120℃;PC 呈透明、微黄色或白色,生产 PC 板材时,可加入消色剂制成无色透明板,或者加入各种颜料制成装饰性极佳的各种颜色的板材,也可以生产出带有各种花纹、图案的板材,或制成具有自熄性、透光率为 80%的蜂窝瓦楞板,也可制成具有高强度、质轻的空心结构板;还可制成各种复杂的板材,用于建筑物的大面积曲面屋顶、走廊、楼梯护栏、阳台围墙等,经表面钢化处理的 PC 板,可用于商业橱窗玻璃、太阳能收集器、高层建筑窗玻璃等,由于它具有突出的抗冲击强度,玻璃在受到外力撞击时,不会发生破碎现象,从而保证了人身安全。

1958 年德国拜耳公司首先开始商品化生产,1995 年全世界 PC 在建筑上的应用占主要地位,约有 1/3 用于各种玻璃制品,其中 15 万吨用于窗玻璃,3 万吨用于商业橱窗、汽车、轮船、飞机及火车玻璃,20 万 m² 用于屋顶透光板、太阳能收集器及防弹玻璃。

五、有机玻璃

有机玻璃采光屋面是以性能优异的有机玻璃(聚甲基丙烯酸甲酯、英文缩写 PMMA)板材加工制成的新型建筑物采光材料。目前在美国、日本、韩国、西欧及我国的一些主要城市也有使用。由于有机玻璃本身具有的一系列优异性能,使这一产品的应用逐渐为建筑行业所重视。

有机玻璃的透光性能是其主要的性能之一。有机玻璃的透光率不仅优于其他透明塑料,比普通的无机硅玻璃高 10%以上,而且透过范围广阔,可透过大部分紫外线直到部分红外线。红外线的透过率随波长的增加而降低,透过的极限为 26000。

高分子材料在光、大气、受力和周围介质的作用下,出现发黄、龟裂、变形、机械强度下降的现象,称为老化。与其他塑料相比,有机玻璃的耐老化性是较好的。

普通的硅酸盐玻璃由于性能很脆,因此在使用过程中极易破损。破损时,锋利的碎片向后下方散射,极易伤人,尤其是现代化高层建筑应用此种材料更是极不安全。采用有机玻璃则可以完全杜绝此类事故。即使有机玻璃遇到超负荷冲击,也只是产生龟裂而没有碎片的飞溅,不会对人构成危害。

有机玻璃采光屋面可以加工成方底球面形、圆底球面形、金字塔形、拱形等多种形状。有机玻璃采光屋面的颜色有无色透明、茶色、宝石兰、绿色等多种颜色。

10.4　其他玻璃装饰材料

一、玻璃马赛克

马赛克一词由外来语(MOSIC)音译而得,泛指带有艺术性的镶嵌作品。后来,马赛克专指一种由不同色彩的小板块镶嵌而成的平面装饰。

玻璃马赛克在国外大规模生产应用只有近 40 多年的历史,我国玻璃马赛克的生产应用是从 20 世纪 80 年代开始的。

1. 玻璃马赛克的生产

目前玻璃马赛克的生产方法主要有烧结法和压延法(又称熔融法)。

(1)烧结法生产工艺

烧结法工艺类似瓷砖的生产,是以废玻璃为主,加上工业废料、胶粘剂和水等,压块干燥(表面染色)、烧结、退火而成。

①原料在球磨机中湿磨或干磨,细度应小于 900 目。

②将原料、着色剂和粘结剂(常用 0.2~1.0% 的淀粉或糊精)及水混合并充分拌匀,含水率在 7%~10% 左右。

③用摩擦压转机成型,常用 300kN 左右。

④由于坯体为脊性物料半干压成型,故不需干燥,可直接入窑、快速烧成。烧成设备可以用短的隧道窑或竖窑,燃料最好用液体或气体燃料,坯体在窑中 400℃下经几分钟预热后,即可在 650~850℃的温度下烧成,烧成时间只需 6~15min。

⑤冷却。

⑥将成品按设计要求图案铺贴到 $80g/m^2$ 的牛皮纸上(成品光滑面贴纸)。所用粘结剂的主要成分是糊精,并加以适量阿拉伯树胶、糯米粉和水。这类粘胶见水即失去粘性,便于施工后揭去纸张。

(2)压延法生产工艺

压延法又称熔融法,它是将石英、石灰石、长石、纯碱、着色剂、乳化剂等原料,经高温熔化后对辊压延压法或链板压延法成型、退火而成。其生产过程为:

①粉磨原料至要求细度;

②配料送入玻璃池窑;

③在 1300~1500℃ 的高温下熔融,使玻璃液不断均化;

④以压延法成型马赛克并退火;

⑤冷却后按设计要求图案和尺寸贴到牛皮纸上,晾干或烘干后装箱出厂。

在玻璃马赛克生产过程中,可以加入氟化物作乳浊剂,如萤石(CaF_2)、氟硅酸钠(Na_2SiF_6)。萤石乳浊能力不及氟硅酸钠,但价格便宜。氟硅酸钠是化工产品,白色粉末,乳浊作用稳定,但价格较贵,且分解时产生氟蒸气,对人体健康有害。

加入氧化剂 $NaNO_3$、重铬酸钾或铬酸钾可起到稳定色泽的作用。

2. 玻璃马赛克的性能特点

玻璃马赛克一般作为外墙装饰材料,其主要性能特点有:

(1)质地坚硬、性能稳定,具有耐候性好、抗腐蚀性强等特点。

(2)有玻璃光泽,吸水率低,因此不易挂灰,天雨自涤,建筑物外观整洁、清新。

(3)玻璃马赛克较其他贴面材料薄,背面有凹槽,因此贴牢度高,不宜脱落伤人。

(4)颜色绚丽、典雅、柔和,可任意拼成艺术图案或文字,材料经济实用。

3. 应用及施工技术要点

由于玻璃马赛克具有优异的物理力学性能和远视观赏效果,因此适用于中高层建筑外墙。

作为外墙装饰,其施工技术要点有:

(1)挑选质地优质、色彩美观的玻璃马赛克,并设计好铺贴方案。

(2)墙面水泥砂浆基层应有较高的强度(建议 ≥10MPa)。

(3)粘贴的水泥强度等级不低于 32.5MPa。

(4)掌握好撕纸和赶缝拍浆时间。

二、玻璃空心砖

玻璃空心砖是用两块压铸成的凹型玻璃熔结成整体的砖,中间充以干燥空气,经退火,最后涂饰侧面而成。空心砖的玻璃可以是光面的,也可以在内部或外部压铸成带有各种花纹图案甚至是色彩,以提高其装饰效果。

玻璃空心砖具有强度高、隔热、保温、隔声、耐水、透光、美观和耐久等特点。

玻璃空心砖用来砌筑透光的墙壁,建筑物非承重内外隔墙、门厅、通道、淋浴隔断。特别适用于高级建筑、体育馆、图书馆,用作控制透光、眩光等场合。

三、釉面玻璃

釉面玻璃是一种饰面玻璃。它是在玻璃表面涂敷一层彩色易溶性色釉,在熔炉中加热至釉料熔融,使釉层与玻璃牢固结合在一起,再经退火或钢化等不同热处理而制成的产品。玻璃基板可采用普通平板玻璃、压延玻璃、磨光玻璃或玻璃砖等。目前生产釉面玻璃规格为 $3.2m \times 1.2m$,玻璃厚度为 $5 \sim 15mm$。

釉面玻璃具有良好的化学稳定性和装饰性。它可用于食品工业、化学工业、商业、公共食堂等室内饰面层,也可用作教学、行政和交通建筑的主要房间、门厅和楼梯的饰面层,尤其适用于建筑物和构筑物立面的外面层。

釉面玻璃的性能及规格见表 10.10。

表 10.10 釉面玻璃的性能

项　　　目	退火釉面玻璃	钢化釉面玻璃
表观密度(kg/m^2)	2500	2500
抗弯强度(MPa)	45.0	250.0
线膨胀系数(1/℃)	$(8.4 \sim 9.0) \times 10^{-6}$	$(8.4 \sim 9.0) \times 10^{-6}$

注:退火釉面玻璃可进行切割,其机械强度符合合同规格平板玻璃的技术性能,钢化釉面玻璃不能进行切割后再加工,其机械性能符合合同规格的钢化玻璃的技术性能。

第11章

新型金属装饰材料

金属材料是指一种或两种以上金属元素或金属与某些非金属元素组成的合金的总称。在建筑装饰工程中,应用最多的金属材料是铝合金、钢材及深加工材料、铜及铜合金装饰材料。

金属材料和其他建筑材料相比具有很多不可比拟的优点:一是较高的强度和塑性,能承受较大的荷载和变形,使用性能优异;二是金属材料具有独特的光泽、颜色及质感,作为装饰材料有庄重华贵的装饰效果,装饰性能优异;三是金属材料有良好的耐磨、耐蚀、抗冻、抗渗等性能,使用耐久性好;四是金属材料有良好的可加工性和铸造性,可根据设计要求熔铸成各种制品或轧制成各种型材,制造出形态多样、精度高的制品,足以满足装饰方面的要求;五是金属材料能较好地满足消防方面的要求。但金属材料也有诸如易锈蚀、切割加工困难、保温性不好等缺点,使用时应加以注意。

以各种金属作为建筑装饰材料,有着源远流长的历史。北京颐和园中的铜亭,山东泰山顶上的铜殿,云南昆明的金殿,武当的"大金顶",江陵的"小金顶",西藏布达拉宫金壁辉煌的装饰等都是古代留下来使用金属材料的典范。在现代建筑中,金属材料更是以它独特的性能——耐腐、轻盈、高雅、光辉、质地、力度赢得了建筑师的青睐。从高层建筑的金属铝门窗到围墙、栅栏、阳台、入口、柱面等,金属材料无处不在。金属材料从点缀并延伸到赋予建筑奇特的效果。如果说,世界著名的建筑埃菲尔铁塔是以它的结构特征,创造了举世无双的奇迹,那么法国蓬皮杜文化中心则是金属的技术与艺术有机结合的典范,创造了现代建筑史上独具一格的艺术佳作。难怪,日本黑川红章把金属材料用于现代建筑装饰上,将它看作是一种技术美学的新潮。金属作为一种广泛应用的装饰材料具有永久的生命力。

11.1　铝和铝合金

一、铝及铝合金的特点

1. 铝的特性

铝属于有色金属中的轻金属,外观呈银白色。铝的密度为 $2.78g/cm^3$,熔点为 660℃,铝的导电性和导热性均很好。

铝的化学性质很活泼,它和氧的亲和力很强,在空气中易生成一层氧化铝薄膜,从而起到了保护作用,具有一定的耐蚀性。但氧化铝薄膜的厚度仅 $0.1\mu m$ 左右,因而与卤素元素(氯、溴、碘)、碱、强酸接触时,会发生化学反应而受到腐蚀。另外,铝的电极电位较低,如与电极电位高的金属接触并且有电解质存在时(如水汽等)会形成微电池,产生电化学腐蚀,所以使用铝制品时要避免与电极电位高的金属接触。

铝具有良好的可塑性(伸长率可达 50%),可加工成管材、板材、薄壁空腹型材,还可压延成极薄的铝箔 $(6\sim25)\times10^{-3}mm$,并具有极高的光、热反射比(87%～97%),但铝的强度和硬度较低(屈服强度 80～100MPa,HB = 200)。为提高铝的实用价值,常加入合金元素。因此,结构及装修工程常使用的是铝合金。

2. 铝合金及其特性

通过在铝中添加镁、锰、铜、硅、锌等合金元素形成铝基合金以改变铝的某些性质,如同在碳素钢中添加一定量合金元素形成合金钢而改变碳素钢某些性质一样,往铝中加入适量合金元素则称为铝合金。

铝合金既保持了铝质量轻的特性,同时,机械性能明显提高(屈服强度可达210～500MPa,抗拉强度可达380～550MPa),因而大大提高了使用价值. 不仅可用于建筑装修,还可用于结构方面。

铝合金的主要缺点是弹性模量小(约为钢的 1/3)、热膨胀系数大、耐热性低、焊接需采用惰性气体保护等焊接新技术。

3. 铝合金的分类、牌号和性能

(1)铝合金可以按合金元素分为二元和三元铝合金。如 Al-Mn 合金、Al-Mg

合金、Al-Mg-Si 合金、Al-Cu-Mg 合金、Al-Zn-Mg 合金、Al-Zn-Mg-Cu 合金。掺入的合金元素不同,铝合金的性能也不同,包括机械性能、加工性能、耐蚀性能和焊接性能。

(2)铝合金还可按加工方法分为铸造铝合金和变形铝合金。

铸造铝合金是用于铸造零件用的铝合金,其品种有铝硅、铝铜、铝镁、铝锌四个组,按照 YBl43 规定,铸造铝合金锭的牌号用汉字拼音字母"ZL"(铸铝)和三位数字组成,如 ZL101 称 101 号铸铝,三位数字中第一位数字(1～4)表示合金的组别,1 表示铝硅合金,2 代表铝铜合金,3 代表铝镁合金,4 代表铝锌合金,后面两位数字为顺序号,如 ZL101 为铝硅合金,ZL201 为铝铜合金。

变形铝合金是通过冲压、弯曲、辊轧等工艺使其组织、形状发生变化的铝合金。根据热处理对其强度的不同影响,分为热处理非强化和热处理可强化两种。

①热处理非强化型铝合金

这类铝合金不能用热处理如淬火的方法提高强度,但可冷变形加工,利用加工硬化,提高铝合金的强度,在我国统称为防锈铝合金(牌号为 LF),常用的有铝镁合金和铝锰合金。

a. 铝锰合金(Al-Mn 合金)

铝锰合金牌号为 LF_{21},合金中含锰量为 1%～1.6%,其强度、硬度随着锰含量的提高而提高。其强度可达 220MPa,有良好的耐蚀性及可焊性(不能用电弧焊,而要用乙炔焊)。其抛光性好,可长期保持表面的光亮。但其导热性大,膨胀系数高及高温强度低。该铝合金广泛用于民用五金、罩壳及建筑中受力不大的门窗及铝合金幕墙板。

b. 铝镁合金(Al-Mg 合金)

铝镁合金比重比纯铝小,其牌号有 LF_1、LF_2、LF_3……LF_{12},常用的有 LF_2、LF_3、LF_5、LF_6 和 LF_{11} 其镁的含量为 3.5%～5.2%。强度和硬度随镁的含量的提高而提高,其强度比铝锰合金高,焊接性能亦优于铝锰合金,抗蚀能力强,低温性能好,塑性较好,主要用于建筑物的外墙饰面和屋面板材。

②热处理强化型铝合金

这类铝合金是指可以通过热处理的方法提高强度的铝合金。这类铝合金的种类很多,常用的有硬铝合金(LY)、超硬铝合金(LC)、锻铝合金(LD)等。

a. 硬铝合金(Al-Mg-Cu 合金)

硬铝合金也称为杜拉铝,牌号有 LY_1、LY_2……LY_{18},其中 LY_{12} 是硬铝的典型产品。硬铝合金的主要特点是含 Cu、Mg 较多,强度、硬度高,耐热性好。但塑性、韧性差,抗蚀性不好(特别是在海水环境中),常用纯铝包覆,故常称为包覆铝;可焊性差,焊接时易产生裂纹,它的主要杂质是铁和硅,其中以铁的危害较大。根据其 Cu、Mg 含量的高低，又可分为低合金硬铝（LY_1、LY_{10} 等），标准硬铝（LY_{11} 等）、高合金硬铝（LY_6、LY_{12}）三种。硬铝合金可用于制造各种尺寸的半成品如薄板、管材、线材、型材、触压件等，用量很大。

b. 超硬铝合金（Al-Zn-Mg-Cu 合金）

超硬铝合金的牌号有 LC_1、LC_2……LC_9 和 LC_{20}，其中 LC_9 是应用最广泛的一种。这类铝合金经热处理（淬火）后，可强化为强度最高的一种铝合金，抗拉强度可达 680MPa，同时有较好的高温强度和低温强度，但抗蚀性、可焊性差，常需作包覆性处理。主要用于制造要求质量轻但承载力大的重要构件，如飞机大梁、起落架等。

c. 锻铝合金（Al-Mg-Si 合金）

锻铝合金的牌号有 LD_1、LD_2……LD_{11}、LD_{30}、LD_{31} 等，其中 LD_{30}、LD_{31} 是其典型代表。在铝合金中，其耐蚀性能最好，且有良好的耐热性，因而适合于锻造，并有较高的机械性能。主要用于制造铝合金门窗型材、货架、柜台、金属幕墙板等。

4. 铝合金型材的加工

建筑铝合金型材的生产方法可分为压挤和轧制两大类。

由于建筑铝合金型材的品种规格繁多，断面形状复杂，尺寸和表面要求严格。因此，它和钢铁材料不同，在国内外的生产中，绝大多数采用挤压方法，仅在生产批量较大、尺寸和表面要求较低的中、小规格的棒材和断面形状简单的型材时，才采用轧制方法。

挤压是金属压力加工的一种方法。一般按以下两个主要方面分类：

(1)按挤压金属相对于挤压轴的运动方向分为：正挤压、反挤压和正反向联合挤压。

(2)按挤压工艺特点分：热挤压、冷挤压、带润滑挤压、不带润滑挤压、快速挤压、等量挤压、无残料挤压及液体静压力挤压等方法。

生产建筑铝合金型材主要采用正挤压法，但有时也采用反挤压法。

二、铝合金型材的表面处理

在现代建筑装修工程中，铝合金的用量与日俱增，用铝合金作的门窗，不仅自重轻，比强度大，且经表面处理后耐磨、耐蚀、耐光、耐气候性好，还可以得到不同的美观大方的色泽，经常遇到的表面处理技术有以下几种：

1. 阳极氧化处理

建筑用铝型材必须全部进行阳极氧化处理，目前具有工业价值的阳极氧化方法有铬酸法，硫酸法和草酸法，铬酸法形成的膜层很薄，因而耐磨性较差；草酸法则成本较高，所以硫酸法应用最为广泛。处理后型材表面呈银白色这是建筑用铝型材的主体,国外一般占到铝型材总量的 75% ~ 85%,着色型材占 15% ~ 25%,但持增长趋势。

　　阳极氧化处理的目的主要是通过控制氧化条件及工艺参数,使在铝型材表面形成比自然氧化膜(厚度小于 $0.1\mu m$)厚得多的氧化膜层($5 \sim 20\mu m$),并进行"封孔"处理,以达到提高表面硬度、耐磨性、耐蚀性等的目的。光滑、致密的膜层也为进一步着色创造了条件。

　　铝材阳极氧化的原理,实质上就是水的电解(如图 11.1),水电解时在阴极上放出氢气,在阳极上产生氧,该原生氧气和铝阴极形成的三价铝离子结合形成氧化铝膜层。

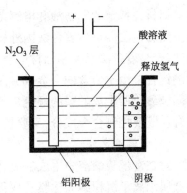

阴极　$2H^+ + 2e^- \rightarrow H_2\uparrow$

阳极　$2Al^{3+} + 3O^{2-} \rightarrow Al_2O_3 + 热量$

　　阳极氧化膜的结构在电镜下观察是由内层和外层组成的(如图 11.2)。内层薄而致密,成分为无水 Al_2O_3,称为活性层;外层呈多孔状,由非晶型 Al_2O_3 及少量 γ—Al_2O_3·

图 11.1　铝的阳极氧化处理

H_2O 组成,它的硬度比活性层低,厚度却大得多。这是因为硫酸电解液中的 H^+、SO_4^{2-}、HSO_4^- 离子会浸入膜层而使其局部溶解,从而形成了大量小孔,使直流电得以通过,氧化膜层继续向纵深发展,在氧化膜沿深度增长的同时,形成一种定向的针孔结构,断面呈六棱体蜂窝结构,氧化膜厚度因用途不同而异,一般 $5 \sim 20\mu m$。

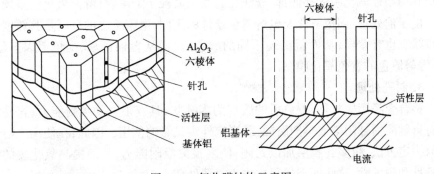

图 11.2　氧化膜结构示意图

2. 表面着色处理

经中和水洗(中和也叫出光或光化。其目的在于用酸性溶液除去挂灰或残留碱液,以获得光亮的金属表面。中和处理后应进行认真的水洗工作,以防清洁的表面受到污染)或阳极氧化后的铝型材,可以进行表面着色处理。着色方法有:自然着色法、金属盐电解着色法(简称着色法)、化学浸渍着色法、涂漆法和无公害处理法等。几种着色方法中最常用的是自然着色法(美国和西欧普及)和电解着色法(日本和加拿大普及)。

(1)自然着色法

铝材在特定的电解液和电解条件下进行阳极氧化的同时而产生着色的方法叫自然着色法。自然着色法国外按着色原因的不同又分为合金着色法和溶液着色法,合金着色法靠控制铝材中合金元素及其含量和热处理条件来控制着色,不同的铝合金由于所含的合金成分及含量的不同,在常规硫酸及其他有机酸溶液中阳极氧化所生成的膜的颜色也不同,实际生产中自然着色法是合金着色法的综合。既要控制合金成分,又要控制电解液成分和电解条件。

(2)电解着色法

对在常规硫酸浴中生成的氧化膜进行进一步电解,使电解液中所含金属盐的金属阳离子沉积到氧化膜孔底而着色的方法叫电解着色法。目前,各国又根据对色调的不同要求,着色容易性、颜色分布均匀性、电解液固定性(不沉淀变质)、成本低廉以及建筑对氧化膜的多种要求性能等,相应派生出多种多样的电解着色法,如按电源波型分,有交流、直流、交直流重叠或脉冲电源等;按电解液成分分,除常用的含金属盐的酸性电解液外,还有碱性电解溶液等,按所用金属盐分有镍盐、铜盐、锡盐以及混合盐等;按色调分,除常用的青铜色系、棕色系、灰色系外,还有红、青、蓝等原色色调,以至发展到图案、条纹着色等。

电解着色从本质上说也就是电镀,是把金属盐溶液中的金属离子通过电解沉积到铝阳极氧化膜针孔底部,光线在这些金属粒子上漫射,就使氧化膜呈现颜色。由于前处理、阳极氧化及电解着色条件的不同,电解析出的金属及其粒度和分布状态也有差异,从而就出现不同的颜色,获得从青铜色系、褐色系以至红、青、绿等原色的着色氧化膜。

3. 封孔处理

铝合金经阳极氧化、着色后的膜层为多孔状,具有很强的吸附能力,容易吸附有害物质而被污染或早期腐蚀,既影响外观又影响使用。因此,在使用之前应采取一定方法,将多孔膜层加以封闭,使之丧失吸附能力,从而提高氧化膜的防污染性和耐蚀性,这些处理过程称之为封孔处理。

(1)水合封孔

水合封孔包括沸水封孔和常压或高压蒸气封孔。其原理是高温下水与氧化膜发生水合反应,生成了 $Al_2O_3 \cdot H_2O$,因其密度小于 Al_2O_3 而体积增大,堵塞了氧化膜孔隙,达到了封孔的目的。

(2)金属盐溶液封孔

利用在金属盐溶液中发生氧化膜的水化反应,同时存在着盐类水解生成氢氧化物在膜孔中沉淀析出而使膜孔封闭,故也叫沉淀封孔。

(3)有机涂层封孔

在铝合金表面涂敷封孔涂料,既有效地提高了膜层的耐蚀性、防污染性外观的装饰性,应用较广的是电泳法和浸渍法。

三、铝合金型材的质量参数

GB 5237.1—2000《铝合金建筑型材 基材》和 GB 5237.2—2000《铝合金建筑型材 氧化着色型材》中要求,每批型材均必须检验化学成分、尺寸偏差、外观质量、力学性能、膜厚、封孔质量及颜色和色差等 7 个必检项目;当用户提出要求时,要检验耐蚀性、耐磨性和耐候性。

1. 化学成分

标准规定型材的化学成分应符合 GB/T 3190 的规定。各元素的含量应在铝合金牌号规定的范围内。成分不合格的材料是无法生产出合格型材的,合金成分的测定是由化学分析方法完成的。化学成分的测定一般在熔铸阶段由生产厂完成,铝型材出厂时应附有一份材质单。用户或质量监督部门如要检验这个项目,应在现场取样后,到实验室或委托其他单位测定。检测方法按 GB/T 6987 进行。

2. 壁厚和尺寸偏差

铝合金型材的使用强度除了取决于力学性能外,还与它的壁厚相关。然而,型材是按重量出售的,而制成门窗后是按面积计价的。显然薄壁型材必然多出面积、多盈利,因而门窗幕墙公司很愿意订购薄壁型材,批发商也愿意多进薄壁型材,因薄壁型材好卖。基于上述原因,许多单位为了多赢利,不顾国家标准的规定和消费者的利益,大量使用薄壁型材,给工程质量留下隐患。为了提高建筑型材制品的安全性,在新标准中规定门窗用的受力杆件型材的壁厚应不小于1.2mm,幕墙用的受力杆件型材的壁厚应不小于 3.0mm。在验收时,对型材壁厚的检测可用千分尺,也可使用金属/非金属测厚仪。尺寸偏差规定了 9 个检查项目,即截面尺寸、平面间隙、曲面间隙、弯曲度、扭拧度、圆角半径、长度、端头切斜度和角度。为了保证制成品的装配质量,多项尺寸偏差的要求都提高了。尺寸偏差会影响到装配质量,因此其检验工作一般应由订货的门窗、幕墙公司在验收时同生产厂的质检人员共同完成。

3. 力学性能

力学性能是型材的重要质量参数之一,它主要取决于合金成分和热处理效果。新标准中对其要求有所提高。力学性能的测定方法有三种,分别是拉伸试验(GB 228)、维氏硬度试验(GB 4140)和韦氏硬度试验(ASTMB647)。标准中规定三项试验只做其中任意一种即可,仲裁时以拉伸试验为准。

拉伸试验在拉伸试验机上进行。要分别测出抗拉强度、规定非比例伸长应力、伸长率,合格值分别是 175MPa、130MPa 和 6%。维氏硬度合格值为 62HV。新标准将韦氏硬度计作为力学性能试验方法之一纳入,规定合格值为 9HW(HW 为新规定的韦氏硬度符号)。

4. 外观质量

新标准规定型材表面应清洁,不许有裂纹、起皮、腐蚀和气泡等缺陷。型材上允许有轻微的压坑、碰伤、擦伤,其深度为:在装饰面上不超过 0.03mm,非装饰面上不超过 0.07mm,由模具造成的纵向挤压痕深度不超过 0.03mm。

5. 氧化膜厚度

氧化膜厚度用微米(μm)表示。新标准规定的膜厚级别如表 11.1 所示。局部膜厚指在型材装饰面上某面积不大于 $1cm^2$ 的考察面内作若干次(不少于 3 次)膜厚测量,所得的测量值的平均值;平均膜厚是指在型材装饰面上测出的若干个(不少于 5 处)局部膜厚的平均值。GB 5237 规定,在合同未注明膜厚级别时,门窗型材应符合 AA10 级,幕墙型材应符合 AA15 级,这与建筑业强制性标准 JGJ 102《玻璃幕墙工程技术规范》规定的幕墙型材膜厚不得低于 AA15 级是一致的。膜厚的测量方法主要有两种,一种是横截面显微法,一种是涡流法。前者是仲裁性的检验方法,后者是常规检验方法。

表 11.1　氧化膜厚度

级　　别	单件平均膜厚(不小于,μm)	单件局部膜厚(不小于,μm)
AA10	10	8
AA15	15	12
AA20	20	16
AA25	25	20

6. 封孔质量

新标准删除了其他方法,只保留了磷铬酸法。这是一种化学试验方法。将具有规定面积的试样放到磷铬酸溶液中,停放规定的时间,取出后干燥,称量重量的损失。标准规定,重量损失小于 $30mg/dm^2$ 为合格。它的依据是封孔良好的氧化膜经得起酸液的浸泡而重量损失很小。这种方法有较高的可靠性,很少受到加工条件和杂质的影响,被视为仲裁试验方法。新标准规定,每批型材都要检查封孔质量。

7. 着色型材的颜色和色差

经阳极氧化和电解着色或有机着色的型材,其氧化膜的颜色和色差应符合供需双方商定的实物标样。氧化膜颜色和色差的测定通常有色差计法和目视法。前者使用色差计来测量,首先用参考试样来标定仪器,然后测量待测试样,此时仪器显示出两种试样之间的色差值 ΔE;后者是采用双方协商的一个参考试样,与待测试样放在同一平面上,观察者直接在散射光下垂直于试样观察,来评定颜色和色差。新国标采用的是目视法,方法标准是 GB/T 14952.3。

8. 耐蚀性

尽管保证了膜厚和封孔质量之后,氧化膜的耐腐蚀性能是不成问题的,但有时还需要通过加速腐蚀试验来判定氧化膜的耐蚀性能。耐蚀性的方法标准是GB/T 10125。合格要求是,对于 AA10 级的氧化膜试验 16h 后耐蚀指标不小于 9级,试验设备是 CASS 腐蚀试验机。新标准还规定了氧化膜的耐碱性试验,试验方法参考了日本标准,在型材表面滴上 10% 的 NaOH 溶液,记下氧化膜被蚀穿的时间。合格指标是,对于 AA10 级的氧化膜,蚀穿时间不小于 50s。

9. 耐磨性

目前常用的氧化膜耐磨性能试验方法有落砂法、喷砂法和平面磨耗法。新标准参考日本标准,采用比较简单的落砂试验法。使规定粒度的磨耗砂粒从规定的高度落下,冲击到成规定角度放置的试样上,用单位膜厚的膜层被磨穿所耗用的砂粒重量来评价氧化膜的耐磨性。磨耗系数不小于 300g/μm 为合格。

10. 耐候性

氧化膜的耐候性试验主要有氙弧灯和紫外光加速试验法两种,GB 5237.2采用的是后者。这是一种比氙弧灯法更加剧烈的试验法。在较短的时间内,许多种类的着色膜都将发生变色。试验中试样放在高强度的紫外线辐射场内,试验温度可达到 80℃,以模拟在炎热的日光下曝晒的效果。标准规定的合格值是电解着色膜达到 1 级,有机着色膜达到 2 级。试验方法为 GB/T 16585 和 GB/T 1766。

11.2　常用铝合金装饰制品

在现代的建筑工程中除大量使用铝合金门窗外,铝合金还被做成多种其他制品,如各种板材、楼梯栏杆及扶手、百叶窗、铝箔、铝合金搪瓷制品、铝合金装饰品等,广泛使用于外墙贴面、金属幕墙、顶棚龙骨及罩面板、地面、家具设备及各种内部装饰和配件以及城市大型隔音壁、桥梁、花圃栅栏、建筑回廊、轻便小型房屋、亭阁等处。

一、铝合金门窗

由于木材资源的匮乏以及对环境保护的日益重视,国家推行"以钢代木"的方针,使钢门窗得到发展。但当铝合金门窗出现后,由于其无论在造型、色彩、质感、玻璃嵌装、密封、耐久性等方面,均比木、钢门窗有明显的优势,又无塑料门窗易老化的缺点,故得到了迅速的发展。目前,欧洲市场上铝合金门窗约占门窗总数的30%;美、英等国使用铝窗已占50%;在日本的高层建筑中,铝合金门窗的使用率在98%以上。我国在20世纪70年代末开始引进铝合金门窗生产技术,到现在,全国综合配套生产能力已达25万t,型材品种近千种,可加工成门窗3000万 m^2。

铝合金门窗是将表面处理过的型材,经下料、打孔、铣槽、攻丝、制窗等加工工艺而制成门窗框料构件,再加连接件、密封件、开闭等五金件一起组合装配而成。门窗框料之间均采用直角榫头,使用不锈钢或铝合金螺钉接合。

1. 铝合金门窗的特点

铝合金门窗和其他种类门窗相比,具有明显的优点,主要有:

(1)轻质、高强

由于铝合金的比重约为2.7,只有钢的1/3左右,且铝合金门窗框多为中空异型材,其型材断面厚度较薄,一般为1.5~2.0mm,因此,铝合金门窗较钢门窗轻50%左右。这种轻质、高强材料在现代高层建筑中显得尤为重要。它可以减轻建筑物自重,降低建筑物承重构件的截面尺寸,从而达到节约材料、节约空间的目的;同时,它对结构抗震也有明显优势。所以,在高层建筑中多采用铝合金门窗。另外,由于薄壁空腹,使其断面尺寸较大,这样,铝合金门窗在质轻的情况下,也具有较高的刚度而不易变形。

(2)密封性能好

门窗的密封性能包括气密性、水密性和隔音性能,它是衡量门窗的重要指标。铝合金门窗和钢门窗、木门窗相比,其密闭性有显著的提高。铝合金门窗中推拉窗比平开窗密闭性稍差,故推拉窗在构造上加设了密封用的尼龙毛条,以增强其密封性能。

(3)使用中变形小

一是由于型材断面尺寸大,本身刚度好;二是由于其制作过程中均采用冷连接。铝合金门窗在横竖构件之间及五金配件之间的安装,均采用螺丝、螺栓或拉铆钉连接。这种连接方式同钢门窗相比,可以避免由于焊接过程中受热不匀产生变形。同木门窗相比,能避免由于敲打铁钉产生的变形,从而确保制作的精度。

(4)立面美观

一是造型美观,门窗面积大,使建筑物立面效果简洁明亮,并增强了虚实对比,使立面富有层次感;二是色调美观。铝合金门窗框料经氧化着色处理,可具有银白色、古铜色、暗红色、黑色等柔和的颜色或带色的花纹,还可以在铝材表面涂装一层聚丙烯树脂保护装饰膜。其表面光洁美观,与各种玻璃相结合,便于和建筑物外观、自然环境及各种使用要求相协调。同时,其色泽均匀、牢固,经久不变,为建筑增添了无穷的光彩。

(5)耐久性能好,使用维修方便

铝合金门窗不需涂漆,不褪色,不脱落。表面不需维修,其强度高,刚度好,坚固耐用。它不像木门窗易腐朽,不像钢门窗易锈蚀,也不像塑料门窗易老化,故其使用寿命长。铝合金门窗框均采用冷连接,施工速度快,日后维修更新也很方便。

(6)便于工业化大量生产

铝合金门窗框、配套零件和密封件的制作及门窗装配实验等,都可在工厂内大批量进行,有利于实现门窗产品设计标准化、产品系列化、零配件通用化,有利于实现产品的商品化,能提高产品的性价比,从而提高铝合金门窗的使用性。

综合权衡,铝合金门窗的使用价值是优于其他种类门窗的。但同时也有价格高,加工技术复杂,保温性较木门窗及塑料门窗差等缺点,使用时应加以注意。而且,铝合金门窗的价格是按门窗面积计算的,有些不法厂商便以降低型材厚度的方式来获取额外的利润。这些型材厚度不足的门窗的强度、刚度、使用寿命等方面均不能满足使用要求,但它往往有价格上的优势,使市场上铝合金门窗产品鱼龙混杂,选材时要特别注意(按规定铝合金型材壁厚:门结构型材不宜低于2.0mm;窗结构型材不宜低于1.4mm;玻璃屋顶不宜低于3.0mm;其他型材不宜低于1.0mm)。

2. 铝合金门窗规格和技术指标

由于我国各地引进日、美、意、德等许多国家的设备,使我国目前的型材规格和门窗规格形成了多种系列,据不完全统计约有6大类30多个系列上千种规格。如按型材断面宽度基本尺寸(mm)分,门窗系列主要有:38、40、42、46、50、52、54、55、60、64、65、70、73、80、90、100系列;幕墙系列有:60、100、120、125、130、140、150、155系列;按型材颜色有:银白、金黄、暗红、黑色等色系;按开闭方式分,有推拉窗(门)、平开窗(门)、回转窗(门)、固定窗、悬挂窗、百叶窗、纱窗等。

铝合金门窗洞口的规格型号(用于产品标记),用洞口宽度和洞口高度的尺寸表示,如洞口规格型号1518代表洞口的宽度为1500mm,高度为1800mm。又如洞口规格型号0606代表洞口的宽度和高度均为600mm。

(1)铝合金门窗的性能

铝合金门窗在出厂前需经过严格的性能试验,达到规定的性能指标后才能投入使用。铝合金门窗通常需考核以下主要性能:

①风压强度

根据《建筑外窗抗风压性能分级及其检验方法》(GB 7106—86)铝合金门窗的抗风压强度是将铝合金门窗放在标准压力箱内进行压缩空气加压试验。根据主要受力构件达到一定变形值时的压力差值作为其风压强度值(单位是 Pa),其值越高,铝合金门窗的抗风压性能越优良。一般性能的铝窗强度为 1961 ~ 2353Pa,高性能铝窗可达 3000 ~ 3500Pa。在上述压力测定下,窗扇中央最大位移量应小于窗框内沿高度的 1/70。

②气密性

气密性是指空气通过关闭铝合金门窗的性能。测定气密性是将铝合金门窗置于标准压力箱内,试件前后保持 10Pa 压力差情况下,测定每小时透过单位面积的空气渗透量来表示,单位是 $m^3/(h \cdot m^2)$ 其值越小,气密性越好。一般性能铝合金门窗的气密性为 2.0 ~ 3.5$m^3/(h \cdot m^2)$,高性能的则可达 0.5$m^3/(h \cdot m^2)$。

③水密性

水密性指铝合金门窗在一定的脉冲平均风压下,保持不渗漏雨水的性能。在压力试验箱内,对窗外侧施加周期为 2s 的正弦波脉冲压力,同时向窗每分钟每 m^2 人工降雨 4L,进行连续 10min 的风雨交加试验,在室内侧不渗水时所加的脉冲风压值为水密性指标。值越大,水密性越好,一般门窗为 100 ~ 400Pa,而抗台风的高性能铝窗可达 500Pa。

④隔声性

隔声性是指铝合金门窗对声波的阻隔性能。用置于音响试验室内的门窗对一定频率的声波的透过损失率来表示。有隔声要求的铝窗,声波透过损失可达 25 ~ 45dB。

⑤隔热性

铝合金门窗的隔热性以传热阻值分为 Ⅰ、Ⅱ、Ⅲ 三级,隔热 Ⅰ 级的隔热性最好,也即保温性最好。

⑥开闭力

装好玻璃后的铝合金门窗,门窗扇打开或关闭所需外力应在 49N 以下。

⑦尼龙导向轮耐久性

推拉活动窗作连续往返试验,要求尼龙轮直径 12 ~ 16mm,试验 1 万次;尼龙轮直径 20 ~ 24mm,试验 5 万次;尼龙轮直径 30 ~ 60mm,试验 10 万次时窗及导向轮与配件无异常损坏。

⑧开闭锁耐久性

开闭锁在试验台上用电力拖动,以 10～30 次/min 的速度进行连续开闭试验,当达到 3 万次时应无异常损坏。

(2)铝合金门窗存在问题和安装注意事项

①铝合金门窗存在的问题:与木门窗、钢窗相比,铝合金门窗有以下几个特殊性:

a. 铝合金门窗是单体工程单独设计,由于设计单位水平不同其设计质量不同。

b. 铝合金和普通玻璃的线膨胀系数分别为 2.3×10^{-5} 和 1.0×10^{-5},两者相差太大,因此,铝合金门窗框与墙洞口应弹性连接固定,以免受温度应力影响,使门窗和玻璃损坏。

c. 铝合金门窗的四角既不能榫接,也不能焊接,而是用螺丝连接,因而铝合金门窗的整体性较差。

d. 铝合金型材单薄,容易变形和损伤。

②安装铝合金门窗应注意的事项:

a. 铝合金门窗安装应遵照先湿后干的工艺程序,即在墙面湿作业完成后,再进行铝合金门窗安装,在粉刷前不得撕掉保护胶带。门窗框沾污水泥砂浆等,应及时用软质布擦净,切忌在砂浆结硬后,再用硬物刮铲,损伤铝型材表面。《建筑装饰工程施工及验收规范》规定,铝合金门窗应在湿作业完成后进行安装,如需在湿作业前进行安装,必须加强铝合金门窗的成品保护,这是因为铝合金容易变形,表面镀膜容易被划伤或污染,一旦出现上述缺陷,就会造成永久性痕迹,但在很多建筑施工现场,安装队伍为赶工期,往往造成铝合金门窗损伤污染等质量问题。

b. 门窗外框与门窗洞口应弹性连接牢固,不得将外框直接埋入墙体。铝合金型材应避免直接与水泥砂浆接触。规范规定:"铝合金门窗装入洞口应横平竖直,外框与洞口应弹性连接牢固,不得将门窗外框埋入墙体。"规范要求主要基于两点:一是保证建筑物在一般振动、沉降和热胀冷缩等因素引起的相互撞击、挤压时,不至损坏门窗;二是使洞口混凝土、水泥砂浆不与门窗外框直接接触,避免碱类物质腐蚀铝合金。但目前有不少施工单位不熟悉该项要求,或图省事故意按钢木门窗的作法,用水泥砂浆塞口。有的单位则强调选用的铝型材是经阳极氧化复合表膜法处理的,认为可以用水泥砂浆塞口。但实际上都无法解决建筑物变形对门窗的损坏和水泥砂浆对铝合金的腐蚀。塞缝施工不得损坏铝合金防腐面,当用水泥浆塞缝时,要在铝材与砂浆接触面涂沫沥青胶或满贴厚度大于 1mm 的三元乙丙橡胶带。外墙铝门窗的外周边塞缝后应予留 5～8mm 的槽口,待框边饰面完毕后填嵌防水密封膏。同时要及时清净铝门窗表面污染的水泥砂浆和密封膏等,以保护铝合金表面的氧化膜。

c.铝合金型材不能与其他金属接触,会发生电化学反应,腐蚀铝合金。规范规定:"铝合金门窗选用的零附件及固定件,除不锈钢外,均应经防腐蚀处理"。目前不少制作安装单位因不锈钢材价格昂贵而用普通钢材代用,且不作防腐处理;有的单位竟用铝合金边角料代用。

随着国民经济的飞速发展,铝合金门窗得到了广泛的应用,铝合金门窗的生产能力已开始过剩。根据这种情况,铝合金型材和门窗的发展方向,一是开发推广高耐蚀、豪华、多彩面层的铝型材(如粉末喷涂、电泳涂漆、树脂复合膜等铝型材);二是开发200系列以上的超大型铝结构专用型材,用于超大型幕墙的铝结构;三是开发住宅用的30、40、50mm轻型和超轻型系列的适用于普通低层住宅的推拉门窗;四是优化紧固件、密封件、锁具、导向轮、铰链等铝合金门窗配件,加强其使用性。

二、铝合金装饰板

在建筑上,铝合金装饰制品使用最为广泛的是各种铝合金装饰板。铝合金装饰板是以纯铝或铝合金为原料,经辊压冷加工而成的饰面板材,广泛应用于内外墙、柱面、地面、屋面、顶棚等部位的装饰。

1. 铝合金花纹板

铝合金花纹板是采用防锈铝合金、纯铝或硬铝合金为坯料,用特制的花纹轧辊轧制而成,其花纹美观大方,筋高适中(0.9~1.2mm),不易磨损,防滑性好,防腐能力强,便于冲洗,通过表面处理可得到多种美丽的色泽。花纹板板材平整,裁剪尺寸精确,便于安装,广泛应用于现代建筑的墙面装饰及楼梯踏板等处。

铝合金花纹板的花纹图案一般分为7种:1号花纹板方格型;2号花纹板扁豆型;3号花纹板五条型;4号花纹板三条型;5号花纹板指针型;6号花纹板菱形;7号花纹板四条型,如图11.3所示。

2. 铝合金浅花纹板

铝合金浅花纹板是我国特有的一种新型装饰材料。其筋高比花纹板低(0.05~0.25mm),它的花纹精巧别致,色泽美观大方,比普通铝板刚度大20%,抗污垢、抗划伤、抗擦伤能力均有所提高。对白光的反射率达75%~95%,热反射率达85%~95%。对氨、硫、硫酸、磷酸、亚磷酸、浓醋酸等有良好的耐蚀性,其立体图案和美丽的色彩更能为建筑生辉。主要用于建筑物的墙面装饰。常见铝合金浅花纹板代号和名称为:1#—小橘皮,2#—大菱形,3#—小豆点,4#—小菱形,5#—蜂窝形,6#—月季花,7#—飞天图案。

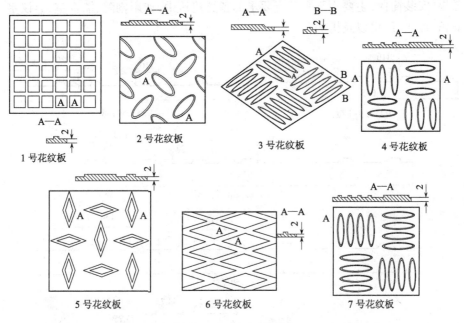

1 号花纹板 2 号花纹板 3 号花纹板 4 号花纹板

5 号花纹板 6 号花纹板 7 号花纹板

图 11.3 铝合金花纹板

3. 铝合金波纹板和压型板

铝合金波纹板和压型板都是将纯铝或铝合金平板经机械加工而成的断面异形的板材。由于其断面异形,故比平板增加了刚度,具有质轻、外形美观、色彩丰富、抗蚀性强、安装简便、施工速度快等优点,且银白色的板材对阳光有良好的反射作用,利于室内隔热保温。这两种板材耐用性好,在大气中可使用 20a,可抗 8~10 级风力不损坏,主要用于屋面和墙面。铝合金波纹板和压型板断面形式,如图 11.4 和图 11.5 所示。

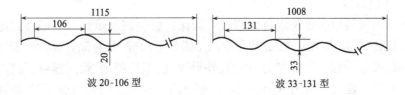

波 20-106 型 波 33-131 型

图 11.4 铝合金波纹板断面形式

4. 铝及铝合金冲孔平板

这类板材系用铝或铝合金平板经机械冲孔而成,经表面处理可获得各种色彩。它具有良好的防腐性,光洁度高,有一定的强度,易于机械加工成各种规格,有很好的防震、防水、防火性能。而它最主要的特点是有良好的消音效果及装饰效果,安装简便,主要用于有消音要求的各类建筑中,如影剧院、播音室、会议室、宾馆、饭店、厂房以及机房等。

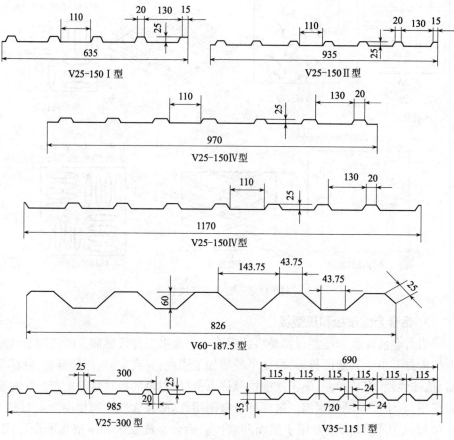

图 11.5　铝合金压型断面形式

5. 镁铝曲板

镁铝曲板是用高级镁铝合金箔板外加保护膜经高温烘烤后与酚醛纤维板、底层纸粘合,再以电动刻沟、自动化涂沟干燥处理而成,具有隔音、防潮、耐磨、耐热、耐雨、可弯可卷、可刨、可钉、可剪,外形美观、不易积尘、永不褪色、易保养等优点。适用于建筑物室内隔间、顶棚、门框、镜框、包柱、柱台、店面、广告招牌、橱窗、各种家具贴面等装饰。镁铝曲板的颜色有银白、银灰、橙黄、金红、金绿、古铜、瓷白、橄榄绿等色,规格一般为 2440mm × 1220mm × (3.2 ~ 4.0)mm。

三、铝合金吊顶材料

1. 铝合金 T 形龙骨轻质板吊顶

铝合金 T 形龙骨轻质板吊顶是以龙骨为吊顶的承重构件并兼有饰面压条功

能,将轻质吊顶板(吊顶板可用装饰石膏板、矿棉装饰吸音板、玻璃棉装饰吸音板等)搁置在龙骨上,龙骨既可外露也可半露,是一种活动式的装配吊顶,施工方便,适用于标准较高的公共建筑。

　　铝合金 T 形龙骨主要有:大龙骨及配件、次(中)龙骨及配件、小龙骨及其垂直吊挂件、吊顶板等,铝合金中龙骨、吊挂件及纵向连接件、铝合金小龙骨、边龙骨及垂直吊挂件分别如图 11.6、图 11.7 和图 11.8 所示。

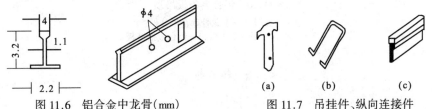

图 11.6　铝合金中龙骨(mm)　　　图 11.7　吊挂件、纵向连接件

(a)中龙骨轻型垂直吊挂件;(b)中龙骨垂直吊挂件;(c)纵向连接件

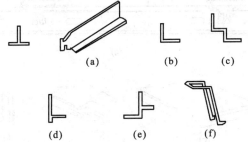

图 11.8　铝合金小龙骨、边龙骨及垂直吊挂件

(a)小龙骨;(b)、(c)、(d)、(e)边龙骨;(f)边龙骨垂直吊挂件

2. 铝合金装饰板吊顶

　　铝合金装饰吊顶板有条板、方板、格栅等。吊顶板的安装通常采用卡接法和钉固法。所谓卡接法是指将金属条板或方板卡在金属龙骨上的安装方法(如图 11.9、图 11.10、图 11.11 所示),用此法施工时龙骨应与金属板配套;钉固法是将金属条板、方板用螺钉固定在龙骨上,此法施工龙骨与金属板无需配套,但断面设计时应考虑螺钉的隐蔽。

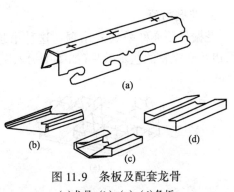

图 11.9　条板及配套龙骨

(a)龙骨;(b)、(c)、(d)条板

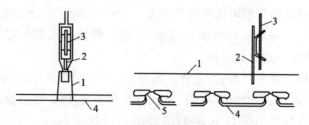

图 11.10　铝合金条板吊顶

1—主龙骨；2—主龙骨垂直吊挂件；
3—吊杆；4—铝合金条板；5—铝合金插缝板

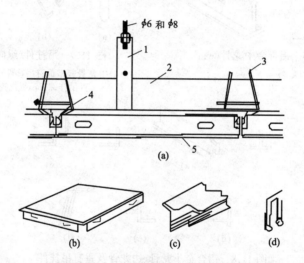

图 11.11　微穿孔铝合金方板吊顶

(a)铝合金方板吊顶示意；(b)方板；(c)中龙骨；(d)中龙骨垂直吊挂
1—大龙骨垂直吊挂；2—大龙骨；3—中龙骨垂直吊挂；4—中龙骨；5—方板

3. 花栅吊顶

花栅吊顶亦称敞透式吊顶。这种吊顶形式往往与采光、照明、造型统一结合，以达到完整的艺术效果（如图 11.12、图 11.13 所示）。

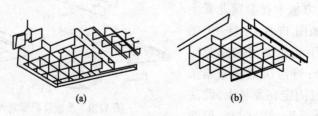

图 11.12　铝合金格栅安装示意图

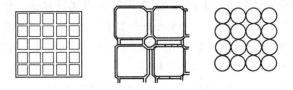

图 11.13　铝合金装饰板单体构件示意

11.3　建筑装饰用钢材

在普通钢材基体中添加多种元素或在基体表面上进行艺术处理,可使普通钢材仍不失为一种金属感强、美观大方的装饰材料。在现代建筑装饰中,愈来愈受到关注。如柱子外包不锈钢,楼梯扶手采用不锈钢管等。目前,建筑装饰工程中常用的钢材制品,主要有不锈钢钢板与钢管、彩色不锈钢板、彩色涂层钢板、彩色压型钢板、镀锌钢卷帘门板及轻钢龙骨等。

一、建筑装饰用不锈钢及其制品

普通建筑钢材在一定介质的侵蚀下,很容易被锈蚀。试验结果证明,当钢中含有铬(78)元素时,就能大大提高其耐蚀性。不锈钢是以铬元素为主加元素的合金钢,钢中的铬含量越高,钢的抗腐蚀性越好。

不锈钢的耐腐蚀原理,是由于铬的性质比铁活泼,在不锈钢中铬首先与环境中的氧化合,生成一层与钢基体牢固结合的致密的氧化膜层(称为钝化膜),它能使合金钢得到保护,不致锈蚀。

不锈钢按其化学成分不同,可分为铬不锈钢、铬镍不锈钢和高锰低铬不锈钢等。常用的不锈钢有 40 多个品种,其中建筑装饰用的不锈钢,主要是 $Cr_{18}Ni_8$、$1Cr_{17}Mn_2Ti$ 等几种。不锈钢牌号用一位数字表示平均含碳量,以千分之几计,小于千分之一的用"0"表示,后面是主要合金元素符号及其平均含量,如 $2Cr_{13}Mn_9Ni_4$ 表示含碳量为 0.2%,平均含铬、锰、镍依次为 13%、9%、4%。建筑装饰所用的不锈钢制品主要是薄钢板,其中厚度小于 2mm 的薄钢板用得最多。

不锈钢膨胀系数大,约为碳钢的 1.3～1.5 倍,但导热系数只有碳钢的 1/3,不锈钢韧性及延展性均较好,常温下亦可加工。值得强调的是,不锈钢的耐蚀性强是诸多性质中最显著的特性之一。但由于所加元素的不同. 耐蚀性也表现不同,例如,只加入单一的合金元素铬的不锈钢在氧化性介质(水蒸气、大气、海水、氧化性酸)中有较好的耐蚀性,而在非氧化性介质(盐酸、硫酸、碱溶液)中耐蚀性很低。镍铬不锈钢由于加入了镍元素,而镍对非氧化性介质有很强的抗蚀力,因此镍铬不锈钢的耐蚀性更佳。不锈钢另一显著特性是表面光泽性,不锈钢经表面精饰加工后,可以获得镜面般光亮平滑的效果,光反射比达90%以上,具有良好的装饰性,为极富现代气息的装饰材料。

不锈钢装饰是近几年来较流行的一种建筑装饰方法。短短几年中,已超出旅游宾馆和大型百货商店的范畴,出现在许多中小型商店,并且已从小型不锈钢五金装饰件和不锈钢建筑雕塑的范畴,扩展到用于普通建筑装饰工程之中,如不锈钢用于柱面、栏杆、扶手装饰等。

不锈钢包柱就是将不锈钢板进行技术和艺术处理后广泛用于建筑柱面的一种装饰。不锈钢包柱的主要工艺过程:混凝土柱的成型,柱面的修整,不锈钢板的安装、定位、焊接、打磨修光。由于不锈钢的高反射性及金属质地的强烈时代感,与周围环境中的各种色彩、景物交相辉映,对空间效应起到了强化、点缀和烘托的作用,成为现代高档建筑柱面装饰的流行材料之一,广泛用于大型商店、旅游宾馆、餐馆的入口、门厅、中庭等处,在豪华的通高大厅及四季厅之中也非常普遍。

不锈钢装饰制品除板材外,还有管材、型材,如各种弯头规格的不锈钢楼梯扶手,以它轻巧、精制、线条流畅展示了优美的空间造型,使周围环境得到了升华。不锈钢自动门、转门、拉手、五金与晶莹剔透的玻璃.使建筑达到了尽善尽美的境地。不锈钢龙骨是近几年才开始应用的,其刚度高于铝合金龙骨,因而具有更强的抗风压性和安全性,并且光洁、明亮,因而主要用于高层建筑的玻璃幕墙中。

二、彩色不锈钢板

彩色不锈钢板是在普通不锈钢板上进行技术性和艺术性的加工,使其表面成为具有各种绚丽色彩的不锈钢装饰板,其颜色有蓝、灰、紫、红、青、绿、橙、茶色、金黄等多种,能满足各种装饰的要求。

彩色不锈钢板具有很强的抗腐蚀性、较高的机械性能、彩色面层经久不褪色、色泽随光照角度不同会产生色调变幻等特点,而且色彩能耐200℃的温度,耐烟雾腐蚀性能超过普通不锈钢,耐磨和耐刻画性能相当于箔层涂金的性能。其可加工性很好,当弯曲90°时,彩色层不会损坏。

彩色不锈钢板的用途很广泛,可用于厅堂墙板、天花板、电梯厢板、车厢板、建筑装潢、广告招牌等装饰之用,采用彩色不锈钢板装饰墙面,不仅坚固耐用,美观新颖,而且具有浓厚的时代气息。

三、彩色涂层钢板

为提高普通钢板的防腐和装饰性能,从 20 世纪 70 年代开始,国际上迅速发展新型带钢预涂产品——彩色涂层钢板。近年来,我国也相应发展这种产品,上海宝山钢铁厂兴建了我国第一条现代化彩色涂层钢板生产线。

彩色涂层钢板,可分为有机涂层、无机涂层和复合涂层三种,以有机涂层钢板发展最快。有机涂层可以配制各种不同色彩和花纹,具有优异的装饰性,涂层附着力强,可长期保持新颖的色泽,并且加工性能好,可进行切断、弯曲、钻孔、铆接、卷边等。彩色涂层钢板的结构比较复杂,如图 11.14 所示。

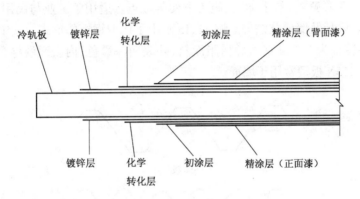

图 11.14　彩色涂层钢板的结构

彩色涂层钢板有一涂一烘、二涂二烘两种类型的产品。上表面涂料有聚酯硅改性树脂、聚偏二氟乙烯等,下表面涂料有环氧树脂、聚酯树脂、丙烯酸酯、透明清漆等。彩色涂层钢板的主要性能。

1. 耐污染性能。

将番茄酱、口红、咖啡饮料、食用油等,涂抹在聚酯类涂层表面,放置 24h 后,用洗涤液清洗烘干,其表面光泽、色彩无任何变化。

2. 耐高温性能。

彩色涂层钢板在 120℃烘箱中连续加热 90h,涂层的光泽、颜色无明显变化。

3. 耐低温性能。

彩色涂层钢板试样在 - 54℃低温下放置 24h 后,涂层弯曲、冲击性能无明显变化。

4. 耐沸水性能。

各类涂层产品试样在沸水中浸泡 60min 后,表面的光泽和颜色无任何变化,也不出现起泡、软化、膨胀等现象。

彩色涂层钢板不仅可用做建筑外墙板、屋面板、护壁板等,而且还可用做防水汽渗透板、排气管道、通风管道、耐腐蚀管道、电气设备罩等。其中塑料复合钢板是一种多用装饰钢材,是在 Q235、Q255 钢板上,覆以厚 0.2~0.4mm 的软质或半软质聚氯乙烯膜而制成,被广泛用于交通运输或生活用品方面,如汽车外壳、家具等。

四、彩色压型钢板

彩色压型钢板是以镀锌钢板为基材,经过成型机的轧制,并涂敷各种耐腐蚀涂层与彩色烤漆而制成的轻型围护结构材料。这种钢板具有质量轻、抗震性好、耐久性强、色彩鲜艳、易于加工、施工方便等优点。适用于工业与民用及公共建筑的屋盖、墙板及墙壁装贴等。图 11.15 示出了压型钢板的形式。其中 W550 板型的涂层特征为上下涂聚丙烯树脂涂料,外表面深绿色、内表面淡绿色烤漆,用于屋面;V155N 板型常用于墙面。

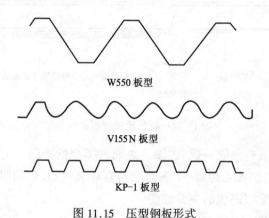

W550 板型

V155N 板型

KP-1 板型

图 11.15　压型钢板形式

五、U 型轻钢龙骨吊顶材料

以 U 型轻钢龙骨为骨架以纸面石膏板、钙塑泡沫装饰吸声板、矿棉吸音板等非金属板为顶棚装饰材料,其构造做法分双层构造和单层构造两种。双层构造是中、小龙骨紧贴大龙骨底面吊挂;单层构造是大、中龙骨在同一水平面上(或不设大龙骨,直接挂中龙骨),如图 11.16 所示。

轻钢龙骨按用途分有大龙骨、中龙骨、小龙骨三种。按系列分类有 UC38(轻型)、UC50(中型)、UC60(重型)三个系列。轻型系列不能承受上人荷载;中型系列可承受偶然上人荷载;重型系列能承受上人检修(80kg)的集中荷载。

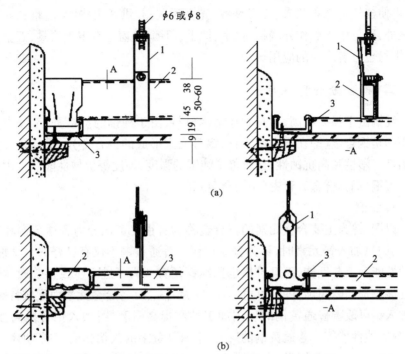

图 11.16 轻钢龙骨吊顶构造
(a)双层结构;(b)单层结构
1—垂直吊挂件;2—大龙骨;3—中龙骨

11.4 铜及铜合金装饰材料

铜是我国历史上使用较早,用途较广的一种有色金属。在古建筑装饰中,铜材是一种高档的装饰材料,多用于宫廷、寺庙、纪念性建筑以及商店招牌等。在现代建筑中,铜仍是高级装饰材料,用于高级宾馆、商厦装饰可使建筑物显得光彩耀目、富丽堂皇。

一、铜的特性与应用

铜属于有色重金属,密度为 $8.92g/cm^3$。纯铜由于表面氧化生成的氧化铜薄膜呈紫红色,故常称紫铜。纯铜具有较高的导电性、导热性、耐蚀性及良好的延展性、塑性,可辗压成极薄的板(紫铜片),拉成很细的丝(铜线材),它既是一种古老的建筑材料,又是一种良好的导电材料。

在现代建筑装饰中,钢材仍是一种集古朴和华贵于一身的高级装饰材料,可用于宾馆、饭店、机关等建筑中的楼梯扶手、栏杆、防滑条。有的西方建筑用铜包柱,可使建筑物光彩照人、美观雅致、光亮耐久,并烘托出华丽、高雅的氛围。除此之外,还可用于制作外墙板、执手、把手、门锁、纱窗。在卫生器具、五金配件方面,铜材也有着广泛的应用。

二、铜合金的特性与应用

纯铜由于强度不高,不宜制作结构材料,由于纯铜的价格贵,工程中更广泛使用的是铜合金(即在铜中掺入锌、锡等元素形成的铜合金)。铜合金既保持了铜的良好塑性和高抗蚀性,又改善了纯铜的强度、硬度等机械性能。常用的铜合金有黄铜(铜锌合金)、青铜(铜锡合金)等。

1. 黄铜

以铜、锌为主要合金元素的铜合金称为黄铜。黄铜分为普通黄铜和特殊黄铜,铜中只加入锌元素时,称为普通黄铜。普通黄铜不仅有良好的力学性能、耐腐蚀性能和工艺性能,而且价格也比纯铜便宜。为了进一步改善普通黄铜的力学性能和提高耐腐蚀性能,可再加入 Pb、Mn、Sn、Al 等合金元素而配成特殊黄铜。如加入铅可改善普通黄铜的切削加工性和提高耐磨性;加入铝可提高强度、硬度、耐腐蚀性能等。普通黄铜的牌号用"H"(黄字的汉语拼音字首)加数字来表示,数字代表平均含铜量,含锌量不标出,如 H62;特殊黄铜则在"H"之后标注主加元素的化学符号,并在其后表明铜及合金元素含量的百分数,如 HPb59～1;如果是铸造黄铜,牌号中还应加"Z"字,如 ZHAl67～2.5。

2. 青铜

以铜和锡作为主要成分的合金称为锡青铜。锡青铜具有良好的强度、硬度、耐蚀性和铸造性。青铜的牌号以字母"Q"(青字的汉语拼音字首)表示,后面第一个是主加元素符号,之后是除了铜以外的各元素的百分含量,如 QSn4～3。如果是铸造的青铜,牌号中还应加"Z"字,如 ZQAl9～4 等。

铜合金经挤制或压制可形成不同横断面形状的型材,有空心型材和实心型材。铜合金型材也具有铝合金型材类似的优点,可用于门窗的制作。以铜合金型材作骨架,以吸热玻璃、热反射玻璃、中空玻璃等为立面形成的玻璃幕墙,一改传统外墙的单一面貌,可使建筑物乃至城市生辉。另外,利用铜合金板材制成铜合金压型板应用于建筑物外墙装饰,同样使建筑物金碧辉煌、光亮耐久。

铜合金装饰制品的另一特点是其具有金色感,常替代稀有的、价值昂贵的金在建筑装饰中作为点缀使用。

现代建筑装饰中,显耀的厅门配以铜质的把手、门锁、执手,变幻莫测的螺旋式楼梯扶手栏杆选用铜质管材,踏步上附有铜质防滑条,浴缸龙头、坐便器开关、淋浴器配件,各种灯具、家具采用的制作精致、色泽光亮的铜合金,这些无疑会在原有豪华、高贵的氛围中增添了装饰的艺术性,使其装饰效果得以淋漓尽致的发挥。

　　铜合金的另一应用是铜粉(俗称"金粉"),是一种由铜合金制成的金色颜料。主要成分为铜及少量的锌、铝、锡等金属。常用于调制装饰涂料,可代替"贴金"。

第12章

新型装饰砂浆和装饰混凝土

在装饰工程中,常用白水泥、彩色水泥配成水泥色浆或装饰砂浆,或制成装饰混凝土,用于建筑物室内外表面装饰,以材料本身的质感、色彩美化建筑,有时也可以用各种大理石、花岗岩碎屑作为骨料配制成水刷石、水磨石等来做建筑物的饰面。

12.1 装饰砂浆和混凝土用水泥简介

一、白水泥

《白色硅酸盐水泥》(GB 2015—91)规定:凡以适当成分的生料烧至部分熔融,所得以硅酸钙为主要成分,氧化铁含量较少的熟料为白色硅酸盐水泥熟料。由白色硅酸盐水泥熟料加入适量石膏,磨细制成的白色水硬性胶凝材料,称为白色硅酸盐水泥(简称白水泥)。

白水泥与普通硅酸盐水泥的生产方法基本相同,由于使普通水泥着色的主要化学成分是氧化铁(Fe_2O_3),因此,白水泥与普通水泥生产制造上的主要区别在于氧化铁的含量,白水泥中氧化铁的含量只有普通水泥的1/10左右。水泥中含铁量与水泥颜色的关系如表12.1所示。

表12.1 氧化铁含量与水泥颜色的关系

氧化铁含量(%)	3~4	0.45~0.7	0.35~0.4以下
颜　色	暗灰色	淡绿色	略带淡绿,接近白色

白水泥的技术指标如表 12.2 所示。其中白度是白水泥的一项重要的技术性能指标。白度用白度计来测定,白度计的种类很多,目前白水泥的白度是用光电系统组成的白度计对可见光的反射程度来测定的。它是以纯白粉末状的氧化镁(MgO)为标准样,定其白度为 100(即反射率定为 100),将其压实密封于特制的玻璃盒内,测定光照射面为一定厚度的透明玻璃,在这种条件下对可见光的反射率是 88%,并作为测定生产样品的标准比色板,即为 88 度。在实际生产控制中都是以标准比色板作为衡量尺度的。在测定样品白度时,需要把水泥样品盛于透明玻璃皿内,其材质、底面玻璃厚度与面积等都同标准比色板一致,以避免造成误差。仪器会把反射光变为电讯号,在刻度上显示出来。当测定样品时,先把标准比色板放在测定位置上,将指示讯号调到刻度尺 88 处,随即换上盛放样品的比色皿,这时刻度尺寸的读数便是样品的白度数值。

表 12.2 白水泥的技术指标

性 质	项 目		技 术 指 标					
	细 度		0.080mm 方孔筛筛余不大于 10%					
	凝结时间		初凝不早于 45min,终凝不迟于 12h					
	安定性		用沸煮法检验,必须合格					
物理性质	强 度 (MPa)	标 号	强 度					
			抗压强度			抗折强度		
			龄 期					
			3d	7d	28d	3d	7d	28d
		325	11.8	18.6	31.9	2.5	3.6	5.4
		425	15.7	24.5	41.7	3.3	4.5	6.3
	等 级		特级		一级		二极	三级
	白 度		86		84		80	75
化学成分	熟料中氧化镁		含量不大于 4.5%					
	水泥中三氧化硫		含量不大于 3.5%					

白水泥在应用中应注意:

(1)在制备混凝土时粗细骨料宜采用白色或彩色大理石、石灰石、石英砂和各种颜色的石屑,不能掺和其他杂质,以免影响其白度及色彩。

(2)白水泥的施工和养护方法与普通硅酸盐水泥相同,但施工时底层及搅拌工具必须清洗干净,否则将影响白色水泥的装饰效果。

(3)彩色水泥浆刷浆时,须保证基层湿润,并养护涂层。为加速涂层的凝固,可在水泥浆中加入 1%~2%(占水泥重量)无水氯化钙,或再加入水泥重量 7%

的皮胶水,以提高水泥浆的粘结力,解决水泥浆脱粉、被冲洗脱落等问题。

(4)水泥在硬化过程中所形成的碱的饱和溶液,经干燥作用便在水表面析出氢氧化钙。碳酸钙等白色晶体,称之为白霜;低温和潮湿无风状态可助长白霜的出现,影响其白度及鲜艳度。

二、彩色水泥

凡以白色硅酸盐水泥熟料、优质白色石膏及矿物颜料、外加剂(防水剂、保水剂、增塑剂、促进剂等)共同研磨而成,或者在白水泥生料中加入金属氧化物的着色剂直接烧成的一种水硬性彩色胶凝材料,称为彩色硅酸盐水泥,简称彩色水泥。

1. 彩色水泥的生产方法

彩色水泥根据其着色方法的不同,有两种生产方法。一是将水泥熟料、适量的石膏和碱性颜料混掺在一起共同磨细而成。其所用颜料不溶于水,分散性好,耐碱性强,抗大气稳定性好,掺入后不明显影响水泥的性能。常用的无机颜料是以氧化铁系为基础颜料。另一种生产方法是在白水泥生料中加入少量金属氧化物直接烧成彩色水泥。例如,加入氧化铬(Cr_2O_3),可生产出绿色水泥;加入氧化钴在还原气氛中烧成浅蓝色,可生产出浅蓝色水泥,而在氧化气氛中烧成玫瑰红色,可生产出玫瑰红色水泥;加入氧化锰(Mn_2O_3)在还原气氛中烧成浅蓝色,可生产出浅蓝色水泥,在氧化气氛中烧成浅紫色,可生产出浅紫色水泥。

2. 彩色水泥的颜料

(1)彩色水泥对颜料的要求

根据水泥的性质及应用特点,生产彩色水泥所用的颜料应满足以下基本要求:

①不溶于水,分散性好;

②耐大气稳定性好,耐光性应在7级以上;

③抗碱性强,应具1级耐碱性;

④着色力强,颜色浓;

⑤不含杂质;

⑥不会使水泥强度显著降低,也不影响水泥正常凝结硬化;

⑦价格较便宜。

(2)彩色水泥的颜料品种

采用无机矿物颜料能较好地满足彩色水泥对颜料的要求,表12.3所示为常用的颜料品种,其中尤以氧化铁颜料使用最多。

表 12.3 彩色水泥常用颜料品种

颜　色	品　种　及　成　分
白	氧化钛(TiO_2)
红	合成氧化铁、铁丹(Fe_2O_3)
黄	合成氧化铁($Fe_2O_3 \cdot H_2O$)
绿	氧化铬(Cr_2O_3)
青	群青$[2(Na_2Al_2Si_3O_{10}) \cdot Na_2SO_4]$,钴青($CoO \cdot n\,Al_2O_3$)
紫	钴$[Co_3(PO_4)_2]$,紫氧化铁(Fe_2O_3 的高温烧成物)
黑	炭黑(C),合成氧化铁($Fe_2O_3 \cdot FeO$)

彩色水泥的凝结时间一般比白水泥快,其程度随颜料的品质和掺量而异。水泥胶砂强度一般因颜料掺入而降低,掺炭黑时尤为明显。不过优质炭黑着色力很强,掺量很少即可达到颜色要求,所以一般问题不大。

12.2　装饰砂浆

装饰砂浆是指专门用于建筑物室内外表面装饰,以增加建筑物外观美为主的砂浆。它是在抹面的同时,经各种艺术处理而获得特殊的表面形式,以满足艺术审美需要的一种表面装饰。

一、装饰砂浆的组成材料

装饰砂浆主要由胶凝材料、骨料和颜料组成。

1. 胶凝材料

装饰砂浆所用的胶凝材料与普通抹面砂浆基本相同,只是更多地采用白水泥和彩色水泥。

2. 骨料

装饰砂浆所用的骨料除普通砂外,还常使用石英砂、彩釉砂和着色砂,以及石碴、石屑、砾石及彩色瓷粒、玻璃珠等。

(1)石英砂

石英砂分天然石英砂、人造石英砂及机制石英砂三种。人造石英砂和机制石英砂是将石英岩加以焙烧,经人工或机械破碎筛分而成,它们比天然石英砂质量好,纯净且二氧化硅含量高。除用于装饰工程外,石英砂还可用于配制耐腐蚀砂浆。

(2)彩釉砂和着色砂

彩釉砂和着色砂均为人工砂,其特性如下:

①彩釉砂:为 20 世纪 80 年代新兴的一种外墙装饰材料,是由各种不同粒径

的石英砂或白云石粒加颜料焙烧后,再经化学处理而制得的。它在高温 80℃、零下 20℃下不变色,且具有防酸、耐碱性能。彩釉砂产品有:深黄、浅黄、象牙黄、珍珠黄、橘黄,浅绿、草绿、玉绿、雅绿、碧绿、海碧,浅草青、赤红、西赤、咖啡、钴蓝等多种颜色,表 12.4 为彩釉砂品种、规格及技术性能。

表 12.4　彩釉砂主要品种、规格及技术指标

代　号	规　格(mm)	主要技术指标	应　用
FST_85-1	3.75 ~ 5.8	1. 耐酸性:在 (22 ± 2)℃醋酸溶液中浸泡 24h 无变化; 2. 耐碱性:在 (60 ± 2)℃碳酸钠溶液中浸泡 34h 无变化; 3. 热稳定性,升温至 500℃换置冷水中无变化; 4. 耐水溶性:在 100℃水中煮 24h 无变化。	1.FST_85-1 适用于水刷石; 2.FST_85-2 适用于干粘石; 3.FST_85-3 适用于丙烯酸彩色涂料骨料。
FST_85-1	2.5 ~ 3.75		
FST_85-1	2.18 ~ 2.5		
FST_85-2	1.25 ~ 2.18		
FST_85-3	0.83 ~ 1.25		
FST_85-3	0.25 ~ 0.83		
FST_85-3	0.15 ~ 0.25		
FST_85-3	0.104 ~ 0.15		

注:本表摘自于产品样本。

②着色砂:为在石英砂或白云石细粒表面进行人工着色而制成,着色多采用矿物颜料,人工着色的砂粒色彩鲜艳,耐久性好。在用着色砂配制装饰砂浆时应注意,每个装饰工程所用的色浆应一次配出,所用的着色砂应一次生产完毕,以免出现颜色不均现象。

(3)石碴

石碴也称石粒、石米等,是由天然大理石、白云石、方解石、花岗岩压碎加工而成。它有多种色泽(包括白色),是石碴类饰面的主要骨料,也是预制人造大理石、水磨石的主要原料。其规格、品种及质量要求见表 12.5。

表 12.5　石碴规格、品种及质量要求

编号、规格与粒径			常用品种	质量要求
编号	规格	粒径(mm)		
1	大二分	约20	东北红、东北绿、丹东绿、盖平红、粉黄绿、玉泉灰、旺青、晚霞、白云石、云彩绿、红玉花、奶油白、竹根霞、苏州黑、黄花玉、南京红、雪浪、松香石、墨玉、汉白玉、曲阳红等	1. 颗粒坚韧有棱角、洁净,不得含有风化石粒; 2. 使用时应冲洗干净
2	一分半	约15		
3	大八厘	约8		
4	中八厘	约6		
5	小八厘	约4		
6	米粒石	0.3 ~ 1.2		

(4)石屑

石屑是粒径比石粒更小的细骨料,主要用于配制外墙喷涂饰面用的聚合物砂浆。常用的有松香石屑、白云石屑等。

(5)彩色瓷粒和玻璃珠

彩色瓷粒是用石英、长石和瓷土为主要原料烧制而成,粒径为 1.2～3mm,颜色多样。以彩色瓷粒代替石碴用于室外装饰抹灰,具有大气稳定性好、颗粒小、表面瓷粒均匀、露出粘结砂浆部分少、饰面层薄、自重轻等优点。

玻璃珠即玻璃弹子,产品有各种镶色或花芯。彩色瓷粒和玻璃珠可镶嵌在水泥砂浆、混合砂浆或彩色砂浆底层上作为装饰饰面之用,如檐口、腰线、外墙面、门头线、窗套等,均可在其表面上镶嵌一层各种色彩的瓷粒或玻璃珠。

3. 颜料

掺颜料的砂浆,一般用在室外抹灰工程中,这些装饰面长期处于风吹、日晒、雨淋之中,且受到大气中有害气体的腐蚀和污染。因此,选择合适的颜料,是保证饰面的质量、避免褪色和变色、延长使用年限的关键。

颜料选择要根据其价格、砂浆品种、建筑物所处环境和设计要求而定。建筑物处于受酸侵蚀的环境中时,要选用耐酸性好的颜料;受日光曝晒的部位,要选用耐光性好的颜料;碱度高的砂浆,要选用耐碱性好的颜料;设计要求色彩鲜艳,可选用色彩鲜艳的有机颜料。

在装饰砂浆中,通常采用耐碱性和耐光性好的矿物颜料,其主要品种和性质如表 12.6 所示。

表 12.6　装饰砂浆常用颜料的品种和性质

颜　色	颜料名称	性　　　　质
红　色	氧化铁红	有天然和人造两种。遮盖力和着色力较强,有优越的耐光、耐高温、耐污浊气体及耐碱性能,是较好、较经济的红色颜料之一
	甲苯胺红	为鲜艳红色粉末,遮盖力、着色力较高,耐光、耐热、耐酸碱,在大气中无敏感性,一般用于高级装饰工程
黄　色	氧化铁黄	遮盖力比其他黄色颜料都高,着色力几乎与铅铬黄相等,耐光性、耐大气影响、耐污浊气体以及耐碱性等都比较强,是装饰工程中既好又经济的黄色颜料之一
	铬　黄	铬黄系含有铬酸铅的黄色颜料,着色力高,遮盖力强,较氧化铁黄鲜艳,但不耐强碱
绿　色	铬　绿	是铅铬黄和普鲁士蓝的混合物,配色变动较大,决定于两种成分含量比例。遮盖力强,耐气候、耐光、耐热性均好,但不耐酸碱
棕　色	氧化铁棕	是氧化铁红和氧化铁黑的机械混合物,有的产品还掺有少量氧化铁黄
紫　色	氧化铁紫	可用氧化铁红和群青配用代替

颜 色	颜料名称	性　　　　　质
黑 色	氧化铁黑	遮盖力、着色力强,耐光、耐一切碱类,对大气作用也很稳定,是一种既好又经济的黑色颜料之一
	碳　黑	根据制造方法不同分为槽黑和炉黑两种。装饰工程常用炉黑,性能与氧化铁黑基本相同,只是密度稍小,不易操作
	锰　黑	遮盖力颇强
	松　烟	采用松材、松根、松枝等在室内进行不完全燃烧而熏得的黑色烟炭,遮盖力及着色力均好

二、装饰砂浆的种类和饰面特性

装饰砂浆获得装饰效果的具体做法可分为灰浆类饰面和石碴类饰面两类,灰浆类饰面是通过水泥砂浆的着色或水泥砂浆表面形态的艺术加工,获得一定色彩、线条、纹理质感,达到装饰目的。这种以水泥、石灰及其砂浆为主形成的饰面装饰做法的主要优点是材料来源广泛,施工操作方便,造价比较低廉,而且通过不同的工艺方法,可以形成不同的装饰效果,如搓毛、拉毛、喷毛以及仿面砖、仿毛石等饰面。

石碴类饰面是在水泥浆中掺入各种彩色石碴作骨料,制得水泥石碴浆抹于墙体基层表面,然后用水洗、斧剁、水磨等手段去除表面水泥浆皮,露出石碴的颜色、质感的饰面做法。

石碴类饰面与灰浆类饰面的主要区别在于:石碴类饰面主要靠石碴的颜色、颗粒形状来达到装饰目的,而灰浆类饰面则主要靠掺入颜料,以及砂浆本身所能形成的质感来达到装饰目的。与石碴类饰面相比,灰浆类饰面的装饰质量及耐污染性均比较差,所以,石碴类饰面的色泽比较明亮,质感相对地比较丰富,并且不易褪色和污染,但石碴类饰面相对于砂浆而言工效较低,造价较高。当然,随着技术与工艺的演变,这种差别正在日益缩小。

1. 灰浆类饰面砂浆

(1)拉毛灰

拉毛灰是用铁抹子或木蟹将罩面灰轻压后顺势轻轻拉起,形成一种凹凸质感较强的饰面层。这种工艺所用灰浆通常是水泥石灰砂浆或水泥纸筋灰浆,是过去较广泛采用的一种传统饰面做法。其要求表面拉毛花纹、斑点分布均匀,颜色一致;多用于建筑外墙面及电影院等有吸声要求的墙面和顶棚。

(2)甩毛灰

甩毛灰是用竹丝刷等工具将罩面灰浆甩洒在墙面上,形成大小不一,但又很有规律的云朵状毛面。也有先在基层上刷水泥色浆,再甩上不同颜色的罩面灰浆,并用抹子轻轻压平,形成两种颜色的套色做法。要求甩出的云朵必须大小相称,纵横相间,既不能杂乱无章,也不能像列队一样整齐划一,以免显得呆板。

(3)搓毛灰

搓毛灰是在罩面灰浆初凝时,用硬木抹子由上至下搓出一条细而直的纹路,也可沿水平方向搓出一条"＃L"形细纹路,当纹路明显搓出后即停。这种装饰方法工艺简单、造价低,效果朴实大方,远看有石材经过细加工的效果。

(4)扫毛灰

扫毛灰是用竹丝扫帚把按设计组合分格的面层砂浆,扫出不同方向的条纹,或做成仿岩石的装饰抹灰。扫毛灰做成假石以代替天然石饰面,工序简单,施工方便,造价低廉;适用于电影院、酒吧、餐厅、车站的内墙和庭院的外墙饰面。

(5)拉条

拉条抹灰是采用专用模具把面层砂浆做出竖向线条的装饰做法。拉条抹灰有细条形、粗条形、半圆形、波形、梯形、方形等多种形式。一般细条形抹灰可采用同一种砂浆级配,多次加浆抹灰拉模而成;粗条形抹灰则采用底、面层两种不同配合比的砂浆,多次加浆抹灰拉模而成。砂浆不得过干,也不得过稀,以能拉动可塑为宜。它具有美观、大方、不易积灰、成本低等优点,并有良好的音响效果;适用于公共建筑门厅、会议厅的局部、影剧院的观众厅等。

(6)假面砖

假面砖是采用掺氧化铁系颜料的水泥砂浆,通过手工操作达到模拟面砖装饰效果的饰面做法。它适合于建筑物的外墙抹灰饰画。

(7)假大理石

假大理石是用掺适当颜料的石膏色浆和素石膏浆按 1:10 比例配合,通过手工操作,做成具有大理石表面特征的装饰抹灰。这种装饰工艺,对操作技术要求较高,如果做得好,无论在颜色、花纹和光洁度等方面,都接近天然大理石效果。其适用于高级装饰工程中的室内墙面抹灰。

(8)外墙喷涂

外墙喷涂是用挤压式砂浆泵或喷斗将聚合物水泥砂浆喷涂在墙面基层或底灰上,形成饰面层。在涂层表面再喷一层甲基硅醇钠或甲基硅树脂疏水剂,以提高涂层耐久性和减少墙面污染。根据涂层质感可分为:①波面喷涂:表面灰浆饱满,波纹起伏;②颗粒喷涂:表面不出浆,布满细碎颗粒;③花点喷涂:在波面喷涂层上,再喷以不同色调的砂浆点,远看有水刷石、干粘石或花岗石饰面的效果。

(9)外墙滚涂

外墙滚涂是将聚合物水泥砂浆抹在墙体表面上,用辊子滚出花纹,再喷罩甲基硅醇钠疏水剂形成饰面层。这种工艺,施工方法简单,容易掌握,工效也高;同时,施工时不易污染其他墙面及门窗,对局部施工尤为适用。

(10)弹涂

弹涂是在墙体表面涂刷一道聚合物水泥色浆后,通过一种电动(或手动)筒形弹力器,分几遍将各种水泥色浆弹到墙面上,形成直径为 1～3mm、大小近似、颜色不同、互相交错的圆粒状色点,深浅色点互相衬托,构成一种彩色的装饰面层。这种饰面黏结力好,对基层适应性广泛,可直接弹涂在底层灰上和底基较平整的混凝土墙板、石膏板等墙面上。由于饰面层凹凸起伏不大,加之外罩甲基硅树脂或聚乙烯醇缩丁醛涂料,故耐污染性、耐久性都较好。

表 12.7 示出了部分灰浆类饰面砂浆的作法要点。

表 12.7　部分灰浆类饰面砂浆的作法要点

砂浆名称	分 层 作 法	厚度(mm)	施 工 要 点
拉毛	1. 作底层 1:0.5:4 水泥石灰砂浆或 1:3 水泥砂浆 2. 作拉毛灰浆:纸筋灰,混合砂浆,水泥砂浆。视拉毛粗细定石灰膏体积比例。拉粗毛时,掺石灰膏 5%(及占石灰膏 3%的纸筋);拉中毛时,掺 10%～20%的石灰膏(占石灰膏 3%的纸筋);拉细毛时,掺入 25%～30%石灰膏及适量细砂	12 小拉毛抹薄灰;大拉毛抹厚灰。拉粗中毛时:4～5	1. 拉毛用具:拉粗毛时,用铁抹子,粘提底灰上的砂浆;拉细毛时,棕刷粘着砂浆提拉 2. 毛刷、铁抹子落点应均匀,用力一致 3. 一个平面内避免留施工缝,用料要一致,不产生色差
甩(喷)云片	1. 底灰,1:3 水泥砂浆 2. 刷水泥色浆一道 3. 面层灰 1:1 水泥细砂砂浆或水泥净浆甩云片	15 压平后 3～5	1. 洒水湿润底层 2. 浆调至上墙易粘、不流状态。竹丝刷沾浆甩洒向墙面 3. 铁抹子(胶辊子)轻压平,呈不规则,自然分散云朵图形 4. 凸起云片还可喷涂色涂料
扫毛抹灰	1. 底灰 1:3 水泥砂浆 2. 面层灰,1:1:6 水泥混合砂浆	15 10	1. 底层上按设计分格,粘贴木线条 2. 面层砂浆吸水后,用竹条扫帚扫出细密条纹,互相垂直,或铁梳扫扇面。待面层干后,扫去浮灰。也可用喷刷涂料罩面

2. 石碴类饰面砂浆

(1)水刷石

水刷石是将水泥和石碴按比例配合并加水拌和制成水泥石碴浆,用作建筑物表面的面层抹灰,待其水泥浆初凝后,以硬毛刷蘸水刷洗,或用喷浆泵、喷枪等喷以清水冲洗,冲刷掉石碴浆层表面的水泥浆皮,从而使石碴半露出来,达到装饰效果。

水刷石饰面的特点是具有石料饰面的朴实的质感效果,如果再结合适当的艺术处理,如分格、分色、凸凹线条等,可使饰面获得自然美观、明快庄重、秀丽淡雅的艺术效果。因此,水刷石是一种颇受人们欢迎的传统外墙装饰工艺,长期以来在我国各地被广泛采用。水刷石饰面的不足之处是操作技术要求较高,费工费料,湿作业量大,劳动条件较差,且不能适应墙体改革的要求,故其应用有日渐减少的倾向。

水刷石饰面的材料配比,视石子的粒径有所不同。通常,当用大八厘石碴时,水泥石碴浆比例为 1:1,采用中八厘石碴时,为 1:1.25;采用小八厘石碴时,为 1:1.3;而采用石屑时,则水泥:石屑 = 1:1.5。若用砂做骨料,即成清水砂浆。

水刷石饰面,除用于建筑物外墙面外,檐口、腰线、窗套、阳台、雨篷、勒脚及花台等部位亦常使用。水刷石饰面在混凝土基层上的分层做法如图 12.1。

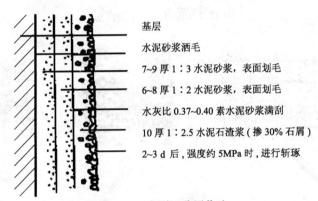

基层

水泥砂浆洒毛

7~9 厚 1:3 水泥砂浆,表面划毛

6~8 厚 1:2 水泥砂浆,表面划毛

水灰比 0.37~0.40 素水泥砂浆满刮

10 厚 1:2.5 水泥石渣浆(掺 30% 石屑)

2~3 d 后,强度约 5MPa 时,进行斩琢

图 12.1　水刷石分层作法

(2)斩假石

又称剁斧石,它是以水泥石碴浆或水泥石屑浆作面层抹灰,待其硬化到具有一定强度时,用钝斧及各种凿子等工具,在面层上剁斩出类似石材经雕琢的纹理效果的一种人造石材装饰方法。在石碴类饰面的各种做法中,斩假石的效果最好。它既具有貌似真石的质感,又有精工细作的特点,给人以朴实、自然、素雅、庄重的感觉。斩假石饰面存在的问题是费工费力,劳动强度大,施工工效较低。

斩假石饰面所用的材料与前述的水刷石等基本相同,不同之处在于骨料的粒径一般较小;通常宜采用石屑(粒径 0.5 ~ 1.5mm),也可采用粒径为 2mm 的米粒石,内掺 30% 的石屑(粒径 0.15 ~ 1.0mm)。小八厘的石碴也偶有采用。

斩假石饰面的材料配比,一般采用水泥:白石屑 = 1:1.5 的水泥石屑浆,或采用水泥:石碴 = 1:1.25 的水泥石碴浆(石碴内掺 30% 的石屑)。为了模仿不同天然石材的装饰效果,如花岗石、青条石等,可以在配比中加入各种彩色骨料及颜料。

斩假石饰面一般多用于局部小面积装饰,如勒脚、台阶、柱面、扶手等。图 12.2 为斩假石分层做法。图 12.3 为斩假石斩琢刃纹不同而获得的几种效果。

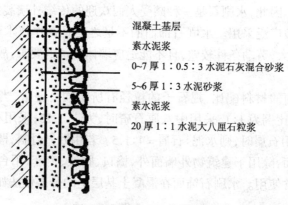

混凝土基层
素水泥浆
0~7 厚 1：0.5：3 水泥石灰混合砂浆
5~6 厚 1：3 水泥砂浆
素水泥浆
20 厚 1：1 水泥大八厘石粒浆

图 12.2　斩假石的分层作法

图 12.3　斩假石的几种效果

(3)拉假石

拉假石是用废锯条或 5～6mm 厚的铁皮加工成锯齿形,钉于木板上构成抓耙,用抓耙挠刮去除表层水泥浆皮露出石碴,并形成条纹效果。这种工艺实质上是斩假石工艺的演变,与斩假石相比,其施工速度快,劳动强度较低,装饰效果类似斩假石,可大面积使用,其效果如图 12.4 所示。

拉假石的材料与斩假石相同,不过,可用石英砂来代替石屑。由于石英砂较硬,故在斩假石工艺中不能采用。

图 12.4　拉假石的几种效果

(4)干粘石

干粘石是在素水泥浆或聚合物水泥砂浆粘结层上,把石碴、彩色石子等备好的骨料粘在其上,再拍平压实即为干粘石。干粘石的操作方法有手工甩粘和机械甩喷两种。施工时,要求石子要粘牢,不掉粒,不露浆,石粒应压入砂浆 2/3。

干粘石饰面工艺实际上是由传统水刷石工艺演变而得,它具有操作简单、造价较低、饰面效果较好等特点,故应用广泛。干粘石一般选用小八厘石碴,因粒径较小,甩粘到砂浆上易于排列密实,暴露的砂浆层少;中八厘也有应用,但很少用大八厘。配制砂浆时常掺入一定量的 107 胶,它不仅有利石碴粘牢,还可避免拍压石子时挤出砂浆沾污石碴。

(5)水磨石

水磨石是按设计要求,在彩色水泥或普通水泥中加入一定规格、比例、色泽的色砂或彩色石碴,加水拌匀作为面层材料,铺敷在普通水泥砂浆或混凝土基层之上,经成型、养护、硬化后,再经洒水粗磨、细磨、抛光、切边(预制板)、酸洗、面层打蜡等工序而制成。水磨石生产方便,既可预制,又可在现场磨制。

水磨石与前面介绍的干粘石、水刷石和斩假石同属面石碴类饰面,但它们的装饰效果,特别在质感方面有明显的不同。水刷石最为粗犷,干粘石粗中带细,斩假石则典雅、凝重,而水磨石则具有润滑细腻之感。其次是在颜色花纹方面,色泽之华丽和花纹之美观首推水磨石,斩假石的颜色一般较浅,很像斩凿过的灰色花岗岩;水刷石有青灰、奶黄等颜色;干粘石的色彩主要决定于所用石碴的颜色;这三者都不能像水磨石那样,能在表面制成细巧的图案花纹。

水磨石面层骨料的粒径、配色、比例相当重要。面层骨料的粒径不应大于面层厚度的 2/3,骨料需多次清洗。为观察配色及质感效果,事先可试配小样。地面等一般要求用分格条划分方块或拼组花型图案。分格嵌缝条有黄铜、铝质、不锈钢和玻璃等几种。分格条用水泥等材料准确粘固在底层之上。分格条高与水磨石面层设计厚度一致,一般是 10~15mm。

面层用料,水泥与石碴之比(体积比)为 1∶1.5~1∶2.5,石碴可选用中八厘、小八厘或一分半、大二分等,水灰比控制在 0.45~0.55,以稍干为宜。拌匀后按序摊铺、压、拍抹整平。现磨水磨石须待底层砂浆强度达到设计强度的 50% 以上方可进行面层施工。终凝后洒水养护 2~4 周,待强度达到设计要求的 70% 后,经试磨成功,可正式磨平、磨光,参考开磨时间为:气温 20~30℃,机磨约 2d后,人工磨约 1d 后;气温 10~20℃,机磨约 3d 后,人工磨约 1d~2d 后;气温 5~10℃,机磨约 5d 后,人工磨约 2d 后;水磨石三遍作法:磨头遍,用 60~80 号金刚石砂轮,磨至石碴外露。水洗净,稍干,刷同色水泥浆,养护约 2d,磨二遍,用100~150号金刚石砂轮,洒水磨至面平滑,水洗净后刷水泥浆,养护 2d,磨三遍,用 180~240 号金刚石或油石,洒水细磨至面光亮,水洗净,干后涂草酸,再用 280号油石细磨,出白浆为止,水洗晾干。如遇局部有缺陷,应立即用同色彩灰浆修补,硬化后再磨。大面积的用磨石机,小面积的或局部转角窄边的可手工磨光。全部磨光后,用草酸溶液(草酸:水＝0.35:1,质量比)清洗之后,表面上蜡或涂丙烯酸类树脂保护膜。

水磨石由于造价低,色彩鲜艳,图案丰富,耐磨性好,施工方便,不仅用于国内外重点工程,并销往世界60多个国家和地区,如北京城乡贸易中心、中国海关、北京西客站、香港地铁都铺设了水磨石和水磨石制品。

12.3　装饰混凝土

混凝土是一种塑性成型材料,所以它的可模性好,若配合比适当,工艺合理,利用不同模板,可以做出墙面光滑平整或各种造型的表面,不需抹灰和贴面,便可达到质感好、色彩赏心悦目、引人入胜的建筑艺术效果。

装饰混凝土是经艺术和技术加工的混凝土饰面,它是把构件制作与装饰处理同时进行的一种施工技术。它可简化施工工序,缩短施工周期,而其装饰效果和耐久性更为人们普遍称道。同时,装饰混凝土的原材料来源广,造价低廉,经济效果显著。所以,装饰混凝土有着广阔的发展前景。

近年来,装饰混凝土在各发达国家发展十分迅速,其城市建设和房屋建筑广泛采用装饰混凝土及其制品。在城市建设方面,公共建筑的内外墙较多地采用了装饰混凝土,如美国的肯尼迪机场和法国巴黎戴高乐机场的候机大厅等建筑便是成功的典范;另外,街道人行路面、花园及公园步行小道普遍铺设彩色混凝土地砖,如德国、荷兰每年使用量以千、百万平方米计,在美国也很受欢迎。在城市景观中,装饰混凝土已成为重要材料,它可以制成彩色防滑路面、停车场、坡道、挡土墙、围栏、花盆,等等,既美观耐久,又经济实用。用装饰混凝土作为城市雕塑主体材料在国外也已很普遍,如德国波恩贝多芬纪念馆前重达25t的贝多芬塑像,就是用装饰混凝土制作的。美国用装饰混凝土制作家具用于公共场所、庭院等,既简单又实用。美国一家装饰混凝土公司甚至将多种产品布置成一个室外混凝土公园,造型独特,别具趣味。有的国家在公园里用钢丝网水泥塑造人物、鸟兽,栩栩如生,令游客流连忘返;用丙烯纤维增强喷射混凝土制作人工湖壁和湖底,既美观耐久,又可以假乱真。国外许多公园的假山、长椅、池塘、街道的广告柱,甚至公共厕所也都采用装饰混凝土浇筑而成。

在房屋建筑方面,除彩色地砖用于室内地面,特别是大量用于庭院、走廊处的地面外,装饰混凝土主要用于外墙和屋面。预制的墙体有大板(前苏联)和砌块(美、日)。目前,彩色屋面瓦在英国、西欧、日本等地区已成为主要屋面材料。

我国装饰混凝土虽起步较晚,但近年来发展较快,现除水泥花阶砖、彩色连锁砖等地面材料已形成一定规模的生产使用外,墙体、屋面材料和其他混凝土建筑艺术品也已在开发应用中。室外彩色地面砖产品已用于城市街道、码头、广场、人行道等。

一、彩色混凝土

彩色混凝土是通过使用特种水泥和颜料或选择彩色骨料,在一定的工艺条件下制得的混凝土。国外多用白水泥或彩色水泥来制作装饰混凝土,但我国目前白水泥产量少价格高,彩色水泥无固定供应,目前解决我国装饰混凝土色调单一的有效而实用的途径是在装饰混凝土表面喷涂色调广泛、经久耐用的涂料。

1. 着色方法

在混凝土中掺入适量彩色外加剂、无机氧化物颜料和化学着色剂等着色料,或者干撒着色硬化剂,均是使混凝土着色的常用方法。

(1)彩色外加剂

彩色外加剂不同于其他混凝土着色料,它是以适当的组成、按比例配制而成的均匀混合物。它除使混凝土着色外,还能提高混凝土各龄期强度,改善拌和物的和易性,并对颜料和水泥具有扩散作用,使混凝土获得均匀的颜色。如将其与彩色水泥配合使用,效果更佳。

(2)无机氧化物颜料

直接在混凝土中加入无机氧化物颜料也可使混凝土着色。为保证着色均匀,混凝土搅拌时各组分的投料顺序应为:砂、颜料、粗骨料、水泥,最后加入水;并且在未加水之前应先进行干拌至基本均匀,加水后再充分搅拌。另外,如果在混凝土拌和物中使用了减水剂,必须预先确定它与颜料之间的相融性,因为减水剂中若含有氯化钙等对颜料分散性有影响的成分,将会导致混凝土饰面颜色不均匀。

(3)化学着色剂

化学着色剂是一种金属盐类水溶液,将它渗入混凝土并与之发生反应,在混凝土孔隙中生成难溶且抗磨性好的颜色沉淀物。着色剂中含有稀释的酸,能轻微腐蚀混凝土,从而使着色剂能渗透较深,且色调更加均匀。化学着色剂的使用,应在混凝土养护至少一个月以后进行。施加前应将混凝土表面的尘土、杂质清除干净,以免影响着色效果。化学着色剂通常可形成黑色、绿色、微红的褐色以及各种色调的黄褐色。

(4)干撒着色硬化剂

干撒着色硬化剂是一种表面着色方法。这种着色硬化剂是由细颜料、表面调节剂、分散剂等拌制而成,将其均匀干撒在新浇混凝土楼地板、庭院小径、人行道等水平状混凝土表面,即可着色,且有促凝性。对工业或商业用楼地板、坡道以及装饰码头等要求具有高抗磨耗性和高防滑性能的地方,应采取在干撒剂中掺加适量金刚砂或金属骨料的做法。

配制彩色混凝土,要用同色、同批、冲洗过的骨料,并在运输、使用中妥为保管。特别是配制浅色混凝土的或自身是浅色的骨料,更应保持清洁。生产和施工时应注意以下几点:

①为提高亮度,抵消白水泥中的黄光,可在白水泥中添入少许蓝色颜料。

②因毛细孔多,射入光散射程度提高,致使混凝土颜色变浅、变谈,所以高水灰比时成型的混凝土比低水灰比的颜色较浅而亮。要求施工中水灰比、振动条件严加控制。

③养护温度会影响某些颜料的稳定性,又会影响水化结晶体的粗细,导致变色、串色。用人工养护时要控制好温度,温度越高,混凝土颜色越浅淡而亮。自然养护时不易出现这些情况。但水泡、浇水养护还是容易增加浮浆.加速"泛白",用薄膜等遮盖物易留下水斑纹。

④所用脱膜剂不应与模板面、颜料起不良反应。

⑤吸水多的木模板使混凝土的浆层颜色变深,钢模板则相反。

⑥可选用混凝土专用颜料,即由颜料加助剂加工而成的。助剂主要是离子型表面活性剂,起分散、润湿作用。一般是把颜料、助剂研磨分散后,预制成浆状物。

2. 彩色混凝土的缺陷与防治

影响彩色混凝土耐久性的因素,重要的是混凝土自身质量,如水灰比、成型条件、颜料品质、细度、混凝土密实度、养护条件等。凡能降低毛细孔孔隙率的措施,都有助于混凝土强度的提高,耐磨性的改善,"返白"现象的减弱,耐久性的提高。

普通混凝土和彩色混凝土都易出现"返白",表面"泛白"是混凝土的一种缺陷。"返白"现象的白霜物,是混凝土中的某些盐类、碱类被水溶解,并随水迁移至混凝土表面,水分干燥蒸发时,可溶物饱和,而析出白色结晶体。这些盐、碱类物质是水泥、骨料或外加剂中残存的不利成分,白霜不均匀就形成花斑、条斑,且长久不落,严重影响混凝土表面的色泽,严重的白霜还会破坏混凝土表层,减少使用寿命,白霜主要是氢氧化钙、硫酸钠、碳酸钠等。

"泛白"现象的防治方法有:

(1)常规方法是降低水灰比,振动密实。

(2)掺加碳酸铵、丙烯酸钙,它们可与白霜反应,消除掉白霜。

(3)内用可形成防水阻孔的外加剂,如石蜡乳液。

(4)外涂可形成保护膜的有机硅憎水剂或丙烯酸酯。

此外应注意混凝土保护层不够厚或扎丝出头等锈源所形成的锈水污染混凝土表面及钢模板锈斑沾污混凝土表面。

3. 彩色混凝土的应用

出于经济上的考虑,整体着色的彩色混凝土应用较少。而在普通混凝土或硅酸盐混凝土基材表面加做彩色饰面层,制成面层着色的彩色混凝土路面砖,已有相当广泛的应用。不同颜色的水泥混凝土花砖,按设计图案铺设,外形美观,色彩鲜艳,成本低廉,施工方便;用于园林、街心花园、庭院和人行便道,可获得十分理想的装饰效果。图 12.5 是彩色混凝土地面砖和花格砖的外形图样。

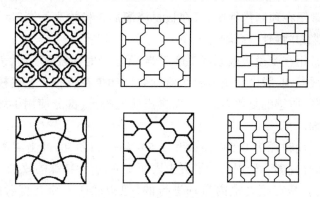

图 12.5　彩色混凝土地面砖和花格砖外形图样

二、清水混凝土

清水装饰混凝土其基本色调主要决定于所用水泥的颜色,通常呈灰色,所不同的是表面凸凹不平,在光线作用下有光影明暗的变化,可以改善普通混凝土的暗淡、呆板与颜色深浅不一现象。

然而,在一定条件下,这种本色装饰混凝土也可以取得很好的装饰效果,例如,建筑物所处环境比较空旷,前后左右有较好的绿化,天穹衬托,建筑物本身体型灵活丰富,有较大的虚实对比,立面上玻璃或其他色泽明亮的材料占相当比例,使整个建筑物不趋灰暗等。

本色装饰混凝土用于室内,成功的关键是处理好颜色与质感的对比和衬托,而这一点,只有在空间、体型较大时才有可能做到,有必要采取措施,使装饰混凝土具有不同的色彩。

三、露石混凝土

露石混凝土即外表面暴露骨料的混凝土。它可以是外露混凝土自身的砂石,也可以是预铺的一层水泥石碴或水泥粗石子。露石混凝土饰面在国外应用的较多。国内近年也在采用。其基本作法是将未完全硬化的混凝土表面剔除水泥浆体,使表层骨料有一定程度的显露,而不再外涂其他材料。它是依靠骨料的色泽、粒形、排列、质感等来实现刻意的装饰效果,达到自然与艺术的结合。这是水刷石、剁斧石、水磨石类方法的延续和演变。

露石的实施方法,可在水泥硬化前与硬化后进行。按制作工艺分为水洗法、缓凝法、酸洗法、水磨法、喷砂法、抛丸法、斧剁法等。酸洗法因对混凝土有腐蚀破坏作用,一般很少使用。水磨法、斧剁法,则与水磨石、剁斧石的生产工艺相同。

水洗法常用在顶制构件中,可在板材浇灌后带模抬高一端,呈倾斜状,然后水洗正面除浆,并将骨料面刷洗干净。

缓凝法常用在受模板限制或工序影响,无法及时除浆露石时,表层部分混凝土配合使用缓凝剂,脱模后也容易水洗除浆。如果在反打工艺底模内铺撒一层似花岗石色彩、质感的复色石碴,上面再浇灌混凝土(部分使用了缓凝剂),起模后水洗石碴面。

抛九法是用粒径为 0.5～1mm 和 2.5～4mm 的砂丸,冲击混凝土表层水泥浆,并将其部分剥离。处理后的混凝土表面变毛,有种特殊的效果。喷砂丸类似玻璃喷砂工艺,是在喷丸室内自动进行的,把构件送入喷丸直射区,砂丸高速(65～80m/s)冲击板面。

露石混凝土的饰面色彩,与表层剥落的深浅和水泥、砂石的品种有关。当剥落浅,表面稍平时,水泥和细骨料颜色起主要作用;而剥落深时粗骨料的颜料、质感因素增大。混凝土表面形成的光影及几种组成材料的颜色、质感、层次等,可产生坚实、丰富而又活泼的效果。

露石混凝土饰面属高档次作法,有部分石材外露使饰面色泽稳定,接近自然又耐久,此外骨料面上还不易"返白"。

四、普通混凝土表面塑形装饰

这是一种基层与装饰层使用相同材料,一次成型的加工方法,塑形装饰工效高,饰面牢固,造价低。它是靠成型、模制工艺手法,使混凝土外表面产生具有设计要求的线型、图案、凹凸层次等。塑形有反打与正打两种方法

1. 预制平模反打工艺

板材等制品的正面向下来成型称为反打。它是成型板材等混凝土预制件平模生产的一种方法。反打塑形是采用凹凸的线型底模或模底铺加专用的衬模,来进行浇灌成型的。起吊后板材正面呈现凹凸线型、纹理、浮雕花饰或粗糙面等

立体效果。

衬模材料有硬木、玻璃钢、硬塑料、橡胶或钢材等。国内用聚丙烯塑料制作衬模，效果较好，可使装饰面细腻、造型准确、逼真。用衬模塑花饰、线型，容易变化花样，易脱模，不粘饰面的边角。

反打成型的优点是凹凸程度可大可小，层次多，成型质量好，图案花纹丰富多彩，但模具成本较高。

2. 预制平模正打工艺

即板正面向上来成型。正打塑形，可在混凝土表面水泥初凝前后用工具加工成各式图案和纹路的饰面。常用的方法是压印、挠刮等。天津采用的压印工艺是凸印与凹印两种。凸印是用镂花样板在刚成型的板面（也可在板上增铺的一层水泥砂浆）上压印，或先铺镂空模具，之后填入水泥砂浆，抹平，抽取模具。板成凸起的图形，高一般不超过 10mm。凹印法是用 5～10mm 的光圆钢筋焊成 300～400mm 大小的图案模具，在板上 10mm 厚的水泥砂浆上的压印凹纹。

挠刮工艺是在刚成型的板材表面上，用硬刷挠刮，形成一定走向的刷痕，产生毛糙质感。也可采用扫毛法、拉毛法处理表面。

滚花工艺是在成型后的板面上抹 10～15mm 的水泥砂浆面层，再用滚压工具，滚出线型或花纹图案。

正打塑型的优点是模具简单，投资少，但板面花纹图案较少，效果也较反打塑形差。无论是正打，还是反打，水泥砂浆面层都要求砂粒粒径偏小些为好。塑形板上墙后可喷涂料，但涂料品种与色泽应正确选择，先行试验，视效果而定。

第 13 章
新型建筑装饰木材

　　木材是人类最先使用的建筑材料之一,举世称颂的古建筑之木构架等巧夺天工,为世界建筑独树一帜。北京故宫、祈年殿都是典型的木建筑殿堂。山西应县的木塔,堪称木结构的杰作,在建筑史上创造了奇观。岁月流逝,木质建筑历经千百年而不朽,依然显现当年的雄姿。木材历来被广泛用于建筑物室内装修与装饰,如门窗、楼梯扶手、栏杆、地板、护壁板、天花板、踢脚板、装饰吸声板、挂画条等,它给人以自然美的享受,还能使室内空间产生温暖、亲切感。时至今日,木材在建筑结构、装饰上的应用仍不失其高贵、显赫的地位,并以它特有的性能在室内装饰方面大放异彩,创造了千姿百态的装饰新领域。

　　由于高科技的参与,木材在建筑装饰中又添异彩。目前,由于优质木材受限,为了使木材自然纹理之美表现得淋漓尽致,人们将优质、名贵木材旋切薄片,与普通材质复合,变劣为优,满足了消费者对天然木材喜爱心理的需求。木材作为既古老又永恒的建筑材料,以其独具的装饰特性和效果,加之人工创意,在现代建筑的新潮中,为我们创造了一个个自然美的生活空间。

13.1　木材的装饰特性和装饰效果

一、木材的装饰特性

1. 纹理美观

木材天然生长具有的自然纹理使木装饰制品更加典雅、亲切、温和。如直细条纹的栓木、樱桃木;不均匀直细条纹的柚木;疏密不均的细纹胡桃木,断续细直纹的红木,山形花纹的花梨木;影方花纹的梧桐木;勾线花纹的鹅掌楸木等。真可谓千姿百态,它促进了人与空间的融合,创造出一个良好的室内气氛。

2. 色泽柔和、富有弹性

木材因树种不同,生长条件有别,除具有多种多样天然细腻的纹理之外,还具有丰富的自然色彩与表面光泽。淡色调的枫木、橡木、白桦木,如乳白色的白蜡木、白杨木,白色至淡灰棕色的椴木,淡粉红棕色的赤柏木。深色调的檀木、柚木、榉本、核桃木等,如红棕色的山毛榉木,红棕色到深棕色的榆木,巧克力棕色胡桃木,枣红色的红木。艳丽的色泽、自然的纹理、独特的质感赋予木材优良的装饰性。极富有特征的弹性正是来自于木质产生的视觉、脚感、手感,因而成为理想的天然铺地材料。

3. 防潮、隔热、不变形

木材的装饰特性是极佳的,其使用功能也是优良的,这是由木材的物理性质(孔隙、硬度、加工性)所决定的。如木材的孔隙率可达 50% 左右,导热系数为 $0.3W/(m·K)$ 左右,具备了良好的保温隔热性,同时又能起到防潮、吸收噪音的作用。在优选材质,配以先进的生产设备后,可使木材达到品质卓越,线条流畅,永不变形的效果。

4. 耐磨、阻燃、涂饰性好

优质、名贵木材其表面硬度使木材具有使用要求的耐磨性,因而木地板可创造出一份古朴、自然的气氛。这种气氛的长久依赖于木材是否具有优异的涂饰性和阻燃性。木材表面可通过贴、喷、涂、印达到尽善尽美的意境,充分显示木材人工与自然的互变性。木材经阻燃性化学物质处理后即可消除易燃的特性,从而增加了它的使用可靠性。

13.2　建筑装饰用木地板

一、木地板特性

1. 美观自然:

木材的纹理给人一种回归自然、返璞归真的感觉。

2. 无污染物质：

木材是最典型的双绿色产品，本身没有污染源，有的木材能发出有益健康、安神的香气。

3. 质轻而强。

4. 保温性好：

木材不易导热，能很好地调节室内温度，达到冬暖夏凉的作用。

5. 调节湿度，不易结露：

木材可以吸湿和蒸发，人体在大气中最舒适的湿度在 60%～70%之间，木材的特性可维持湿度在人体舒适的范围内。当天气潮湿，或温度下降时，不会产生表面结成水珠似的出汗现象。

6. 缓和冲击：

木材与人体的冲击、抗力都比其他建筑材料柔和、自然，有益于人体的健康，保护老人和小孩的居住安全。

二、木地板的种类

1. 实木地板

绝大多数针叶材材质都较软，而阔叶材绝大多数材质都硬，加工成实木地板的主要是阔叶材、进口材，针叶材直接做实木地板的比较少，市场上一般往往作为三层实木地板的芯材。实木地板的品种：

（1）平口地板：又称拼方木地板或平接地板。机械加工成表面光滑四周没有榫槽的长方形及六面体或工艺形多面体木地板。长方形的相邻面之间互相垂直，有的背面还有透胶槽。平口地板出材率高，设备投资低，成本价格相对低廉，铺设简单，一般采用与地面直接粘接，用途广，不仅可作地板，也可作拼花板、墙裙装饰以及天花板吊顶等室内装饰。但地板加工精度比较高，相邻之间必须互相垂直，纵向尺寸只允许有负公差，拼装后缝隙与加工精度有关，整个板面观感尺寸较碎，图案显得零散（如图13.1）。

该地板目前在国内市场销量日趋下降，但在国际市场上，至今我国仍源源不断地向欧洲、美国、日本出口。

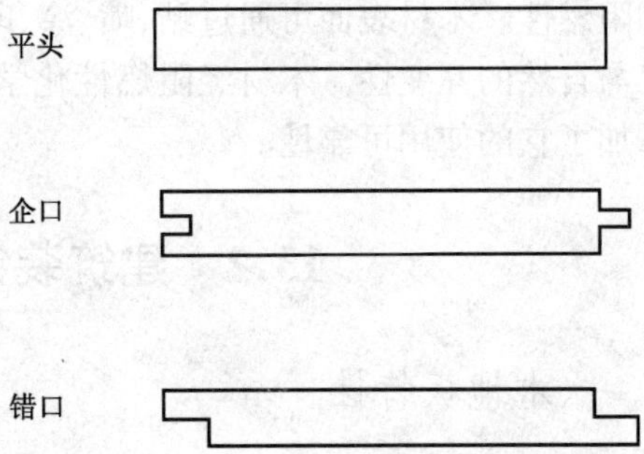

（2）企口地板：又称榫接地板或龙凤地板，该地板的纵向和宽度方向都开有榫头和榫槽，榫槽一般小于或等于板厚的 1/3，槽

平头

企口

错口

图 13.1　木地板的接口断面形状示意图

略大于榫,绝大多数背面带有较狭的抗变形槽。该地板为充分利用地板的原材料,规格较多,小规格的仅 200mm × 40mm × (12 ~ 15)mm、250mm × 50mm × (15 ~ 20)mm,大规格的长条企口地板可达(1200 ~ 400)mm × (60 ~ 120)mm × (15 ~ 20)mm,长地板应指接加工,宽地板应集成加工。

企口地板目前在市场上最受消费者的青睐,其特点是:地板间结合紧密,脚感好,工艺成熟,该地板的铺设,视地板的规格而定:小于 300mm 的企口地板可采用平口地板铺设,即直接用胶粘地,大于 400mm 的企口地板,必须用龙骨铺设法,双企口地板(每一块地板上开两个榫槽)可用龙骨铺设法,也可用悬浮铺设法;双企口地板采用不粘胶的悬浮铺设法,搬迁拆装灵活方便。加工工艺较平口地板复杂,价格较贵。

(3)竖木地板:以木材横切面为板面,呈正四边形、正六边形或正八边形,其加工设备较为简单,但加工过程的重要环节是木材的改性处理,关键是克服湿胀干缩开裂,可合理利用枝丫树、小径材以及胶合板、筷子、牙签等生产剩余的圆木芯,先在工厂把竖木地板的单元拼成 400mm × 400mm、500mm × 500mm、600mm × 600mm 的单元图案,类似于马赛克。其特点为:

①图案多样,艺术性强,并能充分利用木材边芯材的色差,来协调色调,用途广,不仅可作地板,还可作天花板、墙裙。

②与纵切面地板相比,耐磨性强(比普通地板提高三倍),经久耐用,保温、保湿,隔音性更佳;

③产品加工精度高,铺设简单,表面不用刨削,若不施胶在搬家时还可拆除;

④原材料来源有保证;

存在问题:枝丫树和小径材材质较嫩,树脂含量多,边芯材为一体,湿胀干缩性能大,易产生径向开裂、扭曲,导致成品废品率高,必须对木材进行改性处理,提高地板尺寸稳定性,防水性能,改善其湿胀干缩系数,对机床精度要求高,因为木材是竖纹,采用涂料装饰时油漆渗透力大,涂刷底漆的工艺必须加强,以提高表面光洁度和防水性。

(4)拼花地板:又称木质马赛克,由多块小块地板按一定的图案拼接而成,呈方形,其图案有一定的艺术性或规律性,是一种工艺美术性极强的高级地板。以前仅依靠铺设单元在现场实施,加工的精度和施工效率均达不到要求。目前可采用整张化的铺设方法,使拼花图案达到工厂化的标准,加工精度、艺术效果和施工质量都有很大提高。其特点是:观赏效果好,可根据设计要求和环境相协调,体现室内装饰格调的一致性和高档性,图案多变,工艺性高,原料丰富,出材率高。工艺设计应变性较高,大批量生产有困难,由于不同树种的拼合,木材含水率控制极其重要,稍有不慎,就成废品,所以废品率极高(如图 13.2)。

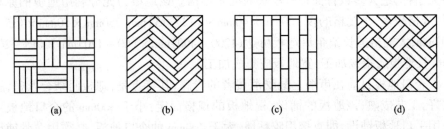

图 13.2　拼花木地板图案

(a)正芒席纹；　(b)人字纹；　(c)清水砖墙纹；　(d)斜芦席纹

(5)实木指接企口地板:就是企口地板,其不同之处仅仅是原材料又经过指接加长,它是由一定数量相同截面尺寸的长短不一木料,沿着纵向指接成长料,再加工成地板,称其为指接地板,如同时在地板的两侧均加工成榫或槽,则称为指接企口地板。该地板在指接长短料时,必须有三同:相同的截面尺寸、相同的树种、相同的含水率。常见规格:(1830~4000)mm×(40~75)mm×(12~18)mm。

它的优点是:通过圆盘锯把木材横截,把纤维截短,边、心、根、梢部位重新自然组合,使木材天然缩胀的不均匀性得到改善,故该地板在使用中纵向变形大大缩小,不易出现实木地板常见的扭、弯、瓢、裂等不良现象;大大提高了地板原材料的出材率,它使地板截头,有不同缺陷的次级板都得到充分合理地利用,指接地板纵向尺寸加长,既不易变形,又提高了铺设效率,缩短工期,降低了铺设成本。

(6)集成企口地板:它是由一定数量相同截面尺寸的长短不一木料,沿着纵向指接成长料,同时又用相同截面的毛料沿着横向胶接拼宽的板称为集成板,再在该板的纵、横向加工榫和槽,称为集成企口地板。

除具有指接企口地板的优点外,还具有集成板的优点:克服了传统实木地板宽度、长度的限制,其规格尺寸可加工成消费者所需要的各种尺寸,使地板长而宽,得到缩短铺设工期,该地板精心除去了木材的自然和人工缺陷,又重新排列组合而成,其在纵向和宽度方向的自然变形比没有经过组合的实木地板小得多。其生产工艺复杂,价格较贵。

2. 强化木地板

强化木地板起源于欧洲,大约在 1985 年森林工业发达的北欧国家瑞典与奥地利艾格尔刨花板生产商共同开发研制了世界上第一批强化木地板,1994 年以来强化木地板已大量进入我国市场。

强化木地板为三层结构,表层为含有耐磨材料的三聚氰胺树脂浸渍装饰纸,芯层为中、高密度纤维板或刨花板,底层为浸渍酚醛树脂的平衡纸。

强化木地板最大的特点是耐磨,经久耐用。其耐磨性能,主要在于表层纸

中含有 Al_2O_3、碳化硅,市场上俗称红蓝宝石。目前我国市场上销售的强化木地板表面的转数,大约在 6000～18000 转,Al_2O_3 含量越高,转数越高,但是 Al_2O_3 的含量也不能大于 $75g/m^2$,因为含量过高后,其装饰纸表面清晰度就降低,对装饰纸的要求更严格,对刀具的硬度和耐磨性也相应提高,生产成本增加。装饰纸一般印有仿珍贵树种的木纹或其他图案。芯层以中高密度纤维板占多数(MDF-Medium Density Fiberboard),平衡纸放于强化木地板的最底层,它是通过垫层与地面接触,其作用是防潮和防止强化木地板变形。平衡纸为半漂白或不漂白的亚硫酸盐木浆制成的牛皮纸,不加填料,要求具有一定的厚度和机械强度,需浸渍醛基树脂或深色的酚醛树脂。

尺寸稳定性好:室内温湿度变化所引起的变化较实木地板小,吸水厚度膨胀率也较小。

力学性能好:结合强度、表面胶合强度较大,冲击韧性都较好。

耐污染腐蚀,抗紫外线,耐香烟灼烧,规格尺寸大,采用悬浮铺设方法,安装简捷,维护保养方便。

三、实木复合地板

实质上是利用优质阔叶林或其他装饰性很强的合适材料作表层,以材质较软的速生材或以人造板为基材,经高温高压制成的多层结构复合地板。

结构的改变,使其使用性能和抗变形性能有所提高,其共同的性能特点为:规格尺寸大,整体效果好,板面具有较高的尺寸稳定性,铺设工艺简捷方便。不足之处是:产品胶合质量把关不严或使用不当会发生开胶现象,产品质量不达标,甲醛含量超过标准,会对人体有害,设备投资大,成本较高,结构不对称性,使操作难度较大。

1. 三层实木复合地板

三层实木复合地板起源于欧洲,20 世纪 90 年代初在我国逐渐兴起。三层实木复合地板的结构为表层、芯层、底层三部分。表层为优质硬木规格板条通过胶粘剂镶拼粘结而成的镶拼板,其厚度一般为 4mm;芯层是由普通材质松软的速生材或软阔叶材的规格木板条等组成,其厚度为 8～9mm,底层是旋切单板,其厚度为 2mm,三层结构用脲醛树脂胶热压而成。表层和芯层排列时,应使相邻木材的纹理相同,克服木材的各向异性。

2. 多层实木复合地板

多层实木复合地板是以多层胶合板为基材,表层以规格硬木片镶拼板或刨切薄木,通过脲醛树脂胶压制而成。表层镶拼面板采用优质硬木,其厚度常为 1.2mm,刨切薄木的厚度通常为 0.2～0.8mm,使用中必须重视维护保养。

13.3　建筑装饰用墙材木材

1. 木胶合板（又称夹板）

木胶合板是用椴、桦、杨、楸、水曲柳及进口原木等经蒸煮、旋切或刨切成薄片单板,再经烘干、整理、涂胶后,将单板叠成奇数层,并每一层的木纹方向要求纵横交错、再经加热后制成的一种人造板材。它分为三夹板、五夹板、七夹板、九夹板、十一夹板等。

（1）特点

①板材面积大,可进行加工;

②纵向和横向的强度均匀;

③板面平整,收缩性小,木材不开裂、翘曲;

④木材利用率较高。

（2）规格

目前国内和进口板材较多的尺寸是 1220×2440×（厚度）,厚度有 3、3.5、5、6、7、8、9、11、12 等多种,单位均为 mm。

（3）用途

主要用作顶棚面、墙面、墙裙面、造形面,以及各种家具。另外,夹板面上还可油漆、粘贴墙纸墙布、粘贴塑料装饰板和进行涂料的喷涂等处理。

2. 细木工板

又称大芯板,是以原木为芯,外贴面材加工而成的木材型材,大芯板具有规格统一、加工性强、不易变形、可粘贴其他材料等特点,是家庭装修中墙体、顶部装修和细木装修必不可少的木材制品。因此,它很受装饰施工单位的喜爱,被广泛应用。

大芯板从加工工艺上可分为两类。一类是手工板,是用人工将木条镶入夹层之中,这种板持钉力差、缝隙大,不宜锯切加工,一般只能整张使用于家庭装修的部分子项目,如做实木地板的垫层毛板等。另一类是机制板,质量优于手工板,但内嵌材料的树种、加工的精细程度、面层的树种等区别仍然很大。一些大企业生产的板材,质地密实,夹层树种持钉力强,可在做各种家具、门窗扇框等细木装修时使用。很多小企业生产的机制板板内空洞多,粘结不牢固,质量很差,一般不宜于用在细木工制作施工中。在机制板中,又有素面芯板及贴面芯板两种。素面芯板在使用中只能作为中间材料,要经过贴面加工后才能完成装修目的。贴面芯板是在生产制造过程中就经过饰面处理,面层贴有榛木、水曲柳、柚木、沙比利等名贵树种贴面,可直接加工高档家具和各种饰面装修,但其对操作工人的技术要求较高。

大芯板由于质量不同,所以价格差异很大。手工板的价格在每张 40～60 元之间,机制板价格在每张 80~150 元之间,贴面芯板根据面层材料不同而不同,价格一般在每张 180~250 元之间(以上价格为批量购买的价格)。大芯板为统一规格,均为 2440mm×l220mm×18mm,价格差异主要体现在内部材质及密实程度。

3. 贴面板

贴面板是家庭装修中使用十分广泛的木材制品之一,又称为夹板,是用木材的旋片压制而成的型材,主要用于结构装修的面层饰材及细木家具制作的表面装饰。

(1)宝丽板、富丽板

宝丽板又称华丽板,是以三夹板为基料,贴以特种花纹纸面,涂覆不饱和树脂后表面再压合一层塑料薄膜保护层。而富丽板则不加塑料薄膜保护层。

①特点

a. 板面光亮、平直;

b. 色调丰富多彩,有图案花纹;

c. 比油漆面耐热耐烫;

d. 对酸、碱、油脂、酒精等有一定抗御能力;

e. 易清洗。

②规格

与木胶合板规格相同。

③用途

主要用于墙面、墙裙、柱面、造型面、家具面等。

(2)薄木贴面装饰扳

选用珍贵树种(如水曲柳、樟木、酸枣木、花梨木等),通过精密刻切,制得厚度为 0.2~0.8mm 的薄木,以夹板、纤维板、刨花板等为基材,采用先进的胶粘工艺,经热压制成的一种装饰板材。薄木作为一种表面装饰材料,不能单独使用,只有粘贴在一定厚度和具有一定强度的基层板上,才能合理地利用。

4. 木装饰线条(木饰线)

木装饰线条选用质硬、材质较好的木材,经过干燥处理后,用机械加工或手工加工而成。装饰线条在室内装饰中,主要起固定、连接、加强装饰效果的作用。它主要用于天花封边饰线、柱角线、墙角线、墙腰线、上楣线、覆盖线、挂画线等。

13.4 人造装饰木材有害物质释放限量

GB 18580—2001《室内装饰装修材料 人造板及其制品中甲醛释放限量》、GB 18581—2001《室内装饰装修材料 溶剂型木器涂料中有害物质限量》、

GB 18584—2001《室内装饰装修材料　木家具中有害物质限量》规定了与木质装饰材料有关的有害物质释放限量,如表 13.1、表 13.2 和表 13.3 所示。

表 13.1　人造板及其制品中甲醛释放量试验方法及限量值

产品名称	试验方法	限量值	使用范围	限量标志
中密度纤维板、高密度纤维板、刨花板、定向刨花板等	穿孔萃取法	≤9mg/100g	可直接用于室内	E_1
		≤30mg/100g	必须饰面处理后可允许用于室内	E_2
胶合板、装饰单板贴面胶合板、细木工板等	干燥器法	≤1.5mg/L	可直接用于室内	E_1
		≤5.0mg/L	必须饰面处理后可允许用于室内	E_2
饰面人造板(包括浸渍纸层压木质地板、实木复合地板、竹地板、浸渍胶膜纸饰面人造板等)	气候箱法	≤0.12mg/m³	可直接用于室内	E_1
	干燥器法	≤1.5mg/L		

表 13.2　溶剂型木器涂料中有害物质限量要求

项目	限量值		
	硝基漆类	聚氨酯漆类	醇酸漆类
挥发性有机化合物(VOC)(g/L)　≤	759	光泽(60°)≥80,600 光泽(60°)<80,600	550
苯(%)　≤	0.5		
甲苯和二甲苯总和(%)　≤	45	40	10
游离甲苯二异氰酸酯(TDI)(%)　≤	—	0.7	—
重金属(限色漆)(mg/kg)　≤	可溶性铅	90	
	可溶性镉	75	
	可溶性铬	60	
	可溶性汞	60	

表 13.3　木家具中有害物质释放限量要求

项目	限量值
甲醛释放量(mg/L)　≤	1.5
重金属(限色漆)(mg/kg)　≤	可溶性铅　　90
	可溶性镉　　75
	可溶性铬　　60
	可溶性汞　　60

第14章
建筑装饰石材

天然石材作为建筑材料已有几千年的历史,世界著名的古埃及金字塔、意大利比萨斜塔、泉州东西塔、泉州洛阳桥都是用天然石材建造的。中国东汉时期就有全石建筑,隋唐时代石建筑更是鼎盛时期。石材具有美观的天然色彩和纹理,优异的物理力学性能,超长的耐久性,是其他材料所难以替代的。但由于开采运输和加工条件的原因,在很长的历史阶段中,石材一直难以广泛应用。随着开采加工机械的发展,特别是上世纪 80 年代人造金刚石在石材加工中的应用,使天然石材的加工变得十分容易,不论是锯、凿、削、钻、磨均从容自如,极大提高了石材加工可获得的艺术性,提高了石材加工效率,降低加工成本,因而石材在建筑及装饰中的应用越来越广泛。在传统的块材、石板、石雕基础上,出现了诸如石材工艺线条、影雕、火烧板、石材工艺品、石材生活用品。石材广泛应用于建筑及其他工业领域,现已成为重要的高级建筑装饰材料之一。自 20 世纪 80 年代以来,我国石材业发展很快,现在我国石材的年产量、消费量和出口量均占世界第一,已成为石材工业大国。

14.1 岩石的组成、分类和技术性

一、岩石的组成

岩石是由矿物组成的。矿物是指在地质作用中所形成的具有一定化学成分

和一定结构特征的单质或化合物。组成岩石的矿物称造岩矿物。已发现的矿物有 300 多种,土木工程中常见的造岩矿物有石英、长石、云母、方解石、白云石、石膏、角闪石、辉石、橄榄石等。由一种矿物组成的岩石叫单矿岩,如白色大理石(由方解石或白云石组成)。大部分岩石是由几种矿物组成的,叫多矿岩,如花岗石(由长石、石英、云母组成)。

二、岩石的形成及分类

造岩矿物在不同的地质条件下形成不同的岩石,按地质分类法,可分为三大类:岩浆岩、沉积岩、变质岩。

1. 岩浆岩

岩浆岩又称火成岩,是由地壳内的岩浆由地壳内部上升后冷却而成。根据岩浆冷却条件不同,可分为以下三种:

(1)深成岩

深成岩是地壳深处的岩浆,在受上部覆盖层压力的作用下经缓慢冷却而成的岩石。其结晶完整、晶粒粗大、结构密致。具有抗压强度高,孔隙率及吸水率小,表观密度大,抗冻性好等特点。常见的深成岩有角闪石、闪长石、正长石、橄榄石、辉长岩等。

(2)喷出岩

喷出岩是岩浆喷出地表时,在压力降低和冷却较快的条件下形成的岩石。由于岩浆喷出地表时,压力和温度急剧降低,冷却较快且不均匀,因而大部分岩浆来不及完全结晶。多呈隐晶质(细小的结晶)或玻璃质(非晶质)结构。当喷出的岩浆形成较厚岩层时,其结构及性质接近深成岩;当喷出的岩浆较薄时,由于压力小及冷却速度快,大部分岩浆形成玻璃质结构及多孔状构造,其性质近似火山岩。常见的喷出岩有辉绿岩、玄武岩、安山岩等。

(3)火山岩

火山岩是火山爆发时,岩浆喷到空中而急速冷却后形成的岩石。由于冷却速度过快而未能结晶,排除大量水蒸气及其他气体,因而形成玻璃质结构及多孔状构造。有散粒状的火山岩,如火山灰、火山砂、浮石等。也有由散粒状火山岩堆积而受到覆盖层压力作用并凝聚成大块的胶结火山岩,如火山凝灰岩。

2. 沉积岩

沉积岩又称水成岩,是由地表的各类岩石经自然界的风化作用破坏后被水流、冰川或风力搬运至不同的地方,再经逐层沉积并在覆盖层的压力作用或天然矿物胶结剂的胶结作用下重新压实胶结而成的岩石。这样存在于地表及不太深的地下,具有明显的层状结构,各层的成分、结构颜色、厚度都有差异。不如岩浆岩致密,表观密度小,孔隙率和吸水率大,强度较低,耐久性较差。根据沉积的方式,又可分为以下三种:

(1)机械沉积岩

它是各种岩石风化后,经水流、冰川或风力作用搬运,逐渐沉积而成。这类岩石的特点是矿物成分复杂,颗粒粗大。散状的有黏土、沙、砾石等,它们经自然胶结物胶结后形成相应的页岩、砂岩、砾岩等。

(2)化学沉积岩

原生岩石经化学分解后,其中的易溶组分常呈溶液或胶体被水流搬运至低洼处沉淀形成。这类岩石的特点是颗粒细,矿物成分单一,物理力学性能也较机械沉积岩均匀。化学沉积岩主要有菱镁矿、白云石、石膏及部分石灰岩等。

(3)生物沉积岩

由海水或淡水中的生物死亡后的残骸沉积而成。这类岩石大多都质轻松软,强度极低。主要的生物沉积岩有石灰岩、石灰贝壳岩、白垩、硅藻土等。

3. 变质岩

变质岩是地壳中原有的各类岩石,在地层的压力或温度作用下,原岩石在固体状态下发生变质作用而形成的新岩石。变质的结果,不仅可以改变岩石的结构和构造,甚至生成新的矿物。通常沉积岩在变质时,由于受到高压重结晶的作用,形成的变质岩较原来的沉积岩更为紧密,建筑性能有所提高。例如,由石灰岩或白云岩变质而成的大理石,有砂岩变质而成的石英岩均比原来的岩石坚实耐久。相反,原为深成岩的岩石,经过变质后,产生了片状构造,其性能反而不及原来的深成岩,例如,由花岗石变质而成的片麻岩,比花岗石易于分层剥落,耐久性降低。

三、建筑石材的技术性质

天然石材由于造岩矿物成分和结构的不同,其物理学性质和外观彩色均有很大的差异。作为建筑装饰石材,需要根据以下性质进行选用:

1. 密度

密度指材料在绝对密实状态下单位体积的质量。建筑石材的密度由造岩矿物决定。一般在 $2.6 \sim 3.3 \text{g/cm}^3$。密度在石材术语中称为真密度。

2. 表观密度

与石材的密度和结构有关,对于同一种石材,表观密度越大,孔隙率越小,力学性能越高。表观密度石材术语中称为体积密度。

3. 吸水率

岩石的吸水性与空隙率及结构特征有密切关系。吸水率的大小影响石材表面装饰持久性,影响石材抗冻性、耐风化性和耐久性。

真密度、体积密度和吸水率根据 GB/T 9966.3—2001《天然饰面石材试验方法第 3 部分:体积密度、真密度、真气孔率、吸水率试验方法》的规定进行测定。

4. 抗压强度

石材的各种强度中,抗压强度最大,但抗拉强度小,其比值约 1/10～1/15。因此是典型的脆性材料。抗压强度除了取决于岩石特性(矿物成分、结构与构造微裂隙分布)以外,还和试件形状与尺寸、加荷速度、含水量及试件的端部条件有关。装饰石材的抗压强度根据 GB/T 9966.1—2001《天然饰面石材试验方法第 1 部分:干燥、水饱和、冻融循环后压缩强度试验方法》的规定进行测定,试件为边长 50mm 的正方体或 Φ50mm×50mm 的圆柱体,每种试验条件下的试样取五个为一组。若进行干燥、水饱和、冻融循环后的垂直和平行层理的压缩强度试验需制备试样 30 个。

5. 抗折强度

抗折强度是饰面石材重要的力学性能指标,根据 GB/T 9966.2—2001《天然饰面石材试验方法第 2 部分:干燥、水饱和、弯曲强度试验方法》的规定进行测定。石材抗折强度的试件应根据石板材的厚度(H)决定,当 $H \leqslant 68mm$ 时,试件宽度为 100mm;当 $H > 68mm$ 时,宽度为 $1.5H$。试件长度为 $10H + 50mm$。例如:石板材厚度为 30mm 时,则试件尺寸长×宽×厚=$(10 \times 30 + 50)mm \times 100mm \times 30mm$。试验装置如图 14.1 所示。每种试验条件下的试样取五个为一组。如对干燥、水饱和条件下的垂直和平行层理的弯曲强度试验应制备 20 个试件。

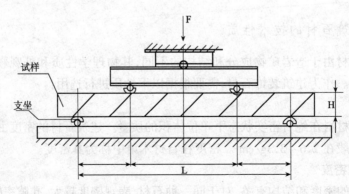

图 14.1　饰面石材弯曲强度试验装置

抗折强度　　　　　　　　　　　$f_w = 3PL/4BH^2$

式中　f_w——抗折强度,MPa;

　　　P——试件破坏荷载,N;

　　　B——试件宽度,mm;

　　　H——试件厚度,mm。

6. 硬度

指岩石抵抗刻划的能力,石材的硬度大,加工难度大,成本高。但硬度大,可达光泽度高,抗磨能力强。一般来说,硬度高的石材,抗压强度大,但脆性增大。花岗石,安山岩的硬度大,沉积岩和变质岩的硬度较小。岩石的硬度由莫氏硬度或肖氏硬度表示。

(1)莫氏硬度

也称矿物尺,它是用常见矿物来刻划被测物表面,从而判断出相应的硬度。石材的莫氏硬度一般在 5~7 之间。用莫氏硬度方法测定虽然简便,但各等级差不成比例,相差悬殊,难以比较。表 14.1 列出莫氏硬度所代表矿物以及以滑石硬度为 1,各矿物与滑石硬度之比。

表 14.1　莫氏硬度及所代表矿物与滑石硬度之比

莫氏硬度	1	2	3	4	5
(相对滑石硬度)	(1)	(15)	(66)	(95.7)	(199)
矿物石	滑石	石膏	方解石	萤石	磷灰石
莫氏硬度	6	7	8	9	10
(相对滑石硬度)	(292.6)	(421.4)	(611)	(904)	(3915)
矿物石	长石	石英	黄玉石	刚玉	金刚石

(2)肖氏硬度

由英国人肖尔提出,它用一定重量的金刚石冲头,从一定的高度落到磨光石材试件表面,根据回跳的高度来确定其硬度。根据 GB/T 9966.5—2001《天然饰面石材试验方法第 5 部分:肖氏硬度试验方法》的规定进行测定,肖氏硬度计如图 14.2 所示。

7. 光泽度

高级天然石材,特别是花纹色彩美观的石材,经磨光后,光彩夺人,更能显现其豪华特质。光泽是物体表面的一种物理现象,物体表面受到光线照射时,会产生反光,物体表面越平滑光亮,反射的光量越大;反之,若表面粗糙不平,入射光产生漫射,反光量就小,见图 14.3。光泽度是利用光电的原理进行测定的。可采用 SS-75 型光电光泽计或性能类似的仪器测定。光电光泽计如图 14.4 所示。

图 14.2　肖氏硬度计

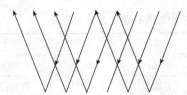

图 14.3　光的反射
a—平整光滑表面的反射光;b—粗糙表面的漫反射光

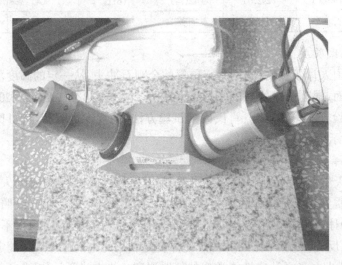

图 14.4　光电光泽计

8. 耐火性

石材由于造岩矿物各处的热膨胀率不同,因而受热时产生内应力而出现崩裂,有些矿物甚至产生分解。例如花岗石内所含石英高于 573℃时,β-石英转化为 α-石英,体积增加 1.5%,使花岗岩崩裂破坏。石英质砂岩亦如此。石英岩在较低温时,抵抗骤冷骤热的能力较强,但当温度高于 827℃时,石灰岩会迅速破坏。含碳酸镁石材,温度高于 725℃时会发生破坏。

9. 放射性

建筑石材同其他建筑材料一样,也可能存在影响人体健康的成分,其主要是放射性核元素镭-226、钍-232、钾-40 等。GB/T 6566—2001《建筑材料放射性核素限量》已于 2002 年 1 月 1 日实施,自本标准生效之日起,同时废除 GB/T 6566—2000《建筑材料放射卫生防护标准》、GB/T 6763—2000《建筑材料产品及建材用工业废渣放射性控制要求》和 JC 518—1993(96)《天然石材产品放射防护分类控制标准》。

放射线对人体构成危害有两种途径:一是从外部照射人体,称为外照射,另一是放射性物质进入人体并从人体内部照射人体,称为内照射。GB 6566—2001[8]分别用外照射指数(I_γ)和内照射指数(I_{Ra})来限制建材产品中核素的放射性污染。外照射指数被定义为:建筑材料中天然放射线核素 Ra^{226}、Th^{232} 和 K_{40} 的放射线比活度(分别用 C_{Ra}、C_{Th} 和 C_K 表示)除以各自单独存在时 GB 6566—2001 规定的比活度限量值(仅考虑外照射时,其值分别为 370、260 和 4200 Bq/kg),其表达式为:

$$I_\gamma = \frac{C_{Ra}}{370} + \frac{C_{Th}}{260} + \frac{C_K}{4200}$$

建材中比较容易进入人体产生内照射危害的放射线核素只有 Rn^{222} 和 Rn^{220},其中 Rn^{220} 的半衰期很短,对内照射没有实际意义,因此,构成建材内照射危害的主要是 Ra^{226} 衰变产生的 Rn^{222},内照射指数被定义为建材中天然放射线核素 Ra^{226} 的放射线比活度除以 GB 6566—2001 规定的建材中 Ra^{226} 比活度限量值(仅考虑内照射时其值为 200Bq/kg),其表达式为:

$$I_{Ra} = \frac{C_{Ra}}{200}$$

GB 6566—2001 明确规定:对于建筑主体材料(包括水泥与水泥制品、砖瓦、混凝土、混凝土预制构件、砌块、墙体保温材料、工业废渣、掺工业废渣的建筑材料及各种新型墙体材料)需同时满足 $I_\gamma \leqslant 1.0$ 和 $I_{Ra} \leqslant 1.0$,由于空心建材制品的室内 γ 辐射剂量率要低于相同放射线核素含量的实心建材制品[4],因此,对于空心率大于25%的建筑主体材料需同时满足 $I_\gamma \leqslant 1.3$ 和 $I_{Ra} \leqslant 1.0$,则其产销与使用范围不受限制。

对于装修材料(包括:花岗石、建筑陶瓷、石膏制品、吊顶材料、粉刷材料及其他新型饰面材料),根据 I_γ 和 I_{Ra} 分成 A、B、C 三类,由于装修材料一般厚度较薄,在一个室内空间使用量毕竟有限,因此,其限量较主体材料均有所放宽。

A类:$I_\gamma \leqslant 1.3$ 和 $I_{Ra} \leqslant 1.0$,产销与使用范围不受限制;

B类:$I_\gamma \leqslant 1.9$ 和 $I_{Ra} \leqslant 1.3$,不可用于Ⅰ类民用建筑(如住宅、老年公寓、托儿所、医院和学校等)的内饰面,可用于Ⅰ类民用建筑的外饰面及其他一切建筑物的内、外饰面;

C类:满足 $I_\gamma \leqslant 2.8$ 但不满足 A、B 类要求的装修材料,只可用于建筑物的外饰面及室外其他用途。$I_\gamma > 2.8$ 的花岗石只可用于碑石、海堤、桥墩等人类很少涉及的地方。

研究表明,一般红色品种的花岗石放射性指标都偏高,并且颜色愈红紫,放射性比活度愈高,花岗石放射性比活度的一般规律为:红色 > 肉红色 > 灰白色 > 白色、黑色。这可能是由于红色花岗石中含较多钾长石。也可能是花岗岩在高温偏碱的介质中,六价铀溶液与围岩中的低价铁起氧化还原反应,铁经氧化形成赤铁矿而使相应的六价铀还原成四价,铀就富集在花岗岩中,再者赤铁矿和褐铁矿本身有吸附铀的作用,同时铀放射出的射线又可使石英变黑,长石变红,从而使花岗石进一步"红化"。表14.2示出了我国市场上部分石材的照射指数,多数红色花岗石的照射指数偏高,但大部分属于 A 类材料,只有极少数(约5%以下)品种的指数稍高或严重超标。另外,部分绿色花岗石的指数也可能严重超标,如辽宁的杜鹃绿。

表 14.2 我国市场部分石材的照射指数

石 材 名 称	I_γ	I_{Ra}	类 别
印度红	2.0	1.09	C类
桂林红	1.97	1.21	B类
五一红	1.79	0.96	B类
杜鹃红	5.50	2.35	超C类
五莲花	1.92	0.73	C类
枫叶红	1.37	0.80	B类
粉红岗	1.42	0.74	B类
川 红	1.36	0.60	B类
玫瑰红	1.40	0.72	B类

石 材 名 称	I_γ	I_{Ra}	类　　别
惠东红	1.40	0.69	B 类
石岛红	1.28	0.43	A 类
鲁锦花	1.23	0.60	A 类
马兰红	1.29	0.51	A 类
台山红	1.30	0.54	A 类
山峡红	1.30	0.29	A 类
丁香紫	1.12	0.58	A 类
南非红	1.0	0.25	A 类
丽港红	0.99	0.66	A 类
岑溪红	0.98	0.48	A 类
杜鹃绿	5.14	2.42	超 C 类

四、天然石材编号

在很长一段时间,天然石材的名称一般以地名加石材的花纹色彩图案进行形象命名,现则采用编号或名称加编号命名。

根据 GB/T 17670—1999《天然石材统一编号》规定,天然石材编号由一英文字母和四位数字两部分组成,第一部分是英文字母:花岗石(grannite)取 G,大理石(marble)取 M,板石(state)取 S,第二部分为数字:前两位为 GB/T2260 规定的各省、自治区、直辖市行政区划代码,后两位为各省、自治区、直辖市所编的石材品种序号。如:

北京市花岗石"密云桃花"编号为　　　　G1152
福建省花岗石"泉州白"编号为　　　　　GF3506
辽宁省大理石"丹东绿"编号为　　　　　M2117
云南省大理石"云南米黄"编号为　　　　M1115
北京市板石"霞云岭青板石"编号为　　　S1115
湖南省板石"凤凰黑"编号为　　　　　　S4306

14.2　常用天然装饰石材

一、花岗石

花岗石为典型的火成岩(深成岩),其矿物组成主要为长石、石英及少量暗黑色矿物和云母,其中长石含量为 40% ~ 60%,石英含量为 20% ~ 40%。石英含量≥25%直接称花岗石,否则还要加别的矿物名称。如辉绿岩属于花岗石,但石英含量低于 25%,还要以其中绿色的辉石称呼。

1. 花岗石结构及主要化学成分

花岗石为全晶质结构的岩石,按结晶颗粒的大小,通常分为细粒、中粒和斑粒等几种。花岗石的颜色取决于其所含长石、云母及暗色矿物的种类及数量,常呈灰色、黄色、蔷薇色和红色等,以深色花岗石比较名贵。优质花岗石晶粒细而均匀,构造紧密,石英含量多,云母含量少,不含黄铁矿等杂质,长石光泽明亮,没有风化迹象。

花岗石的化学成分随产地的不同而有所区别,但各种花岗石 SiO_2 含量均较高,一般为 67% ~ 75%,故花岗石属酸性岩石。某些花岗石含有微量放射性元素,对这类花岗石应避免用于室内。花岗石主要化学成分见表 14.3 所示。

表 14.3　花岗石主要化学成分

化学成分	SiO_2	Al_2O_2	CaO	MgO	Fe_2O_3
含量(%)	67 ~ 75	12 ~ 17	1 ~ 2	1 ~ 2	0.5 ~ 1.5

2. 花岗石主要物理力学特性

(1)表观密度大。表观密度 2500 ~ 2800kg/m³

(2)结构致密、强度高。抗压强度一般在 100 ~ 250MPa,抗折强度 8.0 ~ 35.0MPa。

(3)孔隙率小、吸水率极低。一般≯0.6%。

(4)材质坚硬。肖氏硬度为 80 ~ 110,莫氏硬度 5 ~ 7,具有优异的耐磨性。

(5)化学稳定性好。不易风化变质,耐酸碱能力强。按 JC 258 - 81 方法检验,通常花岗石耐酸碱性能大于 95%。

(6)装饰性好。花岗石一般为粗粒晶体结构,其颜色主要由长石颜色和少量云母及深色矿物而定,通常为灰色、灰红色、肉红色、红色、黑色等颜色。经加工磨光后,形成色泽深浅不同的斑点状花纹。而石英是无色透明的晶体,石英均匀分布于其他矿物色彩中,犹如星星点缀,格外清晰。

(7)耐久性好。细粒花岗石的使用年限可达 500 ~ 1000 年之久,粗粒花岗石可达 100 ~ 200 年。

(8)花岗石耐火性差。花岗石中石英在 573℃会发生晶型转变,产生体积膨胀,故火灾时花岗石会产生开裂破坏。

表 14.4 和表 14.5 列出国内部分花岗石的物理力学性能和化学成分。

表 14.4　国内部分花岗石的物理力学性能

编　号	岩石名称	颜　色	物 理 力 学 性 能				
			体重(t/m³)	抗压强度(MPa)	抗折强度(MPa)	肖氏硬度	磨损量(cm³)
G1151	白虎涧	粉红色	2.58	137.3	9.2	86.5	2.62
G3704	花岗石	浅灰条纹	2.67	202.1	15.7	90.0	8.02
G3706	花岗石	红灰色	2.61	212.4	18.4	99.7	2.36
G3759	花岗石	灰白色	2.67	140.2	14.4	94.6	7.41
G4431	花岗石	粉红色	2.58	119.2	8.9	89.5	6.38
G3501	笔山石	浅灰色	2.73	180.4	21.6	97.3	12.18
G3502	日中石	灰白色	2.62	171.3	17.1	97.8	4.80
G3503	峰百石	灰色	2.62	195.6	23.3	103.0	7.89
G3506	泉州白	灰白色	2.61	193.1	18.5	97.5	1.62
G3535	安溪红	浅灰色	2.63	194.7	13.4	97.4	2.15

表 14.5　国内部分花岗石化学成分

编　号	品　种	主 要 化 学 成 分					产　地
		SiO₂	Al₂O₃	CaO	MgO	Fe₂O₂	
G1151	白虎涧	72.44	13.99	0.43	1.14	0.52	北京昌平
G3704	花岗石	70.54	14043	1.55	1.14	0.88	山东日照
G3706	花岗石	71.88	13.46	0.58	0.87	1.57	山东崂山
G3759	花岗石	66.42	17.24	2.73	1.16	0.19	广东汕头
G4431	花岗石	75.62	12.92	0.50	0.53	0.30	福建惠安
G3501	笔山石	73.12	13.69	0.95	1.01	0.62	福建惠安
G3502	日中石	72.62	14.05	0.20	1.20	0.37	福建惠安
G3503	峰百石	70.25	15.01	1.63	1.63	0.89	福建惠安
G3305	厦门白石	74.60	12.75	—	1.49	0.34	福建厦门
G3506	泉州白	76.22	12.43	0.10	0.90	0.06	福建南安
G3507	石山红	73.68	13.23	1.05	0.58	1.34	福建惠安
G3514	大黑白点	67.86	15.96	0.93	3.15	0.90	福建同安

3. 花岗石建筑板材的技术质量要求 GB/T 18601—2001

(1)天然花岗石主要技术性能应满足表 14.6 的要求。

表 14.6　天然花岗石主要技术性能要求

项　　　目		指　　　标
体积密度	（g/cm³）　≥	2.56
吸水率	（%）　≤	0.60
干燥抗压强度	（MPa）　≥	100.0
干燥或饱和抗折强度	（MPa）　≥	8.0

注：工程对物理性能指标有特殊要求的,按工程要求执行。

（2）规格尺寸允许偏差应符合表 14.7 的规定。

表 14.7　天然花岗石板材的规格尺寸允许偏差　　　　　　　mm

分　　类		亚光和镜面板材			粗　面　板　材		
等级		优等品	一等品	合格品	优等品	一等品	合格品
长、宽度		0 ~ -1.0		0 ~ -1.5	0 ~ -1.0		0 ~ -1.5
厚度	≤12	± 0.5	± 1.0	1.0 ~ -1.5	—		
	>12	± 1.0	± 1.5	2.0 ~ 2.0	1.0 ~ 2.0	2.0 ~ 2.0	2.0 ~ 3.0

（3）平面允许极限公差

平面允许极限公差应符合表 14.8 的规定。

表 14.8　　天然花岗石板材的平面度允许极限公差　　　　　mm

板材长度范围	细面镜面板材			粗　面　板　材		
	优等品	一等品	合格品	优等品	一等品	合格品
≤400	0.20	0.35	0.50	.060	0.80	1.00
400 ~ 800	0.50	0.65	0.80	1.20	1.50	1.80
>800	0.70	0.70	1.00	1.50	1.80	2.00

（4）角度允许极限公差

普型板材的角度允许极限公差应符合表 14.9 的规定

（5）外观质量

同一批板材的色调花纹应基本调和；板材正面的外观缺陷应符合表 14.10 的规定。

表 14.9　天然花岗石板材的角度允许极限公差　　　　　mm

板材长度范围	优　等　品	一　等　品	合　格　品
≤400	0.30	0.50	0.80
>800	0.40	0.60	1.00

表 14.10　天然花岗石板材的外观质量要求　　　　　mm

缺陷名称	规 定 内 容	优 等 品	一 等 品	合 格 品
缺　棱	长度不超过 10mm,宽度不超过 1.2mm(长度小于 5mm,宽度小于 1.0mm 不计)周边每米长允许个数(个)	不允许	1	2
缺　角	沿板材边长,长度≤3mm,宽度≤3mm,(长度≤2mm,宽度≤2mm 不计)每块板允许个数(个)			
裂　纹	长度不超过两端顺延至板边总长度的 1/10(长度小于 20mm 的不计)每块板允许条数(条)			
色　斑	面积不超过 15mm×30mm(面积小于 10mm×10mm 不计)每块板允许个数(个)		2	3
色　线	长度不超过两端顺延至板边总长度的 1/10(长度小于 40mm 的不计),每块板允许条数(条)			

注:干挂板材不允许有裂纹存在

4. 天然花岗石装饰板材命名标记

根据 GB/T 1860—2001《天然花岗石建筑板材》标准。

(1)花岗石板材按形状分为

普型板(PX)具有长方形或正方形的平板。

圆形板(HM)。

异型板(YX)。

(2)按表面加工分

镜面板(JM)。

亚光板(YG):饰面平整细腻,能使光线产生漫反射现象的板材。

粗面板(CM)指饰面粗糙规则有序,端面锯切整齐的板材。

(3)等级

按板材的规格尺寸偏差、平面度公差、角度公差、外观质量等将板材分为优等品(A)、一等品(B)、合格品(C)三个等级。

(4)命名与标记

命名顺序:荒料产地名称、花纹色调特征描述。花岗石编号采用 GB/T 1760—1999的规定。标记的顺序为:编号、类别、规格尺寸、等级、标准号。

示例:用山东济南黑色花岗石荒料加工的 600mm×600mm×20mm 的普型、镜面、优等品花岗石板材,记为:济南青花岗石 G3701PXJM600×600×20A GB/T 18601。

5. 花岗石在建筑装饰中的应用

(1)条石台阶

利用一定规格的花岗石直接加工成石台阶,应用于大型建筑地面层室外台阶或纪念性建筑的室外台阶,既实用又有装饰效果,可衬托建筑物的雄伟、庄重。花岗石产地的建筑应优先考虑采用,如福建的华侨大学陈嘉庚纪念堂通往二楼的花岗石台阶(图14.5),配合建筑物几根大石柱,充分体现该建筑物的雄伟壮观,效果非常突出。

图14.5　华侨大学陈嘉庚纪念堂通往二楼的花岗石台阶

(2)铺地石砖

花岗石具有很好的耐磨性能,直接利用花岗石砖铺地,耐磨、耐用,又便于挖开铺设管线。北京长安街天安门前有一段利用天然花岗石板作为路面,已久经考验,使用效果良好。

(3)蘑菇石

在花岗石天然粗糙面的四周边加工凹槽,应用于大型建筑底座装饰,可体现建筑物的雄伟、庄重、大体量。具有独特的装饰衬托效果,如图14.6所示。

(4)火烧板

花岗石板材的装饰,有磨光境面、粗平和天然粗糙面之分,但装饰上的粗平又希望体现自然效果,以前都是通过人工剁斧,但手工痕迹明显,缺乏自然感,效率又低。火烧板的加工就是利用花岗石中的石英在573℃时产生晶型转化,体积膨胀的原理,在锯切出来的花岗石表面过一遍火焰,使花岗石外层的石英晶体崩裂脱落,而内部因火焰温度未传入,故石板结构仍完好无损。

图 14.6　华侨大学陈嘉庚纪念堂花岗岩蘑菇石墙体

(5)磨光花岗石板材

石材经加工磨光后,表面光亮如镜,能充分体现石材的色彩,晶体清晰可鉴,非常诱人。常用于室内、地面、墙面的装饰,非常高雅壮观。

(6)石雕

花岗石强度高,吸水性低,耐久性好,用于石雕,其观赏性、耐久性突出,常用于纪念性建筑的石雕,城市公园、住宅小区工艺石雕作品。

二、辉绿岩

辉绿岩是火成岩中的浅成岩,它的主要矿物成分是石英、辉石、斜长石、角闪石等,它的化学成分见表 14.11。

表 14.11　辉绿岩化学成分

化学成分	SiO_2	TiO_2	Al_2O_3	Fe_2O_3	FeO
（%）	55.48	1.45	15.34	3.84	7.78
化学成分	MgO	CaO	Na_2O	K_2O	H_2O
（%）	5.79	8.94	3.07	0.97	1.89

辉绿岩为多斑状结构,斑晶一般为斜长石,晶粒较细密。辉绿岩抗压抗折强

度比花岗石高,抗压强度在 125～350MPa,抗折强度在 15～55MPa。硬度较花岗石略低,肖氏硬度在 40～90。表观密度 2.60～3.0g/cm³。因此,辉绿岩具有较好的雕刻性,福建闽南地区和东南亚华人住宅喜爱用辉绿岩进行浮雕或沉雕,点缀建筑立面,具有富贵、庄重的装饰效果。惠安石雕厂还用色调较深的辉绿岩板材磨光后进行人物肖像影雕,曾为我们国家几代主要领导人及世界许多重要人物影雕肖像,神态惟妙惟肖,非常逼真,具有独特的艺术效果。辉绿岩经高温熔化后可浇铸成各种形状的铸石,具有很强的耐酸碱和耐磨性。

三、大理石

大理石是以我国云南省大理命名的石材,云南大理盛产大理石,花纹色彩美观,品质优良,名扬中外。

1. 大理石的主要矿物成分和化学成分

大理石是由石灰岩、白云岩变质而成,属变质岩,主要矿物成分是方解石、白云石。化学成分以 $MgCO_3$ 和 $CaCO_3$ 为主,其他还有 CaO、MgO、SiO_2 等。大理石是石灰岩在高温重压下重结晶的产物,所以呈粒状变晶结构,粒度粗细不一致,致密、耐压、硬度中等。它有各种色彩和花纹,又易于加工,是室内高级的饰面材料。

国内部分大理石的主要化学成分见表 14.12。

表 14.12 国内部分大理石主要化学成分

编 号	品 种	主要化学成分(%)					产 地
		CaO	MgO	SiO_2	Al_2O_3	Fe_2O_3	
M4222	雪浪	54.52	1.75	0.60	0.05	0.03	湖北黄石
M4223	秋景	48.34	3.11	7.22	1.66	0.79	湖北黄石
M4228	晶白	53.53	2.37	0.73	0.10	0.07	湖北黄石
M4242	虎皮	53.28	1.57	2.40	0.45	0.33	湖北黄石
M3301	杭灰	54.33	0.47	1.1	0.48	0.67	浙江杭州
M3258	红奶油	54.92	0.93	—	0.14	0.08	江苏宜兴
M1101	汉白玉	30.80	21.73	0.17	0.13	0.19	北京房山
M2117	丹东绿	0.84	47.54	31.72	0.34	2.20	辽宁丹东
M3711	雪花白	33.35	18.53	3.36	—	0.09	山东掖县
M5304	苍白玉	32.15	20.13	0.19	0.15	0.04	云南大理

2. 大理石的主要物理力学性能

(1)表观密度。表观密度 2500～2700kg/m³。

(2)力学性能高。抗压强度大约 50.0～150MPa,抗折强度 7.0～25.0MPa。

(3)装饰性好。大理石一般含有多种矿物,故呈现多种色彩组成的花纹,加工后,表面可呈现云彩状或枝条状或圆圈状的多彩花纹图案,色彩绚丽,从白到黑都有,具有无数种纹理与颜色组合。纯净大理石为白色,称汉白玉。

(4)吸水率小。一般吸水率 0.1%～0.5%。

(5)耐磨性好。其磨耗量较小,但耐磨性不如花岗石。

(6)耐久性好。一般使用年限为 40～100 年。

(7)抗风化性较差。因为大理石主要化学成分为碳酸盐($CaCO_3$、$MgCO_3$)等,易被酸性介质侵蚀,故除个别品种(汉白玉、艾叶青等)外,一般不宜用作室外装饰,否则会受到酸雨以及空气中酸性氧化物(CO_2、SO_2)等侵蚀,从而失去表面光泽,甚至出现麻面斑点等现象。

国内部分大理石的主要物理力学性能见表 14.13。

表 14.13　国内部分大理石主要物理力学性能

体重 (T/m^3)	抗压强度 (MPa)	抗折强度 (MPa)	硬度 (HS)	磨耗量 (cm^3)	吸水率 (%)	产地
2.72	61.1	19.7	38.5	17.5	1.07	湖北黄石
2.78	68.6	14.3	49.8	21.9	1.2	湖北黄石
2.72	91.4	19.8	57.5	—	1.31	湖北黄石
2.76	65.6	16.6	55	16.3	1.11	湖北黄石
2.73	121.4	12.3	63	14.94	0.16	浙江杭州
2.63	67.0	16.0	59.6	—	0.15	江苏宜兴
2.87	156.4	19.1	42	22.50	—	北京房山
2.64	91.8	6.7	47.9	24.5	0.14	辽宁丹东
2.82	106.8	17.3	45	24.38	—	山东掖县
2.88	136.1	12.2	50.9	24.96	—	云南大理

注:工程对物理性能指标有特殊要求的,按工程要求执行。

3.天然大理石建筑板材技术质量要求

JC/T 202—2001《天然大理石荒料》、JC/T 79—2001《天然大理石建筑板材》中规定:

(1)天然大理石主要技术性能要求见表 14.14。

表 14.14　天然大理石技术性能要求

项　　　　目			指　　　　标
体积密度	(g/cm³)	≥	2.60
吸水率	(%)	≤	0.50
干燥抗压强度	(MPa)	≥	50.0
干燥或水饱和抗折强度	(MPa)	≥	7.0

注:工程对物理力学性能有特殊要求的,按工程要求执行。

(2)大理石建筑平板规格尺寸允许偏差应符合表 14.15 的规定。

表 14.15　大理石建筑平板规格尺寸允许偏差　　　　　　mm

项　　目		等　　　　级		
		优 等 品	一 等 品	合 格 品
长度、宽度		0 −1.0		0 −1.5
厚　　度	≤12	±0.5	±0.8	±1.0
	>12	±1.0	±1.5	±2.0

(3)大理石建筑平板平面度允许极限公差。平面度允许极限公差应符合表 14.16 的规定。

表 14.16　天然大理石板材平面度允许极限公差　　　　　　mm

板材长度范围	允许极限公差值		
	优 等 品	一 等 品	合 格 品
≤400	0.20	0.30	0.50
>400~≤800	0.50	0.60	0.80
>800	0.70	0.80	1.00

(4)大理石建筑平板角度允许极限公差,见表 14.17。

表 14.17　大理石建筑平板角度允许极限公差　　　　　　(mm)

板 材 长 度	优 等 品	一 等 品	合 格 品
≤400	0.30	0.40	0.50
>800	0.40	0.50	0.70

(5)板材正面的外观缺陷质量要求应符合表 14.18 的规定。

(6)光泽度。板材的镜面光泽度应不低于 70 光泽单位或由供需双方协商确定。

表 14.18　大理石板材正面的外观缺陷规定　　　　mm

名　称	规　定　内　容	优 等 品	一等品	合 格 品
裂　纹	长度超过 10mm 的允许条数(条)		0	
缺　棱	长度不超过 8mm,宽度不超过 1.5mm(长度≤4mm,宽度≤1mm 不计)。每米长允许个数(个)	0	1	2
缺　角	沿板材边长顺延方向,长度≤3mm,宽度≤3mm,(长度≤2mm,宽度≤2mm 不计)每块允许个数(个)			
色　斑	面积不超过 6cm²(面积小于 2cm² 不计),每块板允许个数(个)			
沙　眼	直径在 2mm 以下		不明显	有,不应影响装饰效果

注:1. 同一批板材的色调应基本调和,花纹应基本一致。

　　2. 板材允许粘结和修补。粘结和修补后应不影响板材的装饰效果和物理性能。

4. 天然大理石板材的分类等级和命名标记

根据 JC/T 79—2001《天然大理石建筑板材》标准

(1)大理石板材按形状分为三类:

普型板(PX):具有长方形或正方形的平板;

圆形板(HM);

异型板(YX)。

(2)等级

按板材的规格尺寸偏差,平面度公差,角度公差及外观质量等将板材分为优等品(A),一等品(B),合格品(C)三个等级。

(3)命名与标记

命名顺序:荒料产地名称、花纹色调特征描述。大理石编号采用GB/T 17670 的规定,标记的顺序为:编号、类别、规格尺寸、等级、标准号。

示例:用房山汉白玉大理石荒料加工的 600mm × 600mm × 20mm 普型、优等品大理石板材,命名为:房山汉白玉大理石,标记为 M1101PX600 × 600 × 20A JC/T 79—2001

5. 天然大理石在建筑装饰中的应用

天然大理石板材由于花纹色彩的装饰效果差异较大,因此价格相差悬殊。国内外名贵的大理石都有各自的雅称,并形成自己的品牌效应。高级宾馆、展览馆、机场等大型公共建筑厅堂地面、墙面、柱面、楼梯栏杆、服务台、墙裙、窗台,均乐于采用名贵磨光大理石板材。若对花纹色彩加以协调搭配,更具豪华装饰效果。

由于大理石具有天然的花纹色彩,经过精心挑选,可组成非常美观自然的风景画面,用于候车大厅或机场等大型室内场所的大型壁画,其装饰效果,渲染气氛和富有想像力的艺术效果,对整个室内空间环境起到积极的衬托作用。

14.3　人造石材

人造石材饰面是人们模仿高级天然石材的花纹色彩,通过人工合成方法生产出来的人造石。主要是模仿大理石和花岗石,因而又称人造大理石或人造花岗石。人造石材有五十多年的历史,我国20世纪70年代末从国外引进人造大理石技术,80年代迅速发展,但产品质量档次不高,经90年代市场竞争发展,目前有些产品质量已达到甚至超过国际同类产品的水平,并应用于高级建筑装饰中。

人造石材饰面一般根据胶结料的不同分为四种类型:有机型人造石饰面;无机型人造石饰面、烧结型人造石饰面和复合型饰面。

一、有机人造石饰面

有机人造石饰面的生产方式有两种,一是直接浇注制成装饰板,二是浇注成块,再锯切磨光。前者直接成板,二次加工量较少,产品一般分面层和结构层,成本较低,但较易变形。后者加工成本较高,但产品质量较稳定,花纹色彩仿真性自然感较强。

直接浇注制成的装饰板一般以不饱和聚酯树脂为粘结剂,石碴、石粉为填料,加入适量的固化剂、促进剂及调色颜料,在一定的温度下,通过一定的操作技术使之固化成一定形状的制品。聚酯型人造石材的综合力学性能较好,特别是抗折强度和抗冲击强度优于天然石材,具有重量轻、强度高、耐腐蚀、抗污染、施工方便等特点,是现代建筑较为理想的室内装修材料。

1. 原材料及生产工艺见图 14.7 所示

选用不饱和聚酯树脂为粘结剂,主要是利用它如下特点:

(1)光泽度好,颜色浅,易于根据需要调配不同的色彩。

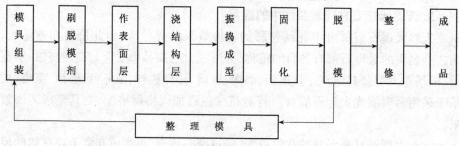

图 14.7　人造石材生产工艺流程示意图

(2)粘度较低,尤其在常温下加入大量填料时,仍有一定的流动性,有利于增加填料用量,降低成本。

(3)可室温固化,便于手工制作异型制品,对模具要求不高,操作方便。

(4)耐候性较好,耐水、耐油、耐腐蚀、抗污染。

聚酯树脂牌号很多,性能也有所差异。选择价格低廉、质量优良的树脂作为人造石的原材料。实践证明:196 # 、306—2 # 、307—2 # 不饱和聚酯树脂均可配制人造石。

填料选用大理石(白云石)渣,主要考虑:

价格低廉,废物利用,可就地取材。

色彩丰富,要单独利用不同颜色石料调配合成,也要配合各种颜料合理调配,制成色彩丰富、花纹美观的人造石。

综合利用,既能利用天然大理石开采加工的废料,又能在人造石的特性中,体现大理石的质感。

当然,其他的石料、废料也能作填料。

试验研究表明,为获得理想的装饰效果及较好的物理力学性能,降低成本,人造石材应分表面层和结构层制作。

表面层也是装饰层,必须具有足够的硬度、耐久性,要求的花纹色彩和尽可能高的光泽度,以满足装饰和使用的需要。花纹和色调的选择,关系到产品的装饰效果,因此,不仅要对被仿制的天然石材作分析研究,还要考虑到石碴色彩的调配和颜料的掺量。例如仿制大理石的色彩组成和花纹形状,按照原色、间色和复色等不同色彩,确定调色方案和铺料办法。经过多次小样试制,反复调整,最后才能投入生产。仿制花岗石虽然工艺较为简单,但也要根据天然花岗石的色彩组成,选用不同颜色的石碴配制,才能使人造花岗石色彩协调,有天然感。

结构层,必须使制品具有良好的物理力学性能,降低成本。因此人造石材结构层的配方也应认真选定。结构层主要由不饱和聚酯和填充料组成,填充料可用石粉,也可以石碴和石粉混合使用,两者的比例可1:1。树脂与填充料的比例以及石碴的粒径级配,直接关系到人造石的质量和制作的难易。

2. 树脂型人造石材的性能特点

(1)装饰性强。树脂型人造石材的表面光泽度高,其花色可模仿天然大理石、花岗石或自行设计,形象逼真。

(2)良好的物理力学性能。树脂型人造石具有较高的抗折抗冲击性能。

(3)抗污染性。人造大理石对醋、酱油、鞋油、机油、口红、墨水等均不着色或着色十分轻微。

(4)耐久性。冷热(0℃15min 与 80℃15min)交替 30 次,表面无裂,颜色无变化。80℃烘100h表面无裂纹,色泽微变黄。

树脂型人造石材可用于室内装修和卫生洁具,但不能用于室外,因为它同其他高分子聚合物一样,在室外光、热、氧气、水、霉菌、化学物质及机械力的长期作用下会发生老化现象,使装饰效果降低,甚至变形翘曲。

二、无机型人造石材饰面

无机型人造石材饰面由无机胶凝材料为胶结剂,掺入各种装饰骨料、颜料,经配料、搅拌、成型、养护、磨光制成。无机胶凝材料常用白水泥、高铝水泥或氯氧镁水泥(菱苦土)为原料,用白水泥生产工艺较易控制,产品质量较稳定。用铝酸盐水泥制作人造大理石,表面光泽度高,花纹耐久,抗风化能力强,耐久性、防潮性能优于一般水泥人造大理石。这是由于铝酸盐水泥的主要矿物组成 $CaO \cdot Al_2O_3$ 水化产生了氢氧化铝胶体。在凝结过程中,它与光泽的模板表面接触,形成氢氧化铝凝胶层,与此同时,氢氧化铝胶体在硬化过程中不断填塞大理石的毛细孔隙,形成致密结构,因此表面光滑,具有光泽,甚至呈现半透明状。氯氧镁水泥生产成本较低,加入的 $MgCl_2$ 易返卤,产品稳定性较差。

典型的无机型人造石材饰面是水泥花砖,其面层由白水泥和颜料混合搅拌成彩色水泥浆,浇注于光洁度较高的钢质底板上,再筛入配好的干水泥砂,让它吸收表面水泥浆的水分,然后浇注结构砂浆层,在压力机上加压成型,经脱模养护后即成为水泥花砖。该产品结构合理,面层水泥浆不掺骨料,材质细腻,在使用中可保持较好光泽度,中层和底层掺入骨料,可降低原材料成本,提高产品力学性能。

无机型人造石材饰面,原材料来源广泛,价廉,制作容易,因而受到普遍欢迎。但光泽度不高,装饰效果较一般,耐腐蚀性较差。

三、烧结型人造石材饰面

目前烧结型人造石材制作方法主要有两种:利用玻璃陶瓷混合技术和陶瓷面砖生产工艺。前者就是微晶玻璃装饰板,后者实质是陶瓷面砖,主要是仿天然大理石、花岗石板材。

1. 微晶玻璃装饰板

被科学家称为21世纪新型装饰材料的微晶玻璃,是20世纪70年代发展起来的人造受控晶化新型材料,它兼有玻璃和陶瓷的优点而又克服了玻璃陶瓷的缺点,具有常规材料难以达到的物理性能。微晶玻璃采用一种不同于陶瓷也不同于玻璃的制造工艺。微晶玻璃中充满微小晶体后(每立方米约十亿晶粒),玻璃固有的性质发生变化,即由非晶型变为具有金属内部结构的玻璃结晶材料。

是一种新的半透明或不透明的无机材料,即所谓的结晶玻璃、玻璃陶瓷或高温陶瓷。

(1)微晶玻璃装饰板生产

生产微晶玻璃原材料主要是含硅铝的矿物原料,通常采用普通玻璃原料或废玻璃或金矿尾砂等,加入芒硝做澄清剂,硒作脱色剂。目前,微晶玻璃的生产方法通常有两种:即压延法和烧结法。压延法是将原材料熔融成玻璃液,然后将玻璃液压延,经热处理再切割成板材。其优点是能连续流水生产、能耗低,但品种单一;烧结法是先将生料熔融成玻璃液,然后投入到水中冷淬,它会碎成粒径为 3~10mm 的玻璃颗粒。将消泡剂和着色剂按比例混入干燥好的玻璃料中,使其均匀包裹于玻璃颗粒表面,然后将玻璃料均匀地铺摊在涂有防粘涂料的耐火板上。耐火板组装在窑板上,一般拼装 5~8 层。送入隧道窑加热使之晶化。再将烧结晶化好的板材毛坯进行研磨抛光,使板材界面析出针状晶体构成的花纹结合透明玻璃体所表现的质感会显现出来,其装饰效果非常独特。烧结法花纹色彩较好,品种多样,但工艺较复杂,对模具要求较高,能耗大。

(2)微晶玻璃装饰板特性

①结构均匀细密,吸水率低,表观密度约 $2.7g/cm^3$。

②力学性能高,抗折、抗压和抗冲击强度高于天然花岗石和大理石。硬度与花岗石相当。

③耐酸碱,抗腐蚀能力强。

④具有较高的破碎安全性。由于其内部微晶玻璃结构类似花岗石颗粒状,因此,受到强力冲击破碎后,只形成三岔裂纹,裂口迟钝不伤手。

⑤装饰性强,晶体界面的花纹色彩通过透明玻璃体表现出的质感非常强烈,其装饰效果高雅庄重。

2.陶瓷型人造石饰面

陶瓷型人造石饰面生产技术设备较成熟,产品性能介于瓷质面砖和花岗石板材。该产品生产的难度是:大尺寸制品加压后取胚和烧结过程中产品易变形和开裂。

四、复合型人造石材

这种人造大理石的胶结组分,既有无机材料,又有高分子材料。用无机材料将填料胶结成型后,再将坯体浸渍于有机单体中,使其在一定条件下聚合。对板材而言,底层(或称结构层)用低廉而性能稳定的无机材料,面层用聚酯合物和大理石粉制作。无机材料可用普通水泥、铝酸盐水泥或快硬水泥,有机单体可以苯乙烯甲基与聚合物混合使用。该人造石综合两类材料的优点,而且成本较低。

参考文献

1. 中国新型建筑材料公司等编著. 新型建筑材料实用手册(第2版). 北京:中国建筑工业出版社,1992

2. 王政,战宇亭. 新型建筑材料. 哈尔滨:哈尔滨工程大学出版社,1996

3. 陈雅福编著. 新型建筑材料. 北京:中国建材工业出版社,1994

4. 任福民,李仙粉主编. 新型建筑材料. 北京:海洋出版社,1998

5. 中国新型建筑公司,中国建材工业经济研究会新型建筑材料专业委员会. 新型建筑材料施工手册. 北京:中国建筑工业出版社,1994

6. 龚洛书主编. 新型建筑材料性能与应用. 北京:中国环境科学出版社,1996

7. 中国建材工业经济研究会新型建筑材料专业委员会编著,新型建筑材料施工手册(第2版). 北京:中国建筑工业出版社,2000

8. 王立久主编. 新型建筑材料. 北京:中国电力出版社,1997

9. 张雄,李旭峰,杜红秀编著. 建筑功能外加剂. 北京:化学工业出版社,2004

10. 吴中伟,廉慧珍编著. 高性能混凝土. 北京:中国铁道出版社,1999

11. 张雅杰,冯辉,郭永辉. 粉煤灰在海工混凝土中的应用研究. 山东建材,2003,24(6):39~42

12. 张雄,吴科如等. 高性能混凝土矿渣复合掺(合)料生产工艺、特性与工程. 混凝土,1998(1):10~14

13. 宫健,谢可为等. 粉煤灰对混凝土耐久性的影响. 黑龙江水利科技,2003(4):33~34

14. 牛季收,王保君. 粉煤灰在混凝土中的效应与应用. 铁道建筑,2004(4):74~77

15. 邱树恒,黄春泉等. 硅灰和矿渣掺和料对高强混凝土抗渗性的影响. 水泥工程,2002(6):58~59

16. 方永浩,郑波等. 偏高岭土及其在高性能混凝土中的应用. 硅酸盐学报,2003,31(8):801~805

17. 李鑫,邢锋等. 掺偏高岭土混凝土导电量和氯离子渗透性的研究. 混凝土,2003(11):36~38

18. 陈益兰,赵亚妮等. 掺偏高岭土的高性能混凝土研究. 新型建筑材料,2003(11):41~43

19. 郑娟荣,覃维组. 高活性偏高岭土:新一代混凝土矿物掺和料. 混凝土与水泥制品,2001(10):13~14

20. 钱晓倩,詹树林等. 掺偏高岭土的高性能混凝土物理力学性能研究. 建筑材料学报,2001,4(1):76~79

21. 钱晓倩,李宗津. 掺偏高岭土的高强高性能混凝土的力学性能. 混凝土与水泥制品,2001(1):16~18

22. 胡玉初. 磨细矿渣粉高性能混凝土试验及应用. 云南建材,2001(4)

23. 孙振平,蒋正武. 矿渣粉大量替代水泥对高效减水剂作用的影响. 建筑材料学报,2003,6(3)

24. 李淑进,吴科如. 沸石粉及其在高性能混凝土中的应用. 山东建材,2004,25(1):40~43

25. 任光月,迟宗立. 沸石粉和粉煤灰双掺配制高性能混凝土. 混凝土,1998(2):15~18

26. 陆亚东,王周松. 沸石粉作混凝土掺和料应用技术研究. 浙江建筑,1994(3):33~38

27. 钱晓倩,詹树林. MK 高性能混凝土的轴压应力—应变关系. 浙江大学学报(工学版),2001(3):403~407

28. 孟涛,钱晓倩等. 高性能复合胶凝材料的力学性能及其微观结构分析. 浙江大学学报(工学版),2002(4):553~558

29. 钱晓倩,詹树林等. 微矿粉高性能混凝土的拉、压、弯关系. 混凝土,2001(6):11~14

30. 钱晓倩,詹树林等. 微矿粉高性能混凝土的轴拉应力—应变关系. 建筑技术,2002(1):25~26

31. 何廷树主编. 混凝土外加剂. 西安:陕西科学技术出版社,2003

32. 钱晓倩主编. 土木工程材料. 杭州:浙江大学出版社,2003

33. 张玉祥,刘宗柏编著. 化学建材应用指南. 北京:化学工业出版社,2002

34. 宋中健,张松榆编著. 化学建材概论. 哈尔滨:黑龙江科学技术出版社,1994

35. 张书香,隋同波,王惠忠编著. 化学建材生产及应用. 北京:化学工业出版社,2002

36. 顾国芳,浦鸿汀编著. 化学建材用助剂原理与应用. 北京:化学工业出版社材料科学与工程出版中心,2003 年

37. 王璐主编. 建筑用塑料制品与加工. 北京:科学技术文献出版社,2003

38. 曹民干,袁华,陈国荣编著. 建筑用塑料制品. 北京:化学工业出版社,2003

39. 沈春林等编著. 建筑涂料. 北京:化学工业出版社,2001

40. 石玉梅,徐峰编著. 建筑涂料与涂装技术 400 问. 北京:化学工业出版社,2002

41. 沈春林主编. 建筑涂料手册. 北京:中国建筑工业出版社,2002

42. 王国建,刘琳编著. 建筑涂料与涂装. 北京:中国轻工业出版社,2002

43. 徐峰,邹侯招编著. 建筑涂料生产与施工技术百问. 北京:中国建筑工业出版社,2002 年

44. 杨斌主编,建筑材料标准汇编:建筑装饰装修材料,北京:中国标准出版社,1999

45. 赵方冉编著. 装饰装修材料. 北京:中国建材工业出版社,2002

46. 熊大玉,王小虹编著. 混凝土外加剂. 北京:化学工业出版社,2002

47. 冯浩,朱清江编著. 混凝土外加剂工程应用手册. 北京:中国建筑工业出版社,1999

48. 张冠伦编著. 混凝土外加剂原理与应用. 北京:中国建筑工业出版社,1989

49. 曹文达编著. 建筑装饰材料. 北京:北京工业大学出版社,1999

50. 安素琴编著. 建筑装饰材料. 北京:中国建筑工业出版社,2000

51. 葛勇编著. 建筑装饰材料. 北京:中国建材工业出版社,1998

52. 郝书魁编著. 建筑装饰材料基础. 上海:同济大学出版社,1996

53. 蓝治平编著. 建筑装饰材料与施工工艺. 北京:高等教育出版社,1999

54. 向才旺编著. 建筑装饰材料. 北京:中国建筑工业出版社,1999

55. 符芳主编. 建筑装饰材料. 南京:东南大学出版社,1994

56. 李继业主编. 建筑装饰材料. 北京:科学出版社,2002

57. 王苏娅主编. 中国木地板大全. 北京:中国建材工业出版社,1999

58. 彭鸿斌编著. 中国木地板实用指南. 北京:中国建材工业出版社,2000

59. 陈福广主编. 新型墙体材料手册(第二版). 北京:中国建材工业出版社,2001

60. 金分树,孔人英编著. 新型墙体材料. 合肥:安徽科技出版社,1999

61. 沈春林编著. 防水材料手册. 北京:中国建材工业出版社,1998

62. 沈春林,苏立荣等编著. 建筑防水材料. 北京:化学工业出版社,2000

63. 沈朝福,周新,谢征薇等编著. 新型防水材料及施工. 北京:中国建筑工业出版社,1988

64. 刘忠伟,罗忆编著. 建筑装饰玻璃与艺术. 北京:中国建材工业出版社,2002

65. 顾国芳编著. 建筑塑料. 上海:同济大学出版社,1999

66. 刘伯贤. 刘隼编著. 建筑塑料. 北京:化学工业出版社,2000

67. 左宏卿,吕新宇,张凤林. 铝合金建筑型材的质量参数及其检测方法. 轻合金加工技术,2000,28(1):1~4

68. 陈秀峰,严捍东. 建筑材料放射性污染来源及其检测现状. 建筑技术开发,2004,31(7):44~49

69. 韩喜林编著. 新型防水材料应用技术. 北京:中国建材工业出版社,2003